The Overview of Crop Germplasm Resources in Yunnan

云南作物种质资源

总 论

云南省农业科学院

黄兴奇　戴陆园　主编

科学出版社

北京

内 容 简 介

本书综合介绍了云南作物种质资源调查收集与保护利用研究的历史和现状、云南重要特色作物种质资源；探讨了云南自然地理人文景观与作物种质资源的关系，以及云南作物种质资源保护利用发展展望，并提供了大量种质资源图片，以期为读者了解云南作物种质资源的概貌、云南特色作物种质资源提供相关信息，以促进云南作物种质资源的有效保护和可持续利用。

本书可供农业生物资源、作物育种、生物多样性研究与保护等领域的科技工作者，以及大专院校师生和政府相关部门工作者参考。

图书在版编目（CIP）数据

云南作物种质资源总论/黄兴奇，戴陆园主编. —北京：科学出版社，2022.3
ISBN 978-7-03-071804-4

Ⅰ. ①云… Ⅱ. ①黄… ②戴… Ⅲ. ①作物-种质资源-研究-云南 Ⅳ. ①S5

中国版本图书馆CIP数据核字（2022）第039483号

责任编辑：王　静　李秀伟/责任校对：杨　赛
责任印制：肖　兴/封面设计：金舵手世纪

科 学 出 版 社 出版
北京东黄城根北街16号
邮政编码：100717
http://www.sciencep.com

北京九天鸿程印刷有限责任公司 印刷
科学出版社发行　各地新华书店经销

*

2022年3月第 一 版　开本：889×1194　1/16
2022年3月第一次印刷　印张：21 1/4
字数：688 000
定价：398.00元
（如有印装质量问题，我社负责调换）

编撰委员会

主　　任： 林文兰　王学勤

副 主 任： 黄兴奇　徐宝明

委　　员：（按姓氏笔画排序）
　　　　　　王立新　王学勤　王建军　方　涛　申时全　毕　红
　　　　　　孙茂林　李学林　杨木军　杨仕庆　吴自强　张仲凯
　　　　　　张红云　张树南　陈　宏　陈　勇　陈宗龙　林文兰
　　　　　　屈云慧　侯德勋　徐宝明　高阳一　唐开学　黄兴奇
　　　　　　黄彩芝　樊永言　薛启荣　戴陆园　魏蓉城

顾　　问： 董玉琛　卢永根　刘　旭　陈书坤

主　　编： 黄兴奇　戴陆园

副 主 编： 陈宗龙　孙茂林

编写人员：（按姓氏笔画排序）
　　　　　　于亚雄　王　玲　王平盛　王莉花　王铁军　王继华
　　　　　　尼章光　孙茂林　李　涵　杨　明　何玉华　沙毓沧
　　　　　　张　颢　张光亚　张跃彬　陈宗龙　范源洪　罗兴平
　　　　　　和加卫　季鹏章　周浙昆　胡忠荣　钟　利　桂　敏
　　　　　　黄兴奇　戴陆园

审 稿 人： 吴自强　郑殿升　李立会　龙春林

丛书序一

在农业生产中,作物生产是根本。因为作物生产不仅为人类生命活动提供能量和其他物质基础,而且也为以植物为食的动物和微生物的生命活动提供能量,所以作物生产是第一性的,畜牧生产是第二性的。作物生产能为人类提供多种生活必需品,如蛋白质、淀粉、糖、油、纤维、燃料、调味品、维生素、药品等。在作物生产中,粮食生产又是最重要的。自有农业以来,粮食生产就占首要地位。粮食安全是保证人类生活、社会安定的头等大事。粮食生产是任何生产所不能取代的。现代社会中,因地制宜发展多种作物,才能繁荣经济、保护环境、造福人类。

中国的作物生产发展很快,以粮食作物为例,1949年全国粮食作物单产1030kg/hm^2,至2000年提高到4261kg/hm^2,50年间增长了3倍多。其中,在改进生产条件的同时,不断选育和使用优良品种起了很大作用。50年来,中国大宗作物经历了五到六次品种更换,每次都使产量显著提高。今后若想进一步提高产量,仍首先要依靠选育更加高产和适应各种不同条件的品种。作物育种就离不开种质资源。

作物种质资源是作物育种的物质基础,是一切基因的源泉。它是在一定自然和农业生态条件下经千百万年自然选择和人工选择的产物,所以说它是自然和人类的一项重要遗产。有人说,一个基因可以改变一个国家的经济命脉。20世纪60年代,科学家成功地利用矮秆基因育成了半矮秆水稻和小麦品种,这些品种在一些发展中国家推广后诱发了"绿色革命",由此可见一斑。目前,人们还不能创造基因。一个基因一旦从地球上消失,便永不能再生。因此,全世界日益重视种质资源,正在积极地应用先进科学技术对它加以保护、研究和利用。中国同样非常重视这项工作,近50年来,进行了30多次全国性或地区性作物种质资源考察收集,建成了以长期种质库为中心,复份库、中期库、种质圃相配套的国家种质资源保存体系,长期保存着各种作物的种质资源37万份;对保存的部分材料进行了初步的特性鉴定,并建立了种质资源信息系统;已开始利用分子生物技术及其他技术,对种质资源进行深入研究,从中发掘新基因,以供利用。

云南地处祖国西南边陲,地形、地貌、气候条件十分复杂,海拔高差大,高山、深谷与山间盆地交错分布,形成了千差万别的气候条件。复杂的自然生态环境使云南以植物种类丰富著称于世,被誉为"植物王国"。云南的农业环境同样复杂,有"立体农业"之称。加之民族众多,喜好各异,长期的自然选择和人工选择造就了云南极其丰富和独特的作物种质资源,引起了世人的瞩目。以水稻而论,云南不仅有全国各种类型的籼、粳、糯稻栽培品种,而且中国仅有的三种野生稻(普通野生稻、疣粒野生稻、药用野生稻)都曾在这里生长。云南起源的铁壳麦是小麦的独特亚种。就连引种到中国不足500年的玉米,也在云南演化出特有的蜡质种(糯玉米)。在云南,大茶树种类之多居世界之冠。在其他粮食作物、经济作物、园艺作物方面的特有种、亚种、变种、变型不胜枚举。正因如此，科技部资助的第一次作物种质资源综合考察收集（1979~1980年），选定在云南进行；首届国际花卉博览会在昆明召开。50年来，云南省在作物种质资源的收集、保存、研究、利用等方面开展了大量富有成效的工作。先后建立了茶树、甘蔗、温带果树砧木国家种质圃和野生稻、猕猴桃等省级种质圃。建成了作物种质资源低温保存库，保存种质资源28 000余份。对部分材料进行了农艺性状、抗逆性、抗病性、品质等研究，发掘出一批优异种质资源，并针对其优异特性开展了分子水平的遗传多样性研究，积累了大量宝贵的科学资料，有大量数据输入电脑，建立了种质信息管理系统。这些对进一步深入研究和利用种质资源成果打下了良好基础。

欣闻"云南作物种质资源"系列专著即将陆续出版，这是我国作物种质资源学界的一件大事。我愿意为此作序，以表达我的祝贺。该系列专著由5卷16篇组成，包括云南作物种质资源总论，以及云南的稻种、麦类、玉米、豆类、薯类、油料、蔬菜、花卉、食用菌、烟草、蚕桑、甘蔗、茶树、果树和小宗作物篇，系统地介绍这些种质资源的分布、收集、保存、评价、利用情况，还介绍了云南作物种质资源研究的历史、现状和成果，展望了作物种质资源利用的美好前景。该系列专著内容丰富，既展示了云南作物种质资源的绚丽多彩，又表明云南省已基本查清了本省作物种质资源的种类和分布，取得了丰硕的科研成果。该系列专著的出版，不仅是云南省作物种质资源研究的一个里程碑，还为各省树立了良好的典范。该系列专著由一百多名直接从事作物种质资源研究、具有丰富经验、掌握大量资料的老专家和在研究上崭露头角的年轻科学工作者共同编写，文字流畅，图文并茂，是一部兼备科学性、知识性、实用性的巨著。我相信该系列专著的出版对推动中国作物种质资源研究工作的发展定能产生重要作用。

中国工程院院士
中国农业科学院研究员 董玉琛
2005年7月

丛书序二

　　世界正面临人口、资源、环境、食物和能源五大危机，解决这些危机同保护和可持续利用生物多样性有莫大的关系。1992年6月在巴西里约热内卢（Rio de Janeiro）召开的联合国环境与发展大会上，153个国家的首脑签署了《生物多样性公约》。农作物遗传多样性是生物多样性的重要组成部分，是人类赖以生存的前提。约1万年前的新石器时代，人类开始驯养动物和栽种植物，于是农业诞生了，农作物的遗传多样性也同时出现了。在长期的自然选择和人工选择的共同作用下，农作物的遗传变异比自然界的其他生物更丰富和更深刻。

　　农作物的遗传多样性就是农作物种质资源，又称作物种质资源或作物遗传资源。农作物种质资源不仅为人类的衣食住行提供了原料，为人类提供营养品和药品，而且为人类生存提供良好的生态环境，并为选育人类所需要的各种作物新品种、开展生物技术研究提供取之不尽的基因来源。中国幅员辽阔，农业历史悠久，生态环境复杂，耕作制度多样，栽培的植物种类繁多，品种类型极其丰富，是世界主要栽培植物的八大起源中心之一。可以说，我国是作物种质资源的古国、大国和富国。

　　云南是中国的西南边陲省份，地形、地貌和气候条件十分复杂，由低纬度和高海拔相交错，形成了由热带到寒温带立体分布的各种气候类型，加上有众多的民族（26个）聚居，在长期自然选择和人工选择的共同作用下，栽培植物的种类和形成的品种类型特别丰富，为国内外所瞩目。云南又是栽培植物起源的次生中心（secondary center of origin），玉米原产于中南美洲，但世界蜡质型玉米却起源于云南。原产于西亚和近东的普通小麦（*Triticum aestivum*），其云南小麦亚种（*T. aestivum* subsp. *yunnanense*）也起源于云南（当地称"铁壳麦"）。食用菌多达300余种，占世界食用菌种数的一半。全省共收集、整理、保存各类作物种质资源28 000余份，约占全国总数的10%。云南省可以说是"中国作物种质资源的王国"。

　　1949年以来，国家和云南省对该省的作物种质资源十分重视，进行过多次的调查、收集和大量的鉴定、整理工作。1996年，云南省农业科学院提出总结40年的研究成果，编写"云南作物种质资源"系列专著的设想。1998年启动，2002年正式列为云南省自然科学基金重点项目，斥资200万元，组织上百位老中青专家参加编写。历时7年，现已基本脱稿，全书分5卷共16篇陆续出版。以一个经济不算富裕的西部省份，能投放这样多的人力、物力、财力，是极其难能可贵的，真不愧为作物种质资源建设的"大手笔"，足见该省领导的远见卓识。我看该系列专著有几点特色。

　　（1）丰富性：包括了粮食作物、经济作物、小宗作物、果树作物、花卉作物和食用菌等，充分反映出云南作物种类繁多和品种类型的丰富。

（2）一定的理论性：除设"总论"对作物种质资源作理论性的一般阐述外，在每个作物中又尽可能对其起源、地理分布和分类演化做出分析。

（3）实用性：该系列专著无疑是一部作物种质资源的"百科全书"，是作物种质资源工作者必备的工具书。

在这里，很自然地缅怀起我的"忘年交"程侃声研究员，我们是1962年参加丁颖院士主持的中国水稻品种光温生态研究时认识的。自1949年以来他一直在云南从事作物种质资源研究，毕生献给云南省的农业科学事业。他对栽培稻的起源演化和生态分类提出过不少创新性的学术观点，受到国内外同行的关注。参加该书编写的人员中，不少是他过去的同事和学生。该系列专著的出版也是对程老的最好纪念。该系列专著的公开问世，对云南以至全国作物种质资源工作将起到推动作用，特为之序。

中国科学院院士　卢永根
华南农业大学教授
2005年7月20日于广州五山

丛书前言

在远古时期，云南这块古老、神奇的土地大部分还沉睡在大洋之下。后经地质构造运动（吕梁运动），海陆分野，出现了滇康古陆。印度板块与欧亚大陆碰撞引发300万年前（上新世至更新世）的喜马拉雅造山运动。青藏高原隆起，云南高原抬升。新构造运动伴随着强烈的地块断裂活动，在滇西、滇西北、藏东南形成了典型的"褶皱带"和著称于世的横断山系；在云南省形成了"三大山系"、"六大水系"和"九大高原湖泊"，使仅约有39.4万 km² 土地面积的云南，具备了南自海南岛北至黑龙江的诸多气候类型；造成了若干"地理隔离""生态隔离"生境，带来了"生殖隔离"，避免了"基因交流"，赋予这块土地丰富多彩的生物物种和诸多极其珍贵的生物特有属、种。由于北有高大的青藏高原，因此云南受第四纪冰川影响甚微，这块土地成为"生物避难所"，各个地质时期的不少生物物种得以保存下来。在云南这块仅约占中国国土面积1/25的土地上，拥有的动植物资源种类却占全国的一半以上。因此，动植物王国的美称享誉全球。

在云南生物资源宝库中，作物种质资源占有十分突出的地位。作物种质资源属、种之多，类型之复杂，珍稀之最，为国内外科学工作者所瞩目。但是，在人类加速现代化进程中，其赖以生存和发展的自然资源遭到空前的破坏；直接为人类提供食物、衣物、用品的作物种质资源，有的逐渐消失，有的濒临灭绝。保护自然资源，维系人类可持续发展，成为当今国际社会的共识。

近70年来，党和国家对农作物种质资源十分重视，先后三次从国家层面上全面推进作物种质资源的调查、收集与保护，使之成为农业科技的常态化基础工作。中国农业科学院、中国农业大学、云南省农业科学院等单位的农学家、科技人员及云南省有关州市县科技工作者，先后三代人，历经数十年艰辛，踏遍云岭山水、沟壑丛林，长年累月，风餐露宿，先后进行了多次云南省大规模作物种质资源的调查、考察、搜集，获得了大量的实物、种子、标本、图片、资料，收集、整理、保存了农作物种质资源近5万份。1980年以来，国内外科技人员开展云南作物种质资源鉴定、评价、利用和保护等研究，取得了一大批重大研究成果，获国家和省多项奖励；利用云南作物种质资源先后培育各类良种上千个；在作物物种起源、演化和分类研究方面也取得了令人瞩目的成就。在这里，我们要缅怀已故的程侃声、董玉琛等老一辈科学家及科技人员，他们为此付出了很多心血、做出了巨大贡献。

为系统总结、继承和发扬作物种质资源科学研究的经验，更好地保护和利用云南作物种质资源，我们从1998年开始筹划编著"云南作物种质资源"系列专著，2002年获云南省自然科学基金重点项目立项支持，开始组织云南省100多名专家进行编研，几经周折，终于成书。本系列专著共16篇，近600万字，归并成5卷出版。第一卷（稻作篇、玉米篇、麦作篇、薯作篇）、第二卷（食用菌篇、桑树篇、烟草篇、茶叶篇)、第三卷(果树篇、油料篇、小宗作物篇、蔬菜篇)已出版；第四卷(豆类篇、野生花卉篇、栽培花卉篇)和第五卷(总论)已完稿，即将付梓印刷出版。

在本系列专著编研过程中，得到了云南省科学技术厅和云南省农业科学院的大力支持。除组织承担单位云南省农业科学院外，云南农业大学稻作所、云南省烟草农业科学研究院、中国科学院昆明植物研究所和中国科学院西双版纳热带植物园等单位也都积极热忱地参与了编研。知名学者董玉琛院士、卢永根院士为本系列专著作序；刘旭院士、傅廷栋院士和吴明珠院士对本系列专著相关专业篇进行了认真审核，陈书坤研究员、龙春林研究员对本系列专著拉丁名进行了审校，对保证本系列专著的质量发挥了重大作用。在此，一并表示深切的谢意。

本系列专著可作为国内外广大农业科技工作者的工具书和参考书，也可作为农业大专院校师生的教学工具书和重要参考书。

鉴于本系列专著专业面广，工作量大，难免有不足之处，敬请读者批评指正。

作　者

2018年10月

前　言

　　云南是举世公认的生物资源富集区，作物种质资源更是如此。数十年来，有关云南动植物资源的论文和专著层出不穷，但较为系统地介绍云南作物种质资源的专著尚未见到，这与常言中的云南作物种质资源大省极不相称。事实上，几十年来云南一直活跃着一支研究作物资源调查收集与保护利用的科技队伍，先后三代人，历尽艰辛，无私奉献，为云南作物种质资源的保护和利用研究做出了巨大贡献。仅因为作物种质资源种类繁多，专业面广，而未系统集成整理，这也是我们立项编著本书的初衷。

　　《云南作物种质资源总论》是在本系列专著前4卷共15篇的基础上综合梳理完成的。本书共分5章和附录，分别从云南自然地理人文景观与作物种质资源、云南作物种质资源调查收集保护与特色种质资源分布特点、云南作物种质资源的研究与利用、云南作物种质资源保护利用发展展望，以及云南重要特色作物种质资源简介等5个方面相对系统地介绍了云南作物种质资源保护与利用研究的历史和现状。本书对于了解云南作物种质资源保护利用发展的概貌具有积极的意义，可作为农业科技工作者的工具书和参考书，也可作为农业大专院校师生的教学工具书和重要参考书。

　　全书由陈宗龙（第一章）、黄兴奇（第二章、第五章和附录）、孙茂林（第三章）、戴陆园（第四章）编写，黄兴奇统稿。相关科技人员提供了大量资料和图片，并参与了相关专业的成稿审校；黄兴奇在统稿过程中，征得"云南及周边地区生物资源调查"项目负责人的同意，引用了项目部分资料和图片。刘旭、吴自强、郑殿升、李立会、龙春林、陈勇、杨宇明等对本书的编写提出了许多宝贵意见和建议，一并致以真诚的谢意！

　　本书物种分类名称以拉丁文为准，同时因采集地不同，为与当地农民习惯称呼一致，书中物种中文名不做统一。

　　由于作物资源面广，种类繁多，研究利用深度不一，加之作者水平有限，不足之处在所难免，敬请读者批评指正。

作　者
2018年10月

目　　录

图版 ·· 1
 一、云南生态（图1～图11） ·· 2
 二、资源调查考察（图12，图13） ··· 13
 三、丰富多彩的作物种质资源（图14～图20） ··· 15
 四、资源鉴定评价（图21～图23） ·· 22

第一章　云南自然地理人文景观与作物种质资源 ··· 25
 第一节　自然地理概述 ·· 25
  一、地质地貌 ·· 25
  二、气候 ·· 26
  三、土壤 ·· 27
  四、云南植物区系与植被 ·· 30
  五、作物野生种质资源 ·· 35
 第二节　云南多民族的人文景观 ·· 43
  一、云南民族的渊源 ·· 43
  二、云南少数民族及其地理分布 ·· 44
  三、云南农耕文明的演变 ·· 51
 第三节　云南农业经济地理 ·· 61
  一、云南综合农业区划 ·· 61
  二、云南农业产业区划 ·· 63
  三、农业结构调整及优势产业发展 ·· 65
 第四节　生态环境和民族文化的多样性与作物种质资源的形成演化 ···························· 66
  一、立体地理气候环境与作物种质资源的演化 ·· 66
  二、环境胁迫与作物种质的抗逆性 ·· 68
  三、云南民族饮食文化与糯性谷物的起源演化 ·· 69
 主要参考文献 ·· 70

第二章　云南作物种质资源调查收集保护与特色种质资源分布特点 72
第一节　云南作物种质资源调查收集与保护历史和特点 72
一、作物种质资源调查收集与保护的基本概念 72
二、云南作物种质资源调查收集与保护的历史沿革 73
三、云南作物种质资源的特点 75
第二节　云南主要作物种质资源调查与收集 76
一、稻作种质资源调查与收集 76
二、玉米种质资源调查与收集 77
三、麦类种质资源调查与收集 78
四、小宗作物种质资源调查与收集 78
五、豆类种质资源调查与收集 79
六、油料作物种质资源调查与收集 80
七、蔬菜作物种质资源调查与收集 80
八、果树种质资源调查与收集 81
九、茶树种质资源调查与收集 81
十、甘蔗种质资源调查与收集 82
第三节　云南特色作物种质资源类型分布和特点 83
一、稻作种质资源类型分布和特点 83
二、麦类种质资源类型分布和特点 85
三、荞麦种质资源类型分布和特点 86
四、食用豆类种质资源类型分布和特点 88
五、蔬菜种质资源类型分布和特点 89
六、果树种质资源类型分布和特点 91
七、茶树种质资源类型分布和特点 94
八、甘蔗种质资源类型分布和特点 97
九、花卉种质资源类型分布和特点 98
十、食用菌种质资源类型分布和特点 99
第四节　云南作物种质资源保护 102
一、概述 102
二、云南省农业科学院作物种质资源保护 103
三、国家作物种质库保存的云南作物种质资源 104
主要参考文献 104

第三章　云南作物种质资源的研究与利用 106
第一节　起源、分类及演化研究 106
一、稻作的起源及演化 106
二、蜡质型玉米的起源及演化 108

三、云南小麦亚种的起源及演化 110
　　四、荞麦的起源及演化 112
　　五、二倍体裸燕麦和高粱近缘种 113
　　六、甘蔗的起源和野生近缘植物 114
　　七、茶种的起源和野生古茶树 115
　　八、桑树野生资源 117
　　九、蔬菜作物野生资源 118
　　十、果树的起源、野生种和原始栽培种 119
　　十一、野生花卉植物资源 121
第二节　鉴定与评价研究 122
　　一、稻作种质资源的鉴定与评价 123
　　二、玉米种质资源的鉴定与评价 129
　　三、麦类种质资源的鉴定与评价 135
　　四、小宗作物种质资源的鉴定与评价 142
　　五、薯类种质资源的鉴定与评价 144
　　六、油料作物种质资源的鉴定与评价 147
　　七、豆类作物种质资源的鉴定与评价 153
　　八、特色果树种质资源的鉴定与评价 157
　　九、蔬菜种质资源的鉴定与评价 164
　　十、烟草种质资源的鉴定与评价 175
　　十一、茶树种质资源的鉴定与评价 177
　　十二、甘蔗种质资源的鉴定与评价 179
　　十三、桑树种质资源的鉴定与评价 182
　　十四、花卉种质资源的鉴定与评价 183
第三节　作物种质资源引进创新和利用 188
　　一、稻作种质资源 188
　　二、玉米种质资源 191
　　三、小麦种质资源 193
　　四、薯类种质资源 195
　　五、油料作物种质资源 196
　　六、园艺作物种质资源 198
　　七、烟草种质资源 202
　　八、甘蔗种质资源 204
　　九、茶树种质资源 206
　　十、其他作物种质资源 207
　　十一、新基因发掘和利用 208
主要参考文献 216

第四章 云南作物种质资源保护利用发展展望 ... 223
第一节 云南作物种质资源保护利用发展优势和挑战 ... 223
一、云南作物种质资源保护利用发展优势 ... 223
二、云南作物种质资源保护面临的挑战 ... 225
三、云南作物种质资源保护利用存在的主要问题 ... 226
第二节 作物种质资源保护利用发展趋势 ... 226
一、作物种质资源保护利用范围不断扩大 ... 227
二、保护力度不断增强，保护方式不断完善 ... 227
三、评价利用和种质创新不断深化 ... 228
第三节 云南作物种质资源保护利用发展重点及展望 ... 229
一、云南作物种质资源保护发展重点及展望 ... 229
二、云南作物种质资源鉴定评价重点及展望 ... 231
三、云南作物种质资源创新利用重点及展望 ... 232

主要参考文献 ... 233

第五章 云南重要特色作物种质资源简介 ... 234
第一节 粮食作物种质资源 ... 234
一、稻作种质资源 ... 234
二、玉米种质资源 ... 240
三、麦类种质资源 ... 242
四、小宗作物种质资源 ... 245
五、豆类种质资源 ... 251
第二节 蔬菜种质资源 ... 257
一、薯芋类种质资源 ... 257
二、茄果类种质资源 ... 263
三、瓜类种质资源 ... 266
四、食药用菌类种质资源 ... 269
第三节 果树种质资源 ... 273
一、大面积种植水果种质资源 ... 274
二、小面积种植水果种质资源 ... 281
三、其他水果种质资源 ... 285
四、林果（坚果）种质资源 ... 290
第四节 经济作物种质资源 ... 292
一、茶树种质资源 ... 292
二、甘蔗种质资源 ... 294
三、大麻种质资源 ... 296
四、花卉种质资源 ... 297

五、药用植物种质资源 ·· 305
　主要参考文献 ··· 308

附录1　云南省农业科学院作物种质资源库（圃）简介 ··· 309
　　一、云南省农业科学院作物种质资源种子库 ··· 309
　　二、国家果树种质云南特有果树及砧木资源圃（昆明） ·· 309
　　三、国家甘蔗种质资源圃（开远） ·· 312
　　四、国家种质大叶茶树资源圃（勐海） ·· 312
　　五、云南热带经济作物资源圃（保山） ·· 315
　　六、云南干热河谷区特色经济作物资源圃（元谋） ·· 317

附录2　1978~2015年云南省农业科学院作物种质资源领域省级以上科技成果获奖名录 ··········· 318

附录3　云南省农业科学院云南作物种质资源专著目录（1979~2016年） ···························· 321

图 版

致谢：总论彩色图片中，云南自然生态部分主要由陈宗龙先生征得作者同意遴选；花卉部分主要由周浙昆老师提供；其他部分主要选自国家"十一五"科技基础性工作专项"云南及周边地区农业生物资源调查"项目成果，或由云南省农业科学院相关专业科技人员提供，在此一并向各位摄影作者致谢。

一、云南生态（图1～图11）

（一）自然生态（图1～图5）

图1　云南地理生态

1. 梅里雪山（德钦）；
2. 亚高山针阔混交林区（丽江）；
3. 山丛林（澜沧）；
4. 低热河谷（怒江）

图版 3

图2 高山湖泊生态

1. 香格里拉湿生植物与五花草甸；
2. 香格里拉高原湖泊沉水植物群落扇叶水毛茛（*Batrachium bungei*）；
3. 丽江黑龙潭高原湖泊沉水植物群落海菜花（*Ottelia acuminata*）；
4. 香格里拉纳帕海高原湖泊挺水植物群落小黑三棱（*Sparganium simplex*）

4 云南作物种质资源总论

图3 高山植被

1. 德钦梅里雪山明永冰川；
2. 香格里拉普达措；
3. 巧家东坪乡；
4. 高山流石滩植被红景天；
5. 丽江虎跳峡独蒜兰（*Pleione bulbocodioides*）；
6. 丽江云杉坪黄花杓兰（*Cypripedium flavum*）；
7. 丽江云杉坪滇牡丹（*Paeonia delavayi*）；
8. 丽江虎跳峡报春花（*Primula* sp.）；
9. 玉龙雪山瑞香狼毒（*Stellera chamaejasme*）

图 版 5

图 4 杜鹃

1. 丽江高山大树杜鹃（*Rhododendron protistum*）；
2. 丽江高山矮杜鹃灌丛（*Rhododendron* shrub）；
3. 梅里雪山高山矮杜鹃灌丛（*Rhododendron* shrub）；
4. 大理苍山云南杜鹃（*Rhododendron yunnanense*）；
5. 曲靖马缨杜鹃（*Rhododendron delavayi*）

图5 热带亚热带植被

1. 勐腊低山热带雨林［望天树（*Parashorea chinensis*）］；
2. 景洪热带榕树支柱根；
3. 勐腊热带河岸植被；
4. 怒江河谷山地湿润常绿阔叶林次生植被；
5. 怒江河谷子遗植物桫椤（*Alsophila spinulosa*）；
6. 亚热带石灰岩山地次生植被黄牡丹（*Paeonia delavayi* var. *lutea*）灌草丛；
7. 弥勒亚热带落叶阔叶林旱冬瓜（*Alnus nepalensis*）；
8. 昆明梁王山亚热带山地次生植被滇重楼（*Paris polyphylla* var. *yunnanensis*）灌草丛；
9. 元谋干热河谷余甘子（*Phyllanthus emblica*）灌木草丛

(二)农业农村生态(图6~图9)

图6 部分种植区生态

1. 麻栗坡农业区;
2. 河口农业区;
3. 西盟农业区;
4. 江城稻谷种植区;
5. 西盟春小麦种植区;
6. 罗平油菜种植区;
7. 昭通燕麦种植区;
8. 河口香蕉种植区;
9. 新平柑橘种植区

图 7　农事生态

1. 茶叶水稻种植（孟连）；
2. 水稻黄豆间作（巧家）；
3. 陆稻玉米间作（孟连）；
4. 麻栗坡生态茶园；
5. 山区农民耕作（罗平）；
6. 燕麦种植（巧家）；
7. 高山牲畜放养（巧家）；
8. 牛、羊放牧（罗平）；
9. 林下养鸡（元谋）

图 版 9

图8 村落生态

1. 德钦燕门乡；
2. 贡山丙中洛镇；
3. 宁蒗翠玉乡；
4. 澜沧县景迈山；
5. 屏边白河乡底西村；
6. 麻栗坡猛硐瑶族乡

图9 农村生态

1. 童游（沧源勐来乡）；
2. 放羊归来（元江）；
3. 滇南小耳猪饲养（元江）；
4. 小麦打收（巧家）；
5. 籽粒苋、白芸豆晾晒（鹤庆）；
6. 扬谷（罗平）；
7. 玉米储存（宣威）；
8. 辣椒储存（丘北）；
9. 小麦储存（鹤庆）

（三）民族生态（图10，图11）

图10　云南部分民族

1. 彝族（屏边新现镇）；
2. 壮族（麻栗坡）；
3. 傈僳族（盈江苏典乡）；
4. 彝族白依人（鹤庆）；
5. 瑶族（江城）；
6. 彝族（新平屏甸乡）

图11 民族织布靛染与造纸

1. 彝族白依人大麻、苎麻织布（鹤庆）；
2. 彝族俐侎人棉花织布（永德）；
3. 佤族荨麻织布（沧源）；
4. 傣族构树皮造纸（永德）；
5. 白族山竹造纸（鹤庆）；
6. 彝族俐侎人采收蓝靛染料（永德）

二、资源调查考察（图12，图13）

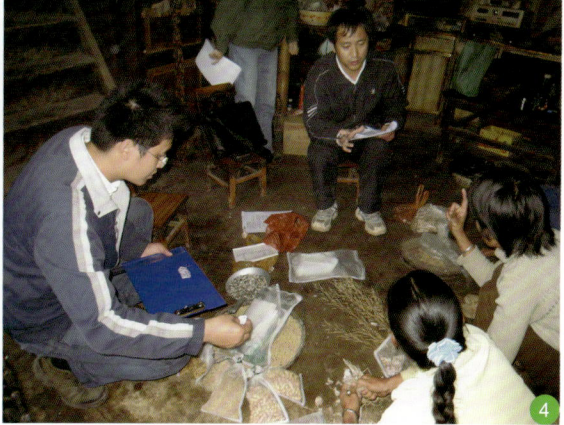

图12　资源调查

1. 考察队从昆明出发；
2. 村委会调查（屏边新华乡永胜村委会）；
3. 入户调查一（勐海勐往乡）；
4. 入户调查二（新平老厂乡）

图13 资源考察

1. 孟连药用植物考察；
2. 沧源野外考察；
3. 疣粒野生稻调查（沧源）；
4. 茶叶资源调查（金平）；
5. 大田调查（大姚）；
6. 药用植物调查（西盟）

三、丰富多彩的作物种质资源（图14～图20）

图14　主要粮食作物资源

1. 普通野生稻（*Oryza rufipogon*）；
2. 水稻（*Oryza sativa*）；
3. 陆稻（*Oryza sativa*）；
4. 四棱糯玉米（*Zea mays*）；
5. 鲜食玉米（*Zea mays*）；
6. 爆粒玉米（*Zea mays*）；
7. 铁壳麦（*Triticum aestivum* subsp. *yunnanese*）；
8. 大麦（*Hordeum vulgare*）；
9. 燕麦（*Avena sativa*）

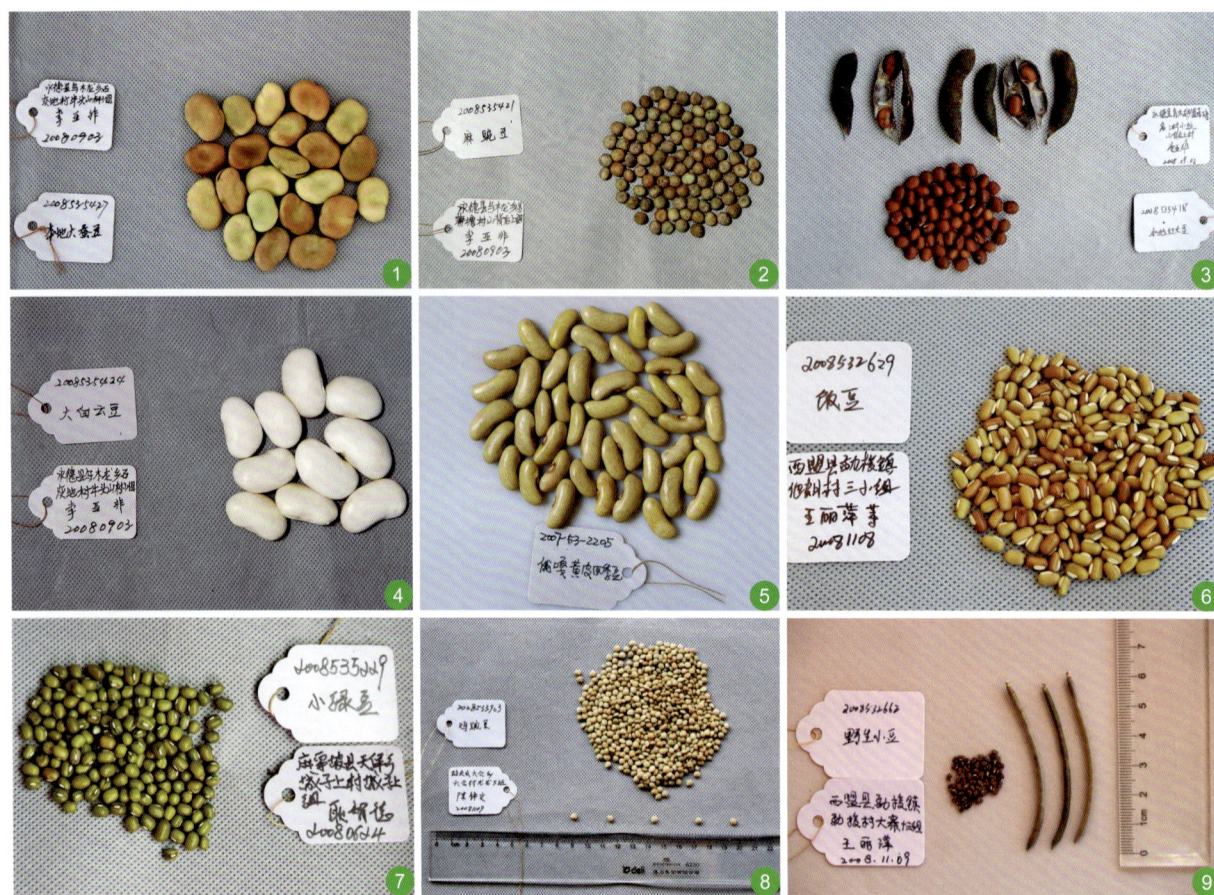

图15 豆类资源[*]

1. 蚕豆（*Vicia faba*）；
2. 豌豆（*Pisum sativum*）；
3. 大豆（*Glycine max*）；
4. 多花菜豆（*Phaseolus multiflorus*）；
5. 普通菜豆（*Phaseolus vulgaris*）；
6. 饭豆（*Vigna umbellata*）；
7. 绿豆（*Vigna radiata*）；
8. 小扁豆（*Lens culinaris*）；
9. 小豆（*Vigna angularis*）

---

[*] 原标签为收集标本俗名，图注为标本学名。

图版 17

图 16　小宗作物资源

1. 高粱（*Sorghum bicolor*）；
2. 谷子（*Setaria italica*）；
3. 籽粒苋（*Amaranthus cruentus*）；
4. 薏苡（*Coix lacryma-jobi*）；
5. 苦荞（*Fagopyrum tataricum*）；
6. 食用稗（*Echinochloa crusgalli*）；
7. 糜子（*Panicum miliaceum*）；
8. 龙爪稷（*Eleusine coracana*）；
9. 藜麦（*Chenopodium quinoa*）

图17 特色蔬菜资源

1. 五指茄（*Solanum* spp.）；
2. 特小茄子（*Solanum* spp.）；
3. 野黄瓜（*Cucumis* spp.）；
4. 象牙黄瓜（*Cucumis* spp.）；
5. 小米辣（*Capsicum frutescens*）；
6. 涮辣（*Capsicum* cv. Shuanlaense）；
7. 食叶生姜（*Zingiber* spp.）；
8. 脚掌山药（*Dioscorea* spp.）

图 版 19

图 18 特色果树资源

1. 红梨（*Pyrus* spp.）；
2. 柠檬（*Citrus* spp.）；
3. 芒果（*Mangifera* spp.）；
4. 猕猴桃（*Actinidia* spp.）；
5. 酸木瓜（*Chaenomeles* spp.）；
6. 罗望子（*Tamarindus indica*）；
7. 余甘子（*Phyllanthus* spp.）；
8. 冲天芭蕉（*Musa* spp.）

20　云南作物种质资源总论

图 19　特色花卉资源

1. 山茶（*Camellia reticulata*）；
2. 杜鹃（*Rhododendron* spp.）；
3. 玉兰（*Yulania denudata*）；
4. 兰花（*Cymbidium* spp.）；
5. 长花南星（*Arisaema lobatum*）；
6. 龙胆（*Gentiana scabra*）；
7. 百合（*Lilium* spp.）

图 版 21

图20 经济作物资源

1. 古茶树（*Camellia sinensis*）；
2. 紫娟茶（*Camellia sinensis* var. *assamica* cv. Zijuan）；
3. 甘蔗地方种（*Saccharum officinarum*）；
4. 咖啡（*Coffea arabica*）；
5. 核桃（*Juglans regia*）；
6. 草果（*Amomum tsaoko*）；
7. 迷迭香（*Rosmarinus officinalis*）；
8. 罗汉甘蔗（*Saccharum officinarum*）

四、资源鉴定评价（图21～图23）

图21　水稻资源室内外鉴定评价

图22 小宗作物资源鉴定评价

图23 青菜资源田间鉴定评价

第一章

云南自然地理人文景观与作物种质资源

云南地处我国西南边陲，东邻贵州、广西，北接四川，西北以茶马古道连接西藏东南部，西部、西南部毗邻缅甸，南部与老挝、越南接壤。全省面积约39.4万 km²，位于97°39′～106°12′E、21°9′～29°15′N，北回归线东起富宁、西至耿马，横贯云南南部，是我国面向东南亚、南亚各国对外开放的重要前沿，又是对外经济文化交流的枢纽和国际贸易的大通道。云南地形地貌复杂，气候生态多样，自然资源丰富，民族文化底蕴深厚，农耕文明历史悠久。这片神奇的土地，孕育了丰富多彩的生物物种资源、农业生物资源，尤其是作物种质资源，是我国生物多样性最为丰富的地区。

第一节　自然地理概述

一、地质地貌

云南是典型的低纬高原，地势由西北向东南呈阶梯状倾斜。滇西北德钦县梅里雪山卡瓦格博峰海拔高程6740m，是云南海拔最高处；南部河口县元江与南溪河交汇出境处海拔高程76.4m，是云南海拔最低处，两地直线相距900km，海拔高程差6663.6m；全省平均海拔高程约2000m。云南高原地势由西北向东南分三大阶梯递降，滇西北德钦、香格里拉地势最高，为第一级梯层，滇中高原为第二级梯层，南部边沿为第三级梯层；由北向南，每千米海拔高程平均递降6m。

云南复杂的高原地貌是由地貌发育过程中高原面形成和解体内外两种构造营力长期作用的历史产物。8000万年前的燕山运动，将属于滇青藏海洋板块一部分的滇西、滇西南与属于亚欧板块扬子古陆板块西南端的滇中、滇东北抬升整合，由北向南逐渐脱离海浸。之后，从中生代直至新生代第三纪的中新世，云南大地经历了漫长的夷平作用过程，形成了广袤的夷平面——云南准平原。距今200万～300万年的上新世晚期至更新世初，喜马拉雅第三期运动时期，印度洋板块继续北移，与欧亚板块挤压抬升，青藏高原隆起。喜马拉雅运动大规模的构造抬升形成了横空出世的世界屋脊，同时形成了云南高原的基本轮廓。

由于整个抬升过程呈间歇性，抬升与夷平相间交替，且抬升幅度各地不一，从北向南抬升幅度减小，故形成云南高原北高南低的总趋势。云南高原由两级夷平面组成，第一级夷平面分布于滇中、滇北和滇西，海拔高程2000～2500m；第二级夷平面分布于滇南和滇东南边沿，海拔高程400～1200m。水系的下切和溯蚀不断改变高原原有的夷平面形态，形成丘陵状高原面和分割高原面两种基本形态。且在抬升过程中，断裂运动也十分活跃，自西向东有怒江断裂、澜沧江深断裂、元江深断裂、安宁河-龙川江断裂和滇东平行断裂等一系列断裂带，近南北走向的构造线十分发达，控制着云南境内山脉和江河的走向。

滇东北为高山山原峡谷地貌，金沙江自丽江石鼓转向北东，蜿蜒而下，至四川宜宾汇入长江。乌蒙山脉西支落雪大山、大药山、五莲山等沿金沙江呈北东、南西走向，与川西山地隔江相望；境内普渡河、小江、以礼河、牛栏江等由南向北汇入金沙江；山高谷深，镶嵌排列，地势崎岖。

滇西北与青藏高原相连，构造抬升幅度很大，在深度下切与第四纪新的断裂抬升构造运动的共同作用下，形成了耸立于高原面之上的雄浑山体和相对高差1000m以上的深邃峡谷。自西向东，高黎贡山、怒山、云岭山脉南北纵向延伸，怒江大峡谷、澜沧江峡谷和金沙江峡谷三大峡谷相间并列，起源于青藏高原的怒江、澜沧江、金沙江，三江并流南下，构成了气势恢宏的横断山脉地理景观，平均海拔高程3000～4000m，玉龙雪山、哈巴雪山、白马雪山、梅里雪山均在雪线（海拔5000m）以上，有现代高原山岳冰川发育，以梅里雪山明永低纬山岳冰川著称于世。

滇中高原以南、点苍山—哀牢山以东，地貌以丘陵状高原为主，地势起伏较和缓，高原盆地较多，少有高山深谷。地貌以元江谷地至云岭山脉南端宽谷为界，又分为东、西两部分。东部丘陵高原地势起伏较小，相对高差仅数十米至百余米，为石灰岩岩溶高原，平均海拔2000m左右，其南部地势较低，有峰林、波立谷发育。西部为滇中断陷湖盆高原，滇池、抚仙湖、星云湖、杞麓湖、异龙湖等10余个大小不一的高原湖泊和湖相沉积坝子散布其间。点苍山—哀牢山以西为分割高原面，山脉和河流并列南下，向东南方向扇形展开，在东南和西南边沿地带形成或大或小的宽谷盆地。由于第四纪晚期构造抬升迅速，哀牢山、无量山南端形成了众多孤峰突起的山地，山顶海拔高程2500～3200m。

云南是一个多山省份，由高原面和山间盆地、高原面以上的高耸山地和深嵌于高原面以下的河谷三种基本地貌组成；山地占全省面积的84%，高原丘陵占10%，河谷、盆地（坝子）仅占6%。

二、气候

云南位于我国东部东亚季风气候区西南端，毗连青藏高原。由于青藏高原地势高耸，向上直入大气对流层的1/3～1/2。其强大的热力和地形动力作用迫使高空西风气流在青藏高原西侧被分为南、北两支，向东流至高原东侧逐渐汇合。北支气流强而稳定，位于37°～42°N，沿青藏高原北部向东流动，形成强劲的西南气流，在青藏副热带高压的共同作用下产生了西伯利亚高压反气旋环流系统，该系统成为冬半年的控制系统，对云南大气环流有显著影响。南支气流相对较弱，位于20°～30°N，沿青藏高原南部向东流动，形成西北气流。由于西风环流的季节性南北摆动和青藏高原对于西风的动力与热力作用，环流形式形成了明显的季节性变化。冬半年（11月至翌年4月），西风带向南移动（从10月开始），使位于青藏高原东南方向的云南高原上空受南支西风急流（中心位置约在28°N附近）的控制。南支西风急流来自西亚的广大热带和副热带干燥地区，气团温暖而干燥，在其影响下，形成云南的旱季。翌年5月，随着西风带迅速北撤，南支西风突然消失，而来自印度洋与孟加拉湾热带洋面的西南季风和来自南海北部湾的东南季风携带热带海洋气团的大量水汽攀升北上，越过横断山脉深入云南高原上空，形成云南夏半年（5~10月）的雨季。

云南东面与广大东亚季风区相连接，其东北和东面地势均高出东亚冬季风的厚度（约2000m），阻挡了东亚冬季风西进，在云南东北侧形成昆明准静止锋，故云南高原仍受来自西亚内陆的热带大陆气团控制，盛行干燥而温暖的西风。其时，我国东部则在来自极地大陆气团的东亚冬季风控制之下。而当东亚冬季风厚度大幅增厚，昆明准静止锋向云南高原内部推移时，锋后冷空气层越过云南北部高原山地侵入高原内部，云南高原出现短暂阴冷天气，并伴随较强的降温过程。

就云南的大气环流因子特征而言，云南基本上属于南亚季风的范围，在其影响下，云南各地干湿季分明，水热同季，年温差小，日照充足。年降水量750（元谋）~2120mm（龙陵），多数地县在800~1200mm，平均1000mm左右；冬半年降水往往不足全年降水的15%，而夏半年降雨占全年降水的85%以上，且多集中于7~8月。雨季来临早迟因地而异，南北相差可长达一月有余，且年度间变化大，早到5月上旬，晚至6月中旬，春夏连旱的频率较高。各地年干燥度多在1.0以下，中北部的部分地区在1.0~1.5，滇西南小于0.75，局部河谷地带超过1.5。各地年均温随海拔高程变化大，滇南海拔130m的河口年均温22.6℃，≥10℃积温8249℃；滇西北海拔3588.6m的德钦年均温4.6℃，≥10℃积温仅901.5℃；滇中海拔1891m的昆明年均温14.8℃，≥10℃积温4522℃。云南高原气候的共同特点是气温的年较差小，仅10~15℃，低于我国东部同纬度带的年较差（17.5~23.1℃）。冬半年降雨稀少，艳阳高照；夏半年降雨虽较集中，但是除了个别年份霜降前后出现"滥土黄"天气，很少有连绵阴雨天气。故全年日照均较充足，年总辐射120~150kcal[①]/cm^2，多数地区年日照时数在2100~2300h，高于我国东部同纬度地区；季辐射量以春季最高，不同于我国东部最高辐射量多出现于夏季。

"人间四月芳菲尽，山寺桃花始盛开"，云南高原隆起的立体地貌，改变了云南高原的水、热气候资源配置，形成了"一山分四季，十里不同天"的多样性立体气候。云南高原邻近南亚次大陆，与喜马拉雅山脉南麓印度的德干高原纬度相近，但平均海拔高出德干高原近1600m，与其南亚季风气候存在显著差别。虽然整个云南高原的纬度地理气候带位于北热带至中亚热带，但随着山体海拔升高，呈现出从北热带、南亚热带、中亚热带、北亚热带、温带、寒温带直至冰原荒漠气候带的垂直分布，山地立体气候特征十分鲜明。

垂直气候带的基面气候带因山体基部海拔高程而异。南部边沿梯级南定河孟定段、澜沧江景洪段、李仙江江城段、元江元阳—屏边段、南溪河河口段及南温河（盘龙江）麻栗坡段等湿热河谷地带，海拔多在500~800m，为北热带气候；第二梯级无量山、哀牢山基面气候带多为南亚热带；滇中高原面以北基面气候带多为中亚热带。垂直气候带的分布上限直至山体顶部，因海拔高程而异，海拔2200~2600m多为温带气候，2700~4000m为寒温带气候，4000m以上为寒带气候。相同纬度山体垂直气候带分布，高原西部比高原东部上升200m左右，而高原南部山体垂直气候带的分布由于孤峰突起，比北部山体下降100~200m。怒江、澜沧江、金沙江、元江、南盘江等水系海拔1200m以下河谷地带焚风发达，气候炎热干燥。

三、土壤

云南地质构造运动复杂，作为成土母质的基岩组成也十分复杂。滇东及滇东南主要分布石灰岩、

[①] 1cal=4.1868J。

砾岩、砂岩、页岩等沉积岩和玄武岩、花岗岩、伟晶岩等火山岩，滇中为沉积岩、火山岩、变质岩（板岩、片麻岩、蛇纹岩、大理岩等）及少量岩浆侵入岩；滇西以变质岩为主。在上新世晚期云南高原大规模抬升之前，由于准平原海拔较低，仅400m左右，经长期发育，形成了古老的热带型砖红壤性风化壳，厚度多在10m以上，广泛分布于滇中及滇东南。在不同的地质背景下形成的土壤，对云南广南"八宝米"、潞西"遮放米"等特色稻米品种及弥勒虹溪优质烤烟的形成有很大的影响；滇西南广泛分布花岗岩基质，可能是其农作物品种进化分异及多样性的诱因之一。

总体上讲，云南属于半湿润季风气候区，植被覆盖率较高，土壤成因复杂，受新构造和河流切割的影响，山地峡谷地貌特征非常明显。高原面由南向北梯级上升，土壤类型分布既具有水平地带性特征，又具有垂直地带性特点。就水平地带性而言，纬度跨度9°，由南向北顺次为山原性砖红壤、山原性砖红壤化红壤（赤红壤）和山原红壤。就垂直地带性而言，绝对高程差6663.6m，随着海拔升高，顺次为砖红壤、砖红壤化红壤、山地红壤、山地黄壤、山地黄棕壤、山地灌丛草甸土等；在深切的干旱河谷中还有"反垂直带谱"的稀树草原土（燥红土）（马溶之，1965）。

按土壤类型划分，云南土壤可分7个土纲18个土类：①硅铝土纲，包括砖红壤、赤红壤、红壤和黄壤，约占全省土壤面积的55.32%；②半淋溶土纲，包括燥红土和褐土，约占全省土壤面积的1.43%；③淋溶土纲，包括黄棕壤、棕壤、暗棕壤和棕色森林土，约占全省土壤面积的19.27%；④高山土纲，包括亚高山草甸土和高山寒漠土，约占全省土壤面积的1.92%；⑤初育土纲，包括紫色土、石灰岩土、火山灰土和冲积土，约占全省土壤面积的18.17%；⑥水成土纲，主要为沼泽土，约占全省土壤面积的0.02%；⑦人为土纲，主要为水稻土，约占全省土壤面积的3.87%。全省土壤面积3522.9万hm^2，其中自然土壤占86.8%，耕作土壤占13.2%。

红壤系列土类广泛分布于云南热带、亚热带地带，故云南高原又称"红土高原"。主要土类有砖红壤、赤红壤、山原红壤、黄壤和燥红土。分布区气温较高，降雨充沛，硅酸盐类矿物分解剧烈，淋溶作用较强；在成土过程中铁铝氧化物积累于土体和风化壳，硅、钙、镁、钾大量淋失；加之地面植被较繁茂，植物残体分解进入土体，土壤中生物循环较强烈，生物积累富集。砖红壤是在热带雨林和热带季雨林下发育的一种土壤，成土母质多为花岗岩、千枚岩、片麻岩及老冲积红土层；土壤中盐基和硅酸盐淋溶严重，铁铝氧化物积累明显，黏粒含量50%～80%，多为重黏土或壤质黏土，pH 4.5～5.5，阳离子代换量10～14mg当量/100g土，表层有机质2%～3%；主要分布于云南南部和西南部边沿海拔800m以下的河谷阶地、丘陵、低山下部与盆地边缘，以及东南部海拔500m以下的谷地，是云南发展橡胶、香料、南药、热带水果及咖啡等经济林木的主要基地，农作物可一年三熟。山原红壤（又称山地红壤）发育于亚热带常绿阔叶林和混交林下，成土母质以古红土和红色风化壳为主，黏土矿物多为高岭土，质地黏重，富铁铝化和生物积累过程相对较弱。由于干湿交替季风气候的影响，成土母质的风化程度较低，土层相对较薄，酸度较低，pH 5.5～6.5，表土暗红色，心土棕红色，土壤有机质含量1%～2%，土壤氮、磷含量较低，主要分布于滇中高原24°～26°N、海拔1500～2500m的高原湖盆边缘及中低山地。山原红壤分布区面积大，是云南优质烤烟、玉米、薯类、麦类、油菜及小宗粮豆的主产区。赤红壤为由砖红壤到山原红壤的过渡类型，主要发育在南亚热带常绿阔叶林下，成土母质为各种岩石风化的残积、坡积物，土体较厚，质地偏黏，多为壤质土或轻黏土；富铁铝化过程较明显，土壤酸性较强，pH 5.0～5.5，阳离子代换量约为20mg当量/100g土。森林植被下，表土呈棕色，心土呈棕红色，有机质含量4%～6%，次生草地土壤有机质含量下降，多为2%～3%，赤红壤是云南双季稻、陆稻、甘蔗、大叶茶、玉米、甘薯、花生及柑橘、八角、紫胶的主产地。黄壤发育在山地湿性常绿阔叶林和苔藓常绿阔叶林下，面积较小，局限于热量条件与山原红壤分布区相当、降雨较多的湿润地区；常见于高黎贡山西坡、滇东南多雨山地及昭通地区东北部。表土呈灰暗棕色，心土由于土体中氧化铁的结合水含量较高而呈黄色，酸性强，pH 4.5～5.5，有机质含量较高。滇东北黄壤区主产玉米、马铃薯及荞麦等小宗粮豆，适宜发展杜仲、天麻；滇东南和滇西南黄壤区盛产杉木、茶叶、油茶、油桐、草果、八角等经济林果。燥红土为发育于亚热带河谷稀树灌木草丛下的一个红壤类型。成土母质多为新老冲积物。河谷内气候炎热，降雨少，通常在750mm以下，干燥指数1.5以上。故燥红土的矿物风化程度较低，淋溶作用较弱，脱硅富铝化作用不明显，蒸发强烈，盐基向表层积聚，酸性弱，pH 6.5～7.0，土壤有机质分解程度较低。分布于元江、澜沧江、怒江、金沙江等海拔1200m以下的干热河谷，是云南发展冬早蔬菜和咖啡、芒果等热带经济林果的重要基地，也是甘蔗的主产区。

黄棕壤、棕壤、暗棕壤及亚高山草甸土是云南土壤垂直分布上层的土类。黄棕壤发育于温带常绿阔叶林和苔藓常绿阔叶林下，主要分布于北纬27°以南海拔1800～2700m的中山坡地上部，气候温凉湿润。成土母质多为花岗岩、玄武岩、片麻岩、片岩及砂页岩。土层1m以上，表土灰棕色，质地中壤土，心土为浅棕黄色。土壤的自然肥力较高，平缓坡地多种植马铃薯、小黑麦、白芸豆、蓝花子等粮油作物，山地以林、牧业为主。棕壤发育于温带针阔混交林下，分布于25°N以北海拔2600～3400m的中山山地，成土母质多为紫色砂岩、酸性及基性结晶岩、石灰岩；土层厚度1m以上，表土暗棕色，心土黄棕色，重壤土，自然肥力较高，适宜多种林木生长。暗棕壤发育于云杉、冷杉等冷性针叶林下，通常分布于海拔3000～3700m的高山，下与山原红壤相接，上接亚高山草甸土。该地带气候冷凉，年均温多在6℃以下，降水较充沛，年降水600mm以上，干燥指数<1.0，土体终年湿润；林内由残落物和苔藓组成的地被物较厚，土表有机质丰富，呈酸性反应。暗棕壤多分布于滇西北横断山脉和滇东北乌蒙山脉26°N以北山区。亚高山草甸土位于土壤垂直带暗棕壤和棕色森林土之上，发育于蒿草草甸和高山杜鹃或硬叶栎灌丛下，具有土层较薄、矿物质分解程度低、粗骨性强、细土物质少、淋溶作用弱等土壤发育"幼年性"特点。成土母质主要为坡积-残积或冰碛物，该地带气候寒冷，降水丰富，土壤有季节性融冻现象，植物残体分解缓慢，有机质积累明显，土壤呈酸性反应，pH 5.0～5.5。

紫色土和石灰岩土为初育性土类，植被多为云南松、常绿阔叶林和灌丛草地；因基岩性质不同而异。紫色土为发育在中生代三叠-侏罗系紫色砂、页岩风化母质上的岩性土。母岩物理风化强烈，崩解形成碎屑；化学风化较弱，不具有亚热带土壤的脱硅富铝化作用，风化物中磷、钾、钙等营养元素较丰富。岩层旱季因物理风化而崩裂，雨季受降雨冲刷侵蚀，成土母质不断更新，处于幼年发育阶段，土层较薄，土壤多呈中性反应。由西双版纳经哀牢山区，北上大理宾川、祥云、楚雄州各县，直至金沙江中下游地区均有紫色土带状分布。石灰岩土是在碳酸盐类母质上发育的幼年性岩性土壤，分布于昆明、曲靖、红河、文山等亚热带喀斯特岩溶地貌区。由于石灰岩新生风化物不断形成，且地表水富含碳酸盐，延缓了土壤中盐基淋失和脱硅富铝化作用，土层中常有一定数量的碳酸钙残留，常以假菌丝体或结核的形式出现，有利于腐殖质的积累。云南常见的有黑色石灰土、红色石灰土。部分石灰岩土壤化学风化强烈，发育程度深，则接近于红壤或黄壤。黑色石灰土又称腐殖质碳酸盐土，质地黏重但团粒结构发达，土壤有机质含量较高，土色暗黑，呈中性至碱性反应；呈零星分布，多见于岩壁缝隙。红色石灰土因季节性干湿交替，土壤中氧化铁于旱季脱水、结晶而形成赤铁矿结核，土体呈鲜红色，表土层pH 6.5左右，心土层pH 7.0～7.5；土壤有机质含量较高，结构较好，但土层较薄，蓄水性能较差；面积较大，滇东南岩溶区分布较广。

水稻土和沼泽土均为水成土。水稻土为由人类长期水耕熟化而形成的特殊土壤，成土过程经过周期性的氧化-还原作用和淋溶淀积，因自然成土条件和利用特点不同，主要有淹育型水稻土、潴育型水稻土和潜育型水稻土3个亚类。淹育型水稻土分布于丘陵山区，成土母质多为近代冲积物，熟化程度较低，土壤肥力低下，灌溉条件差，多为雨养雷响田。潴育型水稻土多分布于山间盆地平坝区，成土母质多为冲积物和湖相沉积物或红壤母质，熟化程度高，土壤结构较好，肥力水平较高，灌溉条件较好；依土壤质地、结构和有机质含量又有鸡粪土、油沙土、沙泥土等土种之分。潜育型水稻土多分布于地势低洼的坝区，地下水位较高，成土母质多为冲积物和湖相沉积物，土壤质地较黏重，通透性较差，排水不畅，还原物质含量较高，养分释放缓慢；包括青泥田、冷浸田等，土壤肥力水平较低。沼泽土分布于高原湖泊周边及滇西北山区低洼地，植被为芦苇、蒲草、小黑三棱等湿生植物或挺水植物以及海菜花、眼子菜、狐尾藻、金鱼藻等沉水植物，成土母质为湖相沉积物或冲积物。其主要土种为海漂土，属沼泽土土类泥炭沼泽土亚类海漂土土属，由第三系古湖沼泥炭物发育而成。土壤表层腐殖化，下层炭化或潜育化，形成黑色泥炭层或灰色潜育层，有机质含量高，偏酸性，pH 5.2~6.4。

按土壤质量等级划分，1~4级土壤为宜农地，占全省土地面积的14.74%，5~7级土壤宜林、牧，占全省土地面积的74.87%，还有10.39%的土地为难以利用的8级土壤。

四、云南植物区系与植被

云南素有"植物王国"的美誉，植物种类之丰富为全国之冠。已有文献记载的高等植物即有433科3019属16 139个种（含亚种），分别占全国高等植物总科数的90.3%、总属数的62.2%、总种数的60.0%。云南高原地处低纬地带，滇中高原面海拔在2000m左右，滇西北、滇东北海拔甚至高达3500~4000m；高山大川并列，多呈南北走向。在第四纪冰川时期，云南高原并未受到冰川的直接冲击，在冰川期和间歇期交替、冰川往返进退的过程中，仅冰盖前沿的冰舌、冰泛沿高原峡谷进入云南，中生代至第三纪形成的古植被并未遭受灭顶之灾，故成了孑遗古老植物的天然避难所，分布有松叶蕨属（*Psilotum*）、观音座莲属（*Angiopteris*）、原始观音座莲属（*Archangiopteris*）、桫椤属（*Alsophila*）、白桫椤属（*Sphaeropteris*）等原始蕨类植物；苏铁科（Cycadaceae）、罗汉松科（Podocarpaceae）、红豆杉科（Taxaceae）、杉科（Taxodiaceae）、松科（Pinaceae）等古老裸子植物，以及木兰科（Magnoliaceae）、八角茴香科（Illiciaceae）、樟科（Lauraceae）、山茶科（Theaceae）、壳斗科（Fagaceae）、桑科（Moraceae）等被子植物的原始种类。在云南复杂、多样的生态环境中分化形成了众多的云南特有种、属。其中，特有属108个，占全国特有属总数的52.9%，特有种1000余种，占全国特有种总数的10%以上。

（一）云南植物区系

从植物区系的地理分布来看，云南植物区系位于泛北极植物区和古热带植物区之间。东起24°N左右的广南，西至25.5°N的怒江西岸，按植物区系组分可将云南植物区系划分为中国-喜马拉雅森林亚区和马来亚植物亚区。中国-喜马拉雅森林亚区包括滇中高原小区和滇西、滇西北横断山脉小区。马来亚植物亚区包括滇东南小区和滇南、滇西南小区。高原东北角彝良、盐津、绥江以东的植物区系与滇中高原截然不同，属中国-日本森林植物亚区的华中区系。在云南植物区系中，菊科、兰科、禾本科、豆科、蔷薇科、毛茛科、伞形科等世界性大科分布广泛；已记载的有菊科114属723种，兰科100属472种，禾本科145属366种，其他科属亦不胜枚举。植物种属的地理成分也十分复杂，既有厚皮香属（*Ternstroemia*）、鹅掌柴属（*Schefflera*）、榕属（*Ficus*）、羊蹄甲属（*Bauhinia*）、楠属（*Phoebe*）、合欢属（*Albizia*）、橄榄属（*Canarium*）、楝属（*Melia*）、芭蕉属（*Musa*）、蒲桃属（*Syzygium*）、樟属（*Cinnamomum*）、野牡丹属（*Melastoma*）、山龙眼属（*Helicia*）、木棉属（*Bombax*）、刺葵属（*Phoenix*）、木荷属（*Schima*）等以热带东南亚成分为主的热带性属，又有冷杉属（*Abies*）、云杉属（*Picea*）、松属（*Pinus*）、柳属（*Salix*）、槭属（*Acer*）、桦木属（*Betula*）、桤木属（*Alnus*）、栲属（锥属 *Castanopsis*）、石栎属（柯属 *Lithocarpus*）、铁杉属（*Tsuga*）、翠柏属（*Calocedrus*）、木兰属（*Magnolia*）、枫香属（*Liquidambar*）、棕榈属（*Trachycarpus*）、梧桐属（*Firmiana*）、枇杷属（*Eriobotrya*）、油杉属（*Keteleeria*）等以东亚成分为主的温带性属；以及珙桐属（*Davidia*）、钟萼木属（伯乐树属 *Bretschneidera*）、银鹊树属（瘿椒树属 *Tapiscia*）等中国特有属和栌菊木属（*Nouelia*）、地涌金莲属（*Musella*）、巴豆藤属（*Craspedolobium*）等云南特有属。银莲花属（*Anemone*）、龙胆属（*Gentiana*）、灯心草属（*Juncus*）、芦苇属（*Phragmites*）、眼子菜属（*Potamogeton*）等世界性属亦是云南植物区系的重要组成。

（二）云南植被

按照植被分类系统，云南植被分为热带雨林、季雨林、常绿阔叶林、硬叶常绿阔叶林、落叶阔叶林、暖性针叶林、温性针叶林、竹林、稀树灌木草丛、灌丛、草甸和湖泊水生植被等12个天然植被型。植被型以下又分为34个植被亚型167个群系209个群丛（吴征镒等，1987）。由南向北，由低到高，按水热资源配置呈水平地带性和垂直地带性分布，地带性植被顺次为：①热带植被，主要有热带雨林、季雨林、热性竹林、河岸植被，次生植被多为疏林灌丛；②亚热带植被，常见的有常绿阔叶林和暖性针叶林，次生植被为灌丛和草丛；③温带植被，常见的有针阔混交林，云杉林、冷杉林等温性针叶林，次生植被多为亚高山灌丛和亚高山草甸；④寒带植被，常见的有高山灌丛、高山草甸和高山流石滩荒漠植被。非地带性植被有：①由硬叶栎类组成的硬叶常绿阔叶林和灌丛，多分布于滇北、滇西北河谷、高原山地和亚高山；②干旱河谷植被，主要有低海拔的干热河谷稀树灌草丛、肉质多刺灌丛和中海拔的干暖河谷稀树小叶灌丛；③水生植被，由湖滨芦苇、小黑三棱等挺水植物和海菜花、眼子菜、狐尾藻等沉水植物组成的植被类型。以下主要介绍10种植被型。

1. 热带雨林

云南热带雨林属于热带北沿类型，林中以高大乔木为建群种，属、种多，但优势种不突出，以龙脑香科、隐翼科、四数木科等东南亚特有科为标志物种。常见树种有桑科的榕属（*Ficus*）、见血封喉属（*Antiaris*）、桂木属（波罗蜜属 *Artocarpus*），楝科的香椿属（*Toona*）、崖摩属（*Amoora*）、山楝属（*Aphanamixis*）、米仔兰属（*Aglaia*），无患子科的番龙眼属（*Pometia*）、无患子属（*Sapindus*），龙脑香科的龙脑香属（*Dipterocarpus*）、坡垒属（*Hopea*），肉豆蔻科的风吹楠属（*Horsfieldia*）、肉豆蔻属（*Myristica*），藤黄科的红厚壳属（*Calophyllum*）、藤黄属（*Garcinia*），橄榄科的橄榄属（*Canarium*），苦木科的臭椿属（*Ailanthus*）、苦木属（*Picrasma*），山榄科的桃榄属（*Pouteria*），榆树科的白颜树属（*Gironniera*）、榆属（*Ulmus*），使君子科的榆绿木属（*Anogeissus*）、榄仁树属（*Terminalia*），以及四数木科的四数木属（*Tetrameles*）等。林中树木高低参差，无明显分层，多具板状根、气生根，扁担藤（*Tetrastigma planicaule*）等木质藤本植物十分发育，石斛属（*Dendrobium*）、万代兰属（*Vanda*）等高等附生植物及绞杀植物屡见不鲜。热带雨林分为湿润热带雨林、季节热带雨林和山地热带雨林三类，以季节热带雨林为主。湿润热带雨林代表树种有东京龙脑香（*Dipterocarpus tonkinensis*）、多毛坡垒（*Hopea mollissima*）、隐翼木（*Crypteronia paniculata*）等；季节热带雨林代表树种有见血封喉（*Antiaris toxicaria*）、千果榄仁（*Terminalia myriocarpa*）、绒毛番龙眼（*Pometia tomentosa*）、望天树

(*Parashorea chinensis*)等；山地热带雨林代表树种有野橡胶（盆架树 *Alstonia rostrata*）、滇楠（*Phoebe nanmu*）、云南蕈树（*Altingia yunnanensis*）、大叶木莲（*Manglietia megaphylla*）及黑桫椤（*Cyathea podophylla*）等。热带雨林分布于23°30′N以南，南溪河、元江、藤条江、李仙江、澜沧江、南定河下游地区海拔1000m以下的沟谷、山麓、低丘。

2．季雨林

云南季雨林的植物区系组成与热带雨林相近，多由热带科属组成，但多数为落叶成分，少数为常绿成分，林木较稀疏，树冠多呈伞状，优势种较明显；木质藤本及草本植物富余，附生植物稀少。季雨林分为半常绿季雨林、落叶季雨林和石山季雨林三类。半常绿季雨林的乔木主要成分有高榕（*Ficus altissima*）、麻楝（*Chukrasia tabularis*）、铁力木（*Mesua ferrea*）等；落叶季雨林的代表树种有木棉（*Bombax ceiba*）、千果榄仁（*Terminalia myriocarpa*）、刺栲（*Castanopsis hystrix*）、东京枫杨（*Pterocarya tonkinensis*）、柚木（*Tectona grandis*）、羊蹄甲（*Bauhinia variegata*）等；石山季雨林的乔木主要成分有四数木（*Tetrameles nudiflora*）、多花白头树（*Garuga floribunda*）、小花龙血树（*Dracaena cambodiana*）等。第一种类型与季节性雨林交错分布，后两种类型分布于石灰岩山地或干热河谷。

3．常绿阔叶林

常绿阔叶林是云南亚热带植被的优势类型，分布广泛；依气候、生态环境和植物组成由南向北、由低热宽谷到中高山地可分为季风常绿阔叶林、半湿润常绿阔叶林、中山湿性常绿阔叶林、山地苔藓常绿阔叶林、山顶苔藓矮林五类。季风常绿阔叶林的主要成分有刺栲（*Castanopsis hystrix*）、印度栲（*Castanopsis indica*）、截果石栎（*Lithocarpus truncatus*）、桢楠（*Machilus kurzii*）、炭栎（*Quercus utilis*）等；半湿润常绿阔叶林的主要树种有滇青冈（*Cyclobalanopsis glaucoides*）、黄毛青冈（*C. delavayi*）、元江栲（*Castanopsis orthacantha*）、高山栲（*C. delavayi*）等；中山湿性常绿阔叶林主要树种有壶斗石栎（*Lithocarpus echinophorus*）、木果石栎（*L. xylocarpus*）、包斗石栎（*L. craibianus*）、青冈栎（*Cyclobalanopsis glauca*）、秃杉（*Taiwania flousiana*）等；山地苔藓常绿阔叶林主要树种有红花荷（*Rhodoleia parvipetala*）、润楠属（*Machilus*）、石栎属（*Lithocarpus*）等；山顶苔藓矮林主要树种有杜鹃属（*Rhododendron*）、乌饭树属（越橘属 *Vaccinium*）、倒卵叶石栎（*Lithocarpus pachyphylloides*）等。

4．硬叶常绿阔叶林

硬叶常绿阔叶林是金沙江中下游高山峡谷地区的特有植被，优势种为硬叶栎类（*Quercus* spp.），适应滇西北1300m的干热河谷至3800m的亚高山。干热河谷硬叶常绿阔叶林以铁橡栎（*Quercus cocciferoides*）、锥连栎（*Q. franchetii*）、光叶高山栎（*Q. rehderiana*）为主，寒温山地硬叶常绿阔叶林以黄背栎（*Q. pannosa*）、帽斗栎（*Q. guyavaefolia*）和川滇高山栎（*Q. aquifolioides*）为主。

5．落叶阔叶林

落叶阔叶林主要有以麻栎（*Quercus acutissima*）、栓皮栎（*Q. variabilis*）为主的落叶栎类林，以旱冬瓜（尼泊尔桤木 *Alnus nepalensis*）为主的桤树林，以桦木属（*Betula*）、滇山杨（*Populus yunnanensis*）为主的落叶阔叶林和枫香（*Liquidambar formosana*）、滇楸（*Catalpa fargesii* f. *duclouxii*）、槭属（*Acer*）等落叶阔叶林。其具有次生植被性质，常以单优势群落出现，最常见的是旱冬瓜林，分布于云南高原海拔1500～2100m山地。

6．暖性针叶林

暖性针叶林是指分布于热带、亚热带中山以下的旱性或半旱性针叶林，乔木层优势成分主要有云南松（*Pinus yunnanensis*）、华山松（*P. armandii*）、思茅松（*P. kesiya* var. *langbianensis*）、云南油杉（*Keteleeria evelyniana*）、冲天柏（干香柏*Cupressus duclouxiana*）、秃杉（*Taiwania flousiana*）等。伴生乔灌木主要成分有栎属（*Quercus*）、石栎属（*Lithocarpus*）、杜鹃属（*Rhododendron*）、乌饭树属（*Vaccinium*）、悬钩子属（*Rubus*）、蔷薇属（*Rosa*）、石楠属（*Photinia*）、梨属（*Pyrus*）、金丝桃属（*Hypericum*）、荚蒾属（*Viburnum*）、黄连木属（*Pistacia*）、盐肤木属（*Rhus*）、山茱萸属（*Cornus*）、厚皮香属（*Ternstroemia*）、鼠李属（*Rhamnus*）、含笑属（*Michelia*）、山矾属（*Symplocos*）等中国-喜马拉雅温带成分及少量热带成分。石灰岩山地常见火把果（*Pyracantha fortuneana*）、金花小檗（*Berberis wilsonae*）和铁仔（*Myrsine africana*）灌丛。疏林下草丛的种类组成存在明显的地域差异，北部山地主要有穗序野古草（*Arundinella hookeri*）、野青茅（*Deyeuxia arundinacea*）、梅氏画眉草（*Eragrostis mairei*）；中部高原主要有云南裂稃草（*Schizachyrium delavayi*）、刺芒野古草（*Arundinella setosa*）、马陆草（*Eremochloa zeylanica*）等；南部山原主要有密序野古草（*Arundinella bengalensis*）、苞茅（*Hyparrhenia bracteata*）、白茅（*Imperata cylindrica*）等高大禾草。

7. 温性针叶林

温性针叶林分为温凉性针叶林和寒温性针叶林两类。温凉性针叶林的特征种为云南铁杉（*Tsuga dumosa*），伴生种乔灌成分主要有槭属（*Acer*）、桦木属（*Betula*）、栎属（*Quercus*）、松属（*Pinus*）、杜鹃属（*Rhododendron*）等属植物，以及光叶泡花树（*Meliosma cuneifolia* var. *glabriuscula*）、水红木（*Viburnum cylindricum*）、西域青荚叶（*Helwingia himalaica*）、南方红豆杉（*Taxus chinensis* var. *mairei*）等北温带及东亚成分，广泛分布于滇中高原中山山地。寒温性针叶林，即亚高山针叶林，特征种属为云杉、冷杉，多特有种，如长苞冷杉（*Abies georgei*）、川滇冷杉（*A. forrestii*）、丽江云杉（*Picea likiangensis*）、大果红杉（*Larix potaninii* var. *macrocarpa*）等。伴生种乔灌成分主要有槭属（*Acer*）、桦木属（*Betula*）、花楸属（*Sorbus*）、柳属（*Salix*）、忍冬属（*Lonicera*）、荚蒾属（*Viburnum*）、小檗属（*Berberis*）、五加属（*Eleutherococcus*）、箭竹属（*Fargesia*）、绣线菊属（*Spiraea*）、悬钩子属（*Rubus*）、李属（*Prunus*）等北温带及东亚属种，分布于滇西北中高山林带。

8. 稀树灌木草丛

植被以草丛为主体，乔灌木散生其间。按乔木和草丛的区系成分可分为干热性稀树灌木草丛、热性稀树灌木草丛、暖热性稀树灌木草丛和暖温性稀树灌木草丛四类。干热性稀树灌木草丛的优势种为黄茅（*Heteropogon contortus*），伴生乔灌木为木棉（*Bombax ceiba*）、虾子花（*Woodfordia fruticosa*）、厚皮树（*Lannea coromandelica*）、滇榄仁（*Terminalia franchetii*）等。热性稀树灌木草丛的优势禾草有菅草（*Themeda hookeri*）、棕叶芦（*Thysanolaena maxima*）、斑茅（*Saccharum arundinaceum*）、五节芒（*Miscanthus floridulus*）等；散生乔灌木有羊蹄甲（*Bauhinia variegata*）、千张纸（木蝴蝶*Oroxylum indicum*）、西南猫尾木（*Markhamia stipulata*）、西南木荷（*Schima wallichii*）等。暖热性稀树灌木草丛除有上述草类外，还有野古草属（*Arundinella*）、芒（*Miscanthus sinensis*）、白茅（*Imperata cylindrica*）等禾草及大芒萁（*Dicranopteris ampla*）等蕨类特有植物。暖温性稀树灌木草丛的植被有芸香草（*Cymbopogon distans*）、蜈蚣草（*Eremochloa ciliaris*）、四脉金茅（*Eulalia quadrinervis*）等热带成分和鹅观草（*Roegneria kamoji*）、白草（*Pennisetum flaccidum*）、荩草（*Arthraxon hispidus*）等温带成分，以及旱茅（*Eremopogon delavayi*）、梅氏画眉草（*Eragrostis mairei*）、知风草（*E. ferruginea* var. *yunnanensis*）等地区特有种；乔灌木有云南松（*Pinus yunnanensis*）、旱冬瓜（*Alnus nepalensis*）、毛杭子梢（*Campylotropis hirtella*）、矮生胡枝子（*Lespedeza forrestii*）、滇杨梅（*Morella nana*）等。其广泛

分布于云南高原干热河谷及热带、亚热带荒山坡。

9．灌丛

灌丛依生态地理景观可分为高寒山地的寒温灌丛、亚热带石灰岩灌丛、干热河谷灌丛和热带河滩灌丛四类。寒温灌丛以杜鹃属（*Rhododendron*）灌丛为主体，优势种有腺房杜鹃（*Rh. adengynum*）、川滇杜鹃（*Rh. traillianum*）、短柱杜鹃（*Rh. brevistylum*）、锈叶杜鹃（*Rh. siderophyllum*）等。此外，还有由长柄垫柳（*Salix calyculata*）、尖齿叶垫柳（*S. oreophila*）等组成的柳灌丛，由箭叶锦鸡儿（*Caragana jubata*）组成的锦鸡儿灌丛，由垂枝香柏（*Sabina pingii*）组成的圆柏灌丛，由沙棘（*Hippophae rhamnoides*）和水柏枝（*Myricaria germanica*）组成的沙棘灌丛与水柏枝灌丛。灌丛伴生种有丽江麻黄（*Ephedra likiangensis*）、川滇绣线菊（*Spiraea schneideriana*）等；草本植物有云南银莲花（*Anemone demissa* var. *yunnanensis*）、苍山橐吾（*Ligularia tsangchanensis*）、重冠紫菀（*Aster diplostephioides*）、滇西龙胆（*Gentiana georgei*）、丽江葶苈（*Draba lichiangensis*）、云南景天（*Sedum yunnanense*）、大理独花报春（*Omphalogramma delavayi*）、大铜钱叶蓼（*Polygonum forrestii*）等。寒温灌丛分布于滇西北亚高山和高山荒坡及河岸。亚热带石灰岩灌丛有铁仔灌丛、滇北蔷薇灌丛、竹叶椒灌丛和叶下珠灌丛，优势种分别为铁仔（*Myrsine africana*）、毛叶蔷薇（*Rosa mairei*）、竹叶椒（*Zanthoxylum armatum*）和云贵叶下珠（*Phyllanthus franchetianus*）。其分布于滇中、滇东南石灰岩山地。干热河谷灌丛有白刺花灌丛、矮黄栌灌丛、黄荆灌丛和仙人掌灌丛，分别由白刺花（*Sophora davidii*）、矮黄栌（*Cotinus nana*）、黄荆（*Vitex negundo*）和单刺仙人掌（*Opuntia monacantha*）组成。伴生种常有霸王鞭（*Euphorbia royleana*）、云南山蚂蝗（*Desmodium yunnanense*）、洛氏美登木（被子裸实 *Gymnosporia royleana*）、云南豆腐柴（*Premna yunnanensis*）等。其分布于金沙江、澜沧江、元江等干热河谷。热带河滩灌丛主要有水柳灌丛，多为热带东南亚成分，优势种为水柳（*Homonoia riparia*）及剑叶木姜子（*Litsea lancifolia*）、水竹蒲桃（*Syzygium fluviatile*）、小楠木（*Machilus gamblei*）等狭叶性植物。其分布于云南南部边沿热带河岸。

10．草甸

草甸主要有亚高山草甸、亚高山沼泽草甸、高山草甸和高山流石滩疏生草甸四类。亚高山草甸以北温带的菊科、禾本科、蔷薇科、莎草科、毛茛科植物为主。常见属有乌头属（*Aconitum*）、香青属（*Anaphalis*）、柳叶菜属（*Epilobium*）、鸢尾属（*Iris*）、马先蒿属（*Pedicularis*）、委陵菜属（*Potentilla*）、虎耳草属（*Saxifraga*）、橐吾属（*Ligularia*）、党参属（*Codonopsis*）、象牙参属（*Roscoea*）、豹子花属（*Nomocharis*）、老鹳草属（*Geranium*）、剪股颖属（*Agrostis*）、银莲花属（*Anemone*）、羊茅属（*Festuca*）、龙胆属（*Gentiana*）、酸模属（*Rumex*）及大戟属（*Euphorbia*）等，特有种有云南毛茛（*Ranunculus yunnanensis*）、云南柴胡（*Bupleurum yunnanense*）、东川岩参菊（*Cicerbita bonatii*）、云南雀麦（梅氏雀麦 *Bromus mairei*）、滇蜀豹子花（开瓣豹子花 *Nomocharis aperta*）、线茎虎耳草（*Saxifraga filicaulis*）、土大黄（尼泊尔酸模 *Rumex nepalensis*）等；分布于滇西北、滇东北亚高山荒坡。亚高山沼泽草甸分为以华扁穗草（*Blysmus sinocompressus*）为主的莎草沼泽草甸和以矮地榆（*Sanguisorba filiformis*）为主的杂草沼泽草甸两类。特有种有云南金莲花（*Trollius yunnanensis*）、裂叶银莲花（*Anemone multifida*）、海仙花（*Primula poissonii*）、草玉梅（*Anemone rivularis*）以及钟花报春（*Primula sikkimensis*）、苞叶报春（*Primula sonchifolia*）等；分布于滇西北亚高山草甸和沼泽草甸。高山草甸以嵩草属（*Kobresia*）植物为主，由玉龙嵩草（*Kobresia tunicata*）、尾穗嵩草（*K. stiebritziana*）、云南嵩草（*K. yunnanensis*）及狭叶委陵菜（*Potentilla stenophylla*）等植物组成。高山流石滩疏生草甸为由羽裂雪兔子（*Saussurea leucoma*)、小风毛菊（*Saussurea* sp.）、紫叶垂头菊（*Cremanthodium* sp.）、狭叶垂头菊（*Cremanthodium angustifolium*）及钝瓣景天（*Sedum obtusipetalum*）、丽江绿绒蒿（*Meconopsis forrestii*）、云南黄耆（*Astragalus yunnanensis*）等植物组成的疏生草甸；分布于海拔3900～4500m的高山荒坡。

五、作物野生种质资源

在云南众多类型的植物群丛中，不乏与栽培作物起源、演化密切相关的野生种和近缘属种植物，它们是农作物遗传改良取之不尽的基因库，也是实施生物资源开发战略、发展特色农业得天独厚的种质资源。

（一）大田作物的野生种及近缘属种

亚洲栽培稻的近缘植物在云南有普通野生稻（*Oryza rufipogon*，染色体组AA）、药用野生稻（*O. officinalis*，染色体组GG）和疣粒野生稻（*O. meyeriana*，染色体组CC）3个种。云南省农业科学院已收集记录野生稻种质资源160余份。截至2010年，共发现自然分布点（生态居群）161个（程在全和黄兴奇，2016）。其中，普通野生稻有25个分布点，主要集中于西双版纳景洪和玉溪元江两县荒地水塘或水沟中，分布与水系关系密切，24个点属于澜沧江水系；1个点属于元江水系。药用野生稻在3个地（州）5个县有14个分布点，主要分布在南定河水系区域，位于99°05′～101°34′E、21°29′～24°02′N，海拔520（耿马县孟定镇）～1000m（永德县大雪山乡），从地理上大致可划分为两个集中分布区，即西双版纳-普洱分布区和临沧分布区。生态环境多为山谷沼泽湿地或山地中积水塘，在其周围往往有密布的乔木和灌木，即使在干旱季节也有较高的湿度。疣粒野生稻分布最广，在9个地（州）17个县共发现122个分布点，主要分布在元江以西，海拔425～1100m、湿度大、温度高的澜沧江、南定河、怒江等河畔的竹林山坡上，尤以河畔海拔600～900m的竹林和竹木混交林地为多。但20世纪80年代以来，云南原生境野生稻消亡速度加快，濒临灭绝。2004年云南省农业科学院在农业部支持下，先后建立了三种野生稻四个原位保护点和昆明、景洪两个异地集中保护点。在种子保存、原生境保护和异地集中保护三个层面上开展了野生稻种质资源保护。普通野生稻为多年生草本植物，形态特征与亚洲栽培稻极其相似。诸多学者认为，亚洲栽培稻是由普通野生稻驯化而来的。1970年袁隆平等发现用普通野生稻的雄不育材料与栽培稻回交转育，相继育成200多份胞质雄不育系，首开籼型三系杂交稻杂种优势利用之先河。

栽培玉米的亚洲近缘种在云南有薏苡属植物水生薏苡（*Coix aquatica*）、小珠薏苡（*C. puellarum*）和薏苡（*C. lacryma-jobi*）3种及多裔草属的多裔草（*Polytoca digitata*）。水生薏苡分布于西双版纳海拔800m以下阴湿谷地，小珠薏苡分布于西双版纳海拔1400m左右的疏林山地，薏苡在全省各地均有分布。除野生种外，薏苡还有菩提子（念珠薏苡 *Coix lacryma-jobi* var. *maxima*）和六谷（*C. lacryma-jobi* var. *chinensis*）两个栽培变种。菩提子多用于做佛珠、手链等饰物；六谷又称薏仁或绿竹米，食用或药用。多裔草为多年生禾草，通常生长于海拔800～1800m的林缘、疏林或空旷草地，在元谋、富宁、广南、元阳、石屏、临沧、昌宁、盈江和瑞丽等地均有分布。

高粱属（*Sorghum*）近缘植物在云南分布有高粱亚属的拟高粱（*Sorghum propinquum*）和帕拉高粱亚属（*Para-sorghum*）的光高粱（草蜀黍 *S. nitidum*），在中国高粱的起源和演化研究中有重要地位。拟高粱分布于气候炎热、雨量充沛、海拔较低的河口县（海拔76.4～500m，年均温23.1℃，年雨量

2007mm）和富宁县（海拔684m，年均温19.4℃，年雨量1200mm），以及文山丘北、西畴、麻栗坡、个旧等县市。光高粱分布于云南省内地气候温热、雨量充沛、海拔在1000～2200m的东川、昆明、建水、石屏、元谋、香格里拉（金沙江边）、耿马、镇康、保山等市县区。在孟连县（海拔960m，年均温19.6℃，年雨量1373mm）还新发现分布有缅甸高粱（*S. burmahicum*）。

云南是荞麦属（*Fagopyrum*）植物的多样性中心和栽培荞麦的起源地之一（Ohnishi，1990）。目前，世界上共有已命名的荞麦属植物21种、2亚种、2变种。云南已记载发现的就有13种、2亚种和2变种，占全世界荞麦种总数的2/3。就生活型而言，云南荞麦野生资源既有一年生型，又有多年生型；既有异花授粉生殖型，又有自花授粉生殖型；既有草本，又有半灌木。栽培种有甜荞（*Fagopyrum esculentum*）和苦荞（*F. tataricum*）2种。荞麦属野生近缘植物则集中分布于滇西和滇中两大区域。滇西多样性中心主要包括大理、丽江、迪庆等地，分布有10种、2亚种和2变种；其中，疏穗小野荞麦（*Fagopyrum leptopodum* var. *grossii*）、岩野荞麦（*F. gilesii*）、疏穗野荞麦（*F. caudatum*）、线叶野荞麦（*F. lineare*）、红花型的硬枝万年荞（*F. urophyllum*）、甜荞近缘野生亚种（*F. esculentum* subsp. *ancestralis*）、苦荞近缘野生亚种（*F. tataricum* subsp. *potanini*）及 *F. capillatum* 和甜荞野生落粒变种（*F. esculentum* var. *homotropicum*）是该中心的特有类群。滇中多样性中心主要包括昆明、玉溪等地。该分布中心分布有5种和1变种；其中，抽葶野荞麦（*F. statice*）是该中心的特有种。金荞麦（*F. acutatum*）、硬枝万年荞（*F. urophyllum*）、小野荞麦（*F. leptopodum*）、细柄野荞麦（*F. gracilipes*）和齿翅野荞麦（*F. gracilipes* var. *odontopterum*）为广布种，全省均有分布。

大田粮油作物的野生种或近缘植物还有野大豆（*Glycine soja*），是栽培大豆的野生原始种，分布于丽江、大理、漾濞、楚雄、昆明、昭通等。此外，各地还有自生的野油菜分布。云南芸薹属"野生油菜"多为散生零星分布，部分连片或丛生。根据对85份材料的初步鉴定，可分为似白菜型的"野生油菜"和似芥菜型的"野生油菜"。似白菜型的"野生油菜"分布在泸水、凤庆、玉溪、腾冲、景洪、思茅、云县等地，位于21°27′～28°23′N，海拔600～2300m，主要分布于海拔1500～2150m的江、河、沟塘旁、沼泽地、二荒地及灌木丛、芦苇丛。似芥菜型的"野生油菜"分布于凤庆、保山、双江、腾冲、云县等，位于23°25′～27°31′N，海拔1550～2150m的地区，主要集中分布于山地、麦地、豌豆地、火烧地和二荒地。近年发现，香格里拉碧塔海4400m附近有成片白菜型野生油菜（*Brassica campestris*）生长，大理点苍山主峰马龙峰4122m雪线附近有近缘属植物高河菜（*Megacarpaea delavayi*）分布。

（二）经济作物的野生种及近缘属种

云南分布有甘蔗属（*Saccharum*）原种植物4种，其中栽培种3种：中国蔗（*Saccharum sinense*）、印度蔗（*S. barberi*）和热带蔗（*S. officinarum*）；野生种1种：细茎野生种（*S. spontaneum*）。细茎野生种又称割手蜜、甜根子草，遍布云南各种禾草灌丛，生态类型极其丰富，染色体数分别为$2n$＝60、64、72、74、78、80六种类型（蔡青等，2002）。其中不乏耐寒、抗旱和锤度大于15%的种质，是云南甘蔗遗传改良目前应用最多的一个野生种。云南省农业科学院甘蔗研究所收集保存有割手蜜资源697份，占野生资源保存总数（782份）的89.1%。近缘属有蔗茅属（*Erianthus*）、河八王属（*Narenga*）、芒属（*Miscanthus*）、白茅属（*Imperata*）和狼尾草属（*Pennisetum*）等5属，包括滇蔗茅（*Erianthus rockii*）、蔗茅（*Erianthus rufipilus*）、斑茅（*Saccharum arundinaceum*）、桃花芦（*E. rufipilus*）、河八王（*Narenga porphyrocoma*）和金猫尾（*N. fallax*）、荻（*Miscanthus sacchariflorus*）、尼泊尔芒（*M. nepalensis*）、短毛芒（*M. nudipes*）、五节芒（*M. floridulus*）、芒（*M. sinensis*）、白茅（*Imperata cylindrica*）和象草（*Pennisetum purpureum*）等10多种；已采集到的种质资源有480多份。其中，蔗茅和斑茅已用于甘蔗的品种遗传改良。

中国是茶（*Camellia sinensis*）的原生地和多样性中心。在全世界已发现的47种茶亚属茶组植物中云南就发现了34种、3变种，其中26种为云南特有种。根据对云南茶树资源的调查和分类鉴定，已采集到的种和变种包括：茶（*Camellia sinensis*）、广西茶（*C. kwangsiensis*）、广南茶（*C. kwangnanica*）、普洱茶（*C. assamica*）、厚轴茶（*C. crassicolumna*）、老黑茶（*C. atrothea*）、大理茶（*C. taliensis*）、滇缅茶（*C. irrawadiensis*）、圆基茶（*C. rotundata*）、皱叶茶（*C. crispula*）、马关茶（*C. makuanica*）、哈尼茶（*C. haaniensis*）、多瓣茶（*C. crassicolumna* var. *multiplex*）、德宏茶（*C. dehungensis*）、秃房茶（*C. gymnogyna*）、突肋茶（*C. costata*）、榕江茶（*C. yungkiangensis*）、紫果茶（*C. purpurea*）、多脉茶（*C. polyneura*）、多萼茶（*C. multisepala*）、细萼茶（*C. parvisepala*）、大苞茶（*C. grandibracteata*）、五柱茶（*C. pentastyla*）、拟细萼茶（*C. parvisepaloides*）、大厂茶（*C. tachangensis*）、疏齿茶（*C. remotiserrata*）、高树茶（*C. arborescens*）等，以及多脉普洱茶（*C. assamica* var. *polyneura*）、白毛茶（*C. sinensis* var. *pubilimba*）、苦茶（*C. assamica* var. *kucha*）3变种。它们分别隶属于山茶属茶亚属茶组的五室茶系、五柱茶系、秃房茶系和茶系4个系。

云南茶树主要为大叶种（大叶茶*Camellia sinensis* var. *assamica*），多为热带型高大乔木。至今，沿澜沧江、怒江、元江两岸森林中仍有散生或成片野生茶林，常与山茶科植物四川大头茶（*Gordonia acuminata*）、西南木荷（*Schima wallichii*）、柃木（*Eurya acuminatissma*）、厚皮香（*Ternstroemia gymnanthera*）、云南石笔木（*Tutcheria sophiae*）等混生，形成山茶科植物群落。就茶组植物种类地理分布而言，茶、普洱茶、大理茶、滇缅茶、老黑茶、勐腊茶分布较广，其他茶种分布相对较窄；云南普洱及周边地区茶树分布种类最多、面积最大。据云南省农业科学院茶叶研究所等对景东、景谷、镇沅、宁洱、墨江、江城、澜沧、孟连等进行的茶树资源调查，共发现大叶茶类16种、中叶茶类5种、小叶茶类2种。且具有原始种形态特征的野生古茶树分布也最集中，说明该区域是茶组植物的多样性中心。

云南桑树资源也很丰富。据云南省农业科学院对云南省12个地区（州）的45个县（市）进行的桑属（*Morus*）植物种质资源考察研究，收集桑树种质资源210多份，分属于白桑（*M. alba*）、鲁桑（*Morus multicaulis*）、广东桑（*M. atropurpurea*）、瑞穗桑（*M. mizuho*）、长穗桑（*M. wittiorum*）、长果桑（*M. laevigata*）、华桑（*M. cathayana*）、鸡桑（*M. australis*）、山桑（*M. bombycis*）、滇桑（*M. yunnanensis*）、蒙桑（*M. mongolica*）、鬼桑（*M. mongolica* var. *diabolica*）、川桑（毛脉桑*M. notabilis*），共12个桑种和1个变种；其中鲁桑、山桑、瑞穗桑属于现代引进桑种。云南省特有桑种滇桑相对集中分布在高黎贡山、哀牢山山脉的贡山、新平和屏边3个区域，形成在形态特征上有一定差异的3个分布群体。此外，柘树（*Cudrania tricuspidata*）、景东柘（*C. amboinensis*）、柘藤（*C. fruticosa*）、毛柘藤（*C. pubescens*）等柘属植物在海拔500~2500m疏林、林缘和灌丛草地有分布，柘树在村边、路旁和荒地也有栽培。

云南薯蓣属（*Dioscorea*）植物种类繁多，有黄山药（*D. panthaica*）、薯蓣（*D. opposita*）、毛胶薯蓣（*D. subcalva*）、云南粘山药（*D. yunnanensis*）、盾叶薯蓣（*D. zingiberensis*）等，多药用。天南星科芋属（*Colocasia*）植物有芋（*C. esculenta*）及其变种，以及不同性状和不同用途的品种，还有野芋（*C. antiquorum*）、大野芋（*C. gigantea*）、台芋（*C. formosana*）、李氏香芋（*Colocasia lihengiae*）、

龚氏芋（*C. gongii*）、云南芋（*C. yunnanensis*）、花叶芋（*C. bicolor*）等。近缘属种有海芋属尖尾芋（*Alocasia cucullata*）、箭叶海芋（*A. longiloba*）、海芋（*Alocasia odora*），岩芋属曲苞岩芋（*Remusatia pumila*）、岩芋（*R. vivipara*），以及细柄芋属细柄芋（*Hapaline ellipticifolium*）等。它们多生长于山谷密林下阴湿地。

魔芋类（*Amorphophallus* spp.）又名蒟蒻，从魔芋中提取出的魔芋葡甘露聚糖品质优良，是食品和精细化工的重要原料。魔芋为天南星科魔芋属植物，原始类群在晚白垩纪起源于亚洲大陆南沿，为亚洲热带、亚热带森林的下层草本。现已报道的魔芋属物种有163种，现有栽培种均从野生种经过人工驯化而形成。已报道的中国魔芋有21种，其中云南省有13种，除花魔芋（*A. konjac*）、白魔芋（*A. albus*）、疣柄魔芋（*A. paeoniifolius*）、南蛇棒（*A. dunnii*）、西盟魔芋（*A. krausei*）等已被驯化为栽培种外，云南分布的野生种还有滇魔芋（*A. yunnanensis*）、攸乐魔芋（*A. yuloensis*）、田阳魔芋（*A. corrugatus*）、东京魔芋（*A. tonkinensis*）、越滇魔芋（*A. arnautovii*）、红河魔芋（*A. hayi*）、结节魔芋（*A. pingbianensis*）、勐海魔芋（*A. kachinensis*）、矮魔芋（*A. nanus*）等。野生种主要分布于云南南部各地（州）南亚热带、热带季雨林下。

（三）野生果蔬植物资源

据不完全统计，云南野生、半野生果树种类多达66科134属499种和66变种。较常见的野生种或近缘种有长柄芭蕉（*Musa balbisiana*）、野荔枝（*Litchi chinensis* var. *euspontanea*）、野柚子（*Citrus* sp.）、野芒果（*Mangifera* sp.）、野枇杷（*Eriobotrya japonica*）、野枣（*Ziziphus jujuba* var. *spinosa*）、毛荔枝（*Nephelium lappaceum*）、白榄（*Canarium album*）、野毛柿（*Diospyros kaki*）、西番莲属（*Passiflora*）、棠梨刺（川梨 *Pyrus pashia*）、沙梨（*P. pyrifolia*）、仙人掌（*Opuntia dillenii*）等；野生果树稀有种有油朴（*Celtis philippensis*）、炸腰果（*Melastoma normale*）、五桠果（*Dillenia turbinata*）、象耳朵叶果（血桐 *Macaranga tanarius*）、木瓜（*Chaenomeles sinensis*）、蜜心果（尼泊尔水东哥 *Saurauia napaulensis*）、野树菠萝（波罗蜜 *Artocarpus heterophyllus*）等；野生果树特有种有蓝果谷木（*Memecylon cyanocarpum*）、版纳藤黄果（*Garcinia xipshuanbannaensis*）等。常见野生水果树种有木奶果（*Baccaurea ramiflora*）、羊奶果（*Elaeagnus* spp.）、槟榔青（*Spondias pinnata*）、木苹果（*Feronia limona*）、山楂果（*Crataegus pinnatifida*）、饭团果（*Kadsura coccinea*）、黄树莓（*Rubus pectinellus*）、黑树莓（*R. mesogaeus*）、鸡嗉子果（*Dendrobenthamia capitata*）、火把果（*Pyracantha fortuneana*）、乌饭果（越橘 *Vaccinium bracteatum*）、茶藨子（*Ribes odoratum*）、余甘子（*Phyllanthus emblica*）、滇杨梅（*Morella nana*）、猕猴桃（*Actinidia* spp.）等；野生干果有榛子（*Corylus heterophylla*）、榧子（*Torreya grandis*）、树花生（买麻藤 *Gnetum montanum*）、喙核桃（*Annamocarya sinensis*）、野核桃（*Juglans cathayensis*）、茅栗（*Castanea seguinii*）、滇锥栗（*Castanopsis yunnanensis*）、元江栲（*Castanopsis orthacantha*）、大果人面子（*Dracontomelon macrocarpum*）等。

香蕉（*Musa nana*）起源于亚洲东南部。云南香蕉的野生种主要有芭蕉属（*Musa*）的尖叶蕉（*M. acuminata*）和野蕉（*M. balbisiana*）及其衍生系。尖叶蕉又名阿加蕉，染色体组AA；长梗蕉又名伦阿蕉或小果蕉，染色体组BB。据研究，香蕉栽培种可能是尖叶蕉和长梗蕉种内互交或种间天然杂交后代经选择驯化形成，故香蕉栽培种有矮香蕉（尖叶蕉三倍体衍生系）、大蕉和粉蕉（杂种三倍体衍生系）之分。野生种群染色体倍性的多样性丰富，从二倍体到四倍体均有，以三倍体为主。尖叶蕉分布在云南东南部至西部，长梗蕉分布在云南西部至西藏东部。孙茂林1986年在元江县曾发现充满种子的野生尖叶蕉果荚。在河口县也发现野生蕉种群分布，且组成复杂，按形态特征可分为AA型和BB型；同时还发现有多种原始栽培种。云南香蕉的近缘植物还有同属的阿希蕉（*M. rubra*）、指天蕉（*M. coccinea*），以及象腿蕉属（*Ensete*）的象腿蕉（*E. glaucum*）和地涌金莲属（*Musella*）的地涌金莲（*M. lasiocarpa*）。云南野生蕉类型丰富，具备香蕉起源和演化的人文地理环境，Simmonds于1962年将云南划入以马来半岛及印度尼西亚诸岛为中心的香蕉起源中心和野生蕉分布区域。

柑橘类亚热带水果的野生种或原始栽培种有红河大翼橙（红河橙*Citrus hongheensis*）、富民枳（*Poncirus polyandra*）、云南香橼（*Citrus medica* var. *yunnanensis*）、小果宜昌橙（*Citrus ichangensis* var. *microcarpus*）等。1974年首次在红河县海拔1820m的山地发现了红河大翼橙，属于柑橘属大翼橙亚属的一个新种，果可以食用，皮作为枳壳药用，叶作香料，是最原始的柑橘栽培种。富民枳发现于富民县海拔2400m的石灰岩山地，又称为野橘子，果可入药，代替枳壳。云南香橼、小果宜昌橙为云南特有种。

苹果的野生种及近缘种在云南有15种19个变型，除苹果属（*Malus*）的苹果（*M. pumila*）外，还有山荆子（*M. baccata*）、丽江山荆子（丽江山定子*M. rockii*）、垂丝海棠（*M. halliana*）、锡金海棠（*M. sikkimensis*）、三叶海棠（*M. sieboldii*）、变叶海棠（*M. toringoides*）、滇池海棠（*M. yunnanensis*）、沧江海棠（*M. ombrophila*）、西蜀海棠（*M. prattii*）、尖嘴林檎（*M. melliana*）、野香海棠（*M. coronaria*）、窄叶海棠（*M. angustifolia*）、褐海棠（*M. fasca*），榅桲属的云南榅桲（*Docynia delavayi*），以及苹果授粉树种花红（*M. asiatica*）。梨属（*Pyrus*）野生种有川梨（棠梨刺*Pyrus pashia*）、滇梨（*P. pseudopashia*）、沙梨（*P. pyrifolia*）和豆梨（*P. calleryana*）4种。

苹果属（*Malus*）的丽江山定子（*M. rockii*）和锡金海棠（*M. sikkimensis*），以及梨属（*Pyrus*）的棠梨刺（川梨*P. pashia*）是温带果树的优良砧木资源植物。丽江山定子原产于云南，邻近的四川和西藏也有分布，喜湿耐涝，与苹果嫁接亲和力强。云南省农业科学院从丽江山定子一年生实生苗中选出了15个矮生单系，其中9个矮生单系母株一年生枝条的长度仅为0.9～6.4cm，且一年生枝条和二年生枝条的总长度也只有1.9～10.2cm，是十分罕见的矮化砧木材料（王国华和张国华，2003）。锡金海棠零星分布于云南、西藏海拔2500～3000m亚高山疏林下及河谷混交林中；可作苹果及花红的砧木。棠梨刺为分布于海拔1700～2500m疏林下的落叶小乔木，是栽培梨的优良砧木。

葡萄属近缘种有刺葡萄（*Vitis davidii*）、小果葡萄（*V. balanseana*）、蘡薁（*Vitis bryoniifolia*）、桦叶葡萄（*V. betulifolia*）、凤庆葡萄（*V. fengqinensis*）、蒙自葡萄（*V. mengtzensis*）、勐海葡萄（*V. menghaiensis*）等，分布于海拔500～2300m丘陵山坡灌丛及常绿阔叶林中。

猕猴桃属（*Actinidia*）植物在云南有56种、亚种和变型，包括中华猕猴桃（*A. chinensis*）、革叶猕猴桃（*A. rubricaulis* var. *coriacea*）、红毛猕猴桃（*Actinidia rufotricha*）、葡萄叶猕猴桃（*A. vitifolia*）、粉叶猕猴桃（*A. glaucocallosa*）、肉叶猕猴桃（*A. carnosifolia*）、薄叶猕猴桃（*A. leptophylla*）、红茎猕猴桃（*A. rubricaulis*）、鹿状猕猴桃（昭通猕猴桃*A. rubus*）、黄毛猕猴桃（*A. fulvicoma*）、全毛猕猴桃（*A. holotricha*）、蒙自猕猴桃（*A. henryi*）、圆果猕猴桃（*A. globosa*）、粗齿猕猴桃（*A. hemsleyana* var. *kengiana*）、多齿猕猴桃（*A. henryi* var. *polyodonta*）及紫果猕猴桃（*A. arguta* var. *purpurea*）新变型等；而大花猕猴桃（*A. grandiflora*）、贡山猕猴桃（*A. pilosula*）、绿果猕猴桃（*A. deliciosa* var. *chlorocarpa*）、中越猕猴桃（*A. indochinensis*）、栓叶猕猴桃（*A. suberifolia*）为濒危种。

西番莲属（*Passiflora*）植物云南已记载的有14种，代表种有圆叶西番莲（*P. henryi*）、月叶西番莲（*P. altebilobata*）、心叶西番莲（*P. eberhardtii*）、龙珠果（*P. foetida*）、长叶西番莲（*P. siamica*）、马来

蛇王藤（*Passiflora moluccana*）。

云南栽培蔬菜植物涉及27科83属190多种和变种。果蔬作物的野生种和近缘植物有茄科（Solanaceae）的红茄（*Solanum aethiopicum*）、刺苞茄（*S. barbisetum*）、毛茄（*Solanum lasiocarpum*）、旋花茄（*S. spirale*）、白茄（*S. melongena*）、野茄（*S. coagulans*）、水茄（*S. torvum*），十字花科（Cruciferae）的广东葶菜（*Rorippa cantoniensis*）、萝卜（*Raphanus sativus*）、高山南芥（*Arabis alpina*）、苦芥（*Brassica integrifolia*）、遏兰菜（菥蓂*Thlaspi arvense*）、豆瓣菜（*Nasturtium officinale*），藜科（Chenopodiaceae）的灰灰菜（*Chenopodium album*）、菱叶藜（*Ch. bryoniifolium*）、杖藜（*Ch. giganteum*）、扫帚菜（地肤*Kochia scoparia*），菊科（Asteraceae或Compositae）的苦苣菜（*Sonchus oleraceus*）、花叶滇苦菜（*S. asper*）、苦荚菜（*Ixeris denticulata*），葱科（Alliaceae）的火葱（*Allium ascalonicum*）、宽叶韭（*A. hookeri*）、剑川韭（*A. chienchuanense*），唇形科水苏属的草石蚕（*Stachys sieboldii*，俗称甘露子），葫芦科（Cucurbitaceae）的云南野黄瓜（*Cucumis hystrix*）、野黄瓜（*Cucumis hystrix*）、蛇瓜（*Trichosanthes anguina*）、棒锤瓜（*Neoalsomitra integrifoliola*）、野苦瓜（*Momordica charantia*）、野丝瓜（*Luffa cylindrica*）、野甜瓜（*Cucumis melo*）、油瓜（油渣果*Hodgsonia macrocarpa*）、红瓜（*Coccinia grandis*）、帽儿瓜（*Mukia maderaspatana*）、爪哇帽儿瓜（*Mukia javanica*）、刺儿瓜（*Bolbostemma biglandulosum*）、三裂瓜（*Biswarea tonglensis*）、凤瓜（*Gymnopetalum integrifolium*）、锥形果（*Gomphogyne cissiformis*）、波棱瓜（*Herpetospermum pedunculosum*）等。其中，稀有种或原始栽培品种有黑籽南瓜（*Cucurbita ficifolia*）、西双版纳黄瓜（*Cucumis sativus* var. *xishuangbannaensis*）、辣椒瓜（小雀瓜*Cyclanthera pedata*）、木本番茄（树番茄*Cyphomandra betacea*）、小果番茄（*Lycopersicum esculentum*）、大树辣（*Capsicum annuum*）、小米辣（*C. frutescens*）、涮辣（*C. frutescens* cv. Shuanlaense）、芝麻菜（*Eruca sativa*）等。食用野生蔬菜植物有100多种。珍稀野生蔬菜有高大鹿药（*Maianthemum atropurpureum*，俗称竹叶菜）、楤木（*Aralia chinensis*，俗称刺老苞）、鳞尾木（山柚子*Lepionurus latisquamus*，俗称甜菜）、水蕨（*Ceratopteris thalictroides*）、金雀花（*Caragana sinica*）、蒲菜（*Typha latifolia*，俗称草芽）、云南木鳖（*Momordica dioica*）、臭菜（羽叶金合欢*Acacia pennata*）、阳荷（*Zingiber striolatum*）、守宫木（*Sauropus androgynus*）等；常见的有荠菜（*Capsella bursa-pastoris*）、蕺菜（*Houttuynia cordata*，俗称折耳根）、马齿苋（*Portulaca oleracea*）、野韭（*Allium bulleyanum*）、蕨菜（*Pteridium aquilinum* var. *latiusculum*）、勃氏甜龙竹（*Dendrocalamus brandisii*）、版纳甜龙竹（*D. hamiltonii*）、香糯竹（*Cephalostachyum pergracile*）、云南箭竹（昆明实心竹*Fargesia yunnanensis*）等。

山葵菜（山葵*Eutrema wasabi*）是从日本引进的辛香料作物，学名有多个异名，如*Wasabia pungens*、*Wasabia japonica*、*Eutrema japonica*、*Cochlearia wasabi*、*Alliaria wasabi*等。云南有山葵菜同属野生近缘植物滇山鱼芥（*Eutrema yunnanense*，俗称五叶菜）及其变种细柔山葵菜（*E. yunnanense* var. *tenerum*，俗称山白菜），以及近缘种三角叶山葵菜（*E. deltoideum*）、密序山葵菜（*E. heterophyllum*）和川滇山葵菜（*E. lancifolium*）。

云南大型真菌资源十分丰富。已记录的野生食用（药用）菌有880多种，分别隶属于20目60科185属。多数属于担子菌亚门（Basidiomycotina），主要有木耳属（*Auricularia*）、银耳属（*Tremella*）、鸡油菌属（*Cantharellus*）、枝瑚菌属（*Ramaria*）、猴头菌属（*Hericium*）、齿菌属（*Hydnum*）、肉齿菌属（*Sarcodon*）、革菌属（*Thelephora*）、鹅膏菌属（*Amanita*）、鸡枞属（*Termitomyces*）、香菇属（*Lentinus*）、离褶伞属（*Lyophyllum*）、口蘑属（*Tricholoma*）、牛肝菌属（*Boletus*）、疣柄牛肝菌属（*Leccinum*）、红菇属（*Russula*）等；代表种有美味牛肝菌（*Boletus edulis*）、小美牛肝菌（*B.*

speciosus）、黄皮疣柄牛肝菌（*Leccinum crocipodium*）、青头菌（*Russula virescens*）、鸡枞菌（*Termitomyces albuminosus*）、松茸菌（*Tricholoma matsutake*）、干巴菌（*Thelephora ganbajun*）、猴头菌（*Hericeum erinaceus*）、香肉齿菌（*Sarcodon aspratus*）、鸡油菌（*Cantharellus cibarius*）、金耳（*Tremella aurantialba*）等。属于子囊菌亚门（Ascomycotina）的有线虫草属（*Ophiocordyceps*）、羊肚菌属（*Morchella*）、块菌属（*Tuber*）等；珍稀食用菌有羊肚菌（*Morchella esculenta*）、块菌（*Tuber indicum*）以及珍贵药材冬虫夏草（*Ophiocordyceps sinensis*）等，因此云南是中国乃至世界食用菌种资源最为丰富的地区。

（四）野生花卉及园林资源植物

云南花卉及园林植物资源极其丰富，已记载野生观赏花卉植物4392种，分别隶属于96科763属，集中分布于滇西北和滇东南两大片区，尤以滇西为著。滇西位于横断山脉南端，是中国-喜马拉雅植物区系、中国-日本植物区系及古热带印度-马来亚植物区系的交汇区。并且，南北走向的河流与高山峡谷地形，导致植物种类的南北迁徙，避开了第四纪冰川时期严寒对植物的侵袭。因此，本区植物种类繁多，野生花卉植物多达2206种，其中诸多种有很高的开发利用价值。在长期自然选择和人工栽培的发展过程中，逐渐形成了云南以山茶、高山杜鹃、木兰、中国兰花、百合、报春花、高山龙胆、绿绒蒿等为代表的特色花卉优势植物种群。

山茶泛指山茶科（Theaceae）山茶属（*Camellia*）观赏植物，可分为华东山茶（*C. japonica*）、云南山茶（*C. reticulata*）、茶梅（*C. sasanqua*）、西南山茶（*C. pitardii*）、金花茶（*C. nitidissima*）五类。云南是山茶科山茶属植物的多样性中心，茶属植物种类繁多。全世界的山茶属植物有80余种，云南有35种，约占总数的44%。

云南山茶是云南山茶花的原始种群，几乎所有园艺品种如名贵的恨天高、紫袍、童子面、松子鳞、蝶翅、牡丹魁、狮子头、早桃红、大理茶、大银红、鹤顶红、大玛瑙等，都可以在红花油茶的天然林或人工林中找到其相似或相对应的原生种。其植被类型为亚热带常绿阔叶林与云南松的混交林，生境较为湿润。云南山茶原始二倍体类型的形态特征与栽培种的六倍体类群非常相似，而与怒江山茶（*C. saluenensis*）及西南山茶（*C. pitardii*）的形态特征不同。

据统计，全世界有杜鹃花850多种，我国有560余种，而仅云南省就有259种，占世界总数的近三分之一。云南杜鹃以滇西高山地区分布的种类最为丰富，点苍山、罗坪山、无量山及高黎贡山等地是世界杜鹃狭长形分布带中杜鹃资源最富集地区，尤其是在海拔2400~4000m的高山冷湿地带。有多种常绿杜鹃，如大王杜鹃（*Rhododendron rex*）、凸尖杜鹃（*Rh. sinograndе*）、团花杜鹃（*Rh. anthosphaerum*）、亮叶杜鹃（*Rh. vernicosum*）、文雅杜鹃（*Rh. facetum*）、宽种杜鹃（*Rh. beesianum*）、腺房杜鹃（*Rh. adenogynum*）、炮仗花杜鹃（*Rh. spinuliferum*）、碎米花杜鹃（*Rh. spiciferum*）、大白花杜鹃（*Rh. decorum*）、大树杜鹃（*Rh. protistum* var. *giganteum*）、黄杯杜鹃（*Rh. wardii*）、似血杜鹃（*Rh. haematodes*），常密集成丛，各色杜鹃花连绵10多千米，形成杜鹃花的海洋。白居易有诗赞曰："花中此物似西施，芙蓉芍药皆嫫母"，故杜鹃有"花中西施"之美誉，具有很高的欣赏品位，不仅是优良的园艺育种材料，也是可以直接应用为园林、盆景、插花及木本切花开发的珍稀园艺品种。

云南兰科植物有135属764种，占中国兰科植物属的78.9%和种数的61.3%，在各省份中居第一位。单型属中的长喙兰（*Tsaiorchis neottianthoides*），以云南为分布中心。进化上比较原始和形态较为奇特的有杓兰属（*Cypripedium*）、兜兰属（*Paphiopedilum*），因花的唇瓣特化成兜状、杓状或拖鞋状而得名。中国有兜兰属植物15种，云南有12种。其中杏黄兜兰（*Paphiopedilum armeniacum*）为云南特有种。麻栗坡兜兰（*P. malipoense*）为已知种类中最原始种类的代表。杓兰属在云南有13种，其中斑叶杓兰（*C. margaritaceum*）和丽江杓兰（*Cypripedium lichiangense*）均为云南特有种。全国31种兰属（*Cymbidium*）植物中，云南有27种，约87%。代表种有寒兰（*C. kanran*）、春兰（*C. goeringii*）、邱北冬蕙兰（*Cymbidium qiubeiense*）、贡山凤兰（*C. gongshanense*）、文山红柱兰（*C. wenshanense*）、多花兰（*C. floribundum*）、碧玉兰（*C. lowianum*）、黄蝉兰（*C. iridioides*）、墨兰（*C. sinense*）等。兰科植物特有种还有三棱虾脊兰（*Calanthe tricarinata*）、束花石斛（*Dendrobium chrysanthum*）、大花万代兰（*Vanda coerulea*）、蜂腰兰（*Bulleyia yunnanensis*）、版纳蝴蝶兰（*Phalaenopsis mannii*）、黄花鹤顶兰（*Phaius flavus*）、云南鸟足兰（*Satyrium yunnanense*）等。其中，蜂腰兰属（*Bulleyia*）、滇兰属（*Hancockia*）和反唇兰属（*Smithorchis*）为云南特有的属，均为单种属。蜂腰兰属仅*Bulleyia yunnanensis* 1种，特产于云南，普遍附生于云南西部、西北部河谷地带的树干上和石壁上。滇兰（*Hancockia uniflora*）是一种地生兰，特产于云南东南部及其毗邻的越南北部。反唇兰（*Smithorchis calceoliformis*）是从角盘兰属（*Herminium*）分出的单种属。地生兰，特产于云南西部大理，生长在海拔4000m的多石草场上。

百合是云南五大切花之一。云南是百合属、豹子花属等球根（鳞茎）花卉植物的多样性中心之一。云南百合属（*Lilium*）有27种和10变种，占全国种和变种数的50.7%。代表植物有玫红百合（*L. amoenum*）、滇百合（*L. bakerianum*）、野百合（*L. brownii*）、川百合（*L. davidii*）、宝兴百合（*L. duchartrei*）、哈巴百合（*Lilium habaense*）、墨江百合（*L. henricii*）、丽江百合（*L. lijiangense*）、尖被百合（*L. lophophorum*）、小百合（*L. nanum*）、紫斑百合（*L. nepalense*）、披针叶百合（*L. primulinum* var. *ochraceum*）、普洱百合（*L. puerense*）、泸定百合（*L. sargentiae*）、蒜头百合（*L. sempervivoideum*）、紫花百合（*L. souliei*）、单花百合（*L. stewartianum*）、淡黄花百合（*L. sulphureum*）、大理百合（*L. taliense*）、文山百合（*L. wenshanense*）等。豹子花属（*Nomocharis*）有9种，代表植物有开瓣豹子花（*Nomocharis aperta*）、美丽豹子花（*N. basilissa*）、滇西豹子花（*N. farreri*）、宽瓣豹子花（*N. mairei*）、多斑豹子花（*N. meleagrina*）、豹子花（*N. pardanthina*）、云南豹子花（*N. saluenensis*）等。

云南是木兰科植物的多样性中心。李达孝、杨绍诚等1980～1993年在对云南省木兰科植物调查中发现云南省有木兰科植物11属58种，分布地以滇东南、滇西南和滇西北地区较集中。代表种有鹅掌楸属（*Liriodendron*）的鹅掌楸（*L. chinense*），木兰属（*Magnolia*）的大叶木兰（*M. henryi*）、西康木兰（*M. wilsonii*）、厚朴（*M. officinalis*）、圆叶玉兰（*M. sinensis*）、馨香木兰（*M. odoratissima*）、山玉兰（*M. delavayi*），长蕊木兰属（*Alcimandra*）的长蕊木兰（*A. cathcartii*），木莲属（*Manglietia*）的香木莲（*M. aromatica*）、红花木莲（*M. insignis*）、大叶木莲（*M. megaphylla*）、大果木莲（*M. grandis*）、毛果木莲（*M. ventii*），拟单性木兰属（*Parakmeria*）的云南拟单性木兰（*P. yunnanensis*），单性木兰属（*Kmeria*）的单性木兰（*K. septentrionalis*），含笑属（*Michelia*）的白花含笑（*M. mediocris*）、西藏含笑（*M. kisopa*）、厚果含笑（*M. pachycarpa*）、铜色含笑（*M. aenea*），观光木属（*Tsoongiodendron*）的观光木（*T. odorum*），合果木属（*Paramichelia*）的合果木（*P. baillonii*），以及华盖木属（*Manglietiastrum*）的华盖木（*M. sinicum*）等。

我国有报春花属（*Primula*）植物332种（亚种和变种），云南有158种和亚种，约占总数的47.6%。代表种有细辛叶报春（*P. asarifolia*）、须葶报春（*P. barbicalyx*）、短葶报春（*P. breviscapa*）、皱叶报春（*P. bullata*）、显脉报春（*P. celsiaeformis*）、马关报春（*P. chapaensis*）、革叶报春（*P. chartacea*）、白花乳黄雪山报春（*P. coerulea* var. *alba*）、蓝花大叶报春（*P. coerulea*）、偏钟花报春（*P. secundiflora*）、

海仙报春（*P. poissonii*）、钟花报春（*P. sikkimensis*）、贡山紫晶报春（*P. silaensis*）、美花报春（*P. calliantha*）等。

我国有龙胆属（*Gentiana*）植物247种，云南130种，占全国龙胆属植物的一半以上。云南龙胆属植物的分布以滇西北高山和亚高山地带最为集中，多数种类生长在海拔2000~4800m的中高山温带地区和高山寒带地区。代表种有蓝玉簪龙胆（*G. veitchiorum*）、华丽龙胆（*G. sino-ornata*）、大花龙胆（*G. szechenyii*）、短柄龙胆（*G. stipitata*）、滇龙胆（*G. rigescens*）等。

绿绒蒿为罂粟科（Papaveraceae）绿绒蒿属（*Meconopsis*）高山花卉。全世界共有49种，主产于亚洲中南部，我国最为丰富，有40种分布于我国喜马拉雅山和横断山脉，其中仅云南就占17种，多集中分布于滇西北海拔3000~5200m的高山草甸和灌丛中。代表种有全缘叶绿绒蒿（*M. integrifolia*）、尼泊尔绿绒蒿（*M. napaulensis*）、总状绿绒蒿（*M. racemosa*）、长叶绿绒蒿（*M. lancifolia*）、贡山绿绒蒿（*M. smithiana*）等。

其他特色花卉资源植物还有秋海棠（*Begonia* spp.）、大花黄牡丹（*Paeonia ludlowii*）、中甸刺玫（*Rosa praelucens*）、丽江蔷薇（*Rosa lichiangensis*）、香水月季（黄茶縻*Rosa odorata*）、乌头（*Aconitum* spp.）、马先蒿（*Pedicularis* spp.）、角蒿（*Incarvillea sinensis*）、金丝桃（*Hypericum* spp.）、独蒜兰（*Pleione bulbocodioides*）、梅花（*Prunus mume*）、贴梗海棠（*Chaenomeles speciosa*）、毛茛（*Ranunculus* spp.）、银莲花（*Anemone* spp.）、鸢尾（*Iris* spp.），以及光叶珙桐（*Davidia involucrata* var. *vilmoriniana*，俗称鸽子花）、滇丁香（*Luculia pinceana*）等开发前景广阔的野生、半野生特色花卉和园林植物资源。其中，秋海棠（*Begonia* spp.）作为盆花和花坛花卉，已广泛栽培；光叶珙桐、滇丁香是重要的园林观赏植物；野生种川乌头（*Aconitum carmichaeli*）、展毛短柄乌头（*A. brachypodum* var. *laxiflorum*）和大花桔梗（*Platycodon grandiflorus*）花葶修长直立，花色碧蓝，作为切花利用价值较高，已进入开发利用研究。

第二节　云南多民族的人文景观

一、云南民族的渊源

早在新石器时代，在云南高原就已生活着众多的古代人群，主要有由青藏高原南下的藏缅族群（古氐羌人、藏人、巴人）和由长江中下游及华南西进的西瓯、骆越等南方百越诸部族（古侗、壮、黎、水、仡佬）等族群。古氐羌人皆编发（披发垂肩或扎成小辫），逐水草迁徙，毋常处，以游牧为业；古越人皆雒髻（挽发成髻），有邑聚，开始原始农耕。藏缅族群之嶲人、昆弥等氐羌部族与先期入滇的百越部族融合同化，形成古滇人，为彝族、白族及缅甸族群的先祖。百越，系司马迁著《史记》对南方各民族的统称，三国时期又称夷越，汉朝以后生活在云南高原的古越人亦称为濮人或僚人。

迄今为止，在云南各地已发现从新石器时代至青铜器时代早期的人类遗址300多处，集中于滇池地区及文山、红河、西双版纳、临沧、德宏等地，滇东北的昭通、镇雄，滇西洱海周边的祥云清华洞、剑川海门口亦有发现。依遗址栖息地的生态环境可分为河畔湖滨"台地"、山地"洞穴"和滇池沿岸"贝丘"三类。在云南高原多种多样的立体生态环境中，云南古代各族群在长期适应各自的生存环境和生产活动过程中形成了滇池地区——石寨山类型、滇东北地区——闸心场类型、滇东南地区——小河洞类型、滇南西双版纳地区——曼蚌囡类型、金沙江中游地区——元谋大墩子类型、洱海地区——马龙类型、澜沧江中游地区——忙怀类型、滇西北——戈登类型等8种各具特色的文化。

尽管存在地理阻隔，云南古代各族群在各自的栖息环境范围内谋取食物，繁衍生息，形成不同的生计方式和文化传统，但也有一些共同的文化元素。山地族群在延续旧石器时代采集和狩猎生活方式的同时，逐渐开始养殖畜禽，尝试种植山地作物。江河湖滨族群在采集、捕捞的同时，开始积极从事早期原始农业生产。新石器时代中晚期随着民族迁徙，农耕文明得以交流融会。2800多年前，生活在滇池周边地区的古滇人以失蜡法铸铜，创造出了精湛的青铜文化，推进了云南农耕文明的发展。公元前286～前279年楚将庄蹻率部入滇，发现"滇池，方三百里，旁平地，肥饶数千里"，"民俗游荡，而喜讴歌，豪帅放纵"，遂"以其众王滇变服，从其俗以长之"，在滇池旁筑苴兰城（今晋宁），滇农耕文明融入了华夏文明圈。汉武帝元封二年（公元前109年），汉武帝发巴蜀兵，以郭昌、卫广两将军统率，击灭滇国东北面的劳浸、靡莫两个部族，以兵临滇，滇王离难（一说尝羌，庄蹻后裔）举国降，归顺汉朝，武帝赐滇王之印，复长其民，且"以其故俗治，毋赋税"。元封五年（公元前106年）汉王朝在滇池地区设益州郡，郡治滇池县（今晋宁），领27县［今曲靖、昆明、玉溪、楚雄、大理、保山等地辖区］，云南正式纳入西汉帝国版图。直至明、清"改土归流"之前，云南境内各土著民族多由本民族的头人或土司治理，州牧、郡守等各级流官则行使或松或紧的军、政管辖权。

不同的民族成分、文化背景及社会发展程度在云南复杂多样的自然地理环境中，形成了25个生产方式和生活习俗各不相同的世居少数民族，在长期的交流融合过程中，发展出各具特色的民族文化。其中，纳西族、怒族、独龙族、傈僳族、白族、普米族、哈尼族、拉祜族、傣族、德昂族、布朗族、景颇族、佤族、阿昌族、基诺族等15个民族为云南独有民族。从地理分布看，古氐羌人后裔藏族、傈僳族、纳西族、独龙族等聚居于滇西北分割高原面；古濮人后裔彝族、白族、哈尼族等聚居于由滇东北到滇中直至滇西的云南准高原面丘陵盆地；古僚人后裔傣族、壮族、布朗族、德昂族、景颇族、佤族等民族生活在滇东南和西南部中低山宽谷盆地。2000多年来，在华夏文明的沐浴下，云南25个兄弟民族与汉族和睦相处，共生共荣，共同开发美丽富饶的云南。

二、云南少数民族及其地理分布

（一）滇西北分割高原面族群

1. 藏族

云南藏族人口14.74万人（2015年）。藏族主要聚居于迪庆藏族自治州，占总人口的33%；少数散居于玉龙、贡山、永胜、宁蒗等地。民族语言为藏语，属汉藏语系藏缅语族藏语支，普遍使用藏文，源于我国古代游牧民族"羌"人。藏族历史悠久，文化灿烂。公元6世纪前后，已由原始氏族公社过渡到奴隶制社会。7世纪初，藏王松赞干布建立吐蕃王朝，势力扩张到云南西北地区。汉文史籍称为"吐蕃""古孜""古宗"。自称"博"（蕃，音bō）或"博巴"。语言属汉藏语系藏缅语族藏语支康方言区，主要信仰藏传佛教（喇嘛教），也通用藏文。藏族主要从事畜牧业和农业，以养殖牦牛、犏牛等著名。青稞为主要农作物。

2. 傈僳族

云南特有民族，人口69.24万人（2015年）。傈僳族主要聚居于怒江傈僳族自治州（以下简称怒江州），其余散居在丽江、迪庆、大理、德宏、楚雄及保山等地区。傈僳族为氐羌族后裔，为藏缅语族的一支。公元8世纪时，傈僳族先民便居住在雅砻江、金沙江两岸的广阔地区，公元15～19世纪，逐渐迁移到澜沧江和怒江流域。一般居住在高山和半山区，少量居住在坝区。村寨大部分建在近水靠山的向阳坡上，大多由同一个氏族和部落组成，血缘氏族是村寨构成的主要核心。信奉原始宗教，崇拜自然。有的也信仰基督教、佛教。傈僳族以从事农业为主，种植玉米、水稻、荞麦等。

3. 纳西族

云南特有民族，人口32.10万人（2015年）。纳西族主要聚居于丽江市玉龙纳西族自治县和古城区，其余分布于香格里拉、维西、宁蒗、永胜等地。纳西族源于远古时期居住在我国西北河湟地带的羌人。晋代称"摩沙夷"，唐代称"磨些蛮"。现今称谓有"纳西""纳日""摩梭"等。纳西语属于汉藏语系藏缅语族彝语支。纳西族创造了一种古老的象形文字，用这种文字书写的典籍称《东巴经》，号称纳西族的百科全书，是极其珍贵的文化瑰宝。纳西族是个信仰多种宗教的民族，多数信仰本民族的本土宗教——东巴教，少数信仰藏传佛教、汉传佛教和道教。

纳西族各地社会经济发展不平衡。仅丽江大研镇一地，大小商户就曾达到1200多家，且出现了买办商人，生意远及中国昆明和拉萨、印度等地。其余地区主要从事农业生产，主要粮油作物有水稻、玉米、小麦、荞麦、青稞、油菜、豆类、马铃薯等，河谷区有花生、甘蔗、棉花等；经济作物有烤烟及核桃、板栗、楸木、漆树、竹子等经济林果；水果品种有桃、梨、苹果、梅等。畜牧业是纳西族地区农村经济的重要支柱，农户普遍饲养牛、马、骡、猪、羊等，山区农户的畜牧业比例大，各户都有羊群。

纳西族十分重视接受其他民族的先进文化，今天仍可以从纳西族的建筑、音乐、壁画等中看到它与汉族、藏族、白族文化相互融合的特点。

4. 怒族

云南特有民族，人口3.30万人（2015年）。怒族主要分布在怒江州贡山独龙族怒族自治县、福贡县匹河怒族乡及兰坪县兔峨乡。此外，维西县也有少数怒族居住。怒族是怒江和澜沧江两岸的古老居民，贡山、福贡两县的怒族是当地最早的土著居民。明朝《百夷传》第一次出现有关"怒人"的记载，其自称"阿龙"和"阿怒"。原碧江县的怒族自称"怒苏"，被认为是唐朝"庐鹿蛮"的后裔。这两部分来源不同的怒族先民，长期居住在怒江峡谷内，互相交往通婚，逐渐形成一个民族。怒族有自己的语言，怒族语属汉藏语系藏缅语族。由于长期和傈僳族相处，怒族人民普遍通晓傈僳语。无自己的文字，新中国成立后使用汉语。

20世纪50年代以前怒族主要从事刀耕火种、轮歇耕作的原始农业，社会生产力水平很低。铁质农具量少质差，砍刀是怒族生产生活中的万能工具。耕作技术粗放，产量低。农作物有玉米、荞麦、大麦、青稞、马铃薯、甘薯及豆类。

5. 普米族

云南特有民族，人口4.36万人（2015年）。普米族主要聚居于滇西北的兰坪、宁蒗、玉龙、维西、香格里拉、永胜等。普米族源于我国古代游牧民族的氐羌支系，属汉藏语系藏缅语族羌语支，各地方言分歧不大，一般能互相通话。公元8世纪左右，逐渐南移至川、康一带。公元13世纪中叶，由部落首领率众加入蒙古军队，随忽必烈入滇。普米族既有祖先崇拜，也有信仰藏传佛教的，还有对自然的崇拜。普米族多居住在平均海拔2500m以上的高寒山区。耕地90%以上是山地。生产的粮食主要有玉米、青稞、大麦、燕麦和荞麦。生产力水平也不一样，既存在"刀耕火种"的原始耕种方式，也存在翻地、除草、施肥等精细耕作技术，但农作物生长在很大程度上依靠自然，产量很低。畜牧业以牛、马、骡、羊等为主。

6．独龙族

独龙族是云南特有民族中人口最少的民族，现有人口0.66万人（2015年）。独龙族主要聚居在滇西北的贡山独龙族怒族自治县独龙江河谷地带，一部分散居在怒江两岸福贡、维西。史称独龙族为"俅人"或"曲人"。独龙族内部分为50多个父系氏族，每个父系氏族中又划分成若干个兄弟部族。独龙族的传统生活方式是以家族公社为中心的原始共产制，共同生产，共同占有生产生活资料。独龙族人民崇拜自然万物，相信万物有灵，现有部分独龙族信仰基督教。独龙族以农业、采集和狩猎为生。

（二）滇东北到滇中直至滇西的云南准高原面丘陵盆地族群

1．彝族

彝族是云南少数民族中人口最多、分布最广的一个民族，现有人口522.25万人（2015年），占全国彝族人口的60%左右。云南绝大部分县市都有彝族分布，而以楚雄彝族自治州、红河哈尼族彝族自治州的哀牢山区、乌蒙山区和滇西北大凉山一带比较集中。彝族历史悠久，创造了铜鼓等古滇文化，有自己的语言文字，民间文化艺术丰富多彩。彝族的太阳历和十二兽历法有其独特之处。自称他称有多种，主要的有撒尼拨、阿细拨等。崇拜自然、祖先，信仰万物有灵的原始宗教，也有一部分信仰道教、汉传佛教、天主教等。隆重的民族传统节日是农历六月火把节和十月年（彝族年）。

云南彝族的社会历史发展很不平衡，经济形态不一样，生产力水平也不同。其主要从事农业生产，主要作物为荞麦、玉米、马铃薯，有少量水稻种植。以牛、羊为主的畜牧业是副业，手工业生产相当发达。

2．白族

云南特有民族，人口162.12万人（2015年），80%以上居住在大理白族自治州。其他散居于昆明、元江、丽江、兰坪等地。白族源于远古时期南迁的氐羌人，属汉藏语系藏缅语族。最早的白族先民由洱海周边的土著昆明人、河蛮人与青藏高原南下的氐人、羌人融合形成，之后又融入了部分叟人、僰人、爨人、僚人、哀牢人、滇人、汉人等多种民族。在数千年的历史长河中，由于征战、拓土、商贸、屯垦、驻边等历史原因，白族逐步形成当今之雏形。公元前2世纪白族先民已分布于洱海区域。与中原汉族有较为密切的经济文化联系，受其影响较深。唐朝建立以彝族、白族先民为主体的南诏地方政权，宋朝建立以白族贵族为主的"大理国"地方政权，逐渐形成民族共同体。普遍崇拜"本主"，信仰佛教和道教。习俗部分与汉族相同。白族使用汉字书写，有自己的语言，文学艺术丰富多彩，曾一度创造用汉字音或义来标记的"白文"（"僰文"）。

白族地区动植物和矿产资源十分丰富，经济比较发达，农业生产水平相对较高，以水稻、玉米、烤烟种植为主，是滇西粮经作物重要产区。奶牛养殖及奶制品加工发展较快，手工业发达，剑川木匠木雕、大理石雕、扎染工艺、鹤庆银器铜器制作工艺名满天下。

3．水族

云南水族人口0.92万人（2015年）。水族主要聚居在富源县的黄泥河、古敢一带，彝良县的大河、龙安等地也有分布。云南的水族与贵州三都的水族同源，由古代"百越"中"骆越"的一支发展而来。但由于早年迁入云南，语言、习俗等已不尽相同，而与邻近的布依族、壮族、苗族相仿。水族以农业生产为主。妇女擅长刺绣、剪纸和印染。同其他百越系统的民族一样，水族是我国最古老的稻作民族。他们喜居水边，善种水稻，创造了丰富多彩的稻作文化。水族主食稻米，喜糯食。

4. 哈尼族

云南特有民族，人口168.81万人（2015年）。哈尼族主要聚居于红河哈尼族彝族自治州、墨江哈尼族自治县以及普洱、西双版纳、玉溪等地。先民源于古代的羌人族群，公元前3世纪活动于大渡河以南的"和夷"部落，就是今天哈尼族的先民。从公元4世纪到8世纪的初唐期间，部分哈尼族先民向西迁移到元江以西达澜沧江地区。唐朝文献中，哈尼族的先民被称为"和蛮"。民族语言属汉藏语系藏缅语族彝语支，内分为哈雅、碧卡和豪白三种方言，各方言中又包含10多种土语。无文字，1957年曾创制了以拉丁字母为基础的拼音文字。宗教信仰主要是多神崇拜和祖先崇拜，其主要的神有天神、地神、山神、寨神和家神。

哈尼族以农业为主，善种梯田。村落多在森林茂密、水源充足、平缓肥沃的山梁地带。利用山区自然条件开垦出层层梯田，是哈尼族稻作文化的品牌，是哈尼族物质文化和精神文化的载体，已被列入联合国世界自然文化遗产的预备目录，哈尼族梯田农耕礼俗被列为省级非物质文化遗产。哈尼族善于种茶。哈尼族种植茶叶的历史相当久远，西双版纳格朗和的南糯山，是驰名全国的"普洱茶"的重要产区，哈尼族地区的茶叶产量占云南全省产量的1/3。

目前，在哈尼族聚居区域建立了哀牢山、黄连山、观音山、分水岭、牛保河和大围山等国家级或省级自然保护区。在保护区内，生长着数以千计的植物，无数珍禽异兽徜徉欢跃其间。其中有上百种国家重点保护的珍稀、濒危动植物。

5. 蒙古族

云南蒙古族人口2.34万人（2015年）。蒙古族现主要聚居在通海县杞麓湖沿岸，部分居住在文山州的马关县，少部分散居在文山、红河、普洱等地的一些地区。云南的蒙古族是元朝随忽必烈大军入滇而落籍的，至今已有700余年历史。云南的蒙古族现以农耕为主。远离草原的勤劳智慧的蒙古族人民划船捕鱼，围湖造田发展农业生产，还善于土木建筑，昆明近代许多著名建筑，他们也参与其中。

6. 布依族

云南布依族人口6.09万人（2015年）。布依族主要居住在曲靖市的罗平、文山州的马关和红河州的河口等地。布依族来源于百越族系中骆越人的一支。布依语属于汉藏语系壮侗语族壮傣语支。发展过程中吸收了不少汉语词汇，日常交往常以汉语作为交流语言。布依族过去没有民族文字，1956年创制了用拉丁字母拼写的布依文。

（三）滇东南和西南部中低山宽谷盆地族群

1. 壮族

云南壮族人口125.90万人（2015年）。壮族主要分布在文山州，昭通、曲靖、楚雄、红河、大理等地亦有分布。壮族源于我国南方的古代越人，秦汉时泛称"西瓯""骆越""乌浒""濮""僚"等，宋朝称"撞"。壮族有本民族的语言，但无文字。壮语属于汉藏语系壮侗语族壮傣语支。云南壮族方言主要有"侬人""沙人""土僚"语，大部分可以互相通话。2006年，在壮族地区发现了"坡牙歌书"，共有81个古老图画符号，填补了文字发展史缺环。壮族本民族宗教以摩教（壮族巫教）为主要的信仰，摩教带有浓重的佛、道二教色彩，特别是与道教相融合为其特点。

壮族先民是稻作文化创造者，大多居住在河谷平坝邻水地区，早在公元前3世纪，居住在今广西、云南的壮族就和当时中原人民有了较为密切的交往。壮族人民在历史上就善于利用丰富的水利资源种植水稻，普遍使用牛耕铁犁，生产力水平与汉族大体相同。妇女善于种棉纺织，所织壮布和壮锦种类繁多，以图案精美和色彩艳丽著称，还有风格别致的"蜡染"也为人们所称道。

2．瑶族

云南瑶族人口22.78万人（2015年），大多居住于文山州、红河州、西双版纳州以及普洱市的河口、马关、金平、富宁、广南、麻栗坡、丘北、元阳、绿春、红河等地，勐腊、江城、景东等地有少数分布。历史上，瑶族和苗族有密切的亲属关系，同源于秦汉时的"武陵蛮"部落。云南的瑶族是明清以后分别从两广和贵州迁入文山境内的，以后又迁到元江流域和墨江、勐腊等地。云南的不少瑶族不仅会说本民族的语言，还兼操汉语、壮语和苗语。居住地区多为亚热带，海拔多在1000～2000m，村寨周围竹木叠翠，风景秀丽。主要从事旱作农业，水田少，兼营林副业。

3．拉祜族

云南特有民族，人口49.21万人（2015年）。拉祜族主要分布于澜沧江流域的普洱、临沧等地。其中以澜沧、孟连及双江、镇沅等地最为集中。

拉祜族源于我国古代氐羌族系，从先秦时期起不断从青海湖流域南迁到金沙江南岸，然后再迁到澜沧江、元江流域。自称拉祜、拉祜纳（汉族称黑拉祜）、拉祜西（黄拉祜）、拉祜普（白拉祜）。拉祜语属汉藏语系藏缅语族彝语支。"拉祜"是自称，是用火烤虎肉吃的意思，故拉祜族被称为"猎虎的民族"。拉祜族认为自然界有一种可敬可畏的神秘力量，他们称之为"内"，认为其存在于天地、日月、星辰、山水和人体之内，天气好坏、谷物收成高低、人畜康宁与否都与"内"有关。随着"内"观念的形成，产生了一种所谓懂得"内"、能与"内"往来的"毕莫"，可为人占卜和举行祭祀仪式。

拉祜族经济以锄耕农业为主，旱谷、水稻、玉米是主要作物。

4．德昂族

云南特有民族，人口2.09万人（2015年），主要聚居在芒市三台山和镇康县军弄等地，少数散居在盈江、瑞丽、陇川、保山、梁河、耿马等地。德昂族源于古代的"濮人"，公元前2世纪就居住在怒江两岸的广大地区，属于云南的土著民族。德昂语属南亚语系孟高棉语族佤德昂语支。部分人会讲汉语、傣语和景颇语，通用傣文和汉文。德昂族原称"崩龙"，这一族称始于清朝，现改称"德昂"。在长期的历史发展过程中，德昂族内部形成了不同的支系，有"红德昂""花德昂"和"黑德昂"3种。德昂族信仰小乘佛教。村村寨寨到处都是佛寺和佛塔，佛塔造型与傣族佛塔略有不同，也有把小男孩送到佛寺当一段时间的和尚的传统。

德昂族主要从事农业生产，种植水稻、玉米、荞麦、薯类等。蔬菜种类繁多，竹笋是四季不断的蔬菜之一，除鲜吃外，多加工成酸笋或干笋食用。

德昂族人民好饮浓茶，并以善于种植茶树闻名，因而被称为"古老的茶农"。家家户户都习惯在住宅周围或村寨附近的山坡上栽培一些茶树，供自己采摘揉晒干备用。除干茶外，德昂族人民也制作一种湿茶（酸茶），史书称为"谷（沽）茶"，他们把采摘来的新鲜茶叶，放入大竹筒内压紧密封，使之糖化后食用。

5．景颇族

云南特有民族，人口14.81万人（2015年），主要聚居于德宏傣族景颇族自治州，少数散居于怒江和临沧等地。景颇族先民是最早居住在青藏高原南部山区的游牧民族古代氐羌人，唐朝其先民以"寻传蛮""高黎贡人"见之于汉文史籍。约自唐朝始沿横断山脉南迁，逐步定居于今德宏州以北、怒江以西地区。景颇族包括5个主要支系：景颇、载瓦、勒期、浪峨和波拉。景颇语属汉藏语系藏缅语族，有景颇和载瓦两种方言。景颇方言属景颇语支，载瓦方言属缅语支。1895年，美国传教士创造了用拉丁字母拼写的景颇文。1957年，创制了新的景颇文。景颇族主要信仰万物有灵的民族宗教。近代，也有部分人信仰基督教。

景颇族大多住在海拔1500~2000m的山区。这里气候温和，雨量充沛，土地肥沃，特产丰富。除种植旱谷、玉米、水稻外，盛产名贵的红木、楠木和各种竹子，还有橡胶、油桐、咖啡、茶叶、香茅草等经济作物，以及热带、亚热带水果菠萝、波罗蜜、芒果、芭蕉等。

6. 阿昌族

云南特有民族，人口3.94人万人（2015年）。阿昌语属汉藏语系藏缅语族彝语支，分户撒和梁河两种方言，多通汉语和傣语。阿昌族为氐羌后裔，其先民远在公元2世纪就居住在滇西北怒江流域，其中一部分约于13世纪定居于现陇川县户撒坝子，另一部分定居于梁河地区。现在主要分布在德宏傣族景颇族自治州，分别设有囊宋、九保、户撒三个阿昌族乡。户腊撒地区的阿昌族普遍信仰小乘佛教，梁河地区的阿昌族多信万物有灵，每年春耕和秋收前要祭三次"土主"（地鬼）。阿昌族有语言无文字。由于特殊的地理环境，大多数阿昌族男子会讲汉语和傣语，有的还会讲缅语和景颇语。15世纪中叶，户撒地区的阿昌族已会耕种水田和制造铁器。居住地区依山傍水，以农业为主，生产水稻、芋头、甘蔗、茶叶。著名特产户撒草烟，远销缅甸。手工业较发达，门类很多，其中以打铁最为著名。户撒刀制作已有600多年历史。雕刻、刺绣、髹漆、织染、银器制作水平也较高。

7. 佤族

云南特有民族，人口有41.52万人（2015年），主要分布在临沧、普洱和西双版纳。佤族源于古代"濮"人的一支。语言属南亚语系孟高棉语族佤语支。无文字。新中国成立后人民政府为佤族创造了用拉丁字母拼写的新文字。宗教信仰以原始宗教为主，少数人信仰佛教或基督教。在历史上，佤族的社会发展很不平衡。以西盟为主的阿佤山中心区，主要用"刀耕火种"法耕种旱地。佤族经济以农业为主。佤族人民喜欢吃红米、饮浓茶、食辣椒、嚼槟榔、喝水酒。住房以两层竹楼为主。食物以大米为主，其次是小红米、荞麦、玉米和豆类。缺粮时也采集野菜充饥。

佤族先民创造的沧源崖画中描绘的人物、飞鸟走兽栩栩如生，其中可辨认的图形有1000多个，动物有200多个，房屋25座，道路13条，还有千姿百态的人物图形，是国家级重点保护文物，也是艺术珍品。

8. 布朗族

云南特有民族，人口12.08万人（2015年），主要居住在西双版纳、普洱、临沧等地。2009年3月，经国家民族事务委员会批准，西双版纳克木人（3000多人）、红河莽人（681人）归属布朗族。其先民源于古代百濮系统民族。布朗语属南亚语系孟高棉语族布朗语支。无文字，部分人能使用傣语、汉语。布朗族大部分人信仰上座部佛教，崇拜祖先。

布朗族山寨多建于海拔1500~2300m的山腰地带。住房过去多为干栏式草排覆盖的双斜面房顶竹楼。历史上，布朗族社会发展很不平衡，新中国成立前聚居在西双版纳一带的布朗族保留着不同程度的原始公社残余，普遍采用刀耕火种的农耕方式，生产力水平十分低下；居住在澜沧、双江、镇康等地的布朗族进入封建地主经济发展阶段，以种稻为主，也善种茶。西双版纳布朗山区为著名"普洱茶"原料产地之一。

9. 傣族

云南特有民族，人口126.68万人（2015年）。云南70多个县分布有世居傣族。大多数聚居在德宏、西双版纳。傣族属于古代越人族属，历史悠久，在中国史籍中，先后被称为"哀牢""掸""乌蛮""白蛮""白衣""金齿""黑齿""白夷""僰夷""摆夷"等。在傣族聚居区，历代王朝都有政权设置。从明朝建立土司制度，任命傣族头领为世袭土司开始，正式确立傣族领主制地方统治政权。有的直到新中国成立后民主改革才有了根本变化。傣族有水傣、旱傣和花腰傣之分。傣族有本民族的语言文字。傣语属于汉藏语系壮侗语族壮傣语支，分傣泐语、傣那语、傣绷语三种方言。傣泐语、傣那语都有文字，新中国成立后，进行了改造，现称西双版纳傣文和德宏傣文。傣族一般信仰上座部佛教，但也有一些地区的傣族信仰原始宗教及印度教。

傣族村寨多邻江河湖泊，住宅通常每户一座竹楼，竹篱环绕，果树、翠竹掩映，环境十分优美。傣族人民性格温和，喜爱歌舞。农业以水稻、糯稻种植为主，经济作物有橡胶、咖啡，热带水果有芒果、菠萝。经多年努力，发展迅速。改革开放后，旅游业兴起，成为经济增长亮点。

10．苗族

云南苗族人口124.59万人（2015年），占全国苗族人口的15%左右，散居在87个县市，苗族多数居住在文山、红河和昭通地区。大部分散居、小块聚居是苗族分布的特点。苗族历史悠久，早在2000多年前就定居在湖南洞庭湖和沅江流域一带，从事渔猎和农业生产。后经过历代不断地迁徙进入西南地区。唐朝初年已有部分苗族人民从湘黔等地迁入云南东南部地区。苗族居住分散、支系较多，有青苗、花苗、白苗、独角苗等。

苗族是最早的稻作民族，在上古时期就种植水稻；现代主要种植旱稻、玉米、糯稻等粮食作物，以及甘蔗、蓝靛、花生等经济作物，以采集和狩猎作为经常性副业。

11．基诺族

基诺族为云南特有民族，是1979年识别后确定的民族。云南基诺族人口2.36万人（2015年），主要聚居在景洪市的基诺山（旧称攸乐山）。其余分布在勐腊、勐海的一些地方。基诺族有语言无文字，基诺语属汉藏语系藏缅语族，接近彝语支、缅语支。历史上，基诺族以刀耕火种的农业为主，农具基本上是铁制的，有砍刀、镰刀、小手锄等。基诺族过去盛行祖先崇拜，相信万物有灵。崇拜太阳，太阳鼓是基诺族的重要法器，太阳鼓舞是基诺族最具代表性的舞蹈。

主要农作物是旱稻、玉米，种植棉花也有较长的历史，盛产香蕉、番木瓜等亚热带水果。基诺山是出产普洱茶的六大茶山之一。大牲畜有黄牛、水牛，但不用来耕地，而用于祭祀和食肉，还饲养家畜家禽。种茶、制茶业有一定发展。采集和狩猎仍是基诺族一项重要的家庭副业。

（四）其他族群

1．回族

云南回族人口有72.34万人（2015年），信仰伊斯兰教。全省几乎都有回族居住，有"大分散、小集中"和围绕清真寺"聚族而居"的显著特点。回族源于唐宋时期的西北"回纥""回鹘""大食"诸郡。回族先民进入云南始于唐朝，大批迁入是在元朝。公元1253年，元世祖忽必烈率蒙古军进入大理。此后百余年间，元朝有赛典赤·赡思丁、明朝有沐英、清朝有哈元生等回族将领受朝廷委派，率大批回族军士继续进入云南屯垦戍边。云南回族分布极广，除威信、绥江两县外，其余各县市都有回族居住，主要聚居在交通沿线的城镇和附近村寨，具有大分散、小集中和聚族而居的特点。由于长期与汉族及其他民族杂居，衣着打扮与当地民族基本一致。

2．满族

云南满族人口有1.40万人（2015年）。人口较少，但分布很广，全省大多数县市都有满族居住。满族这一族名，是清太宗皇太极于1635年定的，族名为"满洲"，辛亥革命后通称为满族。云南满族是清朝初年进入的。抗日战争时期，又有许多满族来到云南。1949年后，许多满族科技人员到云南支边。

三、云南农耕文明的演变

(一) 食物之源

据研究，早在新石器时代古滇人就已开始稻作生产。20世纪50~70年代相继在滇池附近的官渡、团山村、石寨山、渠西里等14个新石器时代文化遗址中出土的红陶器上发现稻壳和稻芒的印迹；在元谋大墩子遗址第七号窟穴的3个陶罐内发现大量谷类炭化物；在剑川海门口遗址发现炭化稻谷凝块。以上遗址距今4000~3000年，甚至更为久远。至春秋战国时期，云南百越农耕即以稻作为主。灌溉水田农耕则源于西汉时期滇文化与中原文化的交流。西汉朱提郡（今昭通地区）太守文齐带领当地民众"穿龙池，溉稻田，为民兴利"[晋常璩（公元291~361年）《华阳国志·南中志》]，是云南稻田蓄水灌溉的最早记载。云南呈贡小松山、大理大展屯汉代墓葬中均出土有东汉时期的陶制陂池和水田模型，陂池与水田间有沟槽相连。唐咸通三年（公元862年）安南经略使蔡袭幕僚樊绰随军平乱至交趾（今越南河内），历时两年著《云南志》（又称《蛮书》），在卷七《云南管内物产》中记载："从曲靖州以南，滇池以西，土俗唯业水田，种麻、豆、黍、稷，不过町疃。水田每年一熟，从八月获稻，至十一月十二月之交，便于稻田种大麦，三月四月即熟。收大麦后，还种粳稻。小麦即于冈陵种之，十二月下旬已抽节如三月，小麦与大麦同时收刈。……蛮治山田，殊为精好。……浇田皆用源泉，水旱无损"，说明唐代云南灌溉稻作农业已十分普遍，梯田营造技术精湛，已形成了稻麦水旱轮作两熟制，大春灌水栽种水稻，小春撒水种大麦；麻、豆、黍、稷种在田边地角的空地上，而在高亢的旱地上种植秋播小麦，可与稻后大麦同时收获。其时，"二牛三夫"的耕作方式比较普遍，"每耕田，用三尺犁，格长丈余，两牛相去七八尺，一佃人前牵牛，一佃人持按犁辕，一佃人秉耒。"耕作水平已无异于长江中下游地区。清嘉庆《临安府志》（1799年）记载滇南哀牢山区哈尼族的梯田耕作曰："依山麓平旷处，开凿田园，层层相间，远望如画。至山势峻极，蹑坎而登，有石梯蹬，名曰梯田。水源高者，通以略杓（涧槽），数里不绝"。在漫长的岁月里，勤劳的哈尼族人还采用集团选择或单穗选择培育出数百个水稻品种，仅元阳县就有180余个。哈尼族人按梯田海拔高程选择栽种不同的稻谷品种：低海拔山区（800~1200m）多栽种老皮谷、老糙谷、大蚂蚱谷、木勒谷、勐拉糯谷、七月谷等；中海拔山区（1200~1650m）主要栽种大老粳谷、细老粳谷、红脚老粳谷、老粳白谷、大白谷、麻车谷、蚂蚱谷等高棵稻谷；高海拔山区（1600~1900m）则栽种小花谷、小白谷、月亮谷、早谷、冷水谷、抛竹谷、冷水糯、皮挑谷、雾露谷、皮挑香等耐冷凉稻谷（王东昕，2000）。可见，元阳哈尼族人民已将梯田稻作文化发展到了极致，形成了至今享誉海内外的"元阳梯田稻作文化"。

云南高原粳稻的突出特点是大穗大粒。西晋郭义恭（公元265~316年）《广志》记载云南产青芋稻、累子稻、白汉稻，志云："青芋稻，六月熟；累子稻、白汉稻，七月熟。此三稻，大而且长，米半寸，出益州。"

普通野生稻曾遍布云南热带、亚热带高原。古滇越人有采集食用野生稻谷之习俗。直至明代，云南不少地区仍有野生稻分布。明万历朱孟震《西南夷风土记》记载："野生嘉禾，不待播种耘耨，而自秀实，谓之天生谷，每季一收，夷人利之。"

大麦、燕麦、荞麦是云南冷凉山区山地的主要食物，如青稞（多棱裸大麦）种之于滇西北之古氏羌后裔藏族，荞麦种之于古濮人后裔彝族、傈僳族。北宋掌禹锡、苏颂等撰《嘉祐本草》（公元1060年）记载，"荞麦……盖野生也，滇之西北，山雪谷寒，乃以为稼，五谷不生，唯荞生之。"

热带、亚热带块根、块茎植物和一些木本植物也是云南南部各族人民的食物来源。主要有薯蓣科（Dioscoreaceae）的薯蓣属（*Dioscorea*）、天南星科（Araceae）的芋属（*Colocasia*）和百合科（Liliaceae）的菝葜属（*Smilax*）、百合属（*Lilium*）植物。西晋嵇含（公元263～306年）编撰《南方草木状》，把食用芋（*Colocasia esculenta*）分为：君子芋、车毂芋、锯子芋、旁巨芋、青边芋、谈善芋、蔓芋、鸡子芋、早芋、空芋、百果芋、九面芋、青芋（块茎有毒，叶柄腌制可食）等。布朗族、普米族等民族有"煨芋留宾"的传统习俗，流传至今。栽培食用芋（*Colocasia esculenta*）良种有芋头花、保山槽子芋、墨江甜芋、蒙自棕芋、施甸人头芋、弥渡大芋头等。栽培食用薯蓣（山药 *Dioscorea batatas*）则有昆明淮山药、禄劝山药、罗茨山药、梁河梨子山药、永平白山药、禄丰脚板山药、禄丰白山药等，以及板砖薯蓣（*Dioscorea banzhuana*）、二色薯蓣（*D. bicolor*）和独龙薯蓣（*D. birmanica*）。并有记载兴古郡（今云南文山一带）产"甘薯"（即薯蓣）。食用百合（*Lilium brownii* var. *viridulum*）今作特色菜肴，鳞茎直径约5cm。菝葜属的菝葜（*Smilax china*），根状茎富含淀粉和鞣质，可酿酒和制栲胶。滇南、滇东南产桄榔（*Arenga pinnata*），树髓心浸粉可制成一种富含营养的食用淀粉。西晋嵇含《南方草木状》云：其"皮中有屑如面，多者至数斛，食之，与常面无异。"东晋常璩《华阳国志·南中志》记载，兴古郡"有桄榔木，可以作面，以牛酥酪食之，人民资以为粮。"《本草纲目》《海药本草》等古籍记载："桄榔粉味甘平，无毒，作饼炙食腴美，令人不饥，补益虚羸损乏，腰脚无力，久服轻身辟谷。"

亚热带水果也是滇南古越人不可或缺的食品。据唐代《云南志》卷六记载："荔枝、槟榔、诃黎勒、椰子、桄榔等诸树，永昌、丽水、长傍、金山并有之。甘橘大厘城有之，其味甚酸。穿赕有橘大如覆杯。丽水城又出波罗蜜果，大者若汉城甜瓜，引蔓如萝卜，十一月十二月熟。皮如莲房，子处割之，色微红，似甜瓜，香可食。或云此即思难也。南蛮以此果为珍好。禄斗（曰上斗下）江左右亦有波罗蜜果，树高数十丈，大数围，生子，味极酸。蒙舍、永昌亦有此果，大如甜瓜，小者似橙柚，割食不酸，即无香味。土俗或呼为长傍果，或呼为思漏果，亦呼思难果。"元代李京撰《云南志略》物产记载："芭蕉子树，初生子，不可食。移树于有水处栽，所结子方可食之。正、二月开花，红色，如牛心。结子三、五寸，如皂荚样。七月取其子，以瓶盛覆，架于火棚上，使熟。剥肤而食，其甘如饴。采时去其树，明年复为故。四、五月又花，冬月依前采之。秋食惹瘴。无花果树，不甚大。（叶）〔果〕生树末，状如青李。生食无味。蜜煎甚佳。"

至明代，云南栽培食用植物种类已逾数百种。明嘉靖年间云南白族学者李元阳著《大理府志》（公元1563年），把云南栽培食用植物分为稻、糯、黍秫、麦、荞、稗、菽、菜茹、瓜、薯芋、菌、果、蓏、香、竹、木花等。其中，仅菜茹之属就有38种，包括白菜、青菜、冬寒菜、苋菜、山韭菜、芹、芝麻菜、芫荽、藜蒿、芋花、荷苞豆、刀豆、豇豆、扁豆、萝卜、蔓菁、芋、山药、冬瓜、丝瓜、黄瓜等。明万历《云南通志》（公元1574年）称："稻凡百余种，以红稻、白稻、糯稻概之；麦有小麦、大麦、燕麦、玉麦、西方麦数种；黍有黄黍、白黍、红黍、长芒、芦粟、灰条数种；稷有黄稷、红稷、黑稷数种；……；梁（粟）有饭、糯二种；荞有甜荞、苦荞二种；……；稗有山稗、糯稗二种；蜀黍（高粱）以产呈贡、云南县者佳；草子，米似稷而纺细，郡县夷僚广种多食"。

在云南各民族食谱中，花卉菜肴有特色突出。苦刺花、棠梨花、白花羊蹄甲、大白花杜鹃、金雀花等数十种木花及枝状地衣（树花）均入膳食，不少已载入食谱，流传四海。清顾仲《养小录·餐芳谱》

记载："金雀花，摘花汤焯，供茶。糖醋拌，作菜甚精。"

甘蔗，古籍中亦记作诸蔗、诸柘、都蔗、竿蔗等，产于云梦以南，是食糖的重要来源之一。西汉司马相如《子虚赋》云"诸柘猼且"，即指楚云梦地区产甘蔗和芭蕉。其时多取蔗汁为饮料或用作烹饪调料，楚宋玉《招魂》云："胹鳖炮羔，有柘浆些"，即以蔗汁为调料炖甲鱼或烤羔羊肉。汉元鼎五年（公元前112年）十一月辛巳朔旦，汉武帝祀于甘泉宫，司马相如等随侍官员赋诗称颂，制作《郊祀歌》十九章，有"泰尊柘浆析朝醒"之句，又指用蔗汁醒酒。随后相继出现蔗饧（糖稀）、石蜜（饴糖）、糖霜（砂糖、冰糖）等固态食糖制品。晋代嵇含所著《南方草木状》云："诸蔗，一曰甘蔗，交趾所生者围数寸，长丈余，颇似竹。断而食之，甚甘，笮（榨）取其汁，曝晒数日成饴，入口消释，彼人谓之石蜜。"南宋洪迈（公元1123~1202年）《容斋随笔》（容斋五笔卷六：糖霜谱）记载：云南制糖的文字记录最早见于公元3世纪西晋·魏完撰《南中八郡志》（已佚），志云："笮甘蔗汁，曝成饴，谓之石蜜。"而"唐太宗遣使至摩揭陀国（公元647年），取熬糖法，即诏扬州上诸蔗，榨沈如其剂，色味愈于西域远甚，然只是今之沙糖也，蔗之技尽于此，不言作霜……唯东坡公过金山寺，作诗送遂宁僧圆宝云：'涪江与中泠，共此一味水。冰盘荐琥珀，何似糖霜美。'黄鲁直在戎州，作颂答梓州雍熙长老寄糖霜云：'远寄蔗霜知有味，用于崔子水晶盐，正宗扫地从谁说，我舌犹能及鼻尖。'则遂宁糖霜见于文字者，实始二公。"然而又云："唐大历中（公元766~779年），有邹和尚者，始来（遂宁）小溪之伞山，教民黄氏以造霜之法。……山前山后为蔗田者十之四，糖霜户十之三。"故洪迈认为糖霜制作始于唐而见诸文字于宋。

养殖业亦是云南古滇人食物的重要来源。唐樊绰《云南志》卷七云南管内物产第七记载："沙牛，云南及西爨故地并只生沙牛，俱绿地多瘴，草深肥，牛更蕃生犊子。天宝中，一家便有数十头。通海已南多野水牛，或一千二千为群。弥诺江（伊洛瓦底江上游）已西出牦牛，……，大于水牛。一家数头养之，代牛耕也。""鲫鱼，蒙舍池鲫鱼大者重五斤。……大鸡，永昌、云南出，重十余斤，嘴距劲利……象，开南巴南多有之。或捉得，人家多养之，以代耕田也。……猪、羊、猫、犬、骡、驴、豹、兔、鹅、鸭、诸山及人家悉有之。但食之与中土稍异。蛮不待烹熟，皆半生而吃之。大羊多从西羌、铁桥接吐蕃界三千二千口将来博易。"

除传统的猪、羊、牛、马、驴、家禽和蜜蜂养殖外，洱海周边诸山彝族、白族有"龙足鹿"养殖。《云南志》记载："傍西洱沙诸山皆有鹿。龙尾城东北息龙山，南诏养鹿处，要则取之。览赕有织和川及鹿川。龙足鹿白昼三十五十，群行啮草。"

（二）衣着之源

上古人类"昔者先王，未有宫室，冬则居营窟，夏则居橧巢。未有火化，食草木之实、鸟兽之肉，饮其血，茹其毛；未有麻丝，衣其羽皮。后圣有作……治其麻丝，以为布帛"（引自《礼记·礼运篇》）；"伯余之初作衣也，緂麻索缕，手经指挂，其成犹网罗。后世为之机杼胜复，以便其用，而民得以掩形御寒"（引自《淮南子·氾论》）；"神农之世，男耕而食，妇织而衣"（引自《商君书》）；"黄帝、尧、舜垂衣裳而天下治"（引自《周易·系辞》）。

苎麻（*Boehmeria nivea*）和大麻（*Cannabis sativa*）的韧皮纤维是古滇人织造衣物的主要原料。在云南新石器时代滇人遗址中曾发现有陶制纺轮、纺坠和骨针。大理永平和江川李家山的青铜器时期遗址均出土有苎麻布残片。在江川李家山出土的青铜贮贝器盖上，即铸塑有女奴们在主妇的监督下纺纱织布的场景。元代郭松年《大理纪行》描述了大理地区"禾麻蔽野"的景象。明谢肇淛《滇略·产略》

（万历末年刊本）、刘文徵《滇志》（公元1625年）均记载永昌（今保山）、云南（今祥云）、楚雄等州府产火麻布（大麻布）。大麻籽可食用，俗称火麻籽。

云南是我国种植棉花最早的地区之一，织贝布原料植物为锦葵科棉属（*Gossypium*）草棉（*G. herbaceum*）和树棉（*G. arboreum*），可能在3000多年前即已由身毒（古印度）传入云南。《尚书·禹贡》中有"岛夷卉服，厥篚织贝"之说。"织贝"一词及其转音，如"吉贝""古贝""却贝""家贝"等，源于印度梵文Karpasa，佛经中译成却婆娑或却波育或迦波罗。东晋常璩《华阳国志·南中志》（公元355年）记载：永昌郡，"古哀牢国。……有闽濮、鸠獠、僄越、裸濮、身毒之民"，可见当时古印度侨民在滇西居留者已为数不少，永昌郡与身毒的交往十分密切。树棉又称鸡脚棉或印度棉木本植物。元代李京《云南志略》（公元1301年）记载"莎罗树，出金齿及元江地面。树大者高三五丈，叶似木槿，花初开黄色，结子变白。一年正月、四月开花结子，以三月、八月采之。破其壳，如柳绵，纺为线，白氈、兜罗锦皆此为之。"范晔（公元398~445年）《后汉书·西南夷传》记载，永平十二年（公元69年）在云南设永昌郡，土僚人（今傣族）种植棉花，且创造出精湛的纺织技术。《华阳国志·南中志》也称永昌郡僚人善织，"有兰干细布——兰干，獠言纻也，织成文如绫锦。"文中"纻"泛指纤维，并非特指苎麻纤维。又称此技艺由僚人经牂柯（今贵州六盘水地区）传入巴蜀。唐·樊绰《云南志》卷七记载"自银生城、柘南城、寻传、祁鲜已西，蕃蛮种并不养蚕，唯收婆罗树子破其壳，中白如柳絮，组织为方幅，裁之为笼头（筒裙），男子妇女通服之。骠国、弥臣、诺悉诺，皆披罗缎。"北宋欧阳修、宋祁《新唐书·南诏传》亦称："大和、祁鲜而西，人不蚕，剖波罗树实，状若絮，纽缕而幅之。"直至19世纪末引进陆地棉（*G. hirsutum*）和海岛棉（*G. barbadense*）后，草棉、树棉才逐渐被取代。此外，《华阳国志·南中志》还记载永昌郡"有梧桐木，其华柔如丝，民绩以为布，幅予五尺以还，洁白不受污，俗名曰「桐华布」，以覆亡人，然后服之，及卖与人。"有人认为，所言之梧桐木可能为生长于燥热河谷沿岸的木棉（*Bombax ceiba*）。但木棉蒴果之纤维，色白而短，富有弹性，难以纺织。今用作枕芯、被芯等填充物。但李贤注引《广志》称："梧桐有白者，剽国有桐木，其华有白毦，取毦淹绩，缉以为布"，似乎其蒴果纤维经淹绩即可缉织以为布。

丝绸是华夏古代文明的精华，也是对人类文明的重大贡献之一。栽桑养蚕至少可上溯到夏禹时期之前，到春秋战国时期桑蚕养殖技术已十分娴熟。《史记·五帝本纪》载云："黄帝居轩辕之丘，而娶于西陵之女，是为嫘祖""以其始蚕，故祀先蚕。"其后，蚩尤族创缫丝之法，蚕丛族"谓聚蚕于一箔含养之，共簇作茧，非如原蚕之蛹蛹独生，分散作茧，"把分散的野蚕驯化为室内饲养的家蚕。故，其氏族首领被后世称为"蚕丛"，尊为蜀王和"青衣神"。明万历徐光启在《农政全书》中也谓蚕神为"青衣神"。《诗经·豳风·七月》曰："女执懿筐，遵彼微行，爰求柔桑""蚕月条桑，取彼斧斨，以伐远扬，猗彼女桑"，描述了妇女执筐采桑及修剪矮桑等劳作。桑树是《诗经·国风》中提及最多的植物，但何时传入云南尚待考证。西汉扬雄《蜀王本纪》记载："蜀王之先名蚕丛，后代名曰柏濩，后者名鱼凫"。东晋常璩《华阳国志·蜀志》记载："开明立，号曰丛帝。丛帝生卢帝，卢帝攻秦，至雍，生保子帝。保子帝攻青衣，雄张獠僰"，叙述蚕丛族群在鼎盛时期征战和迁徙的历史，南部直达金沙江两岸"姚、嶲"等獠人和僰人地区。据考证，姚即今之云南姚安，嶲为今之四川西昌。可见，家蚕养殖传入云南金沙沿岸的时间可能与传到中原的时间相差无几。从晋宁石寨山、江川李家山遗址（战国至西汉）有丝织物残片出土来看，可能始于秦汉。到唐代，栽桑养蚕在云南已成为家庭生计和政府税收的重要来源。《南诏德化碑》（公元766年）记载："厄塞流潦，高原为稻黍之田。疏决陂池，下隰树园林之业，易贫成富，徙有之无，家饶五亩之桑，国贮九年之廪"。在栽培桑普遍种植之前，滇中、滇东多在野生柘桑（柘树 Cudrania tricuspidata）上放养家蚕。宋祁《新唐书·南诏传》和樊绰《云南志》卷七均记载南诏用柘树养蚕，称"自曲靖州至滇池，人水耕，食蚕以柘，蚕生阅二旬而茧，织锦缣精致""蛮地无桑，悉养柘，蚕绕树。村邑人家，柘林多者数顷，耸干数丈。三月初，蚕已生，三月中，茧出。抽丝法稍异中土。精者为纺丝绫，亦织为锦及绢。"至明天启年间，刘文徵《滇志》卷三中仍可见寻甸府"有山间野蚕，取丝茧为布"的记载。

（三）饮品之源

中国是茶树（Camellia sinensis）的原产地，古籍中称为槚或苦荼，木本，叶片味苦而回甘，有荈（春茶）、茗（夏茶）、舜（老叶茶）之分。商、周时期云南即有茶叶的采摘制作，并作为方物朝贡中原王室。不少学者认为云南茶树栽培始于东汉末年三国时期，清檀萃著《滇海虞衡志》记载："茶山有茶王树，较五茶山独大，本武侯遗种，至今夷民祀之。"生活在哀牢山以西云雾山中的德昂族、布朗族先民是最早种植茶树的古茶农。德昂族的茶祖歌《达古达楞格莱标》（意为祖先的传说），是德昂族先民古崩龙人最古老的神话史诗，诗中唱道："茶叶是崩龙的命脉，有崩龙的地方就有茶山；神奇的传说流传现在，崩龙人的身上还飘着茶叶的芳香。"到公元7世纪，布朗族人已开辟茶园，大面积种植茶树。据澜沧县芒景布朗族佛寺木塔石碑记载，芒景、景迈古茶园的驯化栽培时间可追溯到傣历五十七年（公元695年），距今已1300多年。樊绰《云南志》卷七称："茶出银生城界诸山，散收无采造法。蒙舍蛮以椒、姜、桂和烹而饮之"。清乾隆进士姚安知府檀萃《滇海虞衡志》（1799年）载："普茶名重于天下，出普洱所属六茶山，一曰攸乐、二曰革登、三曰倚邦、四曰莽枝、五曰蛮砖、六曰慢撒，周八百里。"有诗谓六大茶山"绿荫蔽天密无缝，林海苍苍翠连云"。清张泓在《滇南新语》（公元1775年）中说："普茶珍品，则有毛尖、芽茶、女儿之号。毛尖即雨前所采者，不作团，味淡，香如荷，新色嫩绿可爱。芽茶较毛尖稍壮，采制成团，以二两四两为率，滇人重之。女儿茶亦芽茶之类，取于谷雨后。以一斤至十斤一团，皆夷女采治。货银以积为奁资，故名……最粗者熬膏成饼摹印，备馈遗。而岁贡中亦有普洱茶膏，并进蕊珠茶。"清乾隆帝弘历赞誉普茶"七子饼"曰："圆如三秋皓月，香于九畹之兰。"饮用习俗则因民族而异，特色突出的有德昂族的茶罐煎酽茶，布朗族的竹筒烤茶和竹筒酸茶，傣族的香竹筒烤茶，哈尼族的土锅茶，白族的三道茶，彝族、傈僳族、佤族的土罐烤茶，纳西族、普米族的烤油茶，怒族的盐巴茶，以及藏族的酥油茶等。

苦丁茶是茶的代用品，古籍中记载为苦芅、瓜卢、皋卢等，唐陈藏器《本草拾遗》（公元739年）载：皋卢"叶似茗而大，南人取作当茗。"其原料植物种类较多，主要有木樨科（Oleaceae）女贞属（Ligustrum）的粗壮女贞（L. robustum）、紫茎女贞（L. purpurascens）、序梗女贞（L. pedunculare）、日本女贞（L. japonicum），藤黄科（Clusiaceae）的苦沉茶（Cratoxylum formosum subsp. pruniflorum），以及冬青科（Aquifoliaceae）冬青属（Ilex）的枸骨（I. cornuta）和大叶冬青（Ilex latifolia）等。苦丁茶含有大量的黄酮类物质，其味甘苦，具有散风热、清头目、除烦渴、解毒等功效。苦丁茶作为饮品已有上千年历史，广东、广西、贵州多有栽培。明清时期由苗族人民引入滇东北乌蒙山区，《镇雄州志》物产中有记载，称作"丁木"，据考证，为大叶冬青类植物。

酒亦是云南各兄弟民族不可或缺的传统饮料。在华夏文明的熏陶下，云南各兄弟民族利用各自聚居地域独特而丰富的花果或谷物酿制各具特色的酒精饮料，成就了丰富绚丽的云南酒文化。

远在新石器时代云南先民就已对自然发酵成酒有一定的认识，在宾川白羊村遗址出土的文物中发现有疑似酒杯。经商周、秦汉、魏晋，到隋唐时期云南已拥有较发达的发酵酒酿酒技艺。唐樊绰《云南志》云："磨蛮，亦乌蛮种类也。铁桥上下及大婆、小婆、三探览、昆池等川，皆其所居之地也……俗好饮酒歌舞。""酝酒以稻米为曲者，酒味酸败。"

有人以白居易诗句"荔枝新熟鸡冠色，烧酒初开琥珀香"、雍陶诗句"自到成都烧酒熟，不思身更入长安"，唐李肇《国史补》中罗列的一些名酒中有"剑南之烧春"为据，认为中原出现蒸馏酒（烧酒）至迟不晚于唐、宋。但从唐代《投荒杂录》所记载的烧酒之法来看，烧酒应是一种加热促进酒陈熟的方法。如该书中记载道："南方饮既烧，即实酒满瓮，泥其上，以火烧方熟，不然，不中饮。"显然这还不是蒸馏酒，而是加温熟化的发酵酒。在宋代《北山酒经》中这类酒又称为"火迫酒"。

直到元代，蒸馏酒酿造技术才先后传入中原和云南各地。明代云南文献中开始出现蒸馏酒，明嘉靖李元阳《大理府志·物产》云：明洪武年间程本立在大理赋诗"金杯阿剌吉（蒸馏酒），银筒速鲁麻（钩藤酒），江楼日日醉，忘却在天涯。"明隆庆进士朱孟震《西南夷风土记》也记载了德宏傣族地区"酒则烧酒，茶则谷茶"。有清以降，云南各地出现了不少名烧酒，如清乾隆时期檀萃《滇海虞衡志》卷四说："盖烧酒名酒露，元初传入中国，中国人无处不饮乎烧酒……予性爱饮酒，又谪居不复能择佳酒，有载而来问者，即饮之，然喜烧刀酒……滇南（即云南）之有绍兴酒，自孙潜村始。""省城酒清冽堪饮，东门酒铺所收尤佳，谓之南田酒。客游者每訾滇酒不中饮，而不然也，吾辈无力能饮佳酒，且就烧酒饮之，渐与之习亦渐佳，何轻訾之。"此外还有武定的"花桐酒"行于四远。元谋的"高粱酒"，其味如北方之干烧。"力石酒出定远，亦高粱烧，名力石者，言其酒力之大重如石也。"清吴大勋《滇南闻见录》载："民间皆饮烧酒，价不甚贵。最高者为楚雄力石酒与鹤庆酒"。清阮元《道光云南通志·食货志·物产》又载，丽江府下辖鹤庆"大麦造水酒，味甚"。清道光章穆《调疾饮食辨》中又称："烧酒又名火酒，《饮膳正要》曰'阿剌吉'（Arrack）。番语也，盖此酒本非古法，元末暹罗（泰国）及荷兰等处人始传其法于中土。"清光绪六年（1880年），杨林镇陈鼎依据明代云南人兰茂所著《滇南本草》创制出色绿如玉而甘美的"杨林肥酒"。

云南盛产果酒，早在清代即已享誉全滇了。檀萃《滇海虞衡志》称："桑椹酒、山查（楂）酒、葡萄酒。滇产葡萄佳，不知酿酒，而中甸地接西藏，藏人多居之，酒盖自彼处来也。"此外，云南亚热带海拔200～2300m山地河谷多产滇橄榄（余甘子 *Phyllanthus emblica*），生活在该区域的各民族早有利用野生滇橄榄果酿制橄榄酒的习俗。

天然发酵酒则多以当地产的花、果为原料，不加酒曲，自然发酵而成。明谢肇淛《五杂俎》记载："酒者扶衰养疾之具，破愁佐药之物……北方有葡萄酒、梨酒、枣酒、马奶酒，南方有蜜酒、树汁酒、椰浆酒，《酉阳杂俎》载有青田酒；此皆不用曲蘖，自然而成者，亦能醉人，良可怪也。"

在漫长的历史进程中，云南各民族沿袭不同的生产方式和饮食习惯，形成了各具特色的酒文化，酿造出原料不同、技术各异的云南三大酒类：低度天然发酵酒、中低度加曲发酵酒（色酒）和烧酒（蒸馏酒）。

藏族喜用青稞或鸡爪谷（穇子 *Eleusine coracana*）掺大米酿青稞酒或小红米酒。至今二者均为藏族人民喜好的蒸馏名酒。

傈僳族、怒族喜用荞麦、穇子（又名鸡爪谷、鸡脚稗）、谷子（粟 *Setaria italica*）、籽粒苋（千穗谷 *Amaranthus hypochondriacus*）、青稞酿酒。富有特色的有布汁烧酒：用玉米、高粱、大麦、鸡脚稗混合或单独发酵，两次蒸馏而成；杵酒：用玉米、苋米、高粱、鸡脚稗混合或单独发酵过滤而得，不经蒸馏，酒精度为17度、18度，味道醇正。酒曲由籽粒苋、麦麸发酵而成。

彝族的传统酿酒分为三大类：甜酒，类似汉族的醪糟；白酒，即蒸馏酒；泡水酒，由优质粮拌酒曲发酵翻入坛中，封口数月后渗入净水浸泡而成，俗称分别为"坛坛酒"、"杆杆酒"和"哑酒"。原料多为稻谷、玉米、荞麦等。

白族以鹤庆乾酒最佳，用大麦酿造而得，始制于南诏时期，清朝乾隆时期作为贡酒进京上贡，《滇海虞衡志》称其味较汾酒尤醇厚。

纳西族多以小麦、高粱、玉米和青稞酿酒，其中"酥里玛"酒和窨酒特色突出。"酥里玛"酒以大麦和玉米为原料煮至八九成熟，拌以酒曲，装入大布口袋里发酵，两天后有酒味飘逸，将其再装坛密封。数日后开封加适量清水入坛，再盖上盖等两三小时，便可导出酒液，此即"酥里玛"。窨酒则是丽江纳西族人民的一种传统饮料，属甜型黄酒，早在明代就已形成了独特的酿造工艺。以糯米蒸熟，晾冷，加入曲药搅匀，装入坛中发酵，酿成水酒，然后榨水去渣澄清，加入糖、猪油、橘皮、桂花、枸杞、红枣、人参、天麻等，再置入容量为数百斤[①]大坛内下窨，存窨时间越长，窨酒质量越好，酒精度一般20度左右。

普米族用大麦、青稞、黄玉米和小麦加龙胆草拌匀，蒸熟，发酵酿造蒸馏酒。

拉祜族用荞麦、玉米、水稻、小麦混合烤酒。酒曲则用兰烟根、芭蕉皮、辣椒、胡椒、冬生、岩参晒干舂成粉，撒在米面饼上发酵，晒干而成。

壮族用糯米、红薯或木薯酿制米酒、红薯酒或木薯酒，度数都不太高，其中米酒是过节和待客的主要饮料。

哈尼族用玉米、高粱、稻谷和苦荞蒸熟晾凉撒酒曲装罐发酵，土法酿造焖锅酒（蒸馏酒），酒精度约30度。

布朗族有清酒和翡翠酒两类。清酒用鸡爪谷、高粱、玉米等发酵经蒸馏而得；翡翠酒用糯米加酒曲发酵过滤而得。

景颇族的竹筒酒也有水酒、烧酒两类。水酒自制，用自家种的小红米（穇子）煮熟沥干发酵后掺水搅拌过滤而成，度数较低（仅为10来度）；烧酒即大米酿制的蒸馏酒，多在30~40度。

阿昌族种秋（高粱）酿酒，酒曲由一种名为苦草的植物舂碎加入糯米面发酵而成。

版纳竹酒是傣族、哈尼族、布依族、景颇族以云南西双版纳特产紫米、糯玉米、小红米为主要原料，经土坛发酵、小锅蒸馏等民间传统工艺用山泉水精酿而成，用竹筒灌装，使酒的香味和竹筒内竹衣香自然混合，酒色逐渐变为琥珀色，酒味更加清奇浓郁，口感柔和，饮后满口留香。

德宏傣族则用糯米酿制传统的小锅烧酒，酒味独具特色，令人回味无穷。

酒不仅是各族民众愉悦性情、解乏疗饥的日常饮料，也是人际交往的人情礼仪。云南有"无酒不成礼"之说，迎宾敬客、喜庆娱乐、连情交友、调解纠纷、祭祀祖先、送死吊丧，都离不了酒。樊绰《云南志》云："每年十一月一日，盛会客，造酒醴，杀牛羊，亲族邻里更相宴乐，三月内作乐相庆，帷务追欢……每饮酒欲阑，即起前席奉觞相劝。有性所不能者，乃至起前席扼腕的颡，或挽或推，情礼之中，以此为重。"

饮酒习俗则因民族而异。滇中彝族以歌敬酒，歌酒并呈，文山壮族唱祝词敬酒十二杯，怒江傈僳族有敬同心酒三杯之俗，可谓别具特色。

[①] 1斤＝0.5kg

云南小凉山彝族特别盛行"喝寡酒",边饮边侃,气氛热烈,情趣交融;见者有份,就地成圈,一人一口,依次传饮,俗称"转转酒"。

喝"竹管酒"(咂酒)早在明代就是傣族流行的风俗。逢年过节,傣族民众在一起饮酒取乐,村民将一大陶罐酒置于空地中央,男女老幼围坐其间,一些人用根约1.5m长的细竹管伸入罐内吸饮;另一些人则在旁边欢歌起舞,为之助兴。

傣族击鼓而饮的习俗起源较早。《隋书地理志》中已有记载:"自岭以南二十余郡……并铸锅为鼓,初成,悬于庭中,置酒以招同类。"其后,樊绰《云南志》称:"弥诺国、弥臣国,……,主出即乘象,百姓皆楼居,机婆罗笼。男少女多,俗好音乐,楼两头置鼓,饮酒即击鼓,男女携手楼中,踏舞为乐。"现今,傣族、景颇族、壮族等民族在隆重的庆典和宗教祭祖活动中仍保留了击鼓饮酒的习俗。

(四)美洲作物对云南农耕文明的影响

公元16世纪前后,玉米、马铃薯、甘薯、落花生等中南美洲农作物相继被引入云南,很快就取代了黍、稷、食用稗等低产作物,成为山地民族的主要食物来源。

玉米在云南的最早记载见于明嘉靖白族学者李元阳编著的《大理府志·物产》,称云南"秣麦之属五:小麦、大麦、燕麦、玉麦、秃麦"。此前,云南嵩明杨林药物学家兰茂著《滇南本草》(范洪抄本,《滇南本草图说》,公元1566年)中亦有用"玉麦须"治疗乳腺红肿的记载。据日本学者千叶德尔考证,在现代植物学知识传入中国之前,中国人把磨粉食用的谷物统称为麦类,明代宋应星在《天工开物》中即持此说,故明代人将玉米归入麦类。而《滇南本草》有关"玉麦须"治乳腺红肿条目与该书务本堂刊本中后人增补的条目相比,修辞体例上差异很大,而与原著修辞风格一致,千叶德尔认为,很可能出自兰茂的手笔。农史学家何炳棣认为玉米可能于16世纪三四十年代由印度、缅甸传入中国云南,曾作为"方物"进贡朝廷,故有"御麦"之称。

明嘉靖李元阳《大理府志》记载"薯蓣之属五:山药、山薯、紫蕷、白蕷、红蕷"。据考证,紫蕷、白蕷、红蕷为16世纪传入的番薯,即今之甘薯。明万历李元阳《云南通志》(公元1574年)卷三记载,在姚安州、景东府、顺宁州等六府州通产,称为"红薯"。据何炳棣(1979)考证,云南甘薯由印度、缅甸陆路传入中国云南,可能略早于东南沿海的海路传入。

清初,花生传入云南,清雍正《宾川州志》载有"地松";乾隆《云南通志》卷二十七(公元1736年)虽仅云:"落花生,临安者佳。"但已视为通产。嘉庆、道光年间,檀萃著的《滇海虞衡志》(公元1799年)中载有"落花生为南果中第一,以其资于民用者广……"文中"地松""落花生"均指今之花生。

关于马铃薯的传入时期,地方志记载不详。荷兰人斯特儒斯(Herry Struys)1650年曾目睹台湾有由荷兰引入的马铃薯种植。马铃薯传入西南诸省的时间可能较晚,由海路经东南沿海各省传入云南。其最早记载见于四川《江油县志》(公元1812年),称为"羊芋"。清代学者吴其濬《植物名实图考》(公元1848年)卷六记载:"阳芋,黔、滇有之,绿茎青叶,叶大小、疏密、长圆形状不一,根多白须,下结圆实……味似芋而甘,似薯而淡,羹臛煨灼,无不宜之。"但认为"阳芋"主要用作"疗饥救荒",为"贫民之储"。稍后,马铃薯即成为滇西北、滇东北人民的主要食品和菜肴,据清代《邓川州志》中记载,"阳芋,细白松腻,羹之可比东坡之玉糁,其花四时竞秀,清如蜡梅。"可见当时邓川一带马铃薯种植之普遍,几乎四季均有栽培。

（五）观赏植物栽培与云南文化

云南观赏花卉植物名目繁多，尤以山茶、杜鹃、兰花、玉兰、百合、报春花、龙胆、绿绒蒿八大名花闻名于世。《徐霞客游记》中记载，"云南花木以山茶、山鹃为最，山茶花大逾碗，至于山鹃，花大赛山茶。"清吴其濬在《植物名实图考》卷二十三中记载：云南"报春花，今滇俗亦以为岁晚盆景。凤兰，此种种之盆罐也茂。野香草，滇俗种之盂兰以为供。""园圃栽培的花卉则有金蝴蝶、滇丁香、藏报春、天蒜、鹭鸶兰、莲生桂子花等。"又云："滇城郭外皆田畴，无杂草木，而山花之可簪可瓶……傻傻皆持以入市"（《植物名实图考》卷四）。

山茶名列云南八大名花之首，古籍中又称为曼陀罗。明李元阳有诗云："古来花事推南滇，曼陀罗花尤奇妍，拔地孤根耸十丈，威仪特整东风前，玛瑙攒成亿万朵，宝花烂漫烘晴天。"云南山茶，花大色艳，树姿优美，观赏性强，且名品极多。明冯时可在《滇南茶花记》中记述"滇中茶花记茶花最甲海内，种类七十有二，冬末春初盛开，大于牡丹，一望若火"。且花红叶碧，交相辉映。明杨升庵赞茶花诗云："绿叶红英斗雪开，黄蜂粉蝶不曾来。海边珠树无颜色，羞把琼枝照玉台"，故有"云南山茶甲天下"之誉。云南山茶栽培的历史悠久，早在南北朝时期（公元6~7世纪）就已人工栽培。南诏、大理国时期（公元8世纪至13世纪），已成为庭园栽培的重要花种。南诏晚期（唐光化二年，公元899年）刊行的《南诏图传》卷首就绘有两株云南茶花古树，《图传》文字卷云："奇王之家也。瑞花两树，生于舍隅，四时常发，俗称橙花。"文中"瑞花""橙花"即指云南茶花；奇王则指南诏开国之部族首领细奴逻，于公元654年立诏。据考证，现存于楚雄紫溪山的古山茶林，乃大理王族建造行宫时所种植，距今约650年；昆明北郊黑水祠北极殿前一株繁花似锦的山茶植于明弘治八年（1495年），亦经历了500多年的沧桑。至今大理、巍山、鹤庆、剑川、祥云、宾川（鸡足山）、永平及腾冲等滇西不少地方尚存有树龄达二三百年的古茶花树。明张志淳（公元1457~1538年）撰《永昌二芳记》即载"茶花有三十六种，杜鹃花有二十种，皆永昌所产。"明万历顾养谦《滇云纪胜书》云："山茶花在会城者，以沐氏西园为最，西园有楼，名簇锦，茶花四面簇之，凡数十树，树可三丈，花簇其上，数以万计。紫者、朱者、红者、红白兼者，映日如锦，落英铺地，如坐锦茵，此一奇也，仆尝以花时登簇锦赏之，有'十丈锦屏开绿野，两行红粉拥朱楼'之句，及登太华，则山茶数十树罗殿前，树愈高花愈繁，色色可念，不数西园矣。"明嘉靖《大理府志》记载：明洪武十六年（公元1383年），大理感通寺住持无极大法师前往南京朝觐明太祖朱元璋，进献白马一匹、山茶一株。时值次年3月，殿前白马嘶鸣，茶花怒放。明太祖以"马嘶花放"为大明江山之吉祥瑞兆，赐无极和尚名号"法天"，授其"大理府僧纲司都纲"一职，并赐诗一十八章并序记送归。自此后，云南山茶名声大振，海内外广泛引种栽培。明末清初旅居浙江的蜀人张岱在散文中赞美云南山茶道："滇茶故不易得，亦未有老其材八十余年者。朱文懿公逍遥楼滇茶，为陈海樵先生手植，扶疏蓊翳，老而愈茂。诸文孙恐其力乏不胜葩，岁删其萼数斛，然所遗落枝头，犹自燔山熠谷焉（《陶庵梦忆》卷三）。"清康熙《云南府志》总结了明清两代有关云南山茶的著述，云："茶花音甲天下，明晋安谢肇淛谓其品七十有二。豫章邓渼纪其十德，为诗百咏。赵璧作谱，近百种，以深红软枝、分心卷瓣者为上。"清初云南晋宁人担当大师（公元1593~1673年）有《山茶》诗赞丽江玉峰寺古山茶"照殿红"曰："冷静争春喜灿然，山茶按谱甲于滇，树头万朵齐吞火，残雪烧红半个天。"大理感通寺"楼前白茶花高数十丈，大数十围，花如玉兰，心殷红，滇南只此一树，埋条分种，皆不活也"（清陈鼎《滇游记》）。腾冲古山茶花，"其木高十余丈，围丈余，垂荫数亩，望之如火树，下可坐百人，盛开之日，荐之以红毡，席地而饮

（清刘昆《南中杂说》）。千百年来，在长期的栽培实践中，培育出众多山茶优良品种，现今云南茶花品种已发展到200余种，其中紫袍、恨天高、童子面、玛瑙等为传统名贵品种，牡丹茶、早桃红、蝶翅茶、狮子头（九蕊十八瓣）、松子鳞等各具特色，是珍贵的山茶良种资源，值得收集保护，加强利用开发。

杜鹃是颇受云南士庶青睐的花种。明万历进士谢肇淛《滇略·产略》有"杜鹃花，家家种之盆盎"的记载。历代均有人根据杜鹃花的品相编辑花谱。明嘉靖《大理府志》称：杜鹃"谱有四十七品。"明代御史李元阳赋诗曰："君不见点苍山原好风土，杜鹃踯躅围花坞。坞中往来屈指数，此花颜色三十五……贫富家家作屏障，春雨春风总无恙。石家步障锦模糊，如此繁花天下无。"明万历《云南通志》中记有："有五色双瓣者，永昌、蒙化多至二十余种。"明杨慎《滇海曲》有"孔雀行穿鹦鹉树，锦莺飞啄杜鹃花"的佳句。清张泓纂《滇南新语》（公元1775年）还记有蓝色杜鹃（毛肋杜鹃 *Rhododendron augustinii* 之蓝色变异），称"迤西楚雄、大理等郡盛产杜鹃，种五色，有蓝者，蔚然天碧，诚宇内奇品……滇中亦不多见。"清乾隆年间云南禄劝知县檀萃著《滇海虞衡志》记有："杜鹃花满滇山，尝行环洲乡，穿林数十里，花高几盈丈，红云夹舆，疑入紫霄，行弥日方出林。因思此种花若移植淮扬，加以剪裁收拾，蟠屈于琼砌瑶盆，万瓣朱英，叠为锦山，未始不与黄产争胜。"檀萃认为云南杜鹃略经培植，不逊于安县黄山所产。檀萃又记有："马缨花，冬春遍山，山氓折而盈抱，入市供插瓶，深红不下于山条（山茶花）。"清道光年间云贵总督吴其濬所著《植物名实图考》载有：云南野生杜鹃花"……荣火绩绣，弥罩林崖，有色无香，熔晃目睫。其殷红者，灼灼有焰，或误以为木锦。乡人采其花，熟食之。"

木兰在我国栽培历史已很久远。远在春秋时期就已种植木兰，伟大诗人屈原的《离骚》中就有"朝饮木兰之坠露兮，夕餐秋菊之落英"的佳句。云南木兰栽培也有上千年的历史，庭院、寺庙多有种植。民间流传着许多木兰花的传说。木兰花中的"龙女花"，学名西康木兰，花色洁白而馨香。《滇海虞衡志》记载："龙女花，止一株，在大理之感通寺……赵加罗修道于此，龙女化美人以相试，赵起以剑之，美人入地生此花"。以龙女喻木兰花，足见其清艳华贵。清张泓《滇南新语》称感通寺龙女花"树高五丈有余，围七尺余……香类优昙，闻数里，一开千数百朵，远望如层雪。"明崇祯十二年（公元1639年）三月徐霞客在游记中也记载大理上关有木莲花，学名滇藏木兰，称"其花黄白色，大如莲，亦有十二瓣，按月而闰增一瓣，与省会之说同；但开时香味远甚，土人谓之十里香，则省中所未闻也。"以其花"青白无俗艳"，尊为"佛家花"，有"见花如见我佛"之说；其花昼开夜合，似昙花，树高花大叶肥，耐风霜，则优于草本之昙花，故又名"优昙花"。清吴其濬《植物名实图考》云："优昙花生云南，大树苍郁，干如木犀，叶似枇杷，光泽无毛，附干四面锚生。春开花似莲，有十二瓣，润月则增一瓣；色白，亦有红者，一开即敛"。云南含笑亦是栽培历史悠久的木兰科名花，庭院、寺庙多有栽培。《滇海虞衡志》载："含笑花土名羊皮袋，花如山栀子，开时满树，香满一院，耐二月之久。"《植物名实图考》载：皮袋香，"山人担以入市以为瓶供。"

云南是我国兰花资源大省，分布有兰科植物133属684种。特别是滇西峡谷区，是令世人瞩目的兰品种基因库。兰属植物以其潇洒俊逸的风姿、超凡脱俗的神韵深受古代文人墨客青睐，常把兰草与修竹、秋菊、冬梅并称为"花中四君子"，引喻人的高洁品格。屈原《九歌》中有"春兰兮秋菊，长无绝兮终古"之千古绝唱。国产兰属植物共29种和5个变种，云南即有26种和3个变种。云南白族、彝族素有养兰的习俗，滇西尤著。明嘉靖白族进士杨士云有诗咏友人李元阳所赠一盆名兰曰："白石磷磷护玉盆，紫茎烨烨吐金银。国香合在瑶台上，也许光风到筚门"。明永乐年间兰雪道人杨安道著《南中幽芳录》（公元1412年）中录有其好友兰室居士段宝姬（大理总管段功之女）栽种的碧玉莲、观音素、大雪素、虞美人、小雪素、绿观音、朱砂兰、醉美人、黄建素、绿建素、红梅瓣、碧芝梅、十八学士等滇西名兰38品。段宝姬有诗咏名兰"黑披风"云："红粉佳人黑披风，来自迷雾深山中。不识人间多富贵，天生傲骨不求荣。"《南中幽芳录》还首开中国"以瓣形论花"之先河，书中有"花五瓣如梅""花形似蝶""开花如群燕飞翔"之类的比喻，把云南名兰分为梅瓣、莲瓣、水仙瓣、蝶瓣等类别，并首次记载了黄建素、金线兰、金丝莲等叶艺名品。云南国兰四大名品（大雪素、小雪素、朱砂兰及通海剑兰）中，就有三种原产于滇西地区。莲瓣兰仅产于滇西及四川西部极少地区，大雪素及小雪素即为其代表品种。莲瓣兰被认为具有春兰之香、蕙兰之秀、剑兰之质、墨兰之韵、寒兰之神等优秀品质，并拥有奇花、蝶花、色花、瓣型花、素花等系列品种资源，极具开发前景。目前，滇西地区共获中国名兰登录的兰花品种达50余种，是国内登录名品最多的地区。

云南月季亦有悠久的栽培历史，唐代称为蔷薇或长春花，宋代以其"四时长放浅深红"（宋·韩琦"月季"）、"独遣春光住此中"（宋·徐积《长春花》）始称月季；且"别有香超桃李外，更同梅斗雪霜中"（宋·杨万里《腊前月季》），文人墨客多有唱和，以至于晚唐有"破却千家作一池，不栽桃李种蔷薇"（唐·贾岛《题兴化园亭》）。明代云南白族诗人杨黼（公元1370～1455年）撰山花咏词20首中亦可看到月季花的身影（杨黼，《词记山花·咏苍洱境》，白文碑，公元1450年）。至清代，云南昆明近郊已有不少花圃种植木香花入市叫卖（《滇海虞衡志》卷九）。公元19世纪末20世纪初，英国植物学家威尔逊（E. H. Wilson）在云南发现中国月季的原种，并带回欧洲，故不少现代欧洲月季名品带有云南月季的血缘。云南祥云县城东南水目山常住寺中现存有明代月星禅师植下的两株月季花，树高2.7m，胸径约20cm，冠幅4m，花开满树上万朵，花期长达半年。

有明以降，游春赏花已成为滇中士庶之盛会。明万历年间谢肇淛记叙："滇中气候最早，腊月茶花已盛开。初春则柳舒桃放，烂漫山谷。雨水后则牡丹、芍药、杜鹃、梨、杏相继发花。民间自新年至二月，携壶觞赏花者无虚日，谓之花会。衣冠而下至于舆隶，蜂聚蚁穿，红裙翠黛，杂乎其间，迄春暮乃止。其最盛者会城及大理也"（《滇略》卷四）。

明清之际，云南花卉生产、营销已初具规模，成为贫苦农民的一项重要生计，造就了一批专业花农、花商。檀萃《滇海虞衡志》卷九记载，滇俗重木香、粉团、金凤花，小儿女争戴之。木香论围，粉团论朵，金凤作串，插于鬓，高至盈丈，如霞之建标，呼于市而货之，顷刻俱尽，此皆穷民赖以为衣食之资者，则花之济于芸芸亦大矣的。石虎关民争种菊，人肩车载而入于市，即以为菊庄收成，可不谓花农乎！亦种鸡冠，供中元祀祖，即弃之矣。菜海边多花院子，各花俱备，以供衙门及公馆，名繁不胜计，民生利用多出于花。檀萃本人亦身体力行，鼓励种植花木，曾令人广植刺桐花，使农部官路旁"阴浓花繁，行人悦憩。"多植紫薇花"于官署庭堂，满院绛云。"

第三节　云南农业经济地理

一、云南综合农业区划

昝维廉1957年曾提出沿北纬25°线把云南分为南、北两部分，又沿大雪山、点苍山、无量山脉将云南斜分为东、西两大块，并按此框架将云南分为西、中、东3个农业带和9个农业区。1958年吴征锓、程侃声、彭洪瑗、朱彦丞等进行了云南省第一次农业区划，按云南由南向北的气候条件划分为四带，再按生物分布纵向划分为三条。20世纪60年代，程侃声、彭洪瑗、潘炳猷、姚敏、樊平等进行了第二次农业区划，根据云南的立体气候特点把云南农业区划分为高寒山区、山区、坝区、低热区等4个层次，然后从东到西再分为6块。1980年云南省农业区划委员会办公室组织各方面专家学者进行第三次农业区划，根据农业环境的立体特征和平面特征，按照区域区划与类型区划相结合的原则，把全省划分为三层六类7个农业区。三层分别为高寒层、中暖层和低热区，每层又按地貌分为山区和坝区两个类型，共6个类型。

高寒层的海拔下限云南东西部略有差异：西部，包括滇西北、滇西和哀牢山以西的西南部地区，海拔下限为2500m；东部，包括滇东北、滇中和哀牢山以东的东南部地区，海拔下限为2300m。总面积约72 370km²，占全省面积的18.4%，集中分布于滇西北和滇东北，滇中、滇南有少量分布。高寒层气候寒冷，霜期长，≥10℃积温小于3000℃，山高坡陡，宜林地多，种植业零星分布，农作物以青稞、燕麦、荞麦、马铃薯为主，多为一年一熟。该层按地貌分为高寒山区和高寒坝区两个类型，高寒山区面积约72 258km²，宜林，有零星农作物种植。高寒坝区面积小，仅112km²，畜牧业比例大，以牦牛、黄牛、绵羊、山羊为主，种植业比例较小。

中暖层面积最大，约213 139km²，占全省面积的54.1%，上限连接高寒层，海拔下限哀牢山、云岭以西为1500m，以东为1300m。≥10℃积温为3000～6000℃，气候温暖，人口较集中，是水稻、玉米、小麦、蚕豆、油菜、烤烟和经济林木的主要种植区，也是猪、牛、羊和水产品的重要产区。该层按地貌分为中暖山区和中暖坝区两个类型。中暖山区面积196 889km²，多为一年一熟或二年三熟，种植业以玉米、薯类、烤烟等旱地作物及温带、亚热带经济林果为主，有少量陆稻种植。中暖坝区面积较小，约16 250km²，地势平坦，土层深厚，气候温暖，一年二熟，是全省稳产高产农田集中区，也是商品粮、烟、油的主产区。

低热区位于中暖层之下，总面积约108 628km²，占全省面积的27.6%，属南亚热带或北热带气候，≥10℃积温为6000～8500℃。北热带的海拔上限哀牢山以西为800m，以东为400m，除干热河谷外，降水充沛，热带植物资源丰富。种植业以水稻、甘蔗为主，南部边沿地区以香蕉、芒果等经济林果及茶叶、咖啡、橡胶等经济林木为主。该层按地貌分为低热山区和低热坝区两个类型。低热山区面积约为101 886km²，种植业以茶、经济林和旱粮为主，陆稻面积分布较广，德宏、西双版纳人工橡胶林分布较广。低热坝区面积约6742km²，水热条件较好，是甘蔗和双季稻主产区，河谷两侧阶地和坝子周边台地主要种植橡胶、咖啡、紫胶等热作。

7个农业区分述如下。

1）滇中高原湖盆地粮、油、烟、经济林区 包括昆明市官渡、西山、呈贡、安宁、富民、晋宁、禄劝、嵩明、宜良、路南（今石林）、寻甸，曲靖市麒麟、沾益、马龙、富源、罗平、师宗、陆良，玉溪市红塔江川、通海、澄江、华宁、易门、峨山，楚雄州楚雄、双柏、南华、禄丰、姚安、大姚、牟定、武定、永仁、元谋，红河州泸西等市（县、区）。土地面积76 513.3km²，占全省面积的19.4%；其中，耕地占区域面积的8.2%，林地占23.55%，灌丛疏林地占13.36%，荒山荒地占29.96%，河流湖泊及其他用地占24.89%。耕地面积628 667hm²，约占全省耕地面积的23.1%。

2）滇西中山盆地粮、林、牧区 包括大理州大理、祥云、弥渡、巍山、南涧、洱源、鹤庆、剑川、漾濞、云龙，丽江市永胜、华坪，保山市隆阳、腾冲等县（市）。土地面积47 680km²，占全省面积的12.1%；其中，耕地占区域面积的6.71%，林地占26.0%，灌丛疏林地占13.2%，荒山荒地占

34.72%，河流湖泊及其他用地占19.36%。耕地面积320 000hm²，占全省耕地面积的11.7%。

3）滇东南岩溶丘原粮、蔗、林、牧区　包括红河州个旧、蒙自、开远、弥勒、屏边、建水、石屏，文山州文山、砚山、丘北、广南、富宁、西畴、马关、麻栗坡等县（市）。土地面积51 013.3km²，占全省面积的12.9%；其中，耕地占区域面积的6.75%，林地占15.6%，灌丛疏林地占19.27%，荒山荒地占31.78%，河流湖泊及其他用地占26.52%。耕地面积344 200hm²，占全省耕地面积的12.7%。

4）滇西南中山宽谷茶、紫胶、蔗、林、牧区　包括临沧市凤庆、永德、临沧、云县、双江，保山市昌宁、龙陵、施甸，思茅地区（今普洱市）景谷、普洱、景东、墨江、镇沅，红河州红河、元阳，玉溪市元江、新平等县（市）。土地面积65 393.3km²，占全省面积的16.6%；其中，耕地占区域面积的6.45%，林地占30.55%，灌丛疏林占19.02%，荒山荒地占24.05%，河流及其他用地占19.93%。耕地面积421 666.7hm²，占全省耕地面积的15.6%。

5）南部边缘中低山宽谷盆地热林、热作、蔗、茶区　包括德宏州潞西（今芒市）、畹町、瑞丽、陇川、盈江、梁河，临沧市耿马、镇康、沧源，思茅地区（今普洱市）澜沧、西盟、孟连、江城，西双版纳州勐海、景洪、勐腊，红河州绿春、河口、金平等县（市）。土地面积64 032km²，占全省面积的16.2%；其中，耕地占区域面积的6.31%，林地占22.66%，灌丛疏林占23.38%，荒山荒地占34.65%，河流及其他用地占13.0%。耕地面积404 086.7hm²，占全省耕地面积的14.9%。

6）滇东北山原牧、经济林、旱粮、油、烟区　包括昭通市水富、绥江、永善、巧家、盐津、大关、镇雄、威信、彝良、昭阳、鲁甸，曲靖市宣威、会泽，昆明市东川区等县（市、区）。土地面积37 029.3km²，占全省面积的9.4%；其中，耕地占区域面积的12.11%，林地占12.85%，灌丛疏林占11.98%，荒山荒地占25.43%，河流及其他用地占37.61%。耕地面积448 426.7hm²，占全省耕地面积的16.5%。

7）滇西北高山峡谷林、牧、药材区　包括丽江市玉龙、宁蒗，迪庆州德钦、香格里拉、维西，怒江州兰坪、贡山、福贡、泸水等县（市）。土地面积52 426.7km²，占全省面积的13.3%；其中，耕地占区域面积的3.03%，林地占33.9%，灌丛疏林占13.61%，荒山荒地占19.34%，河流湖泊及其他用地占29.62%。耕地面积158 793.3hm²，占全省耕地面积的5.8%。

二、云南农业产业区划

（一）种植业区划

1. 滇中高原盆地粮、烟、油、菜、果、桑、花卉区

本区位于24°～26°N，包括昆明、曲靖、玉溪、楚雄、大理、保山、红河、丽江等州市的52个县（市、区）。

2. 滇南中山宽谷粮、油、蔗、茶区

本区位于22°～25°N，包括文山州全部及红河、普洱、临沧3州市大部，以及玉溪市的新平、元江和保山市的昌宁共31个县（市）。

3. 南部边缘低山宽谷盆地稻谷、热作、蔗、茶区

本区包括西双版纳州和德宏州全部以及临沧、思茅、红河3州市沿国境线的部分县，共18个县（市）。

4. 滇东北山原旱粮、烟、果区

本区位于云南省东北部乌蒙山脉西段，26°～29°N，包括昭通市全部、昆明市东川区及曲靖市的会泽、宣威，共14个县（市、区）。

5. 滇西北高山峡谷旱粮、药材区

本区位于云南省西北部横断山脉北段和中段，26°53′～29°15′N，包括怒江、迪庆2州全部和玉龙、宁蒗、剑川共10个县。

（二）热带作物种植区划

云南热区指云南境内金沙江、澜沧江、怒江、元江、南盘江四大水系的低热河谷及中、低山宽谷盆地。面积7.82万km²，约占全省面积的19.8%。海拔高程以哀牢山为界，东部海拔1000～1300m以下，西部1500m以下，北部金沙江河谷海拔1000～1300m以下。气候为南亚热带或北热带气候，适宜热带、亚热带作物种植。该区按地理位置和作物种植结构划分为6个热作种植区。

1）西部低、中山宽谷盆地橡胶、咖啡、砂仁、甘蔗区　包括德宏州所辖芒市、瑞丽、陇川、梁河、盈江，共3县2市。

2）西南部中山宽谷盆地橡胶、咖啡、砂仁、芒果、大叶茶、紫胶区　包括临沧市所辖双江、耿马、云县、永德、镇康、沧源、临沧、凤庆，普洱市所辖宁洱、思茅、墨江、景谷、景东、江城、孟连、澜沧、西盟、镇沅，保山市所辖昌宁、龙陵、施甸及红河州的绿春，共22个县（市、区）。

3）南部低、中山宽谷盆地橡胶、砂仁、依兰香、大叶茶区　包括西双版纳州景洪、勐海、勐腊3个县。

4）中部中山峡谷热带水果、甘蔗区　包括玉溪市所辖元江、新平，红河州所辖个旧、石屏、建水、蒙自、开远、红河、元阳、弥勒，共8县2市。

5）东南部低谷丘陵橡胶、八角、热带水果区　包括文山州所辖富宁、麻栗坡、马关，红河州所辖河口、金平、屏边，共6个县。

6）北部中山峡谷咖啡、柑橘、甘蔗区　由金沙江河谷、澜沧江河谷和怒江河谷3个副区组成，涉及河谷沿岸的24个县（市、区）。

（三）畜牧业区划

根据自然环境、饲料资源、畜群结构、发展方向及社会经济条件相对一致的原则，把全省划分为四大区12个小区。

1）滇东北山原温带羊猪牛区　包括昭通地区全部、昆明市东川区和曲靖市会泽县，共13个县（市、区），分为昭北猪、黄牛、马区和昭南绵羊、猪、黄牛区两个二级区。

2）滇西北山地温带牛羊马区　包括迪庆州、怒江州全部和丽江地区丽江、宁蒗两县，共9个县（市、区），分为丽江黄牛绵羊马猪区和怒江猪黄牛山羊区两个二级区。

3）滇中亚热带猪牛禽羊区　包括曲靖市（除会泽外）、昆明市（除东川外）、楚雄州、玉溪市（除新平、元江外）、大理州、保山地区全部以及泸西、弥勒、景东、临沧、云县、永德、凤庆、永胜、华坪，共61个县（市、区），分为昆明猪禽奶牛马兔区、楚雄猪山羊黄牛兔区、大理奶牛猪驴区和保山猪水黄牛区4个二级区。

4）滇南亚热带热带牛猪区　包括文山州、红河州（除泸西、弥勒外）、思茅地区（除景东外）、西双版纳州、德宏州、临沧地区的耿马、双江、沧源、镇康和玉溪市新平、元江，共43个县（市、区），分为文山黄牛猪马区、个旧猪禽奶牛区、思茅猪黄牛区和西南边缘水黄牛区4个二级区。

（四）渔业区划

按照渔业自然条件、鱼类资源类别、社会经济技术条件以及发展方向相对一致的原则，把全省划分为5个渔业区：中部湖塘库温水鱼类增养区；南部湖库塘田温、热鱼类养殖区；南部边缘塘库热带鱼类养殖区；东北部库塘温、冷鱼类养殖区；西北部湖库塘冷水鱼类养殖区。

三、农业结构调整及优势产业发展

1980年以前，云南的农业结构比较单一，以种植业为主。1979年，农业总产值中，种植业占63.6%，林业占5.2%，牧业占14.9%，渔业占0.002%。且粮食作物的比例大，占种植业的89.1%～93.9%。经20多年的结构调整，云南农业结构渐趋合理。1988年农业总产值较1979年增长了2.5倍，种植业的比例有所下降，占56.2%，林业上升到7.4%，牧业上升到27.3%，渔业亦略有上升，达0.011%。种植业内部结构也有所改善，粮食作物、经济作物和其他作物的种植比例由1979年的89.5%、6.2%和4.3%分别调整为1988年的80.8%、12.1%和7.0%。尽管粮食播种面积调减27万hm^2，粮食总产却由1979年的793.0万t增加到940.8万t，促进了畜牧业的快速发展，同时为云南烤烟、甘蔗、咖啡等经济作物及蔬菜、花卉、药材提供了发展空间。到1990年，全省农业总产值211.72亿元，其中种植业占全省农业总产值的56.5%，林业占1.6%，畜牧业占25.5%；种植业中，粮食作物、经济作物及其他作物的种植比例调整到80.6∶11.5∶7.9。1991～1999年，随着农产品商品基地建设的发展和烤烟、甘蔗、茶叶等支柱产业与优势产业的形成发展，粮食生产稳步增长，云南省主要农产品总量不足的矛盾得以缓解。1999年全省农业总产值达642.47亿元，其中种植业394.96亿元，占61.5%，林业45.60亿元，占7.1%，畜牧业188.82亿元，占29.4%。种植业中粮食作物种植面积有所调减，经济作物和其他植物种植面积有所增加，粮食作物、经济作物及其他作物种植比例调至73.7∶20.0∶6.3。粮食总产增加到1399.25万t；烤烟总产60.95万t，居国内之首；甘蔗总产1526.53万t，居全国第三；茶叶总产7.51万t，居全国第三。人均占有粮食336kg，油料、肉、奶、蛋、水产品、蔬菜等产品无论是总量还是人均占有量均有较大幅度的增长，肉类实现了基本自给。全省农业商品率也由1978年的34.3%上升到51.7%。

"十五"期间，在农业部《优势农产品区域布局规划（2003-2007年）》的指导下，云南省提出实施粮食安全综合示范工程，稳步发展粮食生产，大力发展烟、糖、茶、胶、果五大优势产业，加快发展林业及畜牧业、渔业、蔬菜、花卉等特色产业。确定将优质烟叶、优质畜产品、马铃薯、无公害蔬菜、"双高"甘蔗、优质稻米、中药材、花卉、茶叶、橡胶、水果、"双低"油菜、蚕桑、咖啡、食用菌、麻类、杂粮等17类农产品作为优势农产品，优先规划重点培育，在云岭山乡建成一批优势农产品产业区（带），逐步形成云南省合理的农业生产力布局，减少结构调整中的盲目性和趋同性，提高农产品的市场竞争力。

2012年云南全面启动实施高原特色现代农业发展战略，农业产业结构进一步调整优化。到2014年，全省农林牧渔业总产值达3261.30亿元。粮食生产持续增产，总产突破1860.70万t；特色经济作物量效齐增。烟草、橡胶、花卉、咖啡面积、产量均居全国第一位；茶叶、甘蔗面积、产量居全国第二位；蔬菜、水果、干果（核桃、澳洲坚果）、药材快速发展。种植业中粮食作物种植面积占比下降到62.66%。养殖业总产值突破千亿元。农村常住居民人均可支配收入7456元。目前，全省已建成具有相当规模的国家级或省级农产品生产基地10多类600多个，初步形成了以滇中、滇东北为主的烟草、畜牧、花卉、中药材、马铃薯产业区，以滇南、滇西南为主的优质稻米、甘蔗、茶叶、橡胶、咖啡产业区，以滇西、滇西北为主的畜牧、药材产业区和以滇南、滇东南为主的热果、蔬菜、药材产业区及优势农产品商品生产基地。

第四节　生态环境和民族文化的多样性与作物种质资源的形成演化

云南位于21°~29°N，97°~106°E，属于日长由短日照向长日照过渡的地区，夏至日长13.2~14.1h，冬至日长11.0~10.2h。由于地貌和海拔高程变化大，水热资源重新分配，形成"一山分四季，十里不同天"的立体气候，集寒、温、热三带于一地，立体农业垂直分布特征突出。不过由于云南地处低纬度高原，光照强、光周期较短，与北方高纬度长日照下相应的纬度气候带仍有着质的差异。自然气候环境的异质性及由此形成的丰富多样而独特的动植物和微生物区系与土壤环境，是农作物品种多样性形成与演化中亚种及生态群进化分异的基本动力。而民族文化的多样性则是在人工选择下农作物栽培品种进化分异的重要动力。截至2015年，云南省农业科学院已收集保存的粮食作物、经济作物、园艺作物地方品种和野生近缘植物5.1万余份，涵盖220多个科350多个属近1000种植物。

一、立体地理气候环境与作物种质资源的演化

（一）立体气候与亚洲栽培稻亚种及生态群分化

1. 稻籼、粳亚种的地理分布

云南省立体气候特征突出，水稻分布从海拔80m（河口）至海拔2600m（维西攀天阁），分属热带、亚热带、温带3种气候类型。适应型水稻地方品种则分属亚洲栽培稻的籼稻（*Oryza sativa* subsp. *indica*）、粳稻（*O. sativa* subsp. *japonica*）两个亚种。水稻地方品种随着所在地海拔升高籼稻品种数减少，粳稻品种数增加。据程侃声等20世纪70年代初的调查，云南海拔1800m以上地区粳稻占67.04%，籼稻占32.96%；海拔1200~1750m地带，粳稻占51.37%，籼稻占48.63%；海拔1200m以下地区，粳稻占32.39%，籼稻占67.61%。结果显示，海拔1750m以下及南部低纬度地区，以籼稻为主；海拔1750~2000m为籼、粳稻交错分布地带；海拔2000m以上则为粳稻地区（程侃声，1973）。20世纪80年代以来，随着改良品种的普及和籼型杂交稻的广泛应用，籼稻多种植在海拔1500m以下地区，海拔1500~1700m地带籼稻、粳稻兼而用之，海拔1700m以上地区则多种植粳稻。

2. 水陆稻的地理分布

云南夏秋水热同季，气候温暖湿润，适于陆稻生长。在西汉末年引入稻田水耕之前的2000多年里，云南普遍种植、食用陆稻。其后，随着稻田水耕栽培的普及，水稻以其高而稳的产量逐

渐取代陆稻。目前，云南陆稻种植面积约为稻作总面积的10%，主要分布在云南南部中低山海拔800～1600m的半山区和山区，以海拔1300～1500m地带分布最为集中。世世代代生活在当地的佤族、布朗族（思茅、临沧地区），以及德昂族、景颇族（德宏州）仍保留种植和食用陆稻的习俗，一些地方还延续了以稻米祭山神（谷神）的祭礼。云南陆稻在漫长的历史发展过程中，形成了大量的地方品种。在已收集的1299份陆稻材料中，粳粘占73.5%，粳糯占21.9%，籼粘占2.4%，籼糯占2.2%。

3. 早、中、晚稻分化

云南地处低纬高原，日照较短，稻谷品种感光性强，较耐低温。地方品种以感光性较强的晚稻和中稻为主，早稻品种极少。1979年廖新华等测定了1782份稻谷地方品种，结果显示，有早稻迟熟2份，中稻早熟58份，中稻中熟240份，中稻晚熟260份，晚稻早熟748份，晚稻中熟368份，晚稻晚熟106份。1999～2000年曾亚文等鉴定了1037份水稻核心种质，结果表明，早稻占0.5%，中稻占30.5%，晚稻占69.0%。故直至20世纪60年代之前，云南仍流传着"人忙天不忙，六月栽秧一齐黄"的民谚。

（二）立体气候与玉米生态群的分化

玉米在被引入云南的400多年里，以其广泛的适应性和较高的产量迅速取代黍、稷、稗和高粱等旱地作物成为山区各民族的主要食粮、畜禽饲料与酿造原料，海拔100～2600m旱地上均有玉米分布。在长期的自然选择和人工选择作用下，形成了大包谷类型、二季早类型和小包谷类型三大生态群和不同粒型的品种群。

大包谷生态群玉米高棵晚熟。地方品种名称前常冠以"大""高""老"等字样，如华坪的大白马牙、镇康的大黄包谷、文山的老金皇、弥勒的黄老憨青、蒙自的高脚白马牙等。株高多在260cm以上，高者在300cm以上，主茎叶片数22～28片，穗位/株高0.6～0.8，穗长18～25cm，千粒重350～500g，生育期140～150d。大包谷产量较高，嗜水肥，多分布于海拔1800m以下坝区边沿和湿热河谷，以及海拔1900～2400m的春玉米一熟区。

二季早生态群玉米中棵中熟，适宜滇中、滇北二熟区种植，因而得名。地方品种名称常冠以"二""中"等字样，如巧家的黄二季早、禄劝的二季早、砚山的二白子、丽江的中脚黄包谷等。株高220～260cm，主茎叶片数18～22片，穗位/株高0.5左右，穗长10～17cm，千粒重250～330g，生育期120～130d。二季早玉米生态适应性较强，较耐旱、耐寒，是分布最广、种植面积最大的类型，适宜海拔1700～2200m二熟区种植。

小包谷生态群玉米矮棵早熟，地方品种名称多冠以"小""矮""细""早"等字样，如昭通的小黄包谷、大姚的矮脚包谷、镇雄的鸡啄早、安宁的细黄包谷、西双版纳的小糯包谷等。株高多在200cm以下，主茎叶片数12～16片，穗位/株高0.3～0.4，穗长7～12cm，千粒重小于200g；在1900m地区夏玉米生育期110d左右。在云南玉米地方种质资源中早熟种质较少，仅收集到355份，约占地方品种资源总数的18%。小包谷多分布于海拔2200m以上的温凉山区和海拔1000m以下的燥热河谷。在温凉山区小包谷生育期长达130～140d，而在燥热河谷生育期仅80d左右。由此可见，在人工选择下，作物对异质生境存在适应性状趋同现象。

云南玉米生态群的划分可与国际玉米小麦改良中心（CIMMYT）的生态分类系统相对应，但在云南玉米地方种质资源中未发现典型的热带低地玉米（tropical low land maize）。

在云南玉米地方种质资源中，普通玉米的粒型以硬粒型为主，占玉米种质资源总份数的58.5%，中间型次之，占14.6%，马齿型较少，仅占9.3%；还有蜡质、甜质、甜粉、爆裂等珍稀玉米资源。

（三）马铃薯品种类型与垂直地理分布

马铃薯为喜凉作物，原产地秘鲁安第斯山脉南端与云南山区生境相似，引入云南后，经长期驯化选育形成垂直地理分布特征明显的不同品种类型。例如，海拔3000m迪庆高原藏区的耐寒马铃薯品种——格咱白、格咱红、尼西紫；海拔2000～2500m白族的鹤庆红、剑川红，纳西族的老鼠洋芋，彝族的转心乌、粑粑洋芋及傈僳族的泸水蓝紫口、兰坪紫衣等；海拔1600m以下壮族的文山紫心、丘北紫芋；海拔1000m以下彝族、哈尼族的小糯洋芋、景东小洋芋，景颇族的盈江甩棒洋芋、梁河猪腰子洋芋；滇西南中低山宽谷盆地傣族、苗族、彝族的澜沧小洋芋、盈江小洋芋、梁河小厂洋芋等。薯形从圆形、扁圆形、椭圆形到长牛角状或棒状，单薯重从10余克至数百克，薯肉色白、黄、红、紫、蓝，各色俱全。

海拔1600m以下热带、亚热带马铃薯地方品种的块茎通常较小，单薯重仅10～20g，具有耐热、耐旱的特性，是选育热区马铃薯的重要种质。

近年来，云南省农业科学院已育成各类专用马铃薯20余个，其中用彩色马铃薯加工生产的马铃薯炸片，紫、红环纹相间，色彩鲜艳，深受消费者青睐。

二、环境胁迫与作物种质的抗逆性

云南低纬高原立体气候和土壤环境导致作物品种的遗传生态分异及生物多样性，另外，包括生物胁迫和非生物胁迫在内的环境胁迫较大，又增大了对作物抗逆性的选择压力。

总体上讲，云南作物地方品种材料对干旱、冷害、土壤贫瘠等环境胁迫的抗性较强，不乏抗旱、耐冷、耐瘠性状突出的优异种质。性状突出的粮食作物耐冷种质有丽江新团黑谷、永宁小灰谷、昆明小白谷、半节芒等稻谷地方品种；耐旱种质有漾濞光壳陆稻、杨柳旱谷、勐旺谷等陆稻地方品种，云县长芒铁壳麦、澜沧铁壳麦等云南小麦亚种（*Triticum aestivum* subsp. *yunnanense*）原始品种，镇康大黄玉米（硬粒型）、镇康大黄马牙、镇雄小黄包谷等玉米地方品种；抗旱、耐寒、耐瘠种质有猪屎麦、祥云爬地麦、昆明火烧麦等普通小麦地方品种，以及蒙自乌包谷、腾冲烂地花等玉米地方品种。

云南日温差大，年温差小，冬无严寒，夏无酷暑，适于作物病、虫、杂草滋生繁衍，对农作物抗性的选择压力大，故在云南作物地方品种中亦不乏对作物病、虫等具有抗性的资源。原产云南的茄科、葫芦科园艺作物资源对病、虫的抗性尤为突出。水茄（*Solanum torvum*，潞西苦茄，俗称大苦子、苦凉果）耐热、耐湿性强，抗黄萎病能力中等，抗虫性较强，果实有苦味；涮辣（*Capsicum frutescens* cv. Shuanlaense）、龙头山小辣椒（*C. annuum*）具有抗黄瓜花叶病毒（CMV）和对炭疽病免疫的特性；大蒜子辣对烟草花叶病毒（TMV）、CMV和炭疽病免疫。黑籽南瓜抗白粉病、病毒病、枯萎病能力强，根系发达，耐寒性强，在低温（2～4℃）条件下，根系仍能正常生长，已成为北方黄瓜病害防治广泛应用的抗病砧木。蛇瓜极耐热，抗病性强。抗逆性优越的野生蔬菜资源还有：野生黄旦头茄、小紫茄、马来亚茄、白苦茄、紫野茄等，具有抗黄萎病、绵疫病且耐湿热等性状。我国北方和广东已经开始将野茄作为茄子或番茄的嫁接砧木。野生小米辣抗病、耐湿热；野生樱桃番茄耐花叶病毒及疫病；野苦瓜抗病，耐湿热。扁圆形的中国南瓜（*Cucurbita moschata*）较抗白粉病、耐病毒病，抗逆力较强，其中大癞瓜、大麦瓜等品种抗性较强，姜饼瓜的抗性极强。

三、云南民族饮食文化与糯性谷物的起源演化

糯性谷物是华夏农耕文明的重要组成之一。糯稻又是糯性谷物中分布最广的作物。糯稻米质细腻带黏性，食味软滑，口味好，成形性强，且较为耐寒和耐旱，在中国早期稻作中占有很大比例。商周时期，黄河流域气候温和，河流湖泊较多，水源充足，水稻栽培较为普遍……古代黄河流域称稻为稌，那时的稌或稻，主要指糯稻（游修龄，2005）。故《礼记·月令第六》曰："季秋之月，天子乃以犬尝稻，先荐寝庙。"《诗·周颂·丰年》有记载："丰年多黍多稌……为酒为醴，烝畀祖妣。"而醴是指用糯米酿的甜酒。在南方，如《山海经·南山经》曰："南山经之首曰鹊山……其神状皆鸟身而龙首。其祠之礼：毛，用一璋玉瘗，糈用稌米，一璧，稻米，白营为席。"在古代，糈指祭祀用的精米，南方稻作文化区各民族多用各色糯米、饭团或糍粑祭祀祖先和农神。20世纪50年代，在云南仍可见到类似的习俗。哈尼族祭水田时，在稻田水口处立一根竹竿，杀一只白公鸡，同时用染成红、黄、绿等色的糯米饭献祭水神，祈求稻谷丰收。傣族祭"旁挽"（谷魂）、布朗族祭土神，基诺族的播种祭等农业祭祀中也都沿用糈米、饭团和糍粑等糯米祭品，祭祖祈神。

渡部忠世等曾考察发现，从印度东北的阿萨姆、泰国、缅甸和老挝的北部到中国的云南、广西、贵州的部分地区，至今仍种植糯稻，以糯米为主食，故称这个地区为"糯稻栽培区"或"糯稻文化圈"。有的学者认为，自秦汉后，生活在长江中下游及华南的古越人陆续迁往中国云南和广西及泰国、缅甸、老挝等地，保留以糯稻为主食的习惯，糯稻随之从长江中下游和华南地区传播到其他地区（游修龄，1995，1999）。

然而，从云南民族形成演化史研究成果来看，先期进入云南的古越人远早于秦汉，可能在新石器时代早期或更早。到秦汉之初，已形成有别于中原的灿烂的青铜文化，极大地推进了古滇农耕文明。因而，糯性谷物很可能就发轫于中国西南或者云南。生活在云南高原的古越人及其后裔傣族、壮族、布朗族、德昂族等低地民族均喜食黏性或食性柔润的食物。沿袭至今，云南西双版纳傣族仍以糯米为主食，而德宏傣族则以"软米"为主食。就稻米的直链淀粉含量而言，糯米直链淀粉含量通常低于5%，而软米直链淀粉含量高达10%～18%。两种稻米的共同特点是蒸煮品质极佳，食味软滑柔润，冷不回生，便于做成饭团，携带至田间野外作"晌午"。据分析测定，云南糯稻区地方品种的直链淀粉含量变幅极大，为0.80%～27.4%（杨忠义等，2006）。

除糯稻外，云南其他粮食作物亦不乏糯质类型品种。玉米、穄黍、黄粱（粟）、高粱、食用旱稗、栽培薏苡等均有粳、糯之分。不少学者研究认为糯玉米就起源于云南（曾孟潜，1992；黄玉碧和荣廷昭，1998）。在云南西双版纳州勐海县发现种植有具有原始性状的糯玉米——四路糯，据考证已有300多年的历史。100多年前其又流传到缅甸、泰国。而在云南收集到的335份糯玉米品种资源中，西双版纳、思茅、临沧、德宏4个南部地（州）的糯玉米品种数就占了近2/3，糯玉米在以上4个地（州）玉米种质资源中的比例顺次为67%、42%、22%和46%，而中北部各地（州）糯玉米品种数的比例多在10%以下。可见，滇南、滇西南是糯玉米多样性中心。云南糯玉米除生态类型和形态特征的多样性外，其籽粒直链淀粉含量的变幅亦极大（0.36%～26.89%）。这显然是云南傣族、哈尼族、德昂族等低地民

族根据本民族饮食习俗，对玉米籽粒色泽暗淡、食味柔润而带黏性等表型性状直观选择的结果，他们把食味软滑黏润的玉米统称糯玉米。此外，居住海拔1000m以下低山盆地的傣族、哈尼族还选育出小糯洋芋，食味黏润，风味极佳。

主要参考文献

蔡青, 文建成, 范源洪, 等. 2002. 甘蔗属及其近缘植物的染色体分析. 西南农业学报, 15 (2): 16-19.

常璩. 1984. 华阳国志·南中志. 刘琳校注本. 成都: 巴蜀书社.

程侃声. 1973. 谈谈云南稻种及其类型关系. 云南农业科技, (2): 1-9.

程在全, 黄兴奇. 2016. 云南野生稻遗传特性与保护. 北京: 科学出版社: 4-11.

渡部忠世. 1982. 稻米之路. 尹绍亭, 译. 昆明: 云南人民出版社.

樊绰. 1985. 云南志 (蛮书). 赵吕甫校释本. 北京: 中国社会科学出版社.

方震东. 1993. 中国云南横断山野生花卉. 昆明: 云南人民出版社.

何炳棣. 1979. 美洲作物的引进、传播及其对中国粮食生产的影响. 世界农业, (4): 34-41.

洪迈. 2003. 容斋随笔. 容斋五笔卷六: 糖霜谱. 呼和浩特: 远方出版社.

黄兴奇. 2005. 云南农作物种质资源·稻作篇　玉米篇　麦作篇　薯作篇. 昆明: 云南科技出版社.

黄兴奇. 2007. 云南农作物种质资源·食用菌篇　桑树篇　烟草篇　茶叶篇. 昆明: 云南科技出版社.

黄兴奇. 2008. 云南农作物种质资源·果树篇　油料篇　小宗作物篇　蔬菜篇. 昆明: 云南科技出版社.

黄玉碧, 荣廷昭. 1998. 我国糯玉米种质资源的遗传多样性和起源进化. 作物杂志, (S1): 77-80.

李京. 1986. 云南志略. 王叔武辑校本. 昆明: 云南民族出版社.

李晓岑, 朱霞. 2000. 科技和技艺的历程——云南民族科技. 昆明: 云南教育出版社.

李元阳. 1935. 万历云南通志. 1935年印本.

李元阳. 1983. 嘉靖大理府志. 大理白族自治州文化局翻印本.

马溶之. 1965. 中国山地土壤的地理分布规律. 土壤学报, 13 (1): 1-7.

宋祁. 2003. 新唐书·南诏传. 北京: 中华书局.

檀萃. 1990. 滇海虞衡志. 宋文熙, 李东平校注本. 昆明: 云南人民出版社.

王东昕. 2000. 衣食之源——云南民族农耕. 昆明: 云南教育出版社.

王国华, 张国华. 2003. 苹果新品种云早红的选育. 中国果树, (1): 1-2.

吴其濬. 1993. 植物名实图考. 北京: 文物出版社.

吴征镒. 1987. 云南植被. 北京: 科学出版社.

谢肇淛. 1621. 滇略·产略. 万历末年刊本.

徐宏祖. 1980. 徐霞客游记——滇游日记. 褚绍唐, 吴应寿整理本. 上海: 上海古籍出版社.

杨安道. 1412. 南中幽芳录. 明永乐十年刊本.

杨忠义, 曹永生, 苏艳, 等. 2006. 云南地方稻种资源中特种稻资源. 植物遗传资源学报, (3): 331-337.

游修龄. 1995. 中国稻作史. 北京: 中国农业出版社.

游修龄. 1999. 农史研究论文. 北京: 中国农业出版社.

游修龄. 2005. 麋鹿和原始稻作及中华文化. 中国农史, 24 (1): 21-27.

云南省农业区划委员会办公室. 1994. 云南植被生态景观. 北京: 中国林业出版社.

云南省统计局. 2016. 云南统计年鉴 (2016). 北京: 中国统计出版社.

曾孟潜. 1992. 我国糯质玉米的亲缘关系//李竞雄. 玉米育种研究进展. 北京: 科学出版社: 206-209.

张泓. 1936. 滇南新语. 王云五. 丛书集成. 北京: 商务印书馆.

Ohnishi O. 1990. Discovery of the wild ancestor of common buckwheat. Fagopyrum, (11): 5-10.

第二章

云南作物种质资源调查收集保护与特色种质资源分布特点

农业生物资源是人类赖以生存的重要战略资源。作物种质资源是农业生物资源的核心组成部分，是生物育种、生物开发的重要物质基础。云南是我国作物种质资源最为丰富的地区之一。该区域作物种质资源的调查、收集、保护和评价与利用研究，对于造福人类意义重大。数十年来，我国广大科技工作者，代代相传，为云南作物种质资源保护与利用研究做出了重要贡献。

第一节 云南作物种质资源调查收集与保护历史和特点

作物种质资源是在一定自然和社会条件下，经过千百万年自然选择和人工选择的产物，是一类十分珍贵而重要的自然和人类遗产。以往的研究表明：自然生态是作物资源生存和发展的基础，社会生态（包括民族特性、农业生产生活方式、经济社会发展水平等）则是其生存和发展的导向。作物种质资源调查收集与保护是其评价利用的基础。本节介绍作物种质资源调查收集与保护的基本概念、云南作物种质资源调查收集与保护的历史沿革和云南作物种质资源的特点。

一、作物种质资源调查收集与保护的基本概念

作物种质资源是生物资源中与人类生存发展关系最为密切的一类资源。尽管与其他生物资源相比，人类对其认知和利用程度最高，但仍有诸多资源尚未被认知和利用。随着人口增长，人类经济社会活动的不断加剧，作物种质资源受到严重威胁。诸多资源消失（灭绝）速度不断加快，许多资源甚至尚未被认知就已经消失。为了农业的可持续发展，人们不得不加快对作物种质资源的调查收集与保护。

（一）作物种质资源调查收集

作物种质资源调查收集是其保护、研究和利用的基础。调查主要是摸清资源存在的信息、分布、

利用状况，包括地理、生态、生物和社会信息。收集主要指活体样本（种子、植株、组织和器官等）及标本收集。通常的作物种质资源调查收集，包括调查征集和考察收集。调查征集主要通过农业行政和科研系统发函，提出相关要求，地方农业行政和科技系统人员按要求组织调查征集上报。这种方式便捷，对于获取相关资源的分布概况信息十分有用，但其信息的精准程度和深度有限，往往用于资源调查的早期。考察收集是资源调查收集最基本的方式。专业考察人员身临其境，按照事先确定的调查内容和规范开展工作，其信息的精准程度和深度大为提高。尤其是摄影、摄像、全球定位系统（global positioning system，GPS）、地理信息系统（geographic information system，GIS）等先进技术的应用，进一步提升了获取信息材料的精准程度。但这种方式耗时、成本相对较高。考察收集又分为规模考察和零星考察。规模考察包括综合考察、专业系统考察和重点考察。综合考察指多领域、多学科、多作物综合考察；专业系统考察指特定领域、学科和作物的系统考察；重点考察则指特定内涵和特定作物资源的重点考察等。而零星考察则多为科研项目组特定目标的考察。零星考察是规模考察的重要补充。我省作物资源调查（考察）收集（征集）的前期，多以种子、标本和部分生态数据收集为主，随着相关学科的发展和保存技术的进步，资源调查（考察）收集的内涵有较大拓展，资源原生地生态环境、经济社会发展状况、民族认知等纳入了信息调查范畴，除种子、标本外，植株、组织和器官也纳入了收集的范围。调查收集采用规范统一的现代技术，进一步提升了所获取资源材料及其信息的精准程度。

（二）作物种质资源的保护

一般来讲，植物资源的保护（protection）/保存（conservation）包括原生境保存（*in situ* conservation）和非原生境保存（*ex situ* conservation）。原生境保存指在原生态环境中，就地进行自然繁殖保存种质，如建立自然保护区、天然公园等来保护野生及近缘植物物种。非原生境保存则指相关种质资源的异地保存，包括低温种质库种子保存，种质圃、植物园植株保存，试管苗种质库幼苗、组织、器官培养物保存，液氮冷冻超低温组织、器官保存，以及DNA保存等。但作物种质资源的保存（保护）不同于普通植物资源，因为其演化除自然选择外，尚有人工选择的因素。因此，作物种质资源的原生境保存还包括原生地生产应用保护，即农民参与性保护，这是作物种质资源保存中最自然的保护方式，应该引起高度重视。非原生境保存中，低温种质库和种质圃是目前作物种质资源保存（保护）的主要方法。

二、云南作物种质资源调查收集与保护的历史沿革

云南作物种质资源调查收集与保护大致可分为4个阶段。

（一）零散调查收集时期（1950年前）

1950年前，云南作物种质资源的调查收集主要包括两个部分。一是外交官、外国学者、传教士对云南植物资源（包括果树、花卉等）的调查与采集。例如，1868年英国人安德森（Anderson）、1885年英国外交官伯恩（Bourne）、1881～1895年法国传教士德拉韦（Delavay）、1896～1897年英国海关官员亨利（Henry）、1904～1931年英国爱丁堡植物园福里斯特（Forrest）、1922～1923年美国人洛克（Rock）、1914～1917年奥地利人汉德-马泽蒂（Handel-Mazzetti）、1905～1916年法国人梅尔（Maire）等从缅甸、越南及中国四川和贵州入云南，对腾冲高黎贡山、大理苍山、怒江流域、元江流域、澜沧江流域、金沙江流域等地考察和采集植物标本及活体，致使数十万份植物标本、种子和苗木流落欧美

国家，其中包括诸多珍稀名贵植物资源。二是我国学者、科研单位对云南植物资源（作物资源）的专项调查与收集。例如，中国植物学家钟观光教授于1919年最早到云南考察植物资源；此后，胡先骕教授和蔡希陶教授（1931年开始）、王启元教授（1935~1941年）、俞德浚教授（1937~1938年），以及刘慎谔教授、秦仁昌教授、吴征镒教授、冯国楣教授等先后对云南植物资源进行了比较系统全面的考察，为云南植物资源的研究和利用奠定了基础，但作物种质资源的考察收集研究则少而零散。除部分果树、花卉资源在植物资源中有所涉及外，有记载的仅为20世纪30年代丁颖、王启元先生先后在云南发现和采集到疣粒野生稻及药用野生稻；1937~1944年，中央农业实验所云南工作站先后征集到云南地方稻种1000余份。这一时期的特点是学者和科研单位结合专业需求零星调查收集。

（二）奠定基础时期（1956~1978年）

1956年第一个国家科学技术发展远景规划制定后，启动了第一次全国农作物资源普查。在政府支持下，1956~1965年我省开展了以粮食作物和果树为主的大规模作物资源征集、考察收集，奠定了云南作物资源系统收集与保护的基础；此后13年基本处于停止状态，甚至已收集资源因保存不善，丧失发芽力，大量流失。虽然1974~1975年曾进行过一次粮食作物资源的补充调查，但此后又中断了4年。这一时期的特点是前期政府强力推进，征集和考察收集以样本为主，重点是粮食作物和果树。资源收集保护面较窄，技术手段以传统技术为主。后期遭受挫折，但基础还在。

（三）恢复发展时期（1978~2000年）

1978年全国科学大会后，作物资源收集与保护进入恢复发展时期。1979年国家启动了第二次全国农作物资源普查，在国家和省支持下，先后开展了一系列传统作物种质资源的调查、考察和收集。国家和省作物种质资源保护体系逐步建立，1978年7月中国农业科学院作物品种资源研究所成立；1986年国家作物种质库在北京落成；1988年我省农业科学院建立作物品种资源站；1989年建成国家果树种质云南特有果树砧木资源圃；1990年建成国家作物种质资源中期保存库和国家茶树种质资源勐海分圃；1995年建成国家开远甘蔗种质资源圃。同时，一批省农业科学院院级资源圃相继启动建设。至此，我省作物资源保护利用研究体系基本形成。这一时期的特点是政府支持，以考察收集样本为主，资源收集保护面有所扩大，作物种质资源保护利用研究体系逐步形成，调查考察收集仍以传统技术为主，但保护技术和设施有较大改进。

（四）科学保护和利用新时期（2000年至今）

随着我国农业的快速发展，农业产业结构的调整和农业功能的拓展，作物资源利用面不断扩大。加之经济和社会的快速发展，作物资源保护利用面临新的挑战，作物种质资源进入科学保护和利用的新时期。2006年在科技部和中国农业科学院的统一部署下，进行了云南及周边地区农业生物资源专项调查，调查采用现代技术和调查规范，资源及其信息覆盖面有较大拓展；2007年西南野生生物种质资源库建成并投入运行；2011年全国第四次中药资源普查启动；2012年国家种质勐海茶树资源分圃升格为国家种质大叶茶树资源圃（勐海）；2015年，"全国第三次农作物种质资源普查与收集行动"启动，极大地推进了云南作物种质资源的收集保护和科学利用。这一时期的特点是政府支持指导，资源保护基础设施不断完善，资源及其信息收集的覆盖面不断扩大，收集保护规范化、常态化，技术体系现代化；资源收集保护与发掘利用同步展开，研究发掘深度不断提升，资源利用率大幅提高。

三、云南作物种质资源的特点

由于云南特殊的地理区位、生态气候和社会发展特性，云南作物种质资源具有如下共性特点。

（一）多样性

由于云南地处低纬高原、热带与温带连接的过渡区、中国-喜马拉雅植物区系、中国-日本植物区系和古热带印度-马来亚植物区系的交汇区，也是我国面向东南亚、南亚各国对外开放的重要前沿。复杂的地理地貌、多样的气候生态，孕育了丰富多彩的生物资源、农业生物资源和作物种质资源。绝大部分国内栽培作物在云南均有种植。相关资料显示，云南有500余种栽培植物，约占全国的80%。此外，还有600余种野生作物种质资源（刘旭等，2013）。根据已收集资源的分类鉴定，云南粮食作物种质资源分属4科22属28种；食用豆类资源分属12属17种；栽培蔬菜分属27科83属214种、变种，野生蔬菜及栽培蔬菜野生种涉及108科275属375种；果树资源分属66科134属；茶树资源分属34种和3个变种。其中，有诸多为珍稀种和特有种。云南是我国植物区系和生物资源（作物资源）最丰富的省份，在4%的陆地国土面积上，拥有全国50%以上的生物物种多样性（李灿光，2006），且分布广，生态类型多，遗传多样性丰富。

（二）原始性

云南不但拥有丰富的作物种质资源，而且诸多资源原始性极强，是作物起源、演化、利用极为珍贵的基础材料。以往研究表明：云南是亚洲栽培稻（*Oryza sativa*）起源中心之一（凌启鸿，2012），不但分布有普通野生稻（*O. rufipogon*）、药用野生稻（*O. officinalis*）、疣粒野生稻（*O. meyeriana*），而且亚洲栽培稻两个亚种籼稻（*O. sativa* subsp. *indica*）、粳稻（*O. sativa* subsp. *japonica*）以及水稻和陆稻生态型在云南均有大面积种植；元江普通野生稻也被认为是国内已发现的普通野生稻中较为原始的种类。在世界已命名的21种、2个亚种和2个变种荞麦资源中，云南就分布有13种、2个亚种和2个变种，约占世界荞麦资源种数的2/3，既有一年生的，又有多年生的；既有草本的，又有半灌木的，是我国和世界荞麦野生种的分布中心与荞麦起源中心之一（林汝法，1994）。世界已发现的包括秃茶组在内的茶组植物共47种、4个变种，云南就有34种、3个变种。其中，26个为云南特有种（王平盛等，2007）。综上，云南作为诸多作物的起源和演化中心，许多种质材料原始性极强，是科学研究和作物育种的珍贵材料。

（三）民族性

云南拥有26个世居民族。其中，15个为独有少数民族。民族习俗和民族文化成为作物进化的重要选择压力，赋予了作物种质资源民族性。众所周知，作物种质资源的多样性源于特定条件下的自然选择和人工选择，即以地理生态为基础的人工选择。由于云南民族聚居地的生态差异，蕴含于民族传统文化中的宗教崇拜、生活习俗、社会习俗和农耕方式不同，传统习俗仪式、节庆、婚丧嫁娶对特定作物产品的要求不同，民族传统生活习惯的需要不同，加之对特殊环境耕作经验的总结和积累，形成了自然环境条件与人为意愿需求相结合的选择。经过世代交融的选择，不少民族地区作物种质资源留下了民族喜好的烙印。例如，傣族、哈尼族、景颇族等民族喜好糯食，在这些民族的聚居地，糯性稻米

（软米）和糯性玉米资源丰度则比较高；有的民族喜食凉菜、食蘸水蔬菜，在这些民族的聚居地，黄瓜、韭菜、叶用芥菜（苦菜）、白菜、佛手瓜，以及香辛味较重的薄荷、大蒜、小米辣、茴香、芫荽、酸木瓜等作物资源则十分丰富；薏苡（六谷）种子壳硬、光亮，形状多样，是云南多个少数民族服饰的主要装饰品之一，使资源得以承传和保留。总之，民族地区作物种质资源多样性的存在，不仅与生态环境密切相关，还与民族传统文化和民族习俗密切相关（刘旭等，2014）。

第二节　云南主要作物种质资源调查与收集

云南是世界著名的生物多样性（作物多样性）中心之一。由于云南作物种质资源种类繁多，分布广泛，季节性强。数十年来，我国尤其是云南科技工作者先后对云南各类作物资源进行了大量调查（考察）收集与保护，初步明确了云南作物资源的分布状况、消长规律、存量及其开发利用方式。本节重点介绍云南主要作物种质资源调查与收集的情况，以展示其历史发展的轨迹，对今后的发展具有资治、教化、存史的作用。

一、稻作种质资源调查与收集

云南稻作种质资源是最早引起国内外重视，也是迄今为止调查收集研究最多的云南作物种质资源。

1936年，王启元先生在思茅和西双版纳一带调查收集野生稻，在景洪车里河（现流沙河）发现药用野生稻，标本至今仍保存于中国科学院昆明植物研究所。

1937年前，中央农业实验所在云南设立工作站，经该站科技人员1937～1944年的调查收集，共收集云南地方稻种资源1000余份。这是由我国科学家完成的云南作物种质资源有记载的首次系统调查，可惜该部分资源在战乱中流失。

1956年，云南省思茅县农业技术推广站金崇礼先生在普洱大河橄榄沟边发现疣粒野生稻。

1956年，第一个国家科学技术发展远景规划制定后，启动了第一次全国农作物资源普查。按照国家部署，1956～1957年西南农业科学研究所（重庆北碚）、云南省农业厅和云南省农业试验站联合组织了对昭通、曲靖、文山三个地州的稻作资源考察；1958年西南农业科学研究所与云南省农业试验站合并，成立云南省农业科学研究所。同年由云南省农业厅和云南省农业科学研究所组织进行了第一次全省稻作资源普查，共征集到107个县的稻种资源4756份。其中，粘稻3456份、糯稻1300份；粘稻中籼稻2000份、粳稻1456份；然而，由于种种原因，这批稻种资源未加妥善保存而流失。

1960～1965年，中国农业科学院水稻生态研究室在中国农业科学院副院长丁颖先生领导下，设立了中国稻种光温反应试验和中国稻种起源演化等重大研究项目，其重要内容之一就是对云南稻种（包括野生稻）进行考察。5年间，项目先后组织了四次对云南10个地州30个稻谷主产县的考察，收集了大量地方品种资源；基本弄清了云南稻作生产的分布情况；确认了云南存在国内仅有的三种野生稻珍稀资源。

1974年，根据全国农作物品种资源工作会议决定，中国农业科学院和云南省农业科学研究所在我国著名稻作专家程侃声先生带领下，对云南西南部西双版纳、思茅（现普洱）、临沧、德宏稻种资源进行系统调查（考察），并亲自从田间采集资源样本520份，其中水稻293份、陆稻227份，部分为水陆兼用资源。程侃声先生亲自对稻种资源类型进行了划分，提出了相关资源在育种上的利用价值建议，并执笔完成了《云南省西南部稻种资源考察报告》（程侃声，2003），堪称云南作物种质资源调查（考察）收集的典范。

1978年，全国科学大会以后，启动了第二次全国农作物资源普查，稻种资源作为重点。在征集的基础上，从1978年秋到1981年秋连续四年，由云南省农业科学院组织，国内31个单位参与，分四大片区（滇西南、滇西北、滇东南、滇东北）对全省稻种资源进行了系统考察，复查了云南籼、粳稻分布及其海拔上限以及滇西南野生稻分布情况，新收集稻种资源2000余份，并于1980年将当时已收集（征集）到的6000余份云南稻种资源在元江县进行繁种和农艺性状调查鉴定，经整理，去除同种异名材料，共确定云南稻种资源5128份。其中籼稻2402份（籼型水稻2329份、籼型陆稻73份），占46.84%；粳稻2726份（粳型水稻1622份、粳型陆稻1104份），占53.16%；典型糯稻1351份（粳型908份、籼型443份），占26.35%。这次考察也首次完成了《云南省稻种资源编目》和稻种资源规范保存（铝盒装载，干燥器室温保存）。到国家作物种质库（1986年）和我省作物种质资源中期库（1990年）建立后，于1991年在云南元谋县繁殖更新，正式进入冷藏库保存。至此，稻种资源收集、鉴定、繁殖更新与保存进入规范和常态。

2006~2010年，国家科技基础性工作重大专项"云南及周边地区农业生物资源调查"实施，项目对云南15个州市31个县进行了系统综合考察，共收集稻作资源555份，疣粒野生稻1份、水稻416份、陆稻138份。其中籼稻79份，占栽培稻资源的14.26%，粳稻475份，占85.74%；粘稻325份，占58.66%；糯稻229份，占41.34%。新收资源与已编目入库（圃）保存的资源相比（扣除同名同地资源），初步认定为新资源的比例高达84.5%。此次考察首次引入了民族认知的概念，以探讨民族习俗、民族喜好、民族认知对作物进化的影响。虽然，此次考察不是全面考察，但与前两次普查结果相比，云南稻作资源的结构发生了重大变化。一是籼稻资源占比从57.87%下降到14.26%。二是糯稻资源占比从27.33%上升到41.34%。籼稻地方品种资源下降可从籼稻杂交稻大面积推广应用和籼稻种植面积减少方面得到解释；糯稻地方品种资源占比上升，则只能从民族认知和糯稻新品种选育推广滞后方面得到解释。

到2015年，云南省农业科学院作物种质资源库共收集保存云南稻作资源10 104份，国家作物种质库保存6635份，其中地方品种6333份、野生稻51份、育成品种251份。

二、玉米种质资源调查与收集

玉米是外来物种，根据记载约16世纪引入中国，云南是玉米传入中国最早的地区之一（佟屏亚，2000）。引入之初仅在庭院零星种植，供作休闲食品。明代以后，随着屯军、移民人口增加，玉米开始作为主粮规模种植，到1952年全省玉米种植面积已达84万 hm^2。由于云南丰富多样的自然生态、气候和民族文化，加之云南广泛分布有与栽培玉米亲缘关系较近的玉蜀黍族植物薏苡、多裔草等，经过长期自然和人工选择，形成了类型丰富多彩的地方品种、生态类型、地理种族。其中不乏珍稀和特异品种，是我国玉米种质资源尤其是蜡质玉米（*Zea mays* var. *ceratina*）[又称糯玉米（glutinous maize）]资源最为丰富的地区。

云南较大规模的玉米地方品种调查征集工作进行过4次，分别为：1956~1958年的第一次普查大规模征集，经过初步分析整理，合并异名同种，共获全省玉米资源材料1021份；1974年的补充征集，共获资源材料182份；1979~1981年的第二次普查征集，共征集玉米地方品种660份；1989年，又对滇西北、滇南边远地区未征集到玉米品种的15个县进行补充征集，收集到玉米地方品种57份。考察收集进行过多次，20世纪60年代云南省农业科学研究所（云南省农业科学院的前身）钱为德、唐嗣爵等以昭通金沙江河谷区为样地，考察研究云南玉米地方品种的垂直分布；1980年、1982年和1993年云南省农业科学院品种资源站选择品种资源份数相对较多但情况了解较少的地区作为考察的重点，先后对红河州、临沧地区、勐海县、新平县、墨江县、昌宁县、隆阳区、腾冲县、陇川县及其周边地区的玉米地方品种与其生态环境、民族习俗进行考察，考察新收集玉米资源105份；2006~2010年云南及周边地区农业生物资源调查项目对云南31个县进行重点考察，共收集玉米地方品种资源458个。其中糯玉米资源274个，占59.83%。经与国家库已保存玉米资源比对，初步认定411个为新收集资源。加之本院相关课题的零星考察收集，到2015年云南省农业科学院作物种质资源库共收集保存云南玉米资源3274份，国家作物种质库保存2027份。《全国玉米种质资源目录》共编入云南地方品种资源2016份。

三、麦类种质资源调查与收集

麦类作物包括小麦、大麦、燕麦等，其在云南的种植历史超过3000年（《剑川县志》，1999年）。云南具备复杂的地理生态，经过长期自然和人工选择，形成了丰富多样的地方麦类资源，成为我国小麦种质资源最丰富的地区之一和中国栽培大麦的遗传多样性中心。

云南较大规模的麦类资源调查征集工作进行过4次。一是20世纪50年代，尤其是第一次全国作物资源普查征集，到1961年底共调查了云南省当时的125个县，其中114个县有麦类种植，共收集小麦地方品种700余份，经整理、归并共保留477份。当时全国小麦地方品种资源共征集到6个种，80个变种；而云南就有4个种，1个亚种和40个变种。可见云南小麦资源之丰富。但此次征集，大麦资源仅有零星收集。二是1974年对临沧、思茅等地"云南小麦（铁壳麦）"的重点考察收集，共获资源材料70份。三是1979~1981年全国第二次资源普查启动后，省农业科学院共征集到全省麦类地方品种资源1103份。其中小麦841份、大麦251份、燕麦9份、黑麦2份；早期育成推广品种130份。同时，由中国农业科学院和省农业科学院组织，三次对滇西、滇西南、滇西北、大理、保山、怒江、迪庆、临沧、思茅等地的20余个县的小麦资源进行考察，共收集小麦样本125份；新发现普通小麦变种23个，密穗小麦变种4个，硬粒小麦变种1个，"云南小麦"变种10个。此后，于1986~1993年又对大麦地方品种进行了二次补充征集。经整理，云南共有652个小麦品种入编《中国小麦遗传资源目录》；408个大麦品种入编《中国大麦品种资源目录》。四是2006~2010年云南及周边地区农业生物资源调查项目对云南31个县进行重点考察，共收集麦类地方品种资源161份，其中小麦73份、大麦69份、燕麦19份。加之，自1979年后，作物种质资源收集保存走入正轨，结合科研项目实施，加强收集常态化。到2015年云南省农业科学院作物种质资源库共保存云南麦类资源2875份，其中小麦1355份、大麦1496份、燕麦和黑麦等24份。国家作物种质库保存1105份，其中小麦地方品种567份、稀有种98份；大麦地方品种408份、野生种种质16份；燕麦地方品种16份。

四、小宗作物种质资源调查与收集

小宗作物在云南主要指非主粮（大多数人群不作为主粮），但具有特殊用途、生育期短、种植面积少而分散的一类药食兼用型作物，俗称"小杂粮"，主要包括：高粱（*Sorghum bicolor*）、谷子（*Setaria italica*）、荞麦属（*Fagopyrum*）、苋属（*Amaranthus*）、薏苡（*Coix lacryma-jobi*）、食用稗（*Echinochloa crusgalli*）、糜子（稷*Panicum miliaceum*）、藜属（*Chenopodium*）等。云南小宗作物种类繁多，用途各异，区域分布广，耐贫瘠，抗逆性强。它不仅是边远山区、山地民族抗灾应急的粮食和饲料的重要补充，也是云南各民族人民所喜好的重要副食品及其原料，具有广阔的开发前景。云南是我国小宗作物资源的重要富集区，各类小宗作物资源十分丰富，也是云南最具特色的重要作物资源之一。

云南较大规模的小宗作物种质资源综合调查征集工作进行过4次。一是第一次全国作物资源普查征集（1956~1958年）时，云南将小宗作物列入了调查征集范围，共收集到4种小宗作物642份种质资源。其中，从42个县征集到荞麦资源144份（甜荞58份，苦荞86份）；从47个县征集到高粱资源352份；从27个县征集到谷子资源143份；从永胜、武定、巧家3县征集到糜子资源3份。但由于各种原因，全部资源未能保存下来。二是1979年第二次全国作物资源普查征集启动后，云南先后启动了多次小宗作物种质资源的调查（考察）征集、收集和繁种鉴定入库工作。1981~1985年共收集鉴定繁殖入库荞麦地方品种资源191份；23份云南高粱地方品种资源收录入《中国品种志》和《中国高粱品种资源目录》第一辑。1986~1998年省农业科学院王振鸿、王莉花等先后对云南滇西、滇西北、滇南、滇西南的大理、楚雄、丽江、迪庆、怒江、玉溪、文山、思茅、临沧等地开展了4次专项考察，共收集到高粱、谷子、薏苡等小宗作物种质资源及其野生近缘植物1000多份，这些种质资源得到了妥善保存。三是鉴于云南荞麦资源的特异性，1998~2004年，云南省农业科学院荞麦课题组先后对云南6个地（州）50多个县（市）的荞麦（野生近缘种）资源开展了6次系统的考察搜集和深入调查，共收集荞麦种质资源356份。其中云南地方荞麦品种154份（苦荞102份，甜荞52份）；野生荞麦资源198份（包括11个种、2个变种）；粟类作物粟草（狗尾草*Setaria viridis*）4份；采集云南野生荞麦资源植物标本200余份。四是2006~2010年云南及周边地区农业生物资源调查项目共收集小宗作物资源294份。其中荞麦98份（野生资源9份）、高粱58份、食用稗40份、籽粒苋42份、薏苡38份（野生资源33份）、谷子15份、黍稷3份。到2015年云南省农业科学院作物种质资源库共保存云南小宗作物种质资源1298份，其中谷子136份、籽粒苋274份、高粱386份、苦荞麦224份、甜荞麦75份、薏苡100份、食用稗37份、穆子等66份。国家作物种质库保存583份，其中荞麦262份、高粱169份、谷子111份、粟类33份、黍稷8份。

五、豆类种质资源调查与收集

豆类资源包括大豆（大豆因其油用价值，通常单列）和食用豆类资源。豆类作物是云南的古老栽培作物之一，分布广、类型多、粮菜兼用，是云南各族人民的重要植物蛋白源。云南较大面积种植的豆类作物主要是蚕豆、豌豆、大豆和菜豆（普通菜豆和多花菜豆）等。云南豆类作物种质资源的调查收集与研究起始于20世纪50年代，后因种种原因而中断。直到1979年第二次全国作物资源普查征集启动后才重新开始调查收集和研究利用。

云南食用豆类作物种质资源调查收集主要来自以下3方面：一是1979年启动的作物品种资源补充征集。二是专项考察收集，包括：1979年9~11月中国农业科学院作物品种资源研究所牵头五省区相关单位参加的云南省稻豆品种资源考察；1985年8月中国农业科学院品种资源研究所牵头，吉林和云南两省参与的云南野生大豆考察；2006~2010年中国农业科学院作物科学研究所牵头全国44

个单位参加的云南及周边地区农业生物资源调查等。三是项目组结合科研项目实施所进行的调查收集。1996~2009年，云南省农业科学院粮食作物研究所食用豆研究课题组结合科研项目完成了云南省99.2%的县区（按乡镇统计覆盖率为63.1%）的食用豆资源系统调查与收集。到2015年共收集保存云南豆类作物种质资源4662份。其中，大豆资源1661份（地方品种资源671份、野生大豆2份、外省品种516份、国外品种472份），其中国家作物种质库保存大豆地方品种582份、野生大豆2份；食用豆类资源3001份（普通菜豆1224份、蚕豆665份、豌豆1112份）。

六、油料作物种质资源调查与收集

云南油料作物多，种植面积均不大，主要包括油菜（白菜型、芥菜型、甘蓝型）、花生、红花、蓖麻、向日葵、亚麻、大麻、芝麻、紫苏等。2000年后，木本油料作物（核桃、油茶、油牡丹等）有较大发展。其中，油菜（白菜型、芥菜型）、花生、大麻、芝麻和紫苏为传统的油料作物，资源十分丰富，且分布广泛，尤其是白菜型油菜、花生、大麻和芝麻。

云南油料作物种质资源调查收集起始于20世纪50年代，主要对油菜和花生资源进行征集，到1965年共收集油菜地方品种900余份、花生地方品种45份，但未能妥善保存。现存的资源：一是1979年第二次全国作物资源普查征集启动后，再次对油菜和花生资源进行的补充征集与考察收集。二是2006~2010年云南及周边地区农业生物资源调查收集。三是相关项目组结合科研项目实施所进行的调查收集。到2015年云南共收集保存油料作物种质资源5346份。其中，油菜304份、花生322份、蓖麻211份、亚麻82份、大麻455份、红花3972份。蓖麻、亚麻、红花多为引种资源。国家作物种质库保存898份，其中油菜380份、芝麻64份、花生49份、向日葵3份、红花389份、蓖麻13份。云南油料作物种质资源中，最有特色的主要是蓝花子（白菜型油菜）、大麻、芝麻等小宗油料作物资源。目前，红花和大麻资源的收集保存量居全国第一。

七、蔬菜作物种质资源调查与收集

由于云南多样的地理生态和民族喜好，云南蔬菜作物种质资源（包括野生蔬菜）种类十分丰富，分布极为广泛。其中不少为云南特有珍稀种类。云南被誉为中国蔬菜的起源中心。尤其是辣椒、黄瓜、茄子等茄果类、瓜类、辛辣类蔬菜资源独具特色。

云南蔬菜作物种质资源调查收集几起几落，其妥善保存一直存在问题。云南较大规模的蔬菜作物种质资源综合调查征集工作进行过三次。一是20世纪50~60年代，对云南主要蔬菜主产区的调查，共收集地方品种资源180余份。二是1979年第二次全国作物资源普查征集启动后，20世纪80年代中国农业科学院蔬菜花卉研究所和云南省农业科学院园艺作物研究所组织的对全省17个地（州、市）87个县市的调查收集工作，共收集蔬菜品种资源材料2198份。以辣椒类、茄子类、瓜类、白菜类、芥菜类、萝卜类、甘蓝类和豆类蔬菜品种最多。经田间播种观察鉴定整理，送国家作物种质库保存604份。三是2006~2010年云南及周边地区农业生物资源调查项目，从15个州市31个县共收集蔬菜作物种质资源25类1436份。此外，相关项目组结合科研项目实施也进行了大量调查收集。到2015年共收集保存云南蔬菜作物种质资源6459份，其中院种质资源库保存249份，研究所和课题保存6210份。国家作物种质库保存22类655份。

八、果树种质资源调查与收集

云南是多种果树的起源和演化中心，云南果树资源一直倍受国内外重视，但果树资源的专项调查与收集直到20世纪50年代末才开始。云南果树种质资源的调查与收集包括两个部分。一是植物资源的调查与收集中涉及了大量的果树和园艺资源。1949年前，外国学者、传教士、外交海关人员对我省植物资源的考察收集；我国植物学者对云南植物区系的系统考察收集和研究，均涉及了大量的果树和园艺资源。二是果树资源的专项调查与收集。本节主要介绍第二部分。

云南较大规模的果树资源专项调查与收集主要进行过4次。一是1958～1959年云南省农业科学研究所组织的对昭通、丽江、保山、西双版纳、红河和昆明等地30多个重点县苹果、梨、桃、香蕉、柑橘、菠萝等水果品种和分布的调查，为云南水果发展区划提供了依据。二是1974年中国农业科学院郑州果树研究所、柑橘研究所、云南省农业科学研究所、北京植物园等7个单位组成协作组，对云南滇西北地区苹果砧木资源的调查，首次在丽江和迪庆发现了锡金海棠，为研究苹果矮化砧提供了资源；对滇东南柑橘资源的调查，在红河州红河县发现了红河大翼橙（红河橙 *Citrus hongheensis*）。这一发现为中国是柑橘起源中心之一提供了佐证。此后，又开展了全省猕猴桃资源的调查。三是1979年第二次全国作物资源普查征集启动后，20世纪80年代，云南省农业科学院园艺作物研究所先后组织了滇西北、滇东、滇中、滇南、滇西各县温带果树品种资源调查，并在丽江宁蒗县发现了野生梅林的集中分布，同时于1989年建成了"国家果树种质云南特有果树及砧木圃"。四是2006～2010年进行的云南及周边地区农业生物资源调查项目，共调查收集31个县五大类522份果树资源，并在云南元江县发现了大面积成片分布的野生宜昌橙（*C. ichangensis*）。到2015年底，共收集保存云南果树作物种质资源2324份，其中国家果树种质云南特有果树及砧木圃保存温带果树资源1260份；保山和元谋热带亚热带作物资源圃保存热带亚热带果树资源980份；丽江高山经济植物资源圃保存高山浆果类资源84份。国家作物种质库保存9类99份果树资源。

九、茶树种质资源调查与收集

茶是云南的古老栽培作物，世世代代与云南各民族相伴而生，至今仍保留有丰富多彩的民族特有茶文化。茶树资源是云南最具特色的作物资源之一。在云南，其分布广、类型多，被认为是世界茶树的重要原产地之一。

云南茶树种质资源的调查和收集可分为两个阶段，即20世纪80年代以前和以后。20世纪80年代以前的调查和收集，包括植物综合考察中的茶树调查和专业考察。这一阶段的调查和收集以标本采集为主，调查区域相对分散，加之大部分材料未能妥善保存，缺乏全面性和系统性，但也取得了诸多重要成果，为后一阶段的工作奠定了基础。一是1951年，云南省农业科学院茶叶研究所成立后，先后多次组织和参与相关单位对云南主要茶区茶树品种资源进行的调查和考察，对主产茶区的地方品种进行了收集整理，鉴定了勐海大叶茶、勐库大叶茶、凤庆大叶茶等一批地方种；发现了一大批栽培型、过渡型和野生型古茶树、野生茶树群落。其中1980年，在红河州金平县一处哈尼山寨原始森林中发现的野生茶树，后经鉴定为哈尼茶种，同时开始建立原始材料园，到1980年共保存了101个地方品种资源材料。二是20世纪50～60年代，由昆明植物研究所组织的植物综合考察中，在普洱、红河、文山、大理、临沧和保山等地13个县采集的茶树标本,经中山大学张宏达鉴定,共定为13个种,其中有9个新种。三是1974~1980年,云南农业大学茶叶专业师生,在全省13个地州60个县进行茶树资源调查,征集到200余份材料,发现26个地方品种,并在师宗县发现1个新种,张芳赐定名为大厂茶,这是由我国茶叶科技工作者首次发现并定名的茶种。

1979年第二次全国作物资源普查征集启动后,一是1983年在原始材料园的基础上,规划建设占地2hm²(30亩)的茶树资源圃。二是从1980年开始,由云南省农业科学院牵头,以省农业科学院茶叶研究所和中国农业科学院茶叶研究所为主体,对全省茶区茶树资源进行系统调查、考察和收集(征集)。历时5年,对全省除香格里拉以外的15个州、市,61个县(市)进行了系统调查和收集,共收集(征集)到各种茶树资源材料410份,其中栽培型茶树162份,野生型茶树198份,近缘植物50份;压制腊叶标本4570份;发掘出了26个优良地方群体种和110个优良单株;先后入圃保存各类资源365份。相关标本于1983~1984年经研究所专家与张宏达教授共同鉴定,发现其分属24个茶种和2个变种。其中17个为新种,1个为新变种,均为云南特有种。此次调查基本摸清了云南茶树资源的分布和特点。此后,省农业科学院茶叶研究所又会同省内外科研单位在滇西、滇南进行了几次补充考察,收集新材料400余份。1990年,云南省茶树种质资源圃/国家茶树种质资源分圃正式挂牌成立,2012年被农业部正式将该圃认定为国家种质大叶茶树资源圃,并于2014年启动改扩建。到2015年该圃共收集保存云南茶树种质资源2560余份,其中已分类资源1619份、待定资源857份、近缘植物24份,是目前国内最大的大叶茶种质资源活体保存基地。

十、甘蔗种质资源调查与收集

我国是世界上最古老的植蔗国之一。云南一直是我国甘蔗的主产区,由于其特殊的地理区位和复杂的生态类型,甘蔗种质资源尤其是近缘野生资源十分丰富。

云南甘蔗种质资源的调查和收集大致可分为4个阶段。一是1975年以前,为零星收集阶段。建立于1956年的云南省甘蔗试验站(云南省农业科学院甘蔗研究所的前身),结合甘蔗新品种选育引进和收集了部分国内地方品种资源。二是1975~1980年,为集中收集阶段。在彭绍光(1908~2001年)等老一辈甘蔗育种家的倡议下,南方九省区联合在云南、四川、贵州、广东等地先后进行了甘蔗野生资源考察收集,共收集资源300余份,集中保存在海南省甘蔗育种场,云南等地复份保存了部分资源。三是1982~1990年,为重点收集、分散保存和研究阶段。在农业部的统一部署下,广东、广西、四川、福建、云南等先后在各自省区进行了甘蔗资源收集和保存。云南以省农业科学院甘蔗研究所为主,云南农业大学参与,于1982~1984年,先后在云南、四川、贵州等收集到甘蔗野生资源250余份,主要保存在农业科学院甘蔗研究所(开远),部分保存在云南农业大学(昆明)。四是1991年以后,进入持续收集、集中保存和系统评价阶段。1991年10月,甘蔗种质资源保存和主要性状鉴定评价列入国家"八五"攻关项目子专题,云南省农业科学院甘蔗研究所为子专题主持单位(主持人为程天聪、符菊芬、范源洪)。子专题主要研究内容为:建立国家甘蔗种质资源圃,收集保存种质资源1500份,建立数据库,开展形态特征、农艺性状、锤度、染色体和抗性鉴定等。研究所在全面推进国家甘蔗种质资源圃基础设施建设的同时,派人先后赴广东、海南、四川、福建、广西、浙江等省区进行资源交换和引进。到1995年10月,建成了占地2hm²的国家甘蔗种质资源圃,集中保存了5属15种共1630份资源材料,并通过了科技部、农业部的验收。至此,甘蔗种质资源工作进入了以国家甘蔗种质资源圃集中保存为主、相关省区复份保存为辅，共同研究利用的阶段。此后，甘蔗研究所又结合相关项目，开展了甘蔗种质资源的持续收集和资源圃改造与提升研究，建成了现代化的国家甘蔗种质资源圃。至2015年，共编目保存甘蔗及其近缘属种质资源6属16种（2795份）。其中，"甘蔗属复合群"（Saccharum complex）资源4属14种（2757份）；云南地方资源800余份；国外（澳大利亚、墨西哥、法国、泰国、越南、菲律宾、日本、美国等10多个国家）资源669份。该圃是我国目前规模最大、保存数量最多、属种最丰富的甘蔗种质资源保存、研究与利用基地，资源保存量居世界第二位。

第三节　云南特色作物种质资源类型分布和特点

我国是世界生物多样性最为丰富的国家之一，也是世界栽培植物资源最为丰富的国家之一。《中国生物多样性保护行动计划》显示，中国栽培植物在世界上占有极其重要的地位，是世界八大作物起源中心之一。世界1200种栽培作物中，有200多种起源于中国，约占世界总数的18%（董玉琛等，1993）。我国主要作物资源大部分分布在东部和南部地区，西部和北部地区分布相对较少。

云南地处祖国西南边疆，北倚青藏高原，南靠中南半岛，位于低纬高原，多种植物区系在这里交流融汇；复杂的地形地貌，多样的气候生态，孕育了丰富多彩的生物资源，包括农业生物资源和作物种质资源。当今全国600多种主要栽培植物中，云南就有500余种，约占全国的80%，是多种作物的起源和演化中心。

一、稻作种质资源类型分布和特点

稻谷栽培目前已遍及五大洲，但栽培种仅有两个，即起源于亚洲的亚洲栽培稻（Oryza sativa）和起源于非洲的非洲栽培稻（O. glaberrima）。亚洲栽培稻为主要栽培种，非洲栽培稻仅在非洲有少量种植。栽培稻起源于野生稻已成为各国学者的共识。目前发现并被普遍接受的稻属植物共23个种，包括2个栽培种、21个野生种。其中，我国分布有1个栽培种和3个野生种（表2-1）。

表2-1　公认的稻属植物种名、染色体数、基因组型和地理分布

种名	染色体数	基因组型	地理分布
亚洲栽培稻相似群			
亚洲栽培稻（O. sativa）	24	AA	全世界
尼瓦拉野生稻（O. nivara）	24	AA	南亚、东南亚
多年生野生稻（O. glumaepatula）	24	AA	南美洲
普通野生稻（O. rufipogon）	24	A`A`	中国、南亚、东南亚、澳大利亚
非洲栽培稻（O. glaberrima）	24	A^gA^g	非洲
巴蒂野生稻（O. barthii）	24	A^gA^g	非洲
长雄野生稻（O. longistaminata）	24	A^lA^l	非洲
南方野生稻（O. meridionalis）	24	A^mA^m	澳大利亚
药用野生稻相似群			
药用野生稻（O. officinalis）	24	CC	中国、南亚、东南亚、新几内亚岛

续表

种名	染色体数	基因组型	地理分布
小粒野生稻（*O. minuta*）	48	BBCC	东南亚、新几内亚岛
根状茎野生稻（*O. rhizomatis*）	24	CC	斯里兰卡
紧穗野生稻（*O. eichingeri*）	24	CC	非洲、斯里兰卡
斑点野生稻（*O. punctata*）	24，48	BB，BBCC	非洲
宽叶野生稻（*O. latifolia*）	48	CCDD	中美洲、南美洲
高秆野生稻（*O. alta*）	48	CCDD	中美洲、南美洲
大颖野生稻（*O. grandiglumis*）	48	CCDD	中美洲、南美洲
澳洲野生稻（*O. australiensis*）	24	EE	澳大利亚
马来野生稻相似群			
马来野生稻（*O. ridleyi*）	48	HHJJ	东南亚、新几内亚岛
长护颖野生稻（*O. longiglumis*）	48	HHJJ	新几内亚岛、印度尼西亚
极短粒野生稻（*O. schlechteri*）	48	HHKK	新几内亚岛
疣粒野生稻相似群			
疣粒野生稻（*O. meyeriana*）	24	GG	中国、南亚、东南亚
颗粒野生稻（*O. granulata*）	24	GG	南亚、东南亚
短花药野生稻（*O. brachyantha*）	24	FF	非洲

稻作资源是云南最具特色的重要作物资源。虽然云南稻谷种植面积不大（多年保持在70万～100万 hm²），但海拔和纬度跨度大，种植区域21°～29°N，海拔76.4～2695m均有稻谷种植；受立体气候、生态多样的影响，各生态区适宜品种具有明显的局限性；加之社会发育和民族习俗等因素的影响，品种偏好、栽培方式、技术进步等无不对稻作资源演化产生影响，也正因如此，孕育了丰富多彩的云南稻作资源。

分类鉴定：根据已收集稻作资源的分类鉴定，一是云南分布有国内稻属植物的全部4个种，即亚洲栽培稻（*O. sativa*）、普通野生稻（*O. rufipogon*）、药用野生稻（*O. officinalis*）和疣粒野生稻（*O. meyeriana*）。其中，元江普通野生稻被认为是国内较原始的类型。二是亚洲栽培稻中，云南不仅籼稻（*O. sativa* subsp. *indica*）和粳稻（*O. sativa* subsp. *japonica*）两个亚种类型十分丰富，还有国内其他省区所没有的爪哇稻（Ecogroup *javanica*）、光壳稻（Ecogroup *nuda*）等类型。三是云南籼稻和粳稻都具有早、中、晚稻；水稻、旱（陆）稻；粘稻、糯稻等多种类型，以及软米、香米、红米、紫米等特殊类型。云南稻作资源在形态特征、生物学特性及内在品质等方面都具有极大的多样性。

资源分布：云南稻作资源的分布总体与海拔密切相关。一般认为，海拔1400m以下为籼稻区；1400～1600m为籼粳交错区；1600m以上为粳稻区（蒋志农，1995）。但在海拔1400m以下也有粳稻（热带粳）分布，在1600m以上也有籼稻分布；稻作资源丰度以南亚热带最高，其次是北亚热带和北热带，即滇西南水陆稻区最高，其次是籼稻区和滇中粳稻区；稻米品质类型分布还与民族喜好密切相关，软米稻、糯稻在傣族、哈尼族等民族聚居区分布较多。云南野生稻主要分布在海拔400～1100m的滇西南地区（西双版纳、普洱、临沧、德宏、保山和玉溪等）。海拔分布较国内其他省区已发现的野生稻高，属低纬高原类野生稻。

资源特性：以往的研究表明，云南稻作资源中耐寒资源、广亲和资源、光温钝感资源、耐贫瘠资源、抗病虫资源十分丰富。此外，尚有诸多特殊类型和特殊优良性状（表2-2），特别是数量众多的糯性资源、陆稻资源和光壳稻资源倍受瞩目。

表2-2 云南稻作资源的特殊优良性状

种类	主要分布	特殊优良性状
籼稻	全省，海拔1600m以下	易落粒、红米、紫米、软米和糯性资源十分丰富；高秆大穗大粒，抗稻瘟病资源丰度高于粳稻
粳稻	全省，海拔1600m以上	不易落粒，以晚粳类型为主；抗白叶枯病资源丰度高于籼稻；穗期抗寒能力强；有粳软、粳糯资源
普通野生稻	西双版纳、玉溪，海拔550～780m	高中抗稻瘟病、白叶枯病；叶片厚直、分蘖能力特强；耐寒（1～4℃能生长）、耐旱、耐贫瘠，花药大、长势旺；高蛋白、直链淀粉含量低于栽培粘稻；元江普通野生稻有地下茎，宿根越冬，种子和种茎繁殖并存，以种茎繁殖为主；景洪普野茎秆直立、穗大，以种子繁殖为主
药用野生稻	西双版纳、普洱、临沧，海拔520～1000m	抗稻瘟病、白叶枯、螟虫和稻飞虱；长势特旺、植株高度可塑性强；特大穗，高蛋白、直链淀粉含量低于栽培粘稻；地下茎、地上节腋芽、种子和种茎繁殖并存，以种茎繁殖为主
疣粒野生稻	西双版纳、普洱、玉溪、临沧、德宏、保山、红河，海拔420～1100m	高抗（免疫）白叶枯病、抗螟虫和稻飞虱；柱头大而外露、地上节腋芽、耐寒（1～4℃能生长）、耐旱、耐贫瘠、生育期极短（无感光性）；高蛋白、直链淀粉含量低于栽培粘稻；穗小、种子和种茎繁殖并存

二、麦类种质资源类型分布和特点

麦类（主要指小麦、大麦和燕麦）是云南的第三大粮食作物，也是小春第一大作物。在云南海拔300～3600m均有麦类作物种植。近5年来，种植面积为60万～65万hm²，其中，小麦40万hm²左右、大麦20万～25万hm²、燕麦2.5万hm²左右，且呈小麦种植面积逐年略减，大麦、燕麦略增的趋势。云南主食为稻米，小麦总产的30%左右主要用于面制品加工，其余大都用作饲料和用于酿造；大麦主要用于酿制啤酒、白酒和用作饲料；燕麦主要在高寒山区种植，是部分少数民族的主要粮饲作物之一。麦类在云南部分地区大、小春轮作茬口衔接上作用突出。

分类鉴定：根据已收集资源的分类鉴定（杨木军和武少云，2005），云南共分布有小麦属（*Triticum*）、大麦属（*Hordeum*）、燕麦属（*Avena*）和黑麦属（*Secale*）4个属8个种。云南小麦地方品种分属4个种，1个亚种，109个变种：普通小麦（*Triticum aestivum*）、密穗小麦（*T. compactum*）、圆锥小麦（*T. turgidum*）、硬粒小麦（*T. durum*）和云南小麦亚种（*T. aestivum* subsp. *yunnanense*）。云南小麦亚种（又称铁壳麦）为云南特有普通小麦亚种。小麦变种数分别为：普通小麦70个、密穗小麦13个、圆锥小麦6个、硬粒小麦5个、云南小麦亚种15个。云南大麦地方品种资源包括1个种，2个亚种，320个变种：普通大麦（*Hordeum vulgare*）、皮大麦亚种和裸大麦亚种；其变种数分别为：二棱大麦130个、多棱大麦190个。变种数占中国大麦（422个变种）的75.8%，且伴生有近缘野生大麦。云南被认为是中国大麦地方种质资源最大的表型多样性中心（张京和曹永生，1999）。燕麦（*Avena sativa*）因云南种植面积较小，省内未做系统研究。但云南确有燕麦资源分布，如云南巧家小燕麦，属裸燕麦类型，且云南燕麦资源中存在染色体组二倍体类型，在燕麦起源演化研究中具有重要意义。

资源分布：麦类在云南种植面积不大，但分布十分广泛，品种资源及其多样性极为丰富，其生态气候特点也很突出。普通小麦是云南栽培面积最大、分布最广、适应性强、品种及变种数量最多的种，海拔300～3600m均有分布；密穗小麦主要分布在滇北、滇中和滇南的昭通、昆明、楚雄、大理、红河、临沧、丽江、迪庆、怒江等地海拔1600~2700m的山区与半山区；圆锥小麦主要分布在滇中和滇西北海拔1100~2700m的坝区；硬粒小麦主要分布在昆明、保山海拔1600~1800m的坝区；云南小麦亚种主要分布在滇西澜沧江和怒江下游的临沧、保山、普洱地区海拔1500~2500m的山区。其中，以临沧地区海拔1900~2300m的山区种植面积最大，类型最丰富。云南大麦品种资源分布也十分广泛，二棱大麦变种主要分布在保山、昆明、曲靖和昭通海拔1600~1900m的地区，多棱大麦变种则分布于海拔550~3600m的高寒、温凉和干热坝区。云南燕麦主要分布在滇西北、滇东北海拔1600~3000m的丽江、迪庆、曲靖、昭通等地。

资源特性：根据以往的研究，云南小麦资源以半冬性和弱春性品种居多，中晚品种比例大；多花多实、大穗大粒是云南小麦资源的突出特点之一；抗病性较差，抗旱和耐寒性较好；蛋白质含量、面筋含量普遍较高，但面筋强度普遍较弱。云南小麦亚种（铁壳麦）资源染色体组为AABBDD型，多为弱冬性；穗子呈圆锥形，籽粒呈红色，蜡质颖片坚硬，极难脱粒，蛋白质含量、面筋含量比普通小麦高，带糯性；抗穗发芽、耐寒、耐旱性好。云南大麦地方品种资源变种类型十分丰富，多为春性、半冬性、深色型品种，一般比小麦早熟半个月；以中秆、早熟、大穗大粒和高蛋白资源等优异种质居多，是我国大麦高蛋白资源分布最多的省份，诸多资源材料蛋白质含量和某些性状优于国外报道的著名高蛋白种质Hiproly（孙立军，2001）。

三、荞麦种质资源类型分布和特点

荞麦是云南小宗作物资源中研究较多，也是最具特色的重要作物资源。荞麦起源于中国，全国各地均有种植，华北、西北和西南为主要产区。云南荞麦种植面积常年在12万~14万hm^2，主要分布在滇西北和滇东北两大温凉产区，产量居全国第二。云南是中国荞麦资源的多样性分布中心和荞麦起源中心之一，资源种类和生态类型在国内外首屈一指。

分类鉴定：荞麦为蓼科（Polygonaceae）荞麦属（*Fagopyrum*）植物。全世界已命名的荞麦属植物共21个种，栽培种2个[甜荞（*F. esculentum*）和苦荞（*F. tataricum*）]，其余19个为野生种。中国已命名的荞麦属植物共18个种、2个亚种和2个变种。根据云南已收集荞麦资源的分类鉴定，云南共分布有荞麦资源13个种、2个亚种和2个变种（表2-3），占世界荞麦物种数的近2/3、中国荞麦物种数的近3/4（王振鸿等，2008）。

表2-3　云南荞麦资源的种类及地理分布

序号	种名	类型	地理分布	海拔（m）
1	金荞麦（*F. cymosum*）	多年生野生种	滇中、滇西、滇南、滇东南及滇南边境均有分布，如昆明、大理、维西、景洪等	1890~3300
2	硬枝万年荞（*F. urophyllum*）	多年生野生种	滇中、滇西的金沙江区和澜沧江峡谷区及滇南均有分布，如昆明、大理、丽江、蒙自等	500~2800
3	抽葶野荞麦（*F. statice*）	多年生野生种	分布在滇中和滇东南，如玉溪、蒙自等	1000~2100
4	甜荞（*F. esculentum*）	一年生栽培种	全省各地高海拔山区均有种植	1800~2800
5	苦荞（*F. tataricum*）	一年生栽培种	全省各地高海拔温凉山区均有种植	2000~3300
6	甜荞近缘野生种（亚种）（*F. esculentum* subsp. *ancestralis*）	一年生栽培亚种	分布在滇西北，如宁蒗、香格里拉等	1800~2800

续表

序号	种名	类型	地理分布	海拔（m）
7	苦荞近缘野生种（亚种）（*F. tataricum* subsp. *potanini*）	一年生栽培亚种	分布在滇西北，如丽江、香格里拉等	2300～3000
8	细柄野荞麦（*F. gracilipes*）	一年生野生种	滇中、滇东、滇西、滇南均有分布，如昆明、昭通、香格里拉、蒙自等	1890～3200
9	齿翅野荞麦（细柄野荞麦的变种）（*F. gracilipes* var. *odontopterum*）	一年生野生种变种	滇中、滇西、滇南、滇东均有分布，如昆明、永胜、蒙自、曲靖等	1890～2800
10	小野荞麦（*F. leptopodum*）	一年生野生种	滇中、滇西、滇东南均有分布，如大理、洱源、永胜、香格里拉等	2100～3100
11	疏穗小野荞麦（小野荞麦的变种）（*F. leptopodum* var. *grossii*）	一年生野生种变种	分布在滇西北，如永胜、香格里拉等	1800～2800
12	线叶野荞麦（*F. lineare*）	一年生野生种	分布在滇西，如祥云、宾川等	1900～2400
13	疏穗野荞麦/尾叶野荞麦（*F. caudatum*）	一年生野生种	分布在滇西，如洱源、鹤庆等	1800～2200
14	岩野荞麦（*F. gilesii*）	一年生野生种	分布在滇西北的澜沧江和金沙江边等	2100～2400
15	*F. homotropicum*	一年生野生种	分布在滇西北，如丽江、德钦等	1800～2500
16	*F. capillatum*	一年生野生种	分布在滇西北，如永胜、玉龙等	1800～2800
17	*F. jinshaense*	一年生野生种	分布在滇西北	2000～2400

资源分布： 云南荞麦资源分布十分广泛，全省海拔500～3500m均有分布，但主要集中在海拔2000m左右的温凉山区。不同荞麦野生种在云南的分布范围和单点分布数量不尽相同，有些种几乎遍及全省各地，单点分布数量也相当多；有些种则分布范围相当窄，单点分布数量也少，成为区域特有种。研究显示：云南荞麦资源主要集中于以下两个分布中心。

第一个分布中心为滇西北分布中心，主要包括大理、丽江、迪庆等州市。该中心是云南荞麦主产区之一，也是云南野生荞麦资源种数分布面和点最多的中心。在全省13个种、2个变种和2个亚种中，该中心就分布有10个种、2个变种、2个亚种，约占全省荞麦资源种类的3/4，包括金荞麦、硬枝万年荞、小野荞麦、疏穗小野荞麦、细柄野荞麦、齿翅野荞麦、线叶野荞麦、尾叶野荞麦、岩野荞麦、*F. homotropicum*、*F. capillatum*、*F. jinshaense*、甜荞近缘野生种（亚种）、苦荞近缘野生种（亚种）等，以及待鉴定、命名的新资源。其中，疏穗小野荞麦、岩野荞麦、尾叶野荞麦、线叶野荞麦、红花型硬枝万年荞、*F. capillatum*、*F. homotropicum*、甜荞近缘野生种（亚种）和苦荞近缘野生种（亚种）等是该中心的地方特有种。该中心分布的金荞麦多以茎秆直立、株型高大、分枝较少的类型为主，可能是由于其适应生长在灌木丛中。

第二个分布中心是滇中中心，主要包括昆明、玉溪等地，该中心荞麦资源的种数、分布点相对较少。在全省13个种、2个变种、2个亚种中，只分布有5个种、1个变种，即包括金荞麦、硬枝万年荞、抽葶野荞麦、小野荞麦、细柄野荞麦、齿翅野荞麦等。其中，抽葶野荞麦是该中心的地方特有种。

其他地区如滇西南、滇南、滇东、滇东南及边境线也有野生荞麦资源的交叉分布，但分布种类和数量相对比较少，多以金荞麦、细柄野荞麦及其变种和硬枝万年荞分布为主。

资源特性： 云南作为荞麦的起源和遗传多样性中心，不但栽培荞麦地方品种资源十分丰富，而且拥有大量近缘野生种，云南荞麦是研究荞麦起源、演化和远缘杂交育种的理想材料。云南荞麦资源主要分为多年生和一年生两大类。栽培的两个种甜荞和苦荞均为一年生草本植物。甜荞为常异花授粉植物，而苦荞为自花授粉植物。多年生野生荞麦均为常异花授粉植物；一年生野生荞麦多为常异花授粉植物，但也有自花授粉植物，如 *F. homotropicum*。云南栽培荞麦和野生荞麦主要分布在高寒、干旱、贫瘠的生态环境下，甚至生长在无其他杂草生长的岩石堆上，所以具有其独特的抗逆性，是抗逆性育种的理想材料；此外，荞麦营养成分全面，营养价值高于稻、小麦和玉米，且富含芦丁等类黄酮类化合物，具有很高的药用价值，是一种药食兼备、美容健身的营养源和药用源作物。部分野生种如金荞麦药用成分含量高，极具独特的开发利用价值。

四、食用豆类种质资源类型分布和特点

食用豆类一般是指以收获籽粒供食用的豆类作物的统称，包括大豆和其他食用豆类，均属豆科（Leguminosae）蝶形花亚科（Papilionoideae）植物。多数为一年生或越年生，少数为多年生。云南食用豆类作物种类繁多，栽培历史悠久，中国有栽培记录的食用豆类在云南都有种植，且粮菜兼用、加工产品多，是云南各族人民的重要植物蛋白源。云南食用豆类作物种植面积常年在45万hm²左右。其中，大豆10万～15万hm²。豆类作物是云南省除禾谷类和薯类作物外栽培面积最大的作物类群。

分类鉴定：根据已收集食用豆类资源的分类鉴定，云南食用豆类作物栽培种均属蝶形花亚科，共分布有11个属20个种（表2-4）。其在云南的栽培面积大小及其商品经济地位依次为：蚕豆、豌豆、大豆、普通菜豆、多花菜豆、小豆、饭豆、绿豆、豇豆、小扁豆、利马豆、扁豆、木豆、四棱豆、黎豆和鹰嘴豆。按其种植的生态适应性，在栽培上又可分为冷季豆类、暖季豆类、热季豆类。冷季豆类多为秋冬季节种植，春季收获，主要包括蚕豆、豌豆、小扁豆和鹰嘴豆；暖季豆类主要包括大豆、普通菜豆、多花菜豆、利马豆、小豆和扁豆；热季豆类主要包括绿豆、豇豆、饭豆、木豆、四棱豆和黎豆。

表2-4 云南栽培食用豆类作物资源种类

属	种名	学名
1. 巢菜属	1）蚕豆	*Vicia faba*
2. 豌豆属	2）豌豆	*Pisum sativum*
3. 大豆属	3）烟豆	*Glycine tabacina*
	4）多毛豆	*G. tomentella*
	5）野大豆	*G. soja*
	6）大豆	*G. max*
	7）短绒野大豆	*G. tomentella*
4. 小扁豆属	8）小扁豆	*Lens culinaris*
5. 菜豆属	9）普通菜豆	*Phaseolus vulgaris*
	10）多花菜豆	*P. coccineus*
	11）利马豆	*P. lunatus*
6. 豇豆属	12）小豆	*Vigna angularis*
	13）饭豆	*V. umbellata*
	14）绿豆	*V. radiata*
	15）豇豆	*V. unguiculata*
7. 扁豆属	16）扁豆	*Lablab purpureus*
8. 木豆属	17）木豆	*Cajanus cajan*
9. 鹰嘴豆属	18）鹰嘴豆	*Cicer arietinum*
10. 四棱豆属	19）四棱豆	*Psophocarpus tetragonolobus*
11. 黎豆属	20）黎豆	*Stizolobium cochinchinensis*

资源分布：由于云南特有的立体气候及一年多熟制的耕作条件，因此云南食用豆类资源种类的地域分布极其复杂，不同种的资源在水平和立体层次上的分布有较大区域面积的交叉现象。从已收集资源的区域分布看，蚕豆、大豆、豌豆、普通菜豆分布最为广泛，其在全省129个县区中的分布率分别为94.6%、81.40%、76.7%和70.5%，而鹰嘴豆和黎豆分布最窄，仅各在一个县有分布。从已收集资源的数量看，普通菜豆最多，其次分别为蚕豆和豌豆。云南食用豆类资源种的分布与纬度、海拔及降雨量密切相关，热季豆类主要分布在海拔1500m以下的区域；暖季豆类收集样本覆盖了280～3100m的海拔范围；冷季豆类，由于是秋冬季节栽培，分布区域覆盖范围较大，在海拔430～2800m均有分布；85%的食用豆类资源分布于海拔1000～2500m区域。且随纬度和海拔的增加，热季豆类和暖季豆类的分布区域明显减少。此外，木豆和干豌豆多分布于降雨量低于1000mm的区域；蚕豆、豌豆（青）、菜豆、豇豆和小扁豆则主要分布于降雨量800～1600mm的区域。云南大豆资源主要分布在海拔2600m以下的广大地区。

资源特性：云南食用豆类资源不但栽培种类繁多，类型多样，而且分布有大豆属、菜豆属、豇豆属、豌豆属、木豆属野生资源。栽培种食用豆类资源不但存在属、种、亚种和变种的多样性，而且存在复杂多样的生态类型多样性，乃至形态类型多样性，体现了云南食用豆类资源对气候类型多样的地域包容性和栽培耕作制度的适应性，为生产产品的类型和栽培响应力需求提供了类型极其多样的选择。云南蚕豆（*Vicia faba*）资源在豆种类型上包括了蚕豆所有的三个变种：大粒变种（var. *major*）、中粒变种（var. *equina*）和小粒变种（var. *minor*）。其在已收集资源中的占比分别为23.5%、68.3%和8.24%。中粒变种为云南蚕豆品种资源的主要类型。云南豌豆资源最大的特点是白粉病抗性总体水平高于国内其他省份资源，研究显示全球抗白粉病豌豆资源分为13个不同的标记基因型，云南抗性资源包含了7个不同的基因型。此外，其抗性基因与*er1*基因连锁（对白粉病表现免疫）。以上表明云南省是我国豌豆白粉病抗性资源遗传多样性最为丰富的省份，且存在有效的白粉病抗源。云南是普通菜豆的主产区，普通菜豆资源多为硬荚种，部分资源高抗炭疽病及角斑病。云南多花菜豆栽培历史悠久，资源均为蔓生类型，分布有白色种皮、红花黑种皮和红花花种皮3种粒色类型，粗蛋白含量为11.4%～16.4%。云南大豆种质资源的突出特点是：紫花（74.49%）、棕毛（81.2%）多，种皮颜色深的多（50.5%），中小粒种多（68.7%），粒型多为椭圆形和扁椭圆形（90.1%）；生育期长（晚熟和极晚熟种68.1%），蛋白质含量高（平均44.18%），脂肪含量低（平均17.47%），耐瘠性强。云南食用豆类资源不但种类繁多，而且不乏珍稀种、特有种、特殊优良性状种质。诸多资源不但具有重要的学术和育种价值，而且具有良好的产业开发前景，如大白（花）芸豆、利马豆、小扁豆等。

五、蔬菜种质资源类型分布和特点

蔬菜是云南的传统产业。随着农村产业结构的调整，云南蔬菜产业呈快速增长的态势。2011年以来，全省种植面积年均增长5万hm²以上，到2015年，达100.4万hm²，总产1867.12万t，外销1000万t以上。蔬菜种植遍及全省，主要种植区划为：滇南冬早蔬菜区，包括北热带（海拔1000m以下）、南亚热带（海拔1400m以下）生态区；滇中主作区，包括中亚热带（海拔1200～1600m）、北亚热带（海拔1500～2000m）暖温生态区；温寒带冷凉生态区（海拔2000～4000m）。云南是全国重要的商品蔬菜主产区，也是全国重要的蔬菜资源富集和演化区。此外，竹笋已成为云南的常用特色蔬菜，云南竹类资源异常丰富，分布也十分广泛，是世界木本竹类植物种类最多、生态类型最全、天然竹林资源最丰富的地区之一。

分类鉴定：云南蔬菜资源包括栽培蔬菜和野生蔬菜两大类。根据已收集蔬菜资源的分类鉴定，云南栽培蔬菜地方品种资源分属27科83属214个种和变种（周立端和龙荣华，2008），基本包括了全国南北各地的主要蔬菜种类。其中，根菜类蔬菜资源5科8属10个种；十字花科（Cruciferae）芸薹属（*Brassica*）蔬菜资源包括白菜类10个种和变种、甘蓝类7个种和变种、芥菜类4类9个变种；茄果类蔬菜资源为茄科（Solanaceae）5属12个种14个变种；瓜果类蔬菜资源为葫芦科（Cucurbitaceae）10属18个种11个变种；豆类蔬菜资源为豆科（Leguminosae）9属21个种和变种；薯芋类蔬菜资源7科9属14个种和变种；水生类蔬菜资源7科7属8个种和变种；绿叶类蔬菜资源8科13属20个种和变种；葱蒜类蔬菜资源为葱属（*Allium*）10个种和变种；多年生和其他蔬菜资源7科20属27个种和变种［其中，常见笋用竹为禾本科（Gramineae）9属9个种，但根据杨宇明和辉朝茂（1998）的研究，云南分布有禾本科28属220个种的竹类资源，笋用竹超过100个种］。野生蔬菜资源500余种，已鉴定正式发表的就达108科272属375个种。

资源分布：云南蔬菜资源分布十分广泛，全省从海拔76.4m到4000m均有栽培蔬菜分布。但不同的资源种类分布区域不同。根菜类资源主要分布在云南中部以北，海拔1500～3000m的温寒带地区；白菜类资源主要分布在云南中南部以北，海拔1200～2500m的温带地区；甘蓝类资源主要分布在海拔1000～2200m的亚热带、温带地区；芥菜类资源，尤其是叶用芥菜类分布十分广泛，海拔76.4～3000m的广大地区均有分布；茄果类资源在海拔76.4～3300m均有分布，其中野生茄类、小果型辣椒主要分布于海拔76.4～1300m的热带、南亚热带；瓜果类资源在全省均有分布，不同瓜类资源分布区域不同，以亚热带和暖温带分布较多，但野生种类多分布于热带和南亚热带；豆类资源分布于全省各地，海拔76.4～3300m的广大地区均有分布；薯芋类资源主要分布在海拔76.4～3000m地区；水生类资源主要分布在海拔2000m以下的滨湖沿岸和水资源丰富的低热湿地；绿叶类资源主要分布在滇南和滇中亚热带和暖温带地区；葱蒜类资源分布广泛，洋葱多分布于滇东南和滇中海拔1100～1800m地区，葱、韭、大蒜类资源则分布十分广泛，海拔76.4～3300m地区均有分布；多年生和其他蔬菜资源，不同种类分布区域不同，香椿主要分布在亚热带海拔1000～2400m地区，食用百合主要分布在海拔700～2800m的广大地区，笋用竹则分布在海拔76.4～2500m的广大地区，但大中型笋用竹主要分布在南部的热带、亚热带地区。

资源特性：云南蔬菜栽培历史悠久，不但栽培种类繁多，类型多样（由于其复杂的地理生态、立体气候和蔬菜周年种植，因此同种蔬菜多态型变异、生态型变异和季节型变异十分丰富），而且拥有诸多野生近缘种。加之，云南民族多样、民族聚居、民族喜好不同，导致野生蔬菜资源利用广泛，成就了云南蔬菜资源的多、广、特内涵，不但种类繁多，而且不乏珍稀种和特有种。诸多资源不但具有重要的学术价值，而且具有良好的产业开发前景。云南部分特色蔬菜资源的分布和特殊优良性状见表2-5。

表2-5 云南部分特色蔬菜资源的分布和特殊优良性状

种类	主要分布	特殊优良性状
辣椒	辣椒资源在全省海拔76.4～3300m地区均有分布。但小米辣主要分布在北热带和亚热带低海拔地区	云南辣椒资源有2个种9个变种，辣椒栽培种（*Capsicum annuum*）包括了中国大部分辣椒种类及变种；野生种小米辣（*C. frutescens*）为云南特有种。云南辣椒资源分布广，种类极其丰富，果型差异极大，小果型（单果重10g以下）辣椒品种类型之多，堪列全国之首。云南辣椒多为中晚熟、偏辣型品种；抗病、抗逆、耐高温高湿、高辣素品种十分丰富

续表

种类	主要分布	特殊优良性状
茄子	茄子资源在全省海拔76.4~2200m地区均有分布，但近缘野生种主要分布在北热带、南亚热带低海拔湿热地区	云南茄子资源种类和品种类型繁多，有5个种和变种、3个近缘野生种。云南茄子资源以长茄变种（Solanum melongena var. serpentinum）数量最多；品质优良、色泽鲜艳、商品性好、耐热、耐湿和抗黄萎病资源十分丰富。尤其是近缘野生种，抗逆性强、耐热、耐湿、抗虫性好
黄瓜	黄瓜资源在全省海拔500~2400m地区均有分布，但西双版纳黄瓜及近缘野生种主要分布在西双版纳、普洱地区热带雨林，海拔600~1550m地区	云南黄瓜资源有2个种和变种、2个近缘野生种。其瓜形、瓜重差异大；抗枯萎病、耐霜霉病、耐热、耐湿、耐寒、高胡萝卜素资源十分丰富。西双版纳黄瓜（Cucumis sativus var. xishuangbannanensis）为云南特有黄瓜新变种；野黄瓜（C. hystrix）为云南特有资源；云南野黄瓜（C. yunnanensis），又称酸黄瓜，刺黄瓜，为甜瓜属的一个种，其染色体2n=24。这些资源不但为育种提供了丰富的种质材料，而且具有重要的学术价值
黑籽南瓜	主要分布在滇中、滇西北和滇东北海拔1500~2200m地区	黑籽南瓜（Cucurbita ficifolia）为云南特有南瓜种类，对枯萎病、疫病等土传病害免疫，可用作黄瓜、西瓜等瓜类的嫁接砧木。嫁接成活率高，不影响嫁接种品质风味
笋用竹	竹类植物资源在全省海拔76.4~4000m地区均有自然分布。大中型笋用竹主要分布在南部的热带、亚热带地区	云南是我国木本竹类资源最为丰富的地区，是世界公认的竹类植物起源地和分布中心之一，笋用竹资源十分丰富。其特点一是种类多，鲜笋单体质量0.1~5kg。二是品质优，肉厚质嫩、色泽好、味鲜美。三是四季产笋，周年供应。四是天然生态，无污染。尤其是分布于热带、亚热带的大中型笋用竹具有极大的开发价值

六、果树种质资源类型分布和特点

果树包括水果和坚果。云南是中国果树资源最为丰富的省份，而且还是诸多果树的原产中心之一。由于其多样的气候和生态类型，孕育了从热带到寒温带，丰富多彩的果树资源。云南果树栽培历史悠久，种质交换频繁，随着我国农业发展、农村产业结构调整和生态保护意识的加强，果树产业呈快速增长的态势。果树种植遍及全省，且以其种类繁多、早熟、优质而闻名于世。云南规模栽培的果种主要有：①热带水果类，如香蕉（芭蕉）、芒果、菠萝、荔枝、龙眼、火龙果、柚子、番木瓜、青枣、余甘子、罗望子等；②亚热带及温带水果类，如柑橘、葡萄、石榴、杨梅、枇杷、猕猴桃、柿、枣、梨、苹果、山楂、桃、李、杏（梅）、樱桃、蓝莓、草莓等；③坚果类，如咖啡、核桃、板栗、银杏、松子、澳洲坚果等。到2015年，全省水果种植达50.27万 hm²，总产726.54万 t，出口量首次跃居云南农产品出口量第一位；坚果类中的核桃、咖啡、澳洲坚果栽培面积、产量均为全国第一。其中，核桃286.7万 hm²、咖啡12.2万 hm²、澳洲坚果15万 hm²。

分类鉴定：根据已调查收集果树资源的分类鉴定，产于云南的野生、半野生、栽培（包括部分引进）果树资源共有66科134属499个种和65个变种（张文炳和张俊如，2008），品种（系）数超过1400个（表2-6）。

表2-6 云南果树种质资源

序号	中文名（科）	学名（科）	属数	种数	变种数	类型数	品种数
1	银杏科	Ginkgoaceae	1	1			5
2	紫杉科	Taxaceae	1	2			
3	买麻藤科	Gnetaceae	1	3	1		
4	松科	Pinaceae	1	1			
5	杨梅科	Myricaceae	1	3	2		5
6	胡桃科	Juglandaceae	3	5			20

续表

序号	中文名（科）	学名（科）	属数	种数	变种数	类型数	品种数
7	榛科	Corylaceae	2	7			
8	山毛榉科	Fagaceae	2	18			20
9	桑科	Moraceae	3	22	4		10
10	山龙眼科	Proteaceae	3	3			
11	木通科	Lardizabalaceae	2	2	1		
12	五味子科	Schisandraceae	1	3			
13	虎耳草科	Saxifragaceae	1	10			10
14	番荔枝科	Annonaceae	1	6			3
15	樟科	Lauraceae	1	1			
16	蔷薇科	Rosaceae	18	113	13	63	980
17	鼠李科	Rhamnaceae	2	12	1		20
18	葡萄科	Vitaceae	1	13	3		100
19	猕猴桃科	Actinidiaceae	2	34	19	3	14
20	西番莲科	Passifloraceae	1	5	1		4
21	柿科	Ebenaceae	1	23	3		74
22	胡颓子科	Elaeagnaceae	2	6	1		1
23	山茱萸科	Cornaceae	2	9			
24	茄科	Solanaceae	4	6	1		
25	忍冬科	Caprifoliaceae	1	11			
26	石榴科	Punicaceae	1	1	3		35
27	芸香科	Rutaceae	6	27	5	多类型	45
28	水东哥科	Saurauiaceae	1	5	1		
29	仙人掌科	Cactaceae	1	1			
30	豆科	Leguminosae	2	4			
31	菱科	Hydrocaryaceae	1	4			
32	莎草科	Cyperaceae	1	1			8
33	玉蕊科	Lecythidaceae	1	1			
34	楝树科	Meliaceae	1	1			
35	夹竹桃科	Apocynaceae	2	2			
36	葫芦科	Cucurbitaceae	4	4	1		20
37	番木瓜科	Caricaceae	1	1			10
38	桃金娘科	Myrtaceae	5	12			2
39	漆树科	Anacardiaceae	4	10			10
40	无患子科	Sapindaceae	3	5	4		15
41	大戟科	Euphorbiaceae	3	4		多类型	10
42	阳桃科	Averrhoaceae	1	2			
43	杜鹃花科	Ericaceae	1	6	1		7
44	五桠果科	Dilleniaceae	1	3			
45	红木科	Bixaceae	1	1			
46	大风子科	Flacourtiaceae	2	5			

续表

续表

序号	中文名（科）	学名（科）	属数	种数	变种数	类型数	品种数
47	梧桐科	Sterculiaceae	3	6			
48	木棉科	Bombacaceae	3	4			
49	锦葵科	Malvaceae	1	1			
50	铁青树科	Olacaceae	1	1			
51	木樨科	Oleaceae	1	4			
52	橄榄科	Burseraceae	1	7			
53	紫金牛科	Myrsinaceae	1	5			
54	山榄科	Sapotaceae	5	5			
55	紫树科	Nyssaceae	1	1			
56	莲科	Nelumbonaceae	1	1			
57	茜草科	Rubiaceae	1	3			
58	藤黄科	Guttiferae	1	11			
59	茶茱萸科	Icacinaceae	1	1			
60	杜英科	Elaeocarpaceae	1	3			
61	苏木科	Caesalpiniaceae	1	1			
62	小檗科	Berberidaceae	1	2			
63	棕榈科	Palmae	7	11			
64	凤梨科	Bromeliaceae	1	1			10
65	芭蕉科	Musaceae	1	10			12
66	禾本科	Gramineae	1	3			
合计	66	66	134	499	65	66	1450

其中，仁果类资源包括蔷薇科的梨、苹果、山楂、枇杷、木瓜、移栘等6属52个种2个变种；核果类资源包括蔷薇科的桃、李、杏（梅）、樱桃等4属29个种7个变种；浆果类资源包括葡萄、猕猴桃、柿、石榴、杨梅等5科5属73个种27个变种3个变型；坚果类资源包括咖啡、核桃、栗、银杏、松子、澳洲坚果等5科5属11个种；柑橘类资源包括芸香科柑橘亚科3属16个种和变种；热带亚热带果树资源包括芭蕉（香蕉）、芒果、荔枝、龙眼、凤梨（菠萝）、番木瓜、番石榴、番荔枝、余甘子、罗望子等9科10属44个种2个亚种3个变种；其他果树资源包括枣、桑、四照花（鸡嗉子）、无花榕果、树莓、土瓜、荸荠、菊薯（雪莲果）、菱角、甜葛根等小果种，共计15科24属291个种57个亚种和变种。

资源分布：云南果树资源分布十分广泛，全省海拔76.4~3500m均有栽培果树分布。资源分布呈水平和垂直态。水平态分布大致可分为5个分布区：滇中高原落叶果树区；滇南高原落叶、常绿果树混交区；滇南热带常绿果树区；滇东北高原落叶、常绿果树混交区和滇西北高原落叶、常绿果树混交区。垂直态分布也可分为5个层次：热带常绿果树层，北热带气候，海拔1000m以下；亚热带常绿果树层，南亚热带和中亚热带气候，海拔1000~1400m；落叶、常绿果树混交层，北亚热带暖温带气候，海拔1400~2100m，也是云南落叶果树栽培种类最多的一个层级；温带落叶果树层，温带气候，海拔2100~2500m；寒温带落叶果树层，寒温带气候，海拔2500~3500m。各类具体资源在海拔分布上各有特点，如柑橘资源在560~2531m区域都有分布，主要集中在800~1800m；梨资源在600~3400m均有分布，主要分布在1000~2700m；桃资源在700~3489m都有分布，主要分布在1100~2600m；苹果资源在1000~3400m都有分布，主产区主要集中在1800~2750m；李资源在600~3200m都有分布，主要分布在1000~1800m；核桃在1000~3238m有分布，主要分布区域为1300~2500m，最适宜生产区域为1800~2200m。

资源特性：云南果树资源种类繁多，不仅栽培果种丰富，还有诸多野生、半野生、珍稀果种；不仅有热带果种，还有大量亚热带、温寒带果种；不仅有规模栽培的大果种，还有十分丰富的小果种；除果用树种外，还有大量砧木树种资源。云南果树资源分布与纬度和海拔密切相关，尤其是海拔的影响十分明显。此外，民族习俗、民族喜好和民族聚居区的相对封闭，使诸多小果种、野生果种得以保留。诸多资源，不但在果树起源、演化和遗传改良上具有重要研究价值，而且具有重要的开发价值，尤其是小果种资源。加之，云南纬度低、热量丰富、年温差小、日温差大，光多质好，气候立体，十分有利于果树的生长与繁育，多数栽培果种熟期较国内主产区提前1~2个月，且品质优异，具有极好的开发前景。

七、茶树种质资源类型分布和特点

云南是世界茶树的原产地和起源演化中心之一，其利用和栽培历史悠久。茶树资源，尤其是古茶树资源分布广，数量大，种类繁多，原始性强。到2015年，全省茶园种植面积为42.48万hm^2，总产36.58万t，面积位居全国各产茶省第一位，产量居第二位。云南茶区主要分布在25°N以南、哀牢山以西的怒江、澜沧江中下游两岸1200~2100m的广大地区。根据地理、生态、自然条件和茶叶生产现状，全省分为五大茶区：滇西茶区、滇南茶区、滇中茶区、滇东北茶区和滇西北茶区。其中，滇西茶区和滇南茶区为全省主产茶区，种植面积和产量都占全省的85%以上，茶树品种以大叶茶为主；滇中茶区种植面积和产量都占全省的10%左右，为大、中、小叶茶种混交过渡区；滇东北茶区种植面积和产量都不到全省的5%，是云南唯一的中、小叶茶种生产区。茶产品以大叶种绿茶、普洱茶和红茶（滇红）独树一帜，蜚声中外，在国内外贸易出口中占有重要地位。

分类鉴定：按照张宏达先生1981年在其所著的《山茶属植物的系统研究》中的茶组植物分类系统，到1990年已发现的茶组植物共为4个系44个种3个变种，中国分布有43个种3个变种，而云南就分布有34个种3个变种。其中，26个为云南特有种（含2个特有变种）（张宏达，1981）。已调查收集的云南茶树资源见表2-7。1998年张宏达先生再次将茶组植物订正为4个系32个种4个变种，中国分布有30个种4个变种，云南有4个系22个种3个变种，占茶组植物种和变种的69.44%。其中，云南特有种订正为11个种1个变种（张宏达，1998），见表2-8。

表2-7　云南茶树资源（1981年分类系统）

序号	中文名	学名	海拔（m）	地区分布
I	茶系	Ser. Sinensis	620~2200	保山、临沧、文山、红河、德宏、曲靖、玉溪、大理、昭通、楚雄、怒江、昆明、丽江、思茅、西双版纳、宁洱
1	茶	*Camellia sinensis*	800~2200	保山、临沧、文山、红河、德宏、曲靖、玉溪、大理、昭通、楚雄、怒江、昆明、丽江、思茅、西双版纳
2	白毛茶	*C. sinensis* var. *pubilimba*	1200~1600	文山
3	普洱茶	*C. assamica*	620~2100	西双版纳、普洱、临沧、保山、德宏、红河、文山、玉溪、楚雄、大理、怒江、昭通

续表

序号	中文名	学名	海拔（m）	地区分布
4	★多脉茶	C. assamica var. polyneura	1400~2000	红河
5	★苦茶	C. assamica var. kucha	1400	红河
6	★高树茶	C. arborescens	800~1500	昭通
7	★紫果茶	C. purpurea	1500	红河
8	★多萼茶	C. multisepala	1000~1100	西双版纳
9	细萼茶	C. parvisepala	1200~1500	思茅
10	★元江茶	C. yunkiangica	1700~1800	玉溪、楚雄
11	★底圩茶	C. dishiensis	1200~1300	文山
Ⅱ	五室茶系	**Ser. Quinquelocularis**	1200~2500	昭通、文山、曲靖、临沧
12	★疏齿茶	C. remotiserrata	1200	昭通
13	★广南茶	C. kwangnanica	1600~2000	文山、曲靖
14	★大苞茶	C. grandibracteata	1800	临沧
15	★大厂茶	C. tachangensis	1600~2500	曲靖
16	广西茶	C. kwangsiensis	1550~1790	文山
17	五室茶	C. quinquelocularis	1300	文山
Ⅲ	五柱茶系	**Ser. Pentastylae**	1100~2600	保山、德宏、临沧、思茅、西双版纳、玉溪、红河、楚雄、大理、文山
18	★厚轴茶	C. crassicolumna	1700~2000	文山、红河
19	★园基茶	C. rotundata	1900	红河
20	★皱叶茶	C. crispula	1900	红河
21	★老黑茶	C. atrothea	1900~2400	红河、玉溪、楚雄、大理
22	★马关茶	C. makuanica	1600~2100	文山、红河
23	五柱茶	C. pentastyla	1600~2050	临沧
24	★大理茶	C. taliensis	1100~2600	保山、德宏、临沧、思茅、西双版纳、玉溪、红河、楚雄、大理
25	滇缅茶	C. irrawadiensis	1400~2100	保山、德宏、临沧、思茅、西双版纳、楚雄、大理
26	★昌宁茶	C. changningensis	1700~1800	保山
27	★龙陵茶	C. longlingensis	1500~1600	保山
28	★多瓣茶	C. crassicolumna var. multiplex	2200	文山
29	★哈尼茶	C. haaniensis	2000	红河
30	★帮崴茶	C. taliensis var. bangweicha	1900	思茅
Ⅳ	秃房茶系	**Ser. Gymnogynae**	100~2000	德宏、文山、红河
31	★德宏茶	C. dehungensis	1000~2000	德宏
32	秃房茶	C. gymnogyna	1500	文山
33	★拟细萼茶	C. parvisepaloides	1600~2000	德宏
34	榕江茶	C. yungkiangensis	100	红河
35	突肋茶	C. costata	1300	红河
36	★勐腊茶	C. manglaensis	600~1700	保山、临沧、西双版纳、大理
37	★假秃房茶	C. gymnogynides	1000~1200	昭通

★为26个云南特有种（含2个特有变种）

表2-8 云南茶树资源（1998年订正分类系统）

序号	中文名	学名	海拔分布（m）	地区分布
I	茶系	Ser. Sinensis	620～2200	保山、临沧、文山、红河、德宏、曲靖、玉溪、大理、昭通、楚雄、怒江、昆明、丽江、思茅、西双版纳、宁洱
1	茶	C. sinensis	800～2200	保山、临沧、文山、红河、德宏、曲靖、玉溪、大理、昭通、楚雄、怒江、昆明、丽江、思茅、西双版纳
2	白毛茶	C. sinensis var. pubilimba	1200～1600	文山
3	普洱茶	C. assamica	620～2100	西双版纳、普洱、临沧、保山、德宏、红河、文山、玉溪、楚雄、大理、怒江、昭通
4	★多脉普洱茶	C. assamica var. polyneura	1400～2000	红河
5	苦茶	C. assamica var. kucha	1400	红河
6	高树茶	C. arborescens	800～1500	昭通
7	★紫果茶	C. purpurea	1500	红河
8	★多萼茶	C. multisepala	1000～1100	西双版纳
9	细萼茶	C. parvisepala	1200～1500	思茅
II	五室茶系	Ser. Quinquelocularis	1200～2500	昭通、文山、曲靖、临沧
10	疏齿茶	C. remotiserrata	1200	昭通
11	★广南茶	C. kwangnanica	1600～2000	文山、曲靖
12	★大苞茶	C. grandibracteata	1800	临沧
13	大厂茶	C. tachangensis	1600～2500	曲靖
14	广西茶	C. kwangsiensis	1550～1790	文山
III	五柱茶系	Ser. Pentastylae	1100～2600	保山、德宏、临沧、思茅、西双版纳、玉溪、红河、楚雄、大理、文山
15	★厚轴茶	C. crassicolumna	1700～2000	文山、红河
16	★园基茶	C. rotundata	1900	红河
17	★皱叶茶	C. crispula	1900	红河
18	★老黑茶	C. atrothea	1900～2400	红河、玉溪、楚雄、大理
19	★马关茶	C. makuanica	1600～2100	文山、红河
20	五柱茶	C. pentastyla	1600～2050	临沧
21	大理茶	C. taliensis	1100～2600	保山、德宏、临沧、思茅、西双版纳、玉溪、红河、楚雄、大理
IV	秃房茶系	Ser. Gymnogynae	100～2000	德宏、文山、红河
22	★德宏茶	C. dehungensis	1000～2000	德宏
23	秃房茶	C. gymnogyna	1500	文山
24	★拟细萼茶	C. parvisepaloides	1600～2000	德宏
25	榕江茶	C. yungkiangensis	100	红河

★为云南特有茶种，计11个种1个变种

资源分布：云南茶树资源分布十分广泛，全省17个地州市热带、亚热带、温带、寒带都有茶组植物的分布。云南茶组植物，绝大多数在地理上有自己特定的分布区，有沿山脉、河流走向呈带状分布的元江茶、老黑茶、大厂茶等；呈块状分布的广南茶、厚轴茶、马关茶、德宏茶等；呈跳跃式分布的勐腊茶、白毛茶等；呈隔离式分布的高树茶、假秃房茶、疏齿茶等；呈局部或零星分布的哈尼茶、多瓣茶、圆基茶、多脉茶、大苞茶、多萼茶、紫果茶、拟细萼茶、苦茶等；也有分布广泛并与其他茶种多层次交错的普洱茶、茶、大理茶、滇缅茶等。五室茶系的茶种多分布在哀牢山以东的滇东和滇东南高原；哀牢山以西的澜沧江、怒江流域及横断山脉中部，则以五柱茶系的茶种占优势。从1981年张宏达先发表的茶组植物统计看，茶组植物在云南的4个茶系、34个茶种、3个变种当中，有4个茶系、28个茶种、2个变种以野生型或栽培型状态，集中分布在97°51′（瑞丽）~105°36′（广南）E、21°08′（勐腊）~25°58′（大理）N，横跨4个纬度的条带上，并沿着北回归线自西向东延伸，横跨北回归线南北方向分布逐渐减少。从区域分布上看，滇南和滇西茶区（文山、红河、西双版纳、普洱、德宏、保山、临沧7个州市37个县）是云南茶树资源的集中分布区，共分布有茶组植物4个系、29个种、3个变种，其他茶区仅分布有5个茶种；分布最广的茶种为茶、普洱茶、大理茶、滇缅茶，且以大叶品种为主。从垂直分布看，云南茶种垂直分布的最低点为河口县，海拔100m，是榕江茶种。最高点为双江勐库，海拔2800m，是大理茶种，并且呈连续分布状态；1600~2200m是云南茶种的主要垂直分布带。云南茶种在水平或垂直分布上的连续分布状态，超过了世界上任何产茶地区，这是原产地物种植物的重要特征之一。

资源特性：云南茶树资源的特点，一是种类多，分布广，大、中、小叶种类型俱全，且特有种比例高。按照张宏达的茶组植物最新分类系统（1998年），云南特有茶种占已发现茶种的比例高达33.33%。二是野生大茶树和近缘植物，以及古茶园十分丰富，从野生型、过渡型到栽培型种类齐全，原始性强，多样性丰富。据初步统计，全省野生茶树群落和古茶园超过20 000hm²。三是云南大叶茶具有发芽早、芽头肥壮、白毫多、生长期长、持嫩性强、内含成分丰富的特点。其中，茶多酚、儿茶素和咖啡碱等茶叶的主要成分高于中小叶种30%~50%，水溶性浸出物含量高，耐泡。四是特异资源丰富。高香、高抗逆性、高茶黄素、高茶多酚、高氨基酸、高咖啡碱、低咖啡碱资源十分丰富。加之，云南民族茶文化积淀深厚，不同民族对茶树资源的认识、利用、加工和饮用方式各具特色，为云南茶树种质资源的保护和利用奠定了坚实的基础。

八、甘蔗种质资源类型分布和特点

云南是我国甘蔗的第二大产区，近五年来甘蔗种植面积一直保持在30万~34万hm²。甘蔗主要集中分布在云南南部，海拔一般在1300m以下，主体围绕澜沧江、怒江、元江、南盘江、金沙江、伊洛瓦底江等河流流域分布，是云南低纬低海拔地区的传统经济作物。现有的研究表明，云南南部甘蔗地方品种和近缘野生种分布广泛，遗传多样性十分丰富。

分类鉴定：根据已调查收集甘蔗资源的分类鉴定，云南国家甘蔗种质资源圃共编目保存甘蔗及近缘属种质资源6个属13个种和国内杂交种、国外杂交种及地方种。其中，甘蔗复合群[*Saccharum complex*：甘蔗属（*Saccharum*）、蔗茅属（*Erianthus*）、芒属（*Miscanthus*）、河八王属（*Narenga*）、硬穗属（*Sclerostachya*）]材料4个属13个种2757份（缺硬穗属材料）。其中，云南作为原产地分布的主要是甘蔗属的中国种 *S. sinense* 和细茎野生种 *S. spontaneum*；甘蔗复合群近缘属资源中的3个属（蔗茅属、芒属、河八王属）6个种。其中，蔗茅属分布有3个种：斑茅（*Saccharum arundinaceum*）、蔗茅（*E. fulvus*）和滇蔗茅（*E. rockii*），滇蔗茅主要分布于云南。此外，云南还分布有狼尾草属（*Pennisetum*）、白茅属（*Imperata*）各1个种。

资源分布：甘蔗栽培原种在云南主要分布在海拔76.4~1700m的广大蔗区，涉及10个以上州市，密集分布区为海拔700~1400m；甘蔗细茎野生种（俗称割手密）分布更广，从海拔最低的河口

（76.4m）至高黎贡山顶（2380m）均有分布，尤其是云南南部低海拔、低纬度地区，生态类型和遗传多样性极为丰富；甘蔗近缘属资源中，云南、四川为斑茅的密集分布区，以云南分布最广，除昆明和曲靖外，全省海拔76.4~2458m的广大地区均有分布；滇蔗茅主要分布于云南海拔693~2340m的滇西地区。

资源特性：云南甘蔗栽培原种（主要为中国种的地方品种）多为中细茎品种，抗逆性强，宿根性好，适应性较广。糖用蔗，纤维含量较高，但糖分含量和产量较低；果用蔗，纤维含量较少，口感较好，糖分和产量相对较高。甘蔗野生种以细茎野生种为主，不同群体表现出明显的地理分布的特点，生态类型和遗传多样性十分丰富，同纬度范围内，随着海拔的升高，遗传多样性逐渐降低，已有的研究表明，云南南部低海拔、低纬度地区可能是甘蔗细茎野生种的起源和分化中心之一。甘蔗近缘属蔗茅属资源中的滇蔗茅分布比斑茅窄，茎径比斑茅细，但锤度比斑茅高。此外，狼尾草属象草（*Pennisetum purpureum*）的巨大生物量、白茅属白茅（*Imperata cylindrica*）的开花习性等，在甘蔗遗传改良上都具有重要意义。

九、花卉种质资源类型分布和特点

云南素有"世界花园"之美称，花卉植物资源十分丰富，是许多世界著名花卉的原产地，在世界园艺史中具有特殊地位。全国已知的高等植物约3.86万种，云南为19 365种，占全国的50.2%，其中花卉资源4000余种。云南花卉栽培历史悠久，明清时期已成为我国观赏花卉的重要产区。1900年前后，云南大量观赏花卉被引种到国外，被欧美国家称为"园林之母"（Mother of Garden），更有"无云南花不成园"之说。但真正意义上的云南花卉产业，起始于20世纪80年代末期，90年代后蓬勃发展，到2015年云南花卉种植面积达7.47万hm²，产值399.5亿元。其中，切花1.24万hm²，产量86.8亿支，鲜切花产销量连续22年保持全国第一，占全国市场份额的75%。花卉产品出口到46个国家和地区，出口总额2亿美元；形成了滇中、滇南、滇西、滇东南、滇西北五大产区，产品类型也从鲜切花不断向盆花、庭院花卉、观赏植物、食用花卉和工业花卉拓展，初步形成了集热带花卉、温带花卉、高山花卉，鲜切花、盆花、庭院花卉、观赏植物、食用花卉、工业花卉于一体、门类齐全的产业体系。由于云南植物学研究功底厚、实力强，通过几代人的努力，基本摸清了云南地方花卉资源的家底，为其向作物的转变奠定了坚实基础。

分类鉴定：目前已收集整理的云南野生观赏花卉植物共4392种，隶属于96科763属（周浙昆等，待出版）。其中，观花为主的植物占观赏植物总数的近90%；观果植物约46科200余属350余种；主要观叶植物超过280种。常见鲜切花作物48个种，分属29科44属；观花盆栽作物66个种，分属36科61属；观叶盆栽作物40个种，分属22科38属；庭院花卉作物245个种，分属79科168属；食用花卉植物303个种，分属74科178属；工业花卉作物24个种，分属17科19属（含引进资源）。

资源分布：一是资源种类分布相对集中。根据已收集整理的资料分析，兰科、蝶形花科、毛茛科等13科的花卉植物种类，在云南的分布都在每科100种以上（表2-9），种类占云南观赏花卉植物种类的52.8%。此外，天南星科（Araceae）、忍冬科（Caprifoliaceae）、苦苣苔科（Gesneriaceae）、葫芦科（Cucurbitaceae）、凤仙花科（Balsaminaceae）、伞形科（Umbelliferae）、棕榈科（Palmae）等10科，在云南分布的观赏花卉植物种类也超过了每科50种。两类相加，23科所包含的花卉植物种类，占比高达70.86%。二是地域分布相对集中。云南观赏花卉植物在滇西北和滇东南两大生物多样性中心分布最为集中。滇西北以高山花卉植物为主，共计有83科324属2206种。其中，草本花卉1463种，木本花卉743种。特有种751种，珍稀濒危花卉35种。滇东南以热带、亚热带观叶观花植物如热带兰、秋海棠、姜科、苦苣苔、凤仙花、樟科等为主。种类虽不及滇西北多，但也非常具有特色。三是总体呈立体分布。海拔500～3000m野生观赏花卉植物种类分布最为广泛。形成多种多气候类型的花卉植物集中分布在某一水平地域内，或同科属植物集中在某一山体的不同海拔位置呈立体分布，如杜鹃花主要分布在海拔800～5000m；报春花主要分布在1600～4200m；云南山茶分布在1000～3200m。据统计，生长于热带雨林、季雨林下的野生花卉植物有591种，生长于阔叶林下的有1621种，生长于针叶林下的有345种，生长于灌丛中的有830种，生长在高山草甸、高山灌丛及高山流石滩上的有399种（张颢，待出版）。

表2-9 云南野生花卉植物分布大于100种的科

科（中文名）	科（学名）	种数	科（中文名）	科（学名）	种数
兰科	Orchidaceae	595	报春花科	Primulaceae	132
豆科	Leguminosae	190	百合科	Liliaceae	131
毛茛科	Ranunculaceae	174	菊科	Compositae	125
杜鹃花科	Ericaceae	172	姜科	Zingiberaceae	116
蔷薇科	Rosaceae	159	龙胆科	Gentianaceae	115
玄参科	Scrophulariaceae	152	山茶科	Theaceae	113
大戟科	Euphorbiaceae	145			

资源特性：云南观赏花卉植物资源十分丰富，并以山茶、杜鹃、龙胆、报春花、百合、兰花、绿绒蒿、木兰等云南八大名花闻名于世。一是云南是诸多花卉和园艺植物的主要多样性中心，一些种类在国内外具有重要地位。例如，兰科植物中国有161属1100多种，而云南有133属684种；杜鹃属全世界有850种，云南有227种；报春花全球约有500种，云南有195种；蔷薇科植物全世界有126属3300余种，中国有53属1000余种，云南有42属456种。二是特色明显。云南观赏花卉植物中观赏种类超过50种的科有23个。这23个科所包含的花卉植物种类占云南观赏花卉植物种类的70.86%。三是特有种、珍稀种十分丰富。仅在滇西北已发现的2206种观赏花卉植物中，云南特有种就达751种。四是云南花卉资源包括了云南地方花卉资源和大量鲜切花引进资源。云南花卉产业发展选取的是以鲜切花为先导，带动相关产业发展的路径。在资源利用上，采取了鲜切花资源大量引进，与地方资源开发相结合支撑产业快速发展的模式。经过20多年的发展，一方面已经拥有了一大批自主知识产权的鲜切花品种和资源，另一方面云南地方切花资源的开发和利用也取得了巨大进展，与引进资源一道成为云南鲜切花产业发展的重要支撑。加之，云南低纬高原、热量丰富、光多质好，四季如春，十分有利于花卉植物的生长与繁育，花卉产品周年生产，花色艳丽，特色鲜明，花卉产业具有极大的开发前景。

十、食用菌种质资源类型分布和特点

严格来讲，食用菌为大型真菌，不属于栽培植物。但食用菌已成为人们生活中一类重要的农产品、蔬菜食品，其栽培日趋广泛，已成为农业生产、农民增收的重要组成部分。因此，广义上将其纳入介绍，并不为过。云南不仅有"动物王国""植物王国"的美称，也是名副其实的"微生物王国"，是世界食药用真菌种质资源最为丰富和高度多样的地区。云南食用菌的研究和利用，尤其是野生食用菌的研究和利用历史悠久，食用菌产业的形成始于20世纪70年代末，经过数十年的发展，已成为以野生菌为主栽培菌快速发展的重要特色产业。

分类鉴定：根据张光亚（2007）进行资源调查的分类鉴定，云南食用药用大型真菌分属子囊菌亚门和担子菌亚门两个亚门，至少20目60科185属882种，分别占全国科、属、种的96.8%、93.9%、90.2%。从形态特征上可分为5个类别，即伞菌类、非褶菌类（亦称多孔菌类）、胶质菌类、腹菌类、子囊菌类，前4类属担子菌亚门，后1类则属子囊菌亚门。其中，伞菌类3目18科76属526种，占全国伞菌类种数的80.4%；非褶菌类2目16科62属227种，比全国现统计（165种）多62种；胶质菌类3目4科7属20种，全国有的种云南均有；腹菌类6目11科19属62种，占全国腹菌类种数的68%；子囊菌类6目11科21属58种，占全国子囊菌类种数的89.1%。从营养生态特征上可分为4种类型，即腐生性真菌类型、寄生性真菌类型、土生性真菌类型和共生性真菌类型。据不完全统计，中国及其邻近地区真菌特有代表种约60种，云南有35种，占全国的半数以上（刘培贵，1998）；食用药用真菌的代表种数约43种，云南有36种（表2-10），约占全国的83.7%。云南无疑也是中国食用药用真菌特有代表种最丰富的地区。

表2-10　云南食用药用真菌特有属种的名称

属名	种名
线虫草属（Ophiocordyceps）	1.冬虫夏草（*O. sinensis*）
	2.热带虫草（*O. amazonica*）
	3.阔孢虫草（*O. crassispora*）
	4.凉山虫草（*O. liangshanensis*）
	5.莲座状虫草（*O. pseudonelumboides*）
竹黄属（Shiraia）	6.竹黄（竹蓐）（*S. bambusicola*）
肉球菌属（Engleromyces）	7.竹生肉球菌（*E. goetzi*）
小肉座菌属（Hypocrella）	8.竹红菌（竹沙仁、竹小肉座菌）（*H. bambusae*）
肉棒菌属（Podostroma）	9.滇肉棒（*P. yunnanensis*）
银耳属（Tremella）	10.金耳（*T. aurantialba*）
	11.珊瑚状银耳（*T. ramarioides*）
鸡油菌属（Cantharellus）	12.黄肉鸡油菌（*C. careoflavus*）
	13.褐鸡油菌（*C. fuligineus*）
	14.疣孢鸡油菌（*C. tuberculosporus*）
	15.黄柄鸡油菌（*C. xanthopus*）
	16.云南鸡油菌（*C. yunnanensis*）
革菌属（Thelephora）	17.干巴菌（*T. ganbajun*）
华鸡枞菌属（Sinotermitomyces）	18.肉柄华鸡枞（*S. carnosus*）
	19.空柄华鸡枞（*S. cavus*）
	20.灰色华鸡枞（*S. griseus*）
脐棒菇属（Clavomphalia）	21.云南脐棒菇（*C. yunnanensis*）
口蘑属（Tricholoma）	22.松茸（*T. matsutake*）
	23.栎松茸（*T. bakamatsutake*）
	24.青冈蕈（*T. zangii*）
拟口蘑属（Tricholomopsis）	25.黑鳞拟口蘑（*T. nigra*）

续表

属名	种名
靴耳属（Crepidotus）	26.新囊靴耳（C. neocystidiosus）
金牛肝菌属（Aureoboletus）	27.网盖金牛肝菌（A. reticuloceps） 28.西藏金牛肝菌（A. thibetanus）
华牛肝菌属（Sinoboletus）	29.双孔华牛肝菌（S. duplicatoporus） 30.巨孔华牛肝菌（S. magniporus）
丝牛肝菌属（Filoboletus）	31.瘤丝牛肝菌（F. verruculosus） 32.滇丝牛肝菌（F. yunnanensis）
竹荪属（Dictyophora）	33.红托竹荪（D. rubrovolvata）
鬼笔属（Phallus）	34.香鬼笔（P. fragrans）
内鬼笔属（Endophallus）	35.云南内鬼笔（E. yunnanensis）
侧耳属（Pleurotus）	36.菌核侧耳（P. tuber-regium）

资源分布：据刘培贵等1998年的报道，自然界中97%以上的植物都具有菌根，与植物形成共生关系，大型真菌更是如此。云南食用菌种质资源分布与气候类型、植被类型、土壤类型密切相关，以森林生态系统为主，寒温草甸和竹林生态系统也有特定种类分布。

森林生态系统：云南森林生态系统包括三大区域。一是南部、西南部的热带雨林、季雨林地区：主要为热带大型真菌分布区。区域土壤主要为砖红壤、红壤、红色石灰土。鸡枞菌属的部分种、华鸡枞菌属的3个种、粉孢牛肝菌属的2个种，以及侧耳属的菌核侧耳、口蘑属的巨大口蘑等主要分布于此区域，为区域特有种。二是暖热性阔叶林和暖热性针叶林、暖性阔叶林和暖性针叶林亚热带林区：属亚热带森林区范围，土壤主要为红壤和山地森林红壤。该区域在云南占有面积最大，也是云南食用菌种质资源分布最为丰富的地区，除热带和寒带特有种外，几乎大多数种类在此区域都有分布，是云南松茸、鸡枞菌类、羊肚菌类、香肉齿菌、鸡油菌类、牛肝菌类、离褶伞类等食用菌的主产地区；干巴菌、印度块菌、中国块菌、竹荪、黑柄炭角菌（乌苓参，Xylaria nigripes）、灵芝、紫芝、云芝等珍贵菌类主要分布在这一地区。云南内鬼笔（Endophallus yunnanensis）是本区的特有种。三是高山寒地及温寒针阔叶林区：土壤为酸性棕壤及红棕壤，也是云南省食用药用真菌资源非常丰富的地区。区内的香格里拉、德钦、维西、玉龙是云南松茸和羊肚菌产量最多的地区，其松茸、羊肚菌出口创汇居国内省内同行业之首。

寒温草甸生态系统：主要分布在滇东北和滇西北海拔3000～4000m，属于次生态系统。土壤为草甸土，土质肥沃，禾本科草类占优势。在这些草甸区分布有草原真菌大白桩菇（Leucopaxillus giganteus）、毛头鬼伞（Coprinus comatus）、紫晶口蘑（Tricholoma mongolicum）、野蘑菇（Agaricus arvensis）、草地蘑菇（A. pratensis）、脱皮马勃（Lasiosphaera fenzlii）等。

竹林生态系统：云南位于世界竹类分布的中心地带，资源丰富，其种类和数量居中国之冠。在这些竹林中，生长有短裙竹荪、红托竹荪、黄裙竹荪等珍贵食用菌，以及竹生肉球菌（Engleromyces goetzi）、竹小肉座菌（Hypocrella bambusae）、竹黄（Shiraia bambusicola）、雷丸（Omphalia lapidescens）、凉山虫草（Ophiocordyceps liangshanensis）等著名药用真菌。

食用菌发生季节与气候特别是与温度和降雨季节有密切的关系。每年的5～10月是云南的雨季，85%以上的降水集中在这段时间；其余的月份为干季。食用菌发生一般为：①野生担子菌类的伞菌和胶质菌、多孔菌类，主要发生在5～11月，7～8月是其出产的高峰时期，即气温最高、降水最多的季节；②野生羊肚菌类、鹿花菌等子囊菌类，则主要发生在每年的3～5月及秋末；③印度块菌、中国块菌等子囊菌类的采集，主要在当年的11月后至翌年的3～4月。

资源特性：云南食用菌种质资源以森林生态系统野生种为主，不但种类繁多，分布广泛，而且珍稀种、特有种极为丰富，尤其是牛肝菌和鸡𩠴菌种质资源。李泰辉等（2002）报道，全国有牛肝菌390多种，可食的牛肝菌类有20属199种，云南有牛肝菌224种，可食用的有114种。张光亚2007年统计，云南牛肝菌类在380种以上，其中可食用的在172种以上，隶属于4科20属。无论是牛肝菌种类还是可食牛肝菌种类均居全国之冠。云南也是鸡𩠴菌种质资源最为丰富的地区。《中国大型真菌》中所列的鸡𩠴菌属20种鸡𩠴菌，云南几乎都有分布。其中华鸡𩠴菌属是臧穆先生1981年发现的云南特有属，该属特有种3个，云南都有分布。牛肝菌和鸡𩠴菌类资源是云南食用菌种质资源的一大特色。此外，近年来栽培食用菌，如野生驯化栽培食用菌、保育半栽培特色食用菌迅速发展，与之相关的食用菌资源引进、创新不断加快，有力地推进了云南食用菌产业的持续发展。

第四节　云南作物种质资源保护

云南是我国生物多样性（包括作物种质资源）最为丰富的地区，也是生态整体较为脆弱，受气候变化、经济发展威胁最为严重的区域之一。生物多样性（作物种质资源）保护、生态文明建设对云南具有极为重要的意义。

一、概述

应该说，经过数十年发展，云南基本形成了原位保护与非原位保护结合、政府保护与社会保护结合，政府主导，公益性科研和事业单位为主体，相关企业和社会力量为补充，具有云南特色的生物多样性（农作物种质资源）保护体系。原生境保存方面：云南省自1958年建立首个自然保护区以来，到2015年，全省建立自然保护区162个。其中，国家级21个、省级38个、市级57个、县级46个，自然保护区总面积约283万 hm^2，占全省面积的7.2%。云南形成了不同级别、多种类型的自然保护区网络体系，使全省典型生态系统和85%的珍稀濒危野生动植物得到有效保护，同时，建立了一批云南特有植物（作物）原位保护点，如云南野生稻、古茶树等原位保护点。此外，结合作物资源特点，加强了作物种质资源原生地生产应用保存保护，如元阳梯田稻谷资源生产应用保护；古茶园生产应用保护；农家（民族）保护；在农业生产中推广多样性种植保护等。在非原位（异地）保存保护方面，形成了以低温种子库、资源圃、植物园为基础，组织培养（无性系）、DNA保存等不同保护方式为补充的保存保护体系，如西南野生植物资源种质库（中国科学院昆明植物研究所）、国家作物种质资源中期库（云南省农业科学院）、西双版纳热带植物园、昆明植物园、昆明珍稀树木园、国家甘蔗种质资源圃（开远）、茶叶种质资源圃（勐海）、果树砧木资源圃（昆明）等。此外，相关企业也结合产业发展收集保存了一批专用作物资源，如烟草、花卉、药用植物资源等。同时，进一步加强了生物资源（作物种质资源）的国际交流与合作，尤其是与毗邻的东南亚国家的交流与合作。

二、云南省农业科学院作物种质资源保护

作物育种是云南省农业科学院最重要的科研方向之一,作物种质资源是育种的重要基础。多年来,该院一直将作物种质资源保护作为科研的重要组成部分,建立了院、所和课题三级保护和评价体系。院设作物种质资源种子低温保存库(国家作物种质资源中期保存库,昆明);各专业所设种质资源圃,分别为:果树资源圃(国家果树种质云南特有果树及砧木资源圃,昆明)、甘蔗资源圃(国家甘蔗种质资源圃,开远)、茶树种质资源圃(国家种质勐海大叶茶资源圃,勐海);花卉植物资源圃(昆明)、药用植物资源圃(昆明)、热带亚热带经济植物资源圃(保山)、高山经济植物资源圃(丽江)、桑树资源圃(蒙自)、热区特色经济植物资源圃(元谋)和云南野生稻原位保护资源圃(元江、普洱、孟定、景洪)等共计一库、十圃。同时,各课题(学科、团队)结合科研,收集保存了大量育种用资源材料,推动了科研的持续发展。

到2015年为止,云南省农业科学院资源库、圃共保存作物种质资源4万余份。其中,院种子保存库保存资源材料23 948份(表2-11)。种质资源圃保存资源材料17 626份(表2-12)。

表2-11 云南省农业科学院种子保存库保存作物种质资源数量(2015年)

作物名称	保存数量(份)	作物名称	保存数量(份)
稻种	10 104	油菜	304
玉米	3 274	红花	3 972
小麦	1 355	花生	322
大麦	1 496	蓖麻	211
荞麦	299	亚麻	82
大豆	1 130	小杂粮	937
其他豆类	153	其他	64
蔬菜	245	合计	23 948

表2-12 云南省农业科学院种质资源圃保存种质资源数量(2015年)

资源圃名称	保存数量(份)	特色
果树资源圃	1 260	16科32属163种;砧木、野生猕猴桃、芭蕉
茶树种质资源圃	2 475	大叶种为主,包括24个种,3个变种,7个近缘植物
甘蔗资源圃	2 724	6属(5个近缘属);割手密、蔗茅属
桑树资源圃	246	野生桑树资源
药用植物资源圃	1 560	重楼属、人参属
热带亚热带经济植物资源圃	2 000	热果、咖啡
花卉植物资源圃	5 000	鲜切花、蔷薇、百合、高山杜鹃
热区特色经济植物资源圃	1 677	罗望子、余甘子、小桐子、热带牧草
高山经济植物资源圃	633	高山花卉、浆果
云南野生稻原位保护资源圃	51	普通野生稻、药用野生稻、疣粒野生稻
合计	17 626	

此外,各课题(学科、团队)还保存有大量相关作物种质资源。其中,陆稻资源6000余份、蚕豆资源1550份、大麻资源400余份、马铃薯资源1100份(与国家库无重复)等。全院作物资源保存数量

超过50 000份，是云南作物种质资源的主要保存保护单位。其中，稻作资源、红花资源、大麻资源、茶树资源、甘蔗资源、花卉资源等保存量均列国内前茅，在国内外独具特色。

三、国家作物种质库保存的云南作物种质资源

从20世纪80年代开始，按照国家部署，云南作物种质资源分批按国家标准繁殖入国家库。到2015年为止，国家作物种质库保存的云南作物种质资源共计14 804份（表2-13），云南是国家作物种质库保存地方作物种质资源最多的省份之一。

表2-13 国家作物种质库保存的云南作物种质资源

序号	作物名称	保存数量（份）	备注
1	稻种	6 635	包括地方品种6333份、三种野生稻51份、育成品种229份、杂交稻材料22份
2	玉米	2 027	主要为地方品种资源
3	小麦	665	包括小麦稀有资源98份
4	大麦	440	包括野生材料16份、燕麦16份
5	小杂粮	697	包括荞麦262份、高粱169份、谷子111份、籽粒苋109份等
6	豆类	1 794	包括大豆584份、菜豆605份、蚕豆241份、豌豆116份等
7	油料	898	包括油菜380份、红花389份、芝麻64份、花生49份等
8	蔬菜	669	包括23类蔬菜作物
9	薯类	36	包括甘薯34份、马铃薯2份
10	果树	102	包括11类果树
11	茶树	363	列入编目的资源
12	棉麻类	191	包括棉花86份、苎麻60份、大麻26份等
13	烟草	189	列入编目的资源
14	桑	73	列入编目的资源
15	其他	25	包括绿肥16份、胡椒1份、牧草8份
	合计	14 804	

主要参考文献

程侃声. 2003. 程侃声稻作研究文集. 昆明: 云南科技出版社: 14-33.

董玉琛, 章一华, 娄希祉. 1993. 生物多样性和我国作物遗传资源多样性. 中国农业科学, 26 (4): 1-7.

何玉华, 包世英. 待出版. 云南作物种质资源——豆类篇. //黄兴奇. 云南作物种质资源·豆类篇 野生花卉篇 栽培花卉篇. 昆明: 云南科技出版社.

蒋志农. 1995. 云南稻作. 昆明: 云南科技出版社.

李灿光. 2006. 云南资源大全. 昆明: 云南人民出版社.

李泰辉, 宋斌. 2002. 中国食用牛肝菌的种类及分布. 食用菌学报, 8 (1): 22-30.

林汝法. 1994. 中国荞麦. 北京: 中国农业出版社.

凌启鸿. 2012. 稻种起源及中国稻作文化. 北京: 中国农业出版社: 11-38.

刘培贵. 1998. 菌物多样性//郭辉军, 龙春林. 云南的生物多样性. 昆明: 云南科技出版社: 14-29.

刘旭, 游承俐, 戴陆园. 2014. 云南及周边地区少数民族传统文化与农业生物资源. 北京: 科学出版社.

刘旭, 郑殿升, 黄兴奇. 2013. 云南及周边地区农业生物资源调查. 北京: 科学出版社: 1, 2.

孙立军. 2001. 中国大麦遗传资源和优异种质. 北京: 中国农业科技出版社.

佟屏亚. 2000. 中国玉米科技史. 北京: 中国农业出版社.

王平盛, 许玫, 张俊, 等. 2007. 云南作物种质资源——茶叶篇//黄兴奇. 云南作物种质资源·食用菌篇 桑树篇 烟草篇 茶叶篇. 昆明: 云南科技出版社: 661-663.

王振鸿, 王莉花, 王建军. 2008. 云南作物种质资源——小宗作物篇//黄兴奇. 云南作物种质资源·果树篇 油料篇 小宗作物篇 蔬菜篇. 昆明: 云南科技出版社: 514-519.

威尔逊 E. H. 2015. 中国: 园林之母. 胡启明, 译. 广州: 广东科技出版社.

杨木军, 武少云. 2005. 云南作物种质资源——麦作篇//黄兴奇. 云南作物种质资源·稻作篇 玉米篇 麦作篇 薯作篇. 昆明: 云南科技出版社: 467-611.

杨宇明, 辉朝茂. 1998. 优质笋用竹产业化开发. 北京: 中国林业出版社: 1-5.

云南省剑川县志编纂委员会. 1999. 剑川县志. 昆明: 云南民族出版社.

张光亚. 2007. 云南作物种质资源——食用菌篇//黄兴奇. 云南作物种质资源·食用菌篇 桑树篇 烟草篇 茶叶篇. 昆明: 云南科技出版社: 70-71.

张颢. 待出版. 云南作物种质资源——栽培花卉篇.//黄兴奇. 云南作物种质资源·豆类篇 野生花卉篇 栽培花卉篇. 昆明: 云南科技出版社.

张宏达. 1981. 茶树的系统分类. 中山大学学报(自然科学版), (1): 87-99.

张宏达. 1998. 中国植物志. 北京: 科学出版社.

张京, 曹永生. 1999. 中国大麦基因库的群体结构和表型多样性研究. 中国农业科学, 32 (4): 20-26.

张文炳, 张俊如. 2008. 云南作物种质资源——果树篇//黄兴奇. 云南作物种质资源·果树篇 油料篇 小宗作物篇 蔬菜篇. 昆明: 云南科技出版社: 72-114.

周立端, 龙荣华. 2008. 云南作物种质资源——蔬菜篇//黄兴奇. 云南作物种质资源·果树篇 油料篇 小宗作物篇 蔬菜篇. 昆明: 云南科技出版社: 680-688.

周浙昆, 胡虹, 陈文允. 待出版. 云南作物种质资源——野生花卉篇.//黄兴奇. 云南作物种质资源·豆类篇 野生花卉篇 栽培花卉篇. 昆明: 云南科技出版社.

第三章

云南作物种质资源的研究与利用

第一节 起源、分类及演化研究

一、稻作的起源及演化

（一）稻作的阿萨姆-云南起源

栽培稻包括亚洲栽培稻（*Oryza sativa*）和非洲栽培稻（*O. glaberrima*），一般认为栽培稻起源于野生稻。亚洲栽培稻的起源地存在印度中心、东南亚中心和中国中心等观点与学说（凌启鸿，2012）。经考古学、民族学、语言学和生物学、遗传学、生物化学的分析，不少学者倾向于亚洲栽培稻起源是多元、分散的，至少有两个中心，即南亚中心和东亚（包括东南亚）中心。云南地处低纬高原，位于各中心的结合部，立体气候特征突出，从海拔76.4m到2695m都有亚洲栽培稻的分布，并且有籼、粳、水、陆、粘、糯等各种稻作类型，遗传多样性十分丰富。而且分布有亚洲栽培稻的重要祖先野生种之一——普通野生稻（*O. rufipogon*），以及近缘种药用野生稻（*O. officinalis*）和疣粒野生稻（*O. meyeriana*），囊括了中国所有野生稻种类。云南稻作栽培历史悠久，考古已发现有公元前3800年的稻作遗址。滨田秀男（1935）、渡部忠世（1982）、Nakagahra（1978）等主张亚洲栽培稻起源于印度阿萨姆邦-缅甸克钦邦-中国云南省这一椭圆形丘陵地带；国际水稻研究所学者Chang（1976）提出起源于尼泊尔-阿萨姆-云南，形成了阿萨姆-云南起源学说，我国学者柳子明（1975）、游修龄（1979）、李昆声（1981）认为起源于云贵高原。云南学者程侃声等（1984）、陈勇和戴陆园（1990）、曾亚文等（2001）通过对云南野生稻的考察与对云南地方稻种资源的遗传多样性研究，为云南是亚洲栽培稻的起源地之一提供了依据，并指出云南是中国粳稻分化和亚洲栽培稻籼粳稻分化的中心之一。

（二）云南栽培稻的演化和分类

亚洲栽培稻（*O. sativa*）存在两个亚种，日本学者Kato等（1928）提出印度型和日本型后，将亚洲栽培稻下的两个亚种定名为*indica*和*japonica*。丁颖（1949，1957）提出两个亚种的学名应该定为籼稻（*hsien*）和粳稻（*keng*）。学术界公认亚洲栽培稻起源于野生稻，基本的观点是栽培稻起源于普通野生稻，并演化为籼稻和粳稻两个亚种，普通野生稻分为一年生、多年生和中间型，栽培稻起源于何种普通野生稻则有不同的看法，Chatterjee（1951）认为起源于一年生的*O. sativa* var. *fatua*，一年生普通野生稻多表现出籼稻的特征特性，故有人认为印度是籼型亚种的演化中心之一；冈彦一（1986）则认为是从中间型或多年生野生稻复合群（*Oryza perenis* complex）演化而来的。确认各观点的难点在于，现存的野生稻大都渗入了栽培稻血缘，几乎没有纯种的野生稻，常用的提法是起源于包括各型的多年生野生稻复合群（*Oryza perenis* complex）。野生稻大多表现出籼稻的特征特性，籼稻由野生稻演化而来这一观点没有异议。但野生稻没有典型的粳稻特征，丁颖（1960）根据武昌出土的炭化稻壳和谷粒测算，谷粒长6.97mm，直径3.47mm；从谷粒的大小、形状和有颖毛、芒等特点推论，炭化稻属于粳稻的原始类型*O. sativa* f. *spontanea*，并认为中国是粳型亚种的演化中心。Glaszmann（1987）研究结果表明一年生野生稻偏籼，多年生野生稻偏粳。比较各国现存的野生稻材料，中国的野生稻较为原始，以粳型为主。

从史籍和考古中考证，亚洲栽培稻经演变和驯化后，稻种原型和原始种植方式当为陆稻。陶大云等（1993）研究认为：一是云南栽培稻谷原型当以旱生型为主，陆地栽培稻谷是云南稻作栽培中最初的作业方式。推断云南以水田灌溉栽培稻谷历史不超过2000年，并由滇中、滇东北逐步扩展到全省。水稻源于陆稻，是陆稻栽培演变的产物。二是世界各地的陆稻，即使来自赤道附近的低纬度、低海拔的陆稻品种也均以粳稻为主。由此推断在稻种的演变过程中，先有粳而后有籼。徐培伦（1988）、张后鑫等（1983）、刘家平（1989）、俞履圻和钱咏文（1986）、林世成和闵绍楷（1991）分别分析了国内云南、贵州、山东、海南和台湾等地的陆稻，指出陆稻全部或大部为粳稻。Watable（1973）和国际水稻研究所（IRRI）研究表明东南亚陆稻偏粳和属粳。Glasmann（1987）也认为非洲、南美洲的陆稻和大部分东南亚的陆稻属粳。此外，陆稻的另一特性是糯稻多，云南地方陆稻中糯稻占24.1%（徐培伦，1988），然而贵州陆稻中糯稻占46.7%（张后鑫等，1983），海南陆稻中糯稻占40.6%，广东陆稻中糯稻占32.2%（钱咏文和何昆明，1987），台湾陆稻中糯稻占20.35%（林世成和闵绍楷，1991）。Olsen和Purugganan（2002）也认为糯稻是在东南亚单起源的。Morinaga 和Kuriyama（1958）曾指出这类品种以印度的春稻（Aus）和印尼的芒稻（Bulu）为多，称之为中间型，并将亚洲栽培稻分为籼、粳、Bulu、Aus 4个生态种。松尾孝岭（1952）从生态方面研究世界稻种，综合了多种性状，最后以粒型为主分为A、C、B三型，大体相当于粳、籼和爪哇型，使爪哇型得以和籼、粳并列为现今分类上的第三亚种。1984年程侃声等在亚洲栽培稻分类研究中发现，籼、粳稻杂交结实情况（亲合性的差异）要复杂得多，同一品种的结实率也因杂交组合不同而不同，且存在与籼、粳品种杂交结实率均较高的中间型（籼、粳的中间型）。程侃声等（1984）及Glaszmann（1985）都认为爪哇型只是Oka（1958）文中的热带岛屿型粳稻，达不到种或亚种的水平。1985年程侃声提出形态指数法，实现了亚洲栽培稻形态分类的数量化，而且简便易行，得到丁颖及大部分日本学者和国际植物分类专家的首肯，已为国内外所采用，其形态指数法被国际稻谷籼粳分类命名为"程氏分类法"，已经广泛应用在籼、粳稻，以及云南稻种质资源或国内外的亚洲栽培稻亚种的鉴别上。

云南稻谷品种分布地域性强，籼、粳亚种和生态型的垂直分布分异十分明显，不但稻种资源丰富，而且原始稻种的多样性和变异性为国内其他省份所不能及。除籼、粳稻的垂直分布分异十分明显外，不同生态的籼、粳品种分布有明显的地域性，粳型稻从低纬度、低海拔向高纬度、高海拔逐渐演化。中川原和Glaszmann 1987年根据同工酶的分析，认为缅甸、泰国北部、老挝和中国云南是稻种遗传变异的中心。云南省农业科学院和武汉大学（朱英国等，1984）分析云南226个代表品种的酯酶同工酶，结果表明，云南稻种的酶谱比长江流域及东南亚的更丰富，酶带变异广泛，与普通野生稻存在更接近的亲缘关系；籼亚种酶谱类型比粳亚种多，滇西南和滇东南稻种的酶谱变异最丰富；云南栽培稻与普通野生稻的酯酶同工酶具有许多共同点，但与疣粒野生稻、药用野生稻几乎无相似之处；云南陆稻、光壳稻中普遍含有7A酶谱，与普通野生稻中7A酶谱较多相一致。Nagamine等（1992）分析指出，云南稻种中酯酶带多于来自世界各国的品种中的；云南北部品种遗传变异较小；基因频率变异由北向南加大，云南南部和西部是遗传变异的中心。Dai等（1995）分析发现，云南地方品种中，3个酯酶基因（$Est-1$、$Est-2$、$Est-3$）的遗传变异包括了世界17个国家和地区135个品种的全部遗传变异。基因频率变异以海拔1400～1600m区段变异最丰富，在海拔800m以下和海拔2000m以上地区，基因型较单纯，变异也最小。云南省的打鹰山以南，元江县以西直至中国-缅甸、中国-老挝边境以内的22个县是稻种遗传多样性最丰富的区域。曾亚文和李自超（2001）研究表明，云南是亚洲栽培稻粳稻分化的中心之一，滇西南是云南稻种遗传和基因多样性中心。

（三）云南野生稻种资源和分类

丁颖1926年在广州发现普通野生稻，随后在云南景洪的车里（今景洪市区）、普洱的大河沿发现了疣粒野生稻，在景洪的车里和耿马发现了药用野生稻。云南野生稻的系统考察始于1963～1965年，中国农业科学院水稻生态研究室和云南省农业科学院组织科技人员对澜沧江流域、怒江流域、元江流域、思茅、西双版纳、临沧、德宏等地的野生稻进行了两次考察，收集和确定云南存有中国所有的三种野生稻：普通野生稻（*O. rufipogon*，染色体组AA）、疣粒野生稻（*O. meyeriana*，染色体组GG）和药用野生稻（*O. officinalis*，染色体组CC），根据形态特征分为7个类群。普通野生稻：因芒色不同和粒形差异，分为红芒、白芒、半野栽三大类群，是已知世界分布海拔最高的普通野生稻，并有研究认为，元江普通野生稻是最原始的普通野生稻。疣粒野生稻：因粒形长短、形状及花青素不同，分为长粒、短粒、花斑三大类群。药用野生稻：未发现类群分化。经过多次原生地考察，基本摸清了云南三种野生稻的特征特性和生态环境。

二、蜡质型玉米的起源及演化

（一）云南蜡质型玉米的起源

研究认为，玉米（*Zea mays*）起源于南美洲。有的学者认为西南诸省是中国最早引种玉米的地区（何炳棣，1979；佟屏亚，2000）。蜡质型玉米也称为糯玉米（糯质型 *Z. mays* var. *ceratina*），是栽培玉米9个类型之一。1908年美国传教士法南（Farnham）把从中国收集到的糯玉米带回美国，经科林斯（Colins）鉴定，发现糯玉米有别于栽培玉米的其他类群，由一对隐性突变基因（*wx*）控制，故又称为 *Z. mays* var. *sinensis*。糯玉米的原始类型四路糯的原产地在云南西双版纳州的勐海县。四路糯为多穗型玉米，单株着生4～6穗，上部穗每穗着生4行籽粒，中下部穗多为8～10行，籽粒白色，细小；籽粒基部包被半退化颖片，颖片长及籽粒过半，雌穗顶端有雄花枝梗，为残存的原始玉米性状。推测蜡质型玉米是普通玉米发生基因（wx）突变而产生的，并且是遗传稳定的新类型，起源于中国，所以其学名又称为 Z. mays L. sinensis Kulesh。在西双版纳，玉米种植历史悠久，勐海当地少数民族种植的品种四路糯具有一系列玉米原始性状，是一种玉米原始类型，至少属于半野生蜡质型玉米。可以认为云南南部的西双版纳等地是蜡质型玉米的起源地。中国科学院遗传研究所的李王番研究员1990年提出早在美洲玉米传入中国前，蜡质型玉米就已在中国西南少数民族地区种植。而四路糯玉米很可能是中国南部及附近地区的原产玉米种。

（二）云南蜡质型玉米的分类和演化

云南蜡质型玉米现有具原始性状的四路糯、紫秆糯等品种，是中国蜡质型玉米种质资源最丰富的省份，占全国地方品种资源的34.18%。云南蜡质型玉米具有生态类型的多样性，四路糯与Weatherwax 1922年设想的玉米野生祖先的主要特点相一致，与同起源于中国的薏苡属（Coix）植物有近似的同工酶谱带，与起源于美洲的同类型品种谱带有质的差别。李继耕等（1980）、杨太兴等（1981，1988）、曾孟潜（1992）等应用过氧化物酶同工酶分析了国内外蜡质型玉米，推断过氧化物酶的第5带是来源于中国蜡质型玉米的标志酶带，而第4带是来自美国的马齿型蜡质玉米的标志酶带。云南蜡质型玉米品种的85.3%、西双版纳的94.7%具有第5带，不具第4带，野生近缘薏苡属（Coix）植物也有显著的第5带，而来自美洲的蜡质型玉米只有第4带，不具第5带。同时分析表明，西双版纳的品种酶谱纯度高、混杂少。黄玉碧和荣廷昭（1998）用随机扩增多态性DNA（RAPD）方法，发现云南蜡质型玉米与普通玉米的遗传相似系数最低（0.3666），群体内部的遗传相似系数较高。张赞平（1995）在玉米核型分析研究中发现，蜡质型玉米的核型和C带与有稃型、爆裂型相似，较马齿型和硬粒型原始，不支持中国糯玉米由普通（硬粒型）玉米发生单基因突变而形成的观点。田孟良等（2003）以贵州、云南的9个糯玉米地方品种和5个普通玉米地方品种为材料，用79对简单序列重复（SSR）引物共检出330个等位变异，平均每个位点上的基因变异为4.18个；聚类分析结果表明，在分子水平上糯玉米与普通玉米存在较大的遗传差异。这种差异不但表现在wx基因及其相关位点上，而且遍布整个基因组。云南蜡质型玉米具有较高的遗传多样性。云南和贵州糯玉米与普通玉米在整个基因组上均存在较大的遗传差异。研究认为，糯玉米起源于中国西南地区的云南、广西和贵州的边缘交错地区的可能性较大。由此推论蜡质型玉米有其独自的演化过程。2002～2005年，张建华等研究了73个云南糯玉米的遗传多样性，以及其与Mo17、自330、黄早4、丹340、掖478等五大温带玉米杂种优势群代表系的遗传关系。研究结果表明，云南糯玉米的遗传多样性十分丰富，且有63%的糯玉米种质与上述五大温带玉米杂种优势群存在较大遗传距离，说明云南糯玉米的确是独立于温带玉米之外的一个特殊类群。

云南玉米地方品种性状的多样性表现为滇西南＞滇东南＞滇中＞滇西北＞滇东北，推断蜡质型玉米可能从云南南部逐渐扩展到中部，然后向西北部和东北部扩展，再进入贵州和四川，继而成为中国玉米重要的栽培种质资源之一。至1994年，云南省农业科学院已收集到云南糯玉米资源335份，占全国收集到糯（蜡）质型玉米地方品种（901份）的37.18%，占所收集的云南玉米资源总数的16.66%。云南气候生态的多样性，造就了云南糯玉米生态类型、粒色及生态地理分布的多样性。张建华等（1995）将云南糯玉米分为五大类6种生态类型：矮秆、半矮秆、多穗型糯玉米类型，又分为四路糯及其衍生型和双穗型糯玉米两个亚类；中晚熟马齿型大糯玉米；矮秆、早熟、抗病小糯玉米类型；普通大糯玉米类型；普通二糯玉米类型等。四路糯及其衍生型，为半矮秆中晚熟品种，多穗，穗小，籽粒小，多白色，糯性好；分布于以勐海县为中心的海拔1400m以下地区。双穗型糯玉米，双穗率多在70%以上，其中半矮秆中熟品种多叶多节，籽粒多黄、白色，分布于滇东南、滇南海拔1000~1900m地区。马齿型大糯玉米，中高秆迟熟品种，多叶，千粒重275g左右，籽粒多黄、红、黑等色，分布于腾冲及周边海拔1700~1900m地区。矮秆、早熟、抗病小糯玉米，矮秆早熟品种，抗逆性和适应性较强，穗小，籽粒小，多白色或黄色，糯性好，含糖量较高，主要分布于滇东北、滇西北、滇中2200m以上冷凉山区，滇南1800m以上地区也有分布。普通大糯玉米，高秆中晚熟品种，耐肥，穗大粒大，千粒重400g以上，籽粒多白色，兼有黄、红、乌、花等色；分布于滇中、滇南1400~1700m地区。普通二糯玉米，中秆中熟品种，粒色丰富，抗逆性较强，适应性较广，分布于全省海拔1800~2200m地区。吴渝生等（2004）用SSR标记16份云南糯玉米，研究云南糯玉米的遗传多样性，当阈值（欧几里得距离）取7.4时，参试糯玉米可被聚类划分为3个大类群。第Ⅰ类群有丽江糯包谷、福贡长穗糯、中甸糯包谷和巧家药麓糯，分布于滇西北和滇东北海拔2400~3300m的高寒层。第Ⅱ类群有临沧糯包谷、昆明玉麦、新平糯玉米、剑川向图糯、保山糯包谷、楚雄白糯和沾益金裹银，分布于滇中、滇西海拔1700~2200m的中暖层。第Ⅲ类群有墨江黑糯、勐海紫糯、红河大地糯、马关黑糯和芒市黑糯，分布于滇南海拔1000~1300m的低热层。研究结果与云南糯玉米的生态地理分布大致相符。

  云南的玉蜀黍族近缘植物种类有薏苡属和多裔草属植物。薏苡属（*Coix*）植物为一年生或多年生草本，在云南种类多，分布广，在西双版纳海拔800m以下地区有水生薏苡（*C. aquatica*），海拔1400m左右的山谷林地阴湿处有小珠薏苡（*C. puellarum*），海拔2400m的高山荒坡有薏苡（*C. lacryma-jobi*）。云南海拔2000m左右地区分布有薏苡，栽培变种薏苡米（*C. lacryma-jobi* var. *mayuen*）常种植在田边、地头或庭院。起源于中国的薏苡属（*Coix*）具有与蜡质型玉米相同的过氧化物酶的第5带，在中国蜡质型玉米起源和演化研究中受到重视。多裔草属（*Polytoca*）植物为多年生草本，在云南分布的种为多裔草（*Polytoca digitata*），常生长在海拔800~1800m的林缘、疏林或空旷草地。

三、云南小麦亚种的起源及演化

（一）铁壳麦的发现到定名（云南小麦亚种）

  小麦（*Triticum aestivum*）大约5000年前从中东传入中国。金善宝1937年最先从云南小麦品种资源中发现了特有品种铁壳麦，因其具有护颖紧硬、极难脱粒、穗轴受压力易断、耐瘠薄、抗旱性强、抗穗发芽、抗鸟害等原始栽培种的特性，1957年曾将云南铁壳麦作为小麦属的1个种，定名为云南小麦（*T. yunnanense*）。后因其染色体组AABBDD与普通小麦相同，1959年作为普通小麦的1个亚种，定名为云南小麦亚种（*T. aestivum* subsp. *yunnanense*）（金善宝，1961）。曾学琦等（1989）认为，云南小麦具备一系列原始栽培种的典型特征，特性与半野生的西藏小麦、其他原始栽培种斯卑尔脱小麦（*T. spelta*）、莫迦小麦（*T. macha*）有明显区别，其有特定的分布区域，且已经发现许多变种，具备了多样性，应该为1个独立的六倍体原始栽培种，应与其他原始栽培种斯卑尔脱小麦、莫迦小麦处于同样分类地位。董玉琛等（1981）、郑殿升等（1987）通过对滇西小麦资源的考察指出，滇西的六倍体小麦类型十分丰富，包括普通小麦的通常类、圆颖多花类和拟密穗类共68个变种，还有大量的密穗小麦（*T. compactum*）和拟密穗至密穗的过渡类型，而且产生了世界上特有的云南小麦亚种，但未发现野生小麦或小麦的祖先种和二倍体原始种，因此，滇西是六倍体小麦的次生起源中心之一。崔运兴和马缘生（1990）分析云南和西藏小麦的酯酶同工酶谱带，认为云南和西藏在早期可能存在一个小麦群落，很可能是中国栽培小麦的发源地之一。聚类分析结果显示，云南和西藏的小麦遗传距离最近，进化水平相似，应归为同一类型。Yang等（1992）对云南、西藏、新疆小麦和四川白麦的细胞遗传学研究认为其均独立起源于中国，可能是源于四倍体小麦与粗山羊草（*Aegilops tauschii*）的天然杂交。从已有的结果推测，云南小麦很可能是某六倍体种传播到云南后，在长期的地理隔离、生态隔离和自然选择的作用下形成的。至于是否来自一个四倍体种与二倍体种的天然杂交，尚不能确定，因为虽已在云南发现四倍体栽培种硬粒小麦（*Triticum durum*）和圆锥小麦（*T. turgidum*），但迄今为止并未发现野生小麦或二倍体原始种，而且这两个四倍体栽培种的来源也不清楚。1979~1984年，曾学琦在禄劝大麦群体中发现穗轴易断、籽粒易落的零星半野生单株，经鉴定属于二棱野生大麦和六棱野生大麦。

（二）云南小麦亚种的分类和演化

金善宝（1962）根据芒、颖毛、壳色和粒色将云南小麦亚种分为6个变种，陈勋儒（1980）修订为16个变种，其中变种var. *chenkangense*已经失传。云南小麦亚种历史悠久，具有独特的生物学特征和特定的分布区域，从原始栽培种到各变种，表明其有丰富的遗传多样性，在亚种分布区域有独自的演化过程，推测起源于地理相近的滇、藏近缘小麦原始栽培种——1个六倍体种在云南地理隔离和生态隔离的情况下，通过自然选择的作用形成了独立的云南小麦亚种。1983年曾学琦等通过观察云南小麦根尖细胞，认定其染色体数为$2n=42$。将云南小麦与染色体组为AA的二倍体野生一粒小麦杂交，亲和力较差、结实率低（在31%以下），且杂交种子不饱满，两个物种的A染色体组间可能存在较大差异。与染色体组为AABBDD的普通小麦、密穗小麦、印度圆粒小麦及瓦维洛夫小麦杂交，亲和力好、结实率为64.4%~100%，杂种F_1小穗基部小花结实率可达100%，种子成熟正常，饱满度好。与染色体组为AABB的四倍体硬粒小麦和圆锥小麦杂交，结实率介于上述两者之间，种子饱满度差，杂种F_1小穗基部小花结实率分别为61.7%和31.4%。与含AAGG染色体组的提莫菲维小麦杂交，亲和力最差，正交（云南小麦为母本）结实率仅6.8%，但籽粒饱满度好，反交结实率13.3%，籽粒饱满度极差。因此云南小麦的染色体组应为AABBDD。吕萍和张自立（1983）利用染色体分带技术进行研究发现云南小麦与普通小麦在染色体组成上存在较大程度的分化。黄俐等（1989）研究了云南小麦、西藏半野生小麦和普通小麦的染色体核型，未发现明显的差异，但当用中国春双端二体系列与云南小麦杂交分析F_1的减数分裂配对情况时，发现云南小麦的2A、7A、2B、4B、5B、6B、1D、5D与中国春的对应染色体间在某个臂上都不同程度地出现了分化，B染色体组的变异明显大于A、D组；云南小麦与中国春杂交存在较多染色体间的易位变异。彭隽敏等（1995）用7种限制性内切酶对云南小麦、西藏半野生小麦和普通小麦中国春及鄂恩1号的叶绿体DNA（cpDNA）进行了酶切图谱分析，结果未发现它们之间在酶谱上的差异，由于叶绿体基因组的进化十分缓慢而保守，因此，认为这3个亚种的叶绿体DNA仍处于同一进化水平。云南小麦亚种分布在云南省22°54′~25°3′N、95°36′~100°85′E，以海拔1900~2300m的地区种植较多，分布的最低海拔为1500m（昌宁县漭水乡和云县大寨乡），最高海拔为2500m（镇康县木厂乡和永德县明朗乡）。

四、荞麦的起源及演化

（一）云南是荞麦的重要起源地

荞属蓼科，是唯一作为粮用的蓼科植物。人们习惯地把它归于粮食作物称为荞麦。荞麦有甜荞（*Fagopyrum esculentum*）和苦荞（*F. tataricum*）两个栽培种。中国是荞的原产地，从《诗经》中可以查到，西周时期（公元前1066~前771年）中国已有荞麦栽培。《神农书》记载，远在公元前5世纪就有荞麦栽培。诸多学者如Ohnishi（1991）、Chen（1999）、林汝法（1994）等认为荞麦起源于中国西南地区。李钦元和杨曼霞（1992）认为在全世界荞麦属植物已记载的15个种中，云南就有11个种（包括2个变种）。云南民族史和文字史的考证也表明云南是荞麦起源地，从形态和生长方式都显示出，云南荞麦经历了多年生野生种→一年生野生种→一年生栽培种的典型进化过程。大西近江1990年从中国（四川、云南、西藏、青海）和尼泊尔、巴基斯坦等共收集到61个自然野生苦荞种群的108份材料（包含杂草苦荞），用淀粉凝胶电泳法较系统地研究了各等位基因酶，认为自然种群的几个同工酶基因具有多态的Pgm-2和Adn基因位点。Pgm-2和Adn基因位点多态性显示出显著的地区性发育与演化关系。以等位基因变异和地理分布为依据研究栽培苦荞的起源，研究认为，荞麦属遗传多样性中心在云南西北部或四川西南部，所以野生苦荞扩散的方向应该是从中国四川或云南到中国西藏、巴基斯坦，而不是相反的方向。因为来自中国（四川、西藏、云南）和巴基斯坦北部的自然野生苦荞种群与栽培苦荞种群有完全一样的基因型。Pgm-2和Adn基因位点的基因频率在四川或云南与西藏的交界处发生剧烈变化。由等位基因F到等位基因N的变异与野生苦荞驯化成栽培苦荞的变化完全一致，由此得出西藏与四川或云南交界处最有可能是栽培苦荞起源地的结论（大西近江，2001）。RAPD分析结果显示，四川和云南的野生苦荞种群与栽培苦荞有相同的分子标记图谱，从而推断云南西北部最可能是苦荞的原始发源地。大西近江2001年在其论文中写道，大约10年前，我开始开展世界范围内的栽培苦荞酯酶同工酶变异性分析，希望能找到同工酶多样性中心。但是我的希望破灭了，1988年我开始一个5年计划，寻找荞麦栽培种的近缘野生种，寻找荞麦野生种在中国的准确分布，1998~2001年来云南考察，除找到已经确认的10个野生种和2个变种外，幸运地在云南找到了甜荞的祖先，在云南、四川也找到了4个新的野生种、1个亚种。这些足以证明中国西南地区，尤其云南是荞麦起源地或起源中心。迄今为止，世界上已命名的荞麦野生种21个、亚种2个、变种2个。云南已记载有13个种、2个亚种和2个变种，占全世界荞麦种总数的2/3，包括金荞麦、硬枝万年荞、小野荞麦、疏穗小野荞麦、细柄野荞麦、齿翅野荞麦、线叶野荞麦、尾叶野荞麦、岩野荞麦、*F. homotropicum*、*F. capillatum*、*F. jinshaense*、野生甜荞、野生苦荞、抽葶野荞麦及待鉴定、命名的类群等。其中疏穗小野荞麦、岩野荞麦、尾叶野荞麦、线叶野荞麦、红花型的硬枝万年荞、抽葶野荞麦、*F. capillatum*、*F. homotropicum*及野生甜荞、野生苦荞等是地方特有种。这些荞麦野生资源既有一年生的，又有多年生的；既有草本的，又有半灌木的，表明云南拥有丰富的野生荞麦种质资源，是中国荞麦野生种的分布中心，是世界荞麦遗传多样性中心、生态多样性中心和荞麦的起源中心之一。

（二）云南野生荞麦种质资源的多样性类群

王莉花等（2001，2004）利用RAPD方法研究云南荞麦的遗传多样性，各材料间的相似系数为

0.163~0.982，平均相似系数为0.443，说明云南野生荞麦种质资源之间具有丰富的多样性；不同种间的平均相似系数为0.411，不同种内的平均相似系数为0.786，表明云南野生荞麦种质资源各种间的平均相似系数远低于种内的平均相似系数，也就是说在云南野生荞麦种质资源中，种间比种内具有更丰富的多样性；不同种的种内多样性相比：*F. urophyllum*（0.354）＞*F. tataricum* subsp. *potanini*（0.231）＞*F. cymosum*（0.226）＞*F. gracilipes*（0.2）＞*F. homotropicum*（0.174）＞*F. gracilipes* var. *odontopterum*（0.091）；各类群之间的多样性相比：Ⅰ（0.574）＞Ⅱ（0.455）＞Ⅲ（0.227）。26份云南荞麦野生种被聚为三大类群：第Ⅰ大类群称为小粒种类群（包括5个种1个变种：*F. statice*、*F. leptopodum*、*F. urophyllum*、*F. lineare*、*F. gracilipes*和*F. gracilipes* var. *odontopterum*）；第Ⅱ大类群称为甜荞类群（包括3个种1个亚种：*F. cymosum*、*F. esculentum*、*F. esculentum* subsp. *ancestralis*和*F. homotropicum*）；第Ⅲ大类群称为苦荞类群（包括1个种1个亚种：*F. tataricum*和*F. tataricum* subsp. *potanini*）。

五、二倍体裸燕麦和高粱近缘种

（一）中国燕麦的多样性分布中心和二倍体裸燕麦的起源地

燕麦最早出现在公元前1000年的欧洲中部，被认为是从原始谷类、小麦和大麦演化出的次生植物。燕麦分为有稃型（皮燕麦）、裸粒型（裸燕麦）。其中裸燕麦（*Avena nuda*）起源于中国，由普通燕麦（*A. sativa*）突变而来。燕麦包括二倍体、四倍体和六倍体。原始二倍体栽培种*strigosa*是最重要的栽培六倍体*sativa–byzantina–nuda*类群的基础种。四倍体栽培类群*A. barbata*为同源多倍体，从二倍体*strigosa*中独立进化而来。杜珍等1981年考察收集到普通野燕麦（*A. fatua*）、异燕麦属（*Helictotrichon*）、西南异燕麦（*H. virescens*）及野生近缘植物扁芒草（*Danthonia schneideri*）等，裸燕麦是中国特有类型，但起源于何地尚无定论，近年来研究发现，云南、贵州和四川裸燕麦染色体组有二倍体，陕西和山西的裸燕麦农家种为四倍体，而内蒙古和河北坝上的是六倍体。云南、贵州和四川一带是中国燕麦的多样性分布中心和二倍体裸燕麦的起源地之一（肖大海和杨海鹏，1992）。

（二）高粱属近缘种拟高粱和光高粱与高粱的起源

高粱（*Sorghum bicolor*）又称为蜀黍，有的学者认为其原产于非洲，以后传入印度，再到远东。非洲是高粱变种最多的地区。中国山西万荣荆村1931年出土了炭化高粱，这表明，早在公元前2500年，新石器时代中国就有高粱栽培。中国高粱在许多植物学形态特征与农艺性状方面均明显区别于非洲起源的各种高粱。中国农业科学院作物品种资源研究室杂交实验表明，中国高粱几乎所有品种与印度高粱的杂交后代结实率都很低，有的根本不结实，中国高粱与印度高粱并不存在遗传进化关系。中国高粱与非洲高粱杂交，F_1容易产生较强的杂种优势，说明两种高粱遗传距离差异较大，从而认为中国高粱有可能是独立起源，并在中国经过长期的演化，渐渐形成独特的中国高粱群（Kaoliang group）。中国高粱起源于何种野生祖本尚不能肯定。道格特（Doggett）1970年根据从同属近缘植物拟高粱（*S. propinguum*）与卡佛尔高粱（*S. caffrorum*）杂交的后代中分离出具有中国高粱特点植株的现象，推断分布于东南亚的拟高粱是中国高粱的远祖之一，他认为从印度经丝绸之路传入中国的有脉高粱，原始类型在中国热区条件下与拟高粱发生过再杂交，经人工选择而驯化成有脉高粱中国种。云南分布有同属近缘植物拟高粱和光高粱（草蜀黍）（*S. nitidum*），可能在中国高粱的起源和演化研究中有重要地位。拟高粱分布于气候炎热、雨量充沛、海拔76.4~684m的地区。光高粱分布于云南省气候温热、雨量充沛、海拔1000~2200m的广泛区域。此外，新近发现云南分布有近缘种缅甸高粱（*S. burmahicum*）。

六、甘蔗的起源和野生近缘植物

（一）甘蔗的起源和演化

甘蔗（*Saccharum sinensis*）是蜀黍族（Andropogoneae）甘蔗亚族（Saccharastrae）甘蔗属（*Saccharum*）高秆单子叶草本植物。栽培种有印度蔗（*S. barberi*）、中国蔗（芦蔗*S. sinense*）和热带蔗（*S. officinarum*）3个种。甘蔗的起源有三种假说，一是起源于印度，二是起源于南太平洋新几内亚岛，三是起源于中国。中国是世界上最古老的植蔗国家之一，早在公元前4世纪，我国就有种植甘蔗的历史记载，至唐朝大历年间已有制造冰糖的记载。吴才文（2014年）在《现代甘蔗杂交育种及选择技术》一书中曾记述，瓦格里（Wagner）曾著文称：中国农书里曾记有"自最古的时代以来，Zuckerrohr即称蔗。该名词表明甘蔗纯粹起源于中国。它是中国固有的东西"。中国甘蔗的栽培原种（芦蔗*S. sinense*）可以肯定是起源于中国。波特（Porter）在《甘蔗之历史》中强调：中国为第一个种植甘蔗的国家。瓦维洛夫（Vavilov）提出的世界栽培植物八大起源中心，中国就是甘蔗起源中心之一。周可涌的《中国蔗糖简史——兼论甘蔗起源》、王启柱的《蔗作学》、王鉴明的《甘蔗的起源》中都指出中国是甘蔗起源中心之一。根据甘蔗的异构酶和黄酮类化合物，分析甘蔗物种间亲缘关系，判断甘蔗起源于甘蔗属的割手密（*S. spontaneum*）和芒属的五节芒（*Miscanthus floridulus*）。中国南部、西南部是世界上甘蔗野生种割手密和五节芒的一个重要分布中心。由此推论，中国华南、西南南部一带为甘蔗的原产地之一。杨清辉和何顺长（1996）通过对采自云南的87份割手密样本的染色体的观察计算，染色体数分别为$2n=60$、64、70、80四种类型，说明云南割手密的变异程度极深。范源洪等（2001）利用25个随机引物，对来自云南不同生态类型的82份甘蔗细茎野生种（割手密）和4份国外种材料进行RAPD分子标记分析，指出云南甘蔗细茎野生种不同生态类型的遗传变异较大，具有丰富的遗传多样性；低纬度类型的遗传多样性明显高于高纬度类型。在相同的纬度范围内，随着海拔的升高，其多态性逐渐减少，云南割手密最早起源于云南南部低海拔、低纬度地区，而后逐渐向高海拔、高纬度的西北和东北部演化、传播。基于分子聚类分析，86份材料被划分为8个不同群体，表现出明显的地理分布特点，结果初步证明了云南甘蔗细茎野生种起源于云南南部低海拔地区，认为云南南部可能是野生甘蔗的起源中心之一。

（二）云南甘蔗的野生种及近缘植物

云南分布的野生种包括甘蔗属的细茎野生种（割手密）、大茎野生种及其近缘属野生植物。甘蔗属、芒属（*Miscanthus*）、蔗茅属（*Erianthus*）、河八王属（*Narenga*）和硬穗属（*Sclerostachya*）组成"甘蔗属复合群"（*Saccharum* complex）。云南分布的近缘野生资源有甘蔗属的割手密（甜根子草）、细茎野生种（*S. spontaneum*）；蔗茅属的斑茅（大密）（*S. arundinaceum*）、蔗茅（*Erianthus fulvus*）、滇蔗茅（*E. rockii*）、桃花芦（*E. rufipilus*）；芒属的芒（*Miscanthus sinensis*）、五节芒（*M. floridulus*）、荻（*M. sacchariflorus*）、尼泊尔芒（*M. nepalensis*）、短毛芒（*M. nudipes*）；河八王属的河八王（草鞋密）（*Narenga porphyrocoma*）、

金猫尾（*N. fallax*）；白茅属的白茅（*Imperata cylindrica*）；狼尾草属的象草（*Pennisetum purpureum*）。陈辉等（2003）测定了甘蔗属及其近缘属的13个种43个个体和狼尾草属象草的核糖体DNA的内转录间隔区（ITS）及5.8S rDNA基因的序列。基于邻接法（NJ）的系统发育树分析结果表明，河王八属和蔗茅属与甘蔗属遗传距离较近，具有较多的相同基因位点和较近的亲缘关系；河王八属和蔗茅属在NJ树上聚在同一分枝，是甘蔗近缘属中亲缘关系较近的两个属；而芒属和蔗茅属的斑茅则是距离甘蔗属较远的两个大的分枝，斑茅分枝距甘蔗属最远。斑茅的分类地位历来存有争议，曾先后被划归为甘蔗属和蔗茅属。该研究认为，斑茅具有其他属种没有的特异位点，是距甘蔗属较远的独立分枝，并不属于甘蔗属，是否属于蔗茅属，还是应当另立为一个单种属，有待进一步研究探讨。

七、茶种的起源和野生古茶树

（一）茶种的原生地

茶属山茶属（*Camellia*），1712年由Kaempfer首次报道并命名为*Thea japonense*。林奈在1753年的《植物种志》（*Species Plantarum*）中，由于当时不知道茶树同宗同源，将茶分为两个属，分别命名为*Thea*和*Camellia*，种*Thea sinensis*指中国的种类；*Camellia japonica*和*Camellia sassanqua*则指华东山茶和茶梅，1762年林奈为绿茶增加了种*Thea viridis*，为红茶增加了种*Thea bohea*。直到1959年在国际植物命名法规（International Code of Botanical Nomenclature）会议上，确定茶的学名为*Camellia sinensis*（L.）O. Kuntze，其中属名*Camellia*来自研究亚洲植物的学者Kamel（1661~1706年）的命名，种的描述*sinensis*来自林奈Linneaus，即L., O. Kuntze是1881年首次以该方法命名的植物学家。考证茶树所属的山茶科山茶属植物起源于上白垩纪至新生代第三纪，而茶种是山茶属较古老的种，至今已有6000万~7000万年历史。中国是茶种的原产地，最早文字记载见于公元前200年左右秦汉年间的字书《尔雅》，距今已有2000多年的栽培历史。《中国茶经》（陈宗懋，1992）记述，瓦尔茨（Walsh）、威尔逊（Wilson）、勃列雪尼德（Brelschncder）、金奈尔（Genine）、杰姆哈捷等学者曾从植物学、考古学、遗传学和生物化学方面证明，中国是茶树的原产地；瓦里茨（Wallich）和格里费（Griffich）认为，印度发现的野生茶树与从中国传入印度的茶树同属中国变种；日本学者志村桥和桥本实通过对茶树细胞染色体的比较，指出中国种茶树和印度种茶树染色体数目都是相同的，即$2n=30$，表明两者在细胞遗传学上并无差异。桥本实通过对中国台湾、海南及泰国、缅甸和印度阿萨姆茶树形态的分析比较发现，印度那卡型茶和野生于中国台湾山岳地带的中国台湾茶，以及缅甸的掸邦种茶形态上全部相似，并不存在区别中国种茶树与印度种茶树的界限。最后结论是茶树的原产地在中国的云南、贵州、四川一带。云南南部和西南部分布的野生古茶树最多，并具有原始种的形态特征。根据云南省农业科学院茶叶研究所等1981~1990年的调查，按张宏达（1981，1984，1990）的分类系统，到1990年止已发现的茶组植物共为4个系44个种、3变种，中国分布43个种、3个变种中，云南就分布有34个种、3个变种，其中26个为云南特有种，2个为特有变种。云南是世界茶树变异最多、资源最丰富的地方，如此集中的多样性是世界任何一个地区无法相比的，可以推定云南是茶种最重要的起源、演化和传播中心地。

（二）茶树的分类、演化和传播

世界上的茶树都属于*Camellia sinensis*（L.）O. Kuntze这个基本种。茶种在长期演化和传播过程中形成了复杂类型，给种以下的分类带来困难，国外多将种以下划分为4个变种，国内张宏达（1998）将茶组分为4系32个种、4个变种；闵天禄（1992）分为12个种、6个变种，此外还有陈兴琰、陈亮和虞富莲等的分类。原始茶树染色体为二倍体，具有高度的稳定性，核型的进化主要靠突变和重组。栽培种和杂交种倍性变异较多，三倍体至八倍体都有。李光涛（1983）分析云南野生茶树和栽培大叶种、小叶种的核型，将茶树分为云南大叶种和中国小叶种，认为巴达野生茶最原始。李斌等（1996）认为，云南大叶种核型对称性较国内其他地区的强，根据植物染色体的进化从对称性向不对称性的核型演化规律，核型对称性强是云南大叶种较原始的特征之一。对云南大叶种、印度阿萨姆种、缅甸掸部大叶种和越南大叶种的染色体组型测定，结果显示均为二倍体（2A型核型），具有相近的亲缘关系和共同的起源。屈文琦1987年亦指出，云南乔木型大叶种是进化上较原始的类型。段红星等（2004）用RAPD技术分析云南具有代表性的野生型古茶树、过渡型古茶树、栽培型品种、野生种、地方品种和近缘植物金花茶的遗传多样性，材料间遗传距离为0.116~0.527，用UPGMA聚类48份材料间的亲缘关系，以欧几里得距离6.0划分，可以分为3个复合组和2个独立组共5组，与形态分类相吻合。季鹏章等（2009）用内在简单重复序列（ISSR）分子标记分析了25份云南茶组和近缘植物，用11个ISSR标记了162个位点，以UPGMA法构建茶组植物分子进化系统图，聚类结果与5室茶和3室茶形态分类相似，不同的是勐腊茶与其他茶遗传距离较远，甚至远于一些近缘植物。栽培茶树都是从野生型茶树经过人工驯化而来的。在野生茶和栽培茶之间并无绝对的界限，至今云南哀牢山上的彝族同胞都有去林中挖掘野茶苗栽种的习惯。原始型的茶树形态特征为：树型为乔木型，单轴式分枝，叶大而平滑，叶尖延长，叶肉有栅栏组织一层，茶序单生，开花少；叶表面呈不规则的蜡质结晶，叶背基本无毛，气孔稀疏，上表皮只有一层栅栏组织，叶肉石细胞呈树枝形；下表皮有腺鳞的下陷气孔；花苞被片未起分化，数目较多，螺旋状排列，雄蕊多轮而离生，子房5室，花柱的5条完全分离。叶片中非酯性儿茶素含量比率高。云南的野生乔木大叶茶树具有原始型的茶树形态特征。云南省农业科学院茶叶研究所从20世纪50年代至今，对云南茶树的野生型到栽培种质资源进行了长期调查，结果表明云南茶树类型很多，它们之间存在不同程度的连续性变异，存在从原始形态结构到次生（进化）形态结构比较明显的变异阶段性。茶树的系统发育与种间变异极大，具有最为丰富的多样性。云南垂直气候和生态多样性的特殊地理环境，使得原属热带的同一区域内，既有热带和亚热带，又有温带和寒带，使茶树出现了同源隔离分居现象，再经过漫长历史的繁衍过程，引起了茶树自身的缓慢生理变化和物质代谢的逐渐改变，从而使茶树朝着各自适应所处的气候、土壤而改变自身的形态结构和代谢类型演化，形成了茶树不同的生态型。位于热带高温、多雨、炎热地带的，逐渐形成了具有湿润、强日照性状的大叶种乔木型和小乔木型茶树；位于温带气候地区的，逐渐形成了具有耐寒、耐旱性状的中叶种和小叶种灌木型茶树；位于上述两者之间的亚热带地区的，逐渐形成了具有喜温、喜湿性状的小乔木型和灌木型茶树。在同一地区既有小叶种、中叶种和大叶种茶树存在，又有灌木型、小乔木型和乔木型茶树存在。这种变化，在人工杂交、引种驯化选择繁育的情况下，使茶树种质资源更加丰富。

根据自然气候、种群形态特征推断茶的传播有三条途径。一是茶树沿着云贵高原的横断山脉，沿澜沧江、怒江等水系向西南方向，即向低纬度、高温度的方向演变，使茶树逐渐适应湿热多雨的气候条件。这一地区茶生长迅速，树干高大，叶面隆起，叶上表皮栅栏组织多为一层，从而能使较为原始的野生大茶树得到大量保存，栽培型的云南大叶茶是其中的代表。二是茶树沿着云贵高原的南北盘江及元江向东及东南方向，即向着受东南季风影响且干湿分明的方向演变。这一地区的茶树，由于干季气温高，蒸发量大，容易干旱。其特点是乔木型或小乔木型，叶面角质层较厚，叶上表皮栅栏组织一层，叶背气孔小而疏。三是茶树沿着云贵高原的金沙江、长江水系东北大斜坡，即向着纬度较高、冬季气温较低、干燥度增加的方向演变。由于冬季气温较低，时有冻害发生。茶树逐渐适应冬季寒冷干旱、夏秋炎热的气候条件。最具代表性的是在这一地区的贵州北部大娄山系和四川盆地高部边缘分布的较为原始的野生茶树。该地区的野生茶树，通过多代人工栽培选育后，逐渐演化成为现今在云南东北部和贵州北部栽培比较普遍的苔子茶。这是一种灌木型的茶树，在同类茶树中，属中叶类中芽种，具有树姿较直立、分枝较密、叶面微隆、叶肉较厚、抗寒性较强的特点。

（三）云南古茶树

1950年云南省农业科学院茶叶研究所首次在勐海县南糯山半坡新寨发现1株直径1.38m、树高5.50m、树龄800多年的栽培型大茶树。在勐海县的巴达山区发现1株直径1.21m、树高30m、幅宽10m的野生大茶树。以后又陆续发现了一批主干直径1m以上的大茶树。陈兴琰1961年报道，在海拔1500m的勐海县巴达大黑山密林中，发现一株树高32.12m、基围2.9m的野生大茶树，估计树龄已达1700年左右。虞富莲1980年发现，在海拔2190m的澜沧县帕令黑山原始森林中，有一株树高26.5m的野生大茶树。镇沅县九甲镇和平村千家寨发现野生茶树群落，面积数百公顷，其中龙潭大茶树高18.5m，树幅16.4m，最低分枝10.1m，基部干径83.4cm。著名的古茶树还有澜沧邦崴大茶树、镇沅千家寨大茶树和双江勐库大茶树等。在凤庆县小湾镇锦绣村香竹箐发现的凤庆香竹箐古茶树，基围达6m，高近11m，枝繁叶茂，20世纪80年代初，王广志用同位素方法推断香竹箐古茶树树龄在3200年以上；2004年初，大森正司及林智对香竹箐古茶树也做了测定，认为树龄在3200～3500年。经专家考证，它有明显的人工栽培的迹象，是世界上现存的最粗、最大、最古老的栽培型古茶树。2004年2月在西盟县首次发现现存罕见的野生茶树群落。经过云南西盟野生茶树群落考察组近两年的多次考察认定，西盟野生茶树群落共有五大片（约1900hm²）。研究认为树龄在1000～3000年。云南省茶叶协会专家鉴定认为，这些野生茶树群落树体之大，数量之多，分布之广，性状之异，是我国境内迄今为止发现的最为壮观的野生茶树群落，被认为是宝贵的茶树遗传基因库。2006年在昌宁县考察发现了6片古茶园。据统计，云南野生茶树群落和古茶园在60hm²以上的共有14片，总面积超过18 000hm²。据初步统计，中国现记载的古茶树共有74株，其中云南有32株，占43%；建议重点保护的古茶树46株，其中云南有17株，占37%；在云南27个县发现有古茶树。

八、桑树野生资源

（一）云南桑树野生资源的种类

栽桑养蚕何时传入云南，未见确切资料，以四川成都为起点，经云南的永仁、永平、保山等地到达缅甸、印度的西南丝绸之路，亦即"蜀身毒道"的历史推测，大体上是西汉时期（公元前2世纪）蚕桑传入云南。但在历史上云南生存有种类繁多的桑树野生资源，这些野生种质与栽培桑树的起源和演化关系尚需要深入研究。1987～2005年，云南对全省35个县市进行桑属植物资源考察研究，共考察收集桑树资源材料152份。经过研究鉴定，云南桑属（*Morus*）植物有12个种和1个变种，它们是白桑（*M. alba*）、鲁桑（*M. multicaulis*）、长穗桑（*M. wittiorum*）、长果桑（*M. laevigata*）、华桑（*M. cathayana*）、广东桑（*M. atropurpurea*）、鸡桑（*M. australis*）、山桑（*M. bombycis*）、川桑（*M.*

notabilis)、瑞穗桑（*M. mizuho*）、滇桑（*M. yunnanensis*）、蒙桑（*M. mongolica*）、蒙桑的变种鬼桑（*M. mongolica* var. *diabolica*）。云南是中国桑属植物种质资源最丰富的省份。在12个种1个变种中有5个栽培种，其中广东桑、白桑、山桑在云南省历史上就有分布，鲁桑、瑞穗桑为引进种。其余7个桑种1个变种所属类群都称野生桑种，包括长穗桑、长果桑、华桑、蒙桑、川桑、滇桑、鸡桑及蒙桑的变种鬼桑，均是尚未经人类驯化改良的桑种，云南省农业科学院蚕桑研究所对云南41份野生资源染色体倍性进行鉴定，其中二倍体36份，占87.80%，三倍体4份，占9.76%，四倍体1份，占2.44%，野生四倍体种是与现在人工栽培的桑树在起源进化上有密切关系的野生桑树。

（二）桑树野生资源的生态环境

对原产云南的桑树2个栽培种、7个野生种和1个变种的考察发现，野生桑的自然分布在一定范围与海拔高程相关。白桑分布在海拔640~2169m的村庄附近，鸡桑分布在海拔250~2500m的阴坡灌木丛，长穗桑分布在海拔630~1700m的混交林，长果桑分布在海拔630~2400m的石灰岩山坡，蒙桑分布在海拔1250~2050m的石灰岩山坡，鬼桑分布在海拔1000~2500m的石灰岩山坡；海拔分布较低的有华桑（680~750m）、广东桑（100~1000m）和川桑（750~1300m）；滇桑在垂直分布上主要分布在海拔1500~3000m的哀牢山山脉。滇东高原没有发现滇桑的分布。从考察结果中推断，滇桑的分布限于横断山山脉的哀牢山山脉沿元江和澜沧江的河谷坡林地段，长穗桑、长果桑、华桑、鸡桑的生态分布区域与滇桑相似。在哀牢山南端，野生桑的垂直分布尤为明显。海拔200~1000m的河谷，无滇桑分布。海拔升到1000~2000m为亚热带、温带气候，见有滇桑分布。海拔升高至2500m以上为温寒带气候，逐渐少见滇桑分布。海拔1500m以下为亚热带气候，长果桑、长穗桑、华桑、鸡桑、蒙桑、鬼桑等野生种均有分布。海拔升至1500~2500m见有大量的滇桑分布，同时也有长果桑、长穗桑、华桑、鸡桑、蒙桑、鬼桑桑种的重叠分布。

九、蔬菜作物野生资源

（一）魔芋的起源和野生资源

魔芋属（磨芋属 *Amorphophallus*）植物又名蒟蒻，起源于亚洲热带，有人认为原产地在印度、斯里兰卡。李恒（1986）指出，包括魔芋属在内的天南星科植物原始类群在晚白垩纪起源于亚洲大陆南沿。刘佩英和孙远明（1990）根据中国魔芋具有野生性状这一现象，认为中国西南热带地区可能是魔芋的起源地之一，其始祖为亚洲热带森林的下层草本。云南省是中国魔芋物种资源最多和多样性最丰富的省份，西双版纳等热带、亚热带地区分布有具原始特征的许多野生种。魔芋属现已报道163种，如加上尚未鉴定到种的种质材料可能超过170种。现有的栽培种均从野生种经过人工驯化而形成。按照李恒1998年对魔芋分类的修订，加1999年发现的一个新种，中国魔芋现有22种，云南省现在已知分布有15种。云南魔芋除花魔芋（*A. konjac*）、白魔芋（*A. albus*）、疣柄魔芋（*A. paeoniifolius*）、南蛇棒（*A. dunnii*）、西盟魔芋（*A. krausei*）等已被作为栽培种外，野生分布的种有滇魔芋（*A. yunnanensis*）、攸乐魔芋（*A. yuloensis*）、田阳魔芋（*A. corrugatus*）、东京魔芋（*A. tonkinensis*）、越滇魔芋（*A. arnautovii*）、红河魔芋（*A. hayi*）、结节魔芋（*A. pingbianensis*）、勐海魔芋（*A. kachinensis*）、矮魔芋（*A. nanus*）、谢君魔芋（*A. xiei*）等，野生种主要生长在南部地区。

（二）蔬菜作物野生种和近缘种

茄属（*Solanum*）：云南省野生茄种类繁多，据调查收集有24种，分布于南部湿热地区。其中食用野菜有潞西苦茄（水茄、大苦子、苦凉果）（*S. torvum*）、刺天茄（*S. indicum*）、腾冲红茄（*S. integrifolium*）、野茄（*S. coagulans*）。

辣椒属（*Capsicum*）：小米辣（*C. frutescens*）为我国唯一的在野外逸生的辣椒，主要分布在云南省热带地区，辣椒素含量很高。

苦瓜属（*Momordica*）：云南木鳖（*M. dioica*）是苦瓜的极近缘种，是我国分布的苦瓜属4种植物之一，目前仅在云南有发现，植物学性状与栽培种苦瓜极为相似，其果肉、胎座及未成熟种子均可食用，具有苦瓜的清香、脆嫩，有汁液，几乎无苦味，口感好。野苦瓜（*M. charantia*）分布于勐腊县山区，叶心脏形，叶苦味淡及长花梗上无苞叶。

黄瓜属（*Cucumis*）：云南野黄瓜（*C. yunnanensis*）是黄瓜属的一个种，生长在热带雨林中，当地称刺瓜或酸黄瓜。西南野黄瓜（*C. sativus* var. *hardwickii*）是黄瓜野生变种。西双版纳黄瓜（*C. sativus* var. *xishuangbannanesis*）有许多硬皮甜瓜的特征，但经染色体数、杂交试验以及过氧化物酶同工酶等方面的鉴定，证明其属于黄瓜的一个新变种，并认为西双版纳黄瓜是甜瓜与黄瓜的中间种。

栝楼属（*Trichosanthes*）：老鼠瓜（*T. himalensis*）又名鸭蛋瓜。果菱形，皮绿色，果面有10条深绿的细纵棱凸起，成熟时橘红色，肉质状。种子周围包有墨色瓜瓤，有苦味，种子单边墨色，像老鼠屎，种皮光滑，如分布于瑞丽、勐腊的老鼠瓜等。老鼠瓜是蛇瓜的近缘种，种名尚不详，缠绕于灌木植株或杂草中。种子外包有红色瓜瓤。种子灰褐色，边缘略有锯齿，与蛇瓜的种子相似，如瑞丽老鼠瓜。

此外，还有马㼎儿属（*Zehneria*）的钮子瓜（*Z. maysorensis*）、薄荷属（*Mentha*）的野薄荷（*M. haplocalyx*）、牛蒡属（*Arctium*）的野生牛蒡（*A. lappa*）、胡萝卜属（*Daucus*）的野生胡萝卜（*D. carota*）等。

十、果树的起源、野生种和原始栽培种

（一）香蕉的起源和演化

香蕉（*Musa nana*）起源于亚洲东南部。所有的栽培香蕉都是二倍体野生种尖叶蕉（*M. acuminata*）（又名阿加蕉，染色体组AA）种内互交，或与二倍体野生种长梗蕉（*M. balbisiana*）（又名伦阿蕉，染色体组BB）种间自然杂交，经过长期选择、驯化，进化出三倍体栽培种AAA、AAB、ABB，以及原始二倍体栽培种AA、BB，特殊的有四倍体栽培种ABBB和三倍体栽培种BBB（菲律宾重要栽培品种Saba）。香蕉原产地包括中国南部的东南亚区域，其进化中心可能是马来半岛及印度尼西亚诸岛。N. W. Simmons在1962年将云南划入香蕉起源中心和野生蕉分布的区域范围。李锡文（1978）发现尖叶蕉在云南东南部至西部、长梗蕉在云南西部至西藏东部有分布。1996年云南省农业科学院与华南农业大学在河口县发现分布野生蕉，从形态区分可能AA和BB类型都存在，并发现多种原始栽培种，存在地理生态的多样性。曾惜冰（1989）发现广东分布的野生蕉是AB型，即野生尖叶蕉与长梗蕉的杂种。广东省果树研究所调查发现广东和海南均有野生蕉AB，它不同于另一种少量分布的野蕉（*M. balbisiana*）和云南的小果野蕉（*M. acuminata*）。分析发现，野生蕉和某些栽培种的过氧化物酶同工酶

带型相似，说明它们之间有不同程度的亲缘关系。王正询等（1994）分析芭蕉属（Musa）的细胞遗传关系，发现广东、海南也存在BB类型的野生蕉，但没发现AA型野生蕉。云南具有全部的野生蕉类型，种质与地理具备香蕉起源和演化的多样性，因此可以确定云南是香蕉的起源地之一。云南香蕉的近缘植物有同属的阿希蕉（M. rubra）、指天蕉（M. coccinea）和芭蕉科的象腿蕉（Ensete glaucum）、地涌金莲（Musella lasiocarpa）。

（二）柑橘野生种和原始栽培种

云南省农业科学院丁素琴等1974年首次在红河县海拔1820m的山地发现了红河大翼橙（Citrus hongheensis），其属于柑橘属大翼橙亚属的一个新种，红河大翼橙是最原始的柑橘栽培种。此外，在富民县海拔2400m的石灰岩山地，发现分布有富民野生枳（Poncirus polyandra，又称野橘子）。在宾川发现云南香橼（变种）（Citrus medica var. yunnanensis）。在保山、大理、昭通、玉溪等地，发现有宜昌橙、小果宜昌橙（新变种）。因此，云南可能是柑橘的起源分化中心之一。

（三）梨的原产地和野生种

云南是梨属（Pyrus）植物的原产地之一。云南原产的梨种有川梨（棠梨刺）（P. pashia）、沙梨（P. pyrifolia）、滇梨（P. pseudopashia）、豆梨（P. calleryana）共4种。其中川梨为全省分布，有栽培型和野生型；沙梨分布在滇中，处于半栽培和栽培状态；滇梨分布在滇西北，处于野生和半栽培状态。豆梨主要野生分布在东川区和富宁县。

（四）其他果树的野生种和近缘种

云南的果树资源（包括野生、半野生种）共计66科134属499种66个变种（张文炳和张俊如，2008）。苹果属（Malus）中的近缘种有锡金海棠（M. sikkimensis）、保山海棠（M. baoshanensis）；其他还有丽江山荆子（M. rockii）、云南海棠（M. yunnanensis）、沧江海棠（M. ombrophila）、富宁林檎（M. funingensis）等。杨梅属（Morella）有毛杨梅（M. esculenta）、大树杨梅（M. rubra）、矮杨梅（滇杨梅）（M. nana）［包括大叶杨梅（var. luxurians）和尖叶杨梅（var. integra）两个变种］。胡桃属（Juglans）有野核桃（J. cathayensis）。山核桃属（Carya）有云南山核桃（越南山核桃）（C. tonkinensis），喙核桃属（Annamocarya）有喙核桃（A. sinensis）。榕属（无花果属）（Ficus）有馒头果（F. auriculata）、薜荔（凉粉果）（F. pumila）、地石榴（地瓜）（F. ti-koua）等。桃属（Amygdalus）有光核桃（藏桃）（A. mira）、山桃（A. davidiana）等。杏属（Armeniaca）有藏杏（A. holosericea），梅（Prunus mume）有刺梅（var. pallescens）和曲梗梅（var. cernua）两个野生变种。樱桃属（Cerasus）有野樱桃（山樱桃）（C. conradinae）、毛樱桃（C. tomentosa）、云南樱桃（C. yunnanensis）等。山楂属（Crataegus）有云南山楂（C. scabrifolia）、野山楂（C. cuneata）、滇西山楂（C. oresbia）等。枇杷属（Eriobotrya）有10种。草莓属（Fragaria）有白草莓（F. nilgerrensis）、野草莓（F. vesca）等。枣属（Ziziphus）有滇枣（Z. incurva）、山枣（Z. montana）、云南枣（Z. jujuba var. yunnanensis）等。葡萄属（Vitis）有13种。猕猴桃属（Actinidia）有34种。柿属（Diospyros）有野柿（D. kaki var. silvestris）、美脉柿（D. caloneura）、石柿（D. dumetorum）、老君柿（D. fengii）、六蕚柿（D. hexamera）、多毛君迁子（D. lotus var. mollissima）、毛叶柿（涩柿）（D. mollifolia）、罗浮柿（野柿花）（D. morrisiana）、网脉柿（D. reticulinervis）、西畴君迁子（D. sichourensis）、云南柿（D. yunnanensis）等。蛇皮果属

(*Zalacca*）有滇西蛇皮果（*Z. secunda*）等。

十一、野生花卉植物资源

（一）野生花卉植物的种类

云南的花卉植物资源十分丰富。全省共发现野生观赏花卉植物约4392种，隶属于96科763属（周浙昆等，待出版）。兰科（Orchidaceae）、豆科（Leguminosae）、毛茛科（Ranunculaceae）、菊科（Compositae）、杜鹃花科（Ericaceae）、蔷薇科（Rosaceae）、玄参科（Scrophulariaceae）、大戟科（Euphorbiaceae）、报春花科（Primulaceae）、百合科（Liliaceae）、姜科（Zingiberaceae）、龙胆科（Gentianaceae）、山茶科（Theaceae）等13科的观赏花卉植物种类在云南分布超过了100种，所包含的花卉植物种类占整个云南省的一半以上，共2318种，其中兰科、蝶形花科、杜鹃花科观赏植物种类最为丰富。此外，天南星科（Araceae）、忍冬科（Caprifoliaceae）、苦苣苔科（Gesneriaceae）、葫芦科（Cucurbitaceae）、凤仙花科（Balsaminaceae）、伞形科（Umbelliferae）、棕榈科（Palmae）等7科在云南分布的观赏花卉植物种类也都超过了50种，所包含的花卉植物种类合计793种。云南亦是许多世界著名花卉的发源地，如山茶属（*Camellia*）花卉植物，全球约有120种，中国95种，云南有39种。杜鹃属（*Rhododendron*）植物，全世界约960种，亚洲850种，中国560种，云南有259种，诸多学者认为中国西南至中部是杜鹃属植物的起源地。张长芹等2009年认为云南、西藏、四川三省区的横断山脉一带是世界杜鹃花的现代分布中心，云南是多样性和演化的核心区。根据木兰科（Magnoliaceae）植物的化石记录、系统发育和现代分布，木兰科起源地可能在中国的西南地区，并由此向外辐射。中国西南横断山脉四川丹巴以南、云南个旧以北，即康滇古陆范围拥有木兰科的11个属，从原始到进化，各种类型均有，且分布有特有种和属。著名的木兰科分类学家刘玉壶认为，此区域为木兰科植物现代分布和多样性分化中心。云南西北部横断山区蔷薇属（*Rosa*）植物资源丰富，包括桂味组、芹叶组和合柱组的野生种类，有着许多特殊居群和种间过渡类型。仅野生月季中国有95个种，云南就有自然分布的41个种和17个变种（型），约占全球200多个种和变种的1/5。分析云南蔷薇属植物种类的染色体倍性数目（$2n=14$），从原始野生种（月季、香水月季、野蔷薇、光叶蔷薇）二倍体到杂交或突变的多倍体（$2n=21$、28、35、42、58）都有存在，而原产于欧洲的月季和现代栽培月季多为四倍体。唐开学（2009）认为云南西北是蔷薇的原始产地之一。

（二）重要观赏花卉资源

在云南野生观赏植物中，还有一些种类在国际上具有重要地位，如云南八大名花：茶、木兰、兰花、杜鹃、报春花、龙胆、绿绒蒿和百合等。兰科植物在中国有161属1100多种，而云南有133属684种。其中，石斛属（*Dendrobium*）54种，玉凤花属（*Habenaria*）30种，虾脊兰属（*Calanthe*）29种，贝母兰属（*Coelogyne*）25种，兰属（*Cymbidium*）24种，杓兰属（*Cypripedium*）17种，兜兰属（*Paphiopedilum*）15种，万代兰属（*Vanda*）10种；报春花属（*Primula*）植物全球约有500种，云南有195种。其他具有重要观赏价值的类群包括龙胆属（*Gentiana*）、百合属（*Lilium*）、豹子花属（*Nomocharis*）、山茶属（*Camellia*）、马先蒿属（*Pedicularis*）、绿绒蒿属（*Meconopsis*）、乌头属（*Aconitum*）、秋海棠属（*Begonia*）、木兰属（*Magnolia*）、角蒿属（*Incarvillea*）、凤仙花属（*Impatiens*）

等。云南野生观赏植物群落中，下木层的木本花卉种类较多，如多种花楸（*Sorbus* spp.）等。草本花卉有大、中型的兰科若干种类，报春花属种类，多种天南星（*Arisaema* spp.）、多种姜科花卉等，以及多年生宿根、一年生草本等野生花卉。此外还有多种藤本和附生花卉，如多花素馨（*Jasminum polyanthum*）、清香藤（*J. lanceolarium*）、蔓龙胆（*Crawfurdia* spp.）、多种树萝卜（*Agapetes* spp.）和多种石斛（*Dendrobium* spp.）等。

（三）野生花卉植物的多样性及特有种

云南是许多花卉及其他园艺植物的主要起源中心之一，特别是滇西北和滇东南两大生物多样性中心更为集中。滇西北地区因海拔高，太阳和紫外辐射强，花色艳丽，以绿绒蒿、报春花、龙胆等花色艳丽的草本宿根花卉为主。据李晓贤等（2003）统计，滇西北野生花卉有83科324属2206种，其中草本花卉1463种，木本花卉743种，滇西北特有野生花卉751种，珍稀濒危花卉35种。滇西北植物基本属于温带区系性质，许多北温带植物的大属在这里获得高度特化，如杜鹃、报春花、龙胆、马先蒿、紫堇属（*Corydalis*）、翠雀属（*Delphimium*）、杓兰等常形成分布和分化中心，有其适应高山寒冷和旱化条件的多种多样类型，其次是特有现象明显，特有种达751种之多。在世界园艺界的三大主要花卉杜鹃、报春花和玫瑰植物中，全世界有杜鹃属植物960种，中国有560种，而滇西北地区就有近200种，其中有42种仅分布在滇西北地区（滇西北特有种）（冯国楣，1983）。全世界有报春花属植物500种左右，中国有293种，滇西北地区就有近100种，其中的8种仅在滇西北有分布。滇西北还有许多美丽的花卉。全球的马先蒿属植物有500种左右，中国有345种，滇西北地区就有近200种。中国有紫堇属植物300种，约有90种分布在这一地区。中国有垂头菊属（*Cremanthodium*）植物65种，滇西北有35种以上。和垂头菊同科的风毛菊属（*Saussurea*）是菊科中的大属，著名的雪莲花（*Saussurea involucrata*）就是该属植物。全球有风毛菊属400种，中国有其中的300余种，滇西北有100种左右。与百合非常相近的豹子花属（*Nomocharis*）植物全球共8种，均在滇西北地区有分布。滇东南地区海拔较低，气温高，潮湿，以热带兰、秋海棠、观赏树木等观叶观花植物为主。例如，木兰、兜兰、万代兰、石斛、秋海棠、姜科、苦苣苔、凤仙花、樟科（Lauraceae）等，这些种类属于亚热带性质的，种类上虽不及滇西北多，但也非常具有特色。高山流石滩植被是云南较奇特的植被类型，流石滩植物大多生长于石缝中，形体娇小、花色艳丽，是装饰岩石植物园极好的材料，许多高山流石滩植物是培育高山观赏花卉植物的珍稀资源，具有极高园艺开发价值。云南高山流石滩约有300种花卉植物，如乌头属（*Aconitum*）、翠雀属（*Delphinium*）、风毛菊属（*Saussurea*）、川贝母（*Fritillaria cirrhosa*）和红景天属（*Rhodiola*）等，形成了特殊的高山流石滩景观。

第二节　鉴定与评价研究

鉴定与评价是作物种质资源研究利用的重要内容。云南作物种质资源种类繁多，前期的鉴定与评价标准和方法主要根据1980年全国农作物品种资源工作会议确定的观察项目和记载标准，以及1974年全国农作物品种资源工作会议后，1974年和1978年云南省农业厅、农业科学院两次全省农作物品种资源工作会议，根据云南实际增加的参考鉴定与评价指标组织实施。各作物鉴定与评价标准体系主要包括资源的生物学特性，农艺性状、适应性、抗逆性、抗病虫性等，以及碳水化合物、脂肪、蛋白质、氨基酸、维生素、矿质元素等品质性状。由于前期鉴定与评价多是结合科研项目进行的，难免有科研侧重；各类作物研究与利用深度也不同，因此相关鉴定与评价明显不够系统。随着国家作物种质资源保护和利用体系的完善与规范，全国统一的基本鉴定与评价（入库鉴定）体系、精准鉴定与评价体系逐步建立，资源鉴定与评价进入新的历史时期。本节将概述云南作物资源前期鉴定与评价研究的主要结果。

一、稻作种质资源的鉴定与评价

云南稻作种质资源在云南作物资源鉴定与评价中是研究相对较为深入的作物。多年来，云南及国内外学者先后对云南稻作资源开展了生物学特性、农艺性状、抗逆及抗病虫性和稻米品质的系列鉴定与评价，取得了诸多重要成果。

（一）生物学特性

1. 生育期

参照全国水稻熟期33类9期的标准，对云南1782个稻作资源供试品种生育期进行鉴定，将其分为：早稻2个品种，均为晚熟型；中稻558个品种，其中早熟品种58个、中熟品种240个、晚熟品种260个；晚稻1222个品种，其中早熟品种748个、中熟品种368个、晚熟品种106个（以籼稻为主）。可见云南稻作资源以中稻、晚稻为主；中稻晚熟和晚稻早熟品种占供试品种的56.6%。1975年思茅地区农业科学研究所对264个稻作品种生育期进行鉴定，划定如下：①早熟型，共22个品种，全生育期125～143d，占比为8.3%；②中熟型，共120个品种，全生育期146～173d，占比45.4%；③晚熟型，115个（多为糯稻），全生育期176～204d，占43.6%；④极晚熟型，仅7个，全生育期206～220d，基本为粳糯、籼糯品种。1991年云南省农业科学院粮作所在思茅鉴定各类陆稻资源943份，云南地方陆稻品种不但有典型的晚粳、晚籼类型，而且有比日本早熟陆稻还早熟10d左右的早粳。云南陆稻资源的生育期类型远较其他地区的陆稻复杂、多样。

2. 广适性

一般认为稻种的"三性"是指其感光性、感温性和基本营养生长期（BVP），三者是一个彼此独立而又相互联系的整体。因此，程侃声1984年提出把稻种"三性"改用稻种的"光温反应型"这一术语更为贴切，并根据对云南稻种光温反应的系统研究，提出了广适性的概念，即稻种在各种生态条件下，对光温的反应决定着品种的适应程度和种植广度。按照这一理论，罗军和杨忠义（1989）根据光温反应型重组可能获得广适性品种的设想，进行了广适性品种选育探索，获得了20个对光长反应迟钝、对温度反应也不大敏感的广适性品系。

3. 广亲和性

广亲和性是指品种无论是与籼稻杂交，还是与粳稻杂交均有较强的亲和性。池桥宏、顾铭洪1988年指出在云南稻种中可能蕴藏着较丰富的广亲和性资源。以云南粳型陆稻品种螃蟹谷（西盟县的"毫布克"）为亲本杂交而成的广亲和品种02428（螃蟹谷/汲滨稻）被誉为中国一号广亲和性品种。从1989年开始，云南省农业科学院农作物品种资源站与华中农业大学农学系合作，共完成了465份资源（其中大部分为光壳稻）的初筛，参考罗利军等（1991）提出的广亲和性品种评判标准，即待测品种与籼型或粳型测验种的杂F_1结实率明显高于籼粳测验种间的结实率，同时又不明显低于籼型或粳型测验种的自交结实率,筛选出了广亲和性种质24份。其中的18个品种被确认为广亲和性种质。秦发兰等(1994)也发现,毫秕、镰刀谷等品种一般配合力较好。1995~1998年,云南省农业科学院农作物品种资源站、云南省农业生物技术重点实验室、华中农业大学作物遗传改良国家重点实验室从云南地方资源中筛选出一批广亲和品种,其中矮嘎在年度间和不同生态环境条件下,结实率均较高,是一个适应性较广、较为理想的广亲和品种。同时,研究发现昆明小白谷、元江普通野生稻均具有广亲和的特性。

(二) 主要农艺性状

通过考察鉴定、集中种植观测和室内考种,对云南大部分稻种资源主要农艺性状进行了系统鉴定。

1. 株高

云南籼稻品种株高多数在110~120cm,变幅为71~210cm;粳稻品种株高多数在121~130cm,变幅为61~210cm。株高与产地纬度和海拔相关。高秆籼稻品种多分布于滇西边境地区;高纬度、高海拔地区粳稻品种株高偏矮。存在矮秆品种,且籼稻矮秆资源多于粳稻。

2. 穗长

云南籼稻品种穗长多数在24.1~25.0cm,平均为24.cm,变幅为16.1~36.0cm;粳稻品种穗长多数在22.1~23.0cm,平均为23.1cm,变幅为10.1~36.0cm。穗长也与产地纬度和海拔相关。粳陆稻穗长普遍偏大。

3. 穗粒数

云南籼稻品种穗粒数多数在140.1~150.0粒,平均为148.0粒,变幅为30.1~320.0粒;粳稻品种穗粒数多数在110.1~120.0粒,平均为142.0粒,变幅为30.1~340.0粒。着粒密度籼粳差异不大,但特稀、特密品种多见于粳稻之中。

4. 千粒重

根据对4916份资源材料的分析,云南稻种资源千粒重为8~48g。其中,20~30g的占87.1%;小于20g的仅占1.2%;大于30g的占11.8%;大于35g的占2.1%。大粒型品种主要分布于云南南部的糯稻和粳陆稻中。

5. 谷粒长宽比

云南籼稻品种谷粒长宽比为1.8~3.3,多数在2.4;粳稻品种谷粒长宽比为1.6~3.4,多数在2.1。粳稻品种谷粒长宽比明显小于籼稻,故将其作为识别籼稻、粳稻品种的主要性状之一。

总体来看,云南稻种资源主要农艺性状的变幅粳稻品种明显大于籼稻品种,这与粳稻种植区生态类型更为复杂有关。此外,大穗大粒型种质是云南稻种资源的重要特色。

(三) 抗逆及抗病虫性

1. 耐冷性

云南省为高原内陆省份,水稻栽培地区的海拔较高,低温冷害问题相当突出,存在水稻生长前期低温和生长后期低温,即所谓的"两头低温"问题,也就是"倒春寒"和"八月低温",尤其是后期的"八月低温"影响更大。针对云南省稻作生产中急需孕穗开花期耐冷性品种与耐冷性育种中鉴定评价耐冷性难度较大的问题,1982年以来,云南省农业科学院中日合作项目组致力于研制适合云南省的稻孕穗开花期耐冷性鉴定评价方法和耐冷性鉴定比较品种,形成了一套包含5种鉴定评价方法和22个鉴定比较品种的评价体系。

稻作生长前期（芽期、苗期）耐冷性　云南先后对3000余份稻种资源芽期和苗期的耐冷性进行了鉴定，尤其是在云南省农业科学院中日合作项目组鉴定发现云南稻种资源中，稻作生长前期耐冷性存在丰富的多样性，总体上呈现粳稻高于籼稻、陆稻高于水稻、糯稻高于粘稻和随海拔升高而增强的趋势，云南供试材料的耐冷性明显高于日本材料，筛选出了丽江新团黑谷、昆明小白谷、半节芒、攀天阁黑谷、宁蒗托托谷、背子糯、细黄糯等稻作生长前期耐冷性强的材料。

稻作生长后期（孕穗期、开花期）耐冷性　从20世纪80年代初中日合作项目实施开始，熊建华等（1995）、戴陆园等（1998）等对云南稻种资源生长后期（孕穗期、开花期）耐冷性开展了大量评价鉴定，建立了鉴定评价标准；筛选了丽江新团黑谷、半节芒、昆明小白谷、李子黄、昭通麻线谷、云粳9号、云粳20号等一大批耐冷性极强的宝贵资源；开展了不同生育期耐冷关系、耐冷性遗传分析、耐冷性基因定位等研究。

2．抗旱性

1985~1990年，云南省农业科学院农作物品种资源站对2953份云南稻种资源进行苗期耐旱性鉴定，共筛选出耐旱性为一级的品种42个，其中籼稻17个、粳稻25个（水稻14个、陆稻11个）；3级79个；5级1255个；7~9级1377个。上述结果，经中国水稻所重复鉴定，结果一致，鉴定表明：云南稻种资源多数不耐旱，耐旱性5级以上的品种占比高达95.8%，但存在耐旱性极强的种质资源；一般认为陆稻的耐旱性比水稻强，但水稻中也有耐旱性强的种质；此外，陆稻品种的抗旱性还与其适应范围密切相关。

3．稻瘟病抗性

稻瘟病（*Magnaporthe grisea*）[①]在云南稻区的发生相当广泛，危害极其严重。王永华、吴自强等1956年首次报道了此病在云南省的发生情况。1974年云南省农科所参加全国稻瘟病防治科研协作组，有组织有计划地对稻种资源进行了4次大规模的联合鉴定。1982年前，全国稻瘟病防治科研协作组制定了叶穗瘟鉴定方法，1982年以后，为使调查结果更加准确，并更好地比较品种间的差异，同时有利于与国外的研究相衔接，协作组参照国际水稻所制定的稻瘟病病情分级标准，结合我国的具体情况，把叶瘟的调查分为10级，穗瘟分成6级。云南省农业科学院中日水稻合作研究项目从1983年开始，采用了日本浅贺1976年的稻瘟病鉴定方法，云南植物病理学家段永嘉和王永华1985年均认为此方法是更加有效且准确的调查方法。之后，云南稻种资源与育种材料抗病性的鉴定和评价均采用这个调查标准。

云南稻瘟病抗性的系统鉴定从1976年开始一直持续至今。所鉴定的国内外云南稻种资源超过4万份。鉴定表明：云南稻种资源的稻瘟病抗性材料十分丰富，总体呈现粳陆稻＞籼陆稻＞籼水稻＞粳水稻的趋势，且抗性资源大多分布于云南西南及南部的西双版纳和思茅地区，有由南部、西南部向北部、西北部抗病品种数量逐渐减少和抗性程度逐渐减弱的趋势。云南省农业科学院中日合作项目对300多份云南品种进行研究后发现，云南籼稻地方品种发病轻，3级以下品种占90%以上，1级高达66%，筛选出了一大批高抗材料，如西双版纳的毫补卡、毫刚、毫乃焕，思茅的魔王谷，以及保山的三磅七十箩等。此外，开展的云南稻种资源稻瘟病垂直抗性和田间（水平）抗性的研究取得了一定进展。岩野1988~1989年用日本的菌株对云南粳稻进行垂直抗性类型划分，把227个云南品种划分为A~J共10个抗性类型；进一步精细比较，分为Ⅰ~Ⅶ共7个群18个型，表现抗病反应的27个品种属Ⅶ群。何云昆和王永华1985~1987年发现在穗瘟田间抗性鉴定中，早、中熟品种感病较重，晚熟品种感病较轻；藤田和李成云1989~1991年对200多份已知垂直抗性基因型的云南品种进行田间抗性的鉴定，发现持有不同基因的品

[①] 本章中病害后的括号中为病原生物名。

种群，发病率和小种分布率之间有密切的关系，田间抗性的比较只能在同一基因型的品种间进行。

4．白叶枯病抗性

水稻白叶枯病（*Xanthomonas oryzae* pv. *oryzae*）是云南水稻的主要细菌性病害。20世纪50年代仅零星发生，1959年首次报道了白叶枯病在元江县地方品种安定白谷上造成危害。白叶枯病品种抗性鉴定采用自然诱发和剪叶人工接种两种方法进行，病原菌来自中国不同稻区、菲律宾、日本等地区致病性不同的菌系。

云南稻种白叶枯病系统鉴定起始于20世纪80年代，1985年云南省元江县农科所对528份云南稻种资源进行了白叶枯病自然诱发鉴定，发现红镰刀谷、无名白谷、毫好、毫勐欢等104份资源具有抗病性，初步显现出云南稻种资源中比较丰富的白叶枯病抗源。同期云南省曲靖地区农科所的鉴定结果也印证了云南稻种资源中白叶枯病抗源比较丰富的结论。谢岳峰等1984～1985年鉴定了312份云南稻种资源，筛选出了25个抗源。华中农业大学与云南省农业科学院农作物品种资源站及云南省元江县农科所1986～1987年利用湖北省代表性白叶枯病菌系江陵691对4091份云南稻种资源进行接种鉴定，筛选出抗病品种242份（占鉴定品种总数的5.92%）、中抗品种408份（占鉴定品种总数的9.97%）；发现云南稻种资源的白叶枯病抗源的分布与稻种类型有关，抗源分布频度由高到低的稻种类型为粳水糯、粳水粘、粳陆糯、籼水糯、籼陆糯、粳陆粘、籼水粘、籼陆粘；同时可见粳稻（抗源品种的频度为8.35%）、糯稻（9.14%）和水稻（6.25%）的抗源频度分别高于相应的籼稻（3.80%）、粘稻（5.00%）和陆稻（4.66%）。余功新和张端品（1990）采用来自中国不同稻区、菲律宾和日本的致病性不同的10个白叶枯病菌系，鉴定筛选出一批抗谱广的云南稻种资源，包括大哨谷等16份资源抗其中的9个菌系，马罗谷等32份资源抗其中的8个菌系。谢岳峰和张端品（1990）利用10个水稻白叶枯病菌系（中国6个、菲律宾4个）鉴定出云南稻种资源中5个广谱抗性品种。Lin等（1996）研究发现来自云南西盟县的陆粳品种扎昌龙对供试的12个白叶枯病菌系表现高度抗病、4个菌系表现中抗、1个菌系为中感。因此，云南稻种资源中不但存在较为丰富的抗白叶枯病种质，而且一些抗病资源抗谱较广。同时，发现云南稻种资源中白叶枯病抗源分布还与稻种原产地的海拔有关，云南稻种资源中白叶枯病抗源分布的密集区主要集中在从滇西北至滇东南的带状区域。原产地海拔2400m以上资源的抗源频度最高，其次为2200～2400m的区域，再次为2000～2200m、800～1000m和600～800m的区域。抗源频度最低的是原产地海拔1800～2000m和1000～1200m的区域。

5．云南野生稻资源的抗病性

云南野生稻资源抗病性鉴定评价结果，主要来自考察鉴定和异地人工接种鉴定。1978年在西双版纳州农科所附近水塘中的普通野生稻植株上发现细菌性条斑病和白叶枯病，稻叶上条斑病病斑不大，且数量少；白叶枯病的病斑大，严重度2～4级，并呈现急性病斑。对此湖南农学院分离了白叶枯病病原菌，发现其能侵染栽培稻，但致病性弱，侵染栽培稻潜育期达20d，发病率3.8%。1993年云南省农业科学院中日合作项目组发现元江普通野生稻原生地植株上存在大量稻瘟病病斑，分离菌株后进行接种鉴定，在日本11个鉴别品种上未表现出致病性；在蒙古稻等不持有垂直抗性基因而田间抗性弱的品种上表现出典型的感病型病斑，表明其能侵染栽培稻，但致病性较弱。彭绍裘等（1980）、梁斌和肖放华（1999）等对云南野生稻抗稻瘟病性进行鉴定，发现云南普通野生稻高感稻瘟病，药用野生稻感稻瘟病，疣粒野生稻中抗稻瘟病；云南疣粒野生稻对白叶枯病抗性为0级，接近免疫。余腾琼等（2016）进一步用不同致病系对云南野生稻白叶枯病抗性进行鉴定，发现云南3种野生稻对白叶枯病都有一定抗病能力（对不同菌系反应不同），疣粒野生稻最强，药用野生稻次之，普通野生稻相对较差，但普遍比抗病对照品种IR36强。

6．抗虫性

1984～1989年，中国农业科学院品种资源研究所、水稻所主持，组织湖南、湖北、广东、四川等地的农业科学院，先后对云南5000余份稻种资源进行了稻飞虱［包括白背飞虱（*Sogatella furcifera*）和褐飞虱（*Nilaparvata lugens*）］、三化螟（*Scirpophaga incertulas*）、稻纵卷叶螟（*Cnaphalocrocis medinalis*）等的抗性鉴定，筛选出了一批中抗以上的品种材料。但总体来看，云南稻种资源中，高抗虫资源不多，大部分品种感虫。

（四）稻米品质

稻米品质包括营养品质、食味品质、外观品质和加工品质。营养品质主要指蛋白质、氨基酸、脂肪、淀粉、矿质元素等；食味品质主要指直链淀粉、支链淀粉、胶稠度、糊化温度等；外观品质主要指稻米粒形、胚乳透明度、胚乳垩白等；加工品质主要指出米率、精米率、整粒精米率。从20世纪80年代开始，云南省农业科学院建立了相关的检测技术体系，结合科研项目测定了大量稻种资源的品质，因资料分散，未系统总结。本节主要介绍云南稻种资源营养品质分析的情况。

1．栽培稻稻米营养品质

1980～1981年中国农业科学院品种资源研究所测定了177份云南水稻品种的糙米粗蛋白含量，其平均值为9.21%，变幅为7.31%～11.5%。周家齐等（1983）测定了1535份云南水稻品种的粗蛋白含量，平均值为8.01%，变幅为4.5%～15.54%；测定了214份陆稻品种的蛋白质含量，平均值为8.44%，变幅为5.02%～12.25%。分析发现，云南稻作资源中，陆稻品种蛋白质含量平均高于水稻品种，且变幅小于水稻品种；水稻品种中，粳稻的蛋白质含量略高于籼稻，糯稻的蛋白质含量高于粘稻。赵国珍和刘吉新（2000）对376份云南稻种资源与207份日本稻种材料的直链淀粉含量进行了测定比对。结果显示，直链淀粉含量云南籼粘稻（23.0%）＞云南粳粘稻（20.0%）＞日本粳粘稻（14.9%）＞云南籼糯稻（2.5%）＞云南粳糯稻（1.8%）＞日本粳糯稻（1.6%）。分析发现，云南粘稻地方稻种资源中存在部分直链淀粉含量较低（＞15%）的种质。用旱地收获的陆稻进行品质分析的研究不多，有限的资料表明，其粗蛋白含量一般为8%～10%；赖氨酸含量多为0.3%～0.35%，个别达0.39%；直链淀粉含量粳稻一般低于15%，多为轻胶稠度和中等糊化温度；红米、茶色米多，外观品质较好，但对大多数人而言口感较差。

2．野生稻稻米营养品质

根据Cheng（2005）等对云南3种野生稻6个居群不同采集地与年份的9个样本和6个栽培稻（籼、粳各3个）共15个样本的分析，云南3种野生稻稻米蛋白质含量分别为普通野生稻14.47%、药用野生稻15.27%、疣粒野生稻15.30%，比栽培稻（9.15%）平均高5～6个百分点，差异达到极显著水平。氨基酸含量测定表明：野生稻稻米中氨基酸总含量比栽培稻高30%～60%；氨基酸组分中，几种人体必需氨基酸如酪氨酸、赖氨酸、缬氨酸等的含量比栽培稻高34%～209%，尤其是与抗逆性相关的脯氨酸含量比栽培稻高142%～209%，说明其种子储藏蛋白质组分和表达量与栽培稻存在差异。与食味品质直接相关的直链淀粉含量分析显示：云南3种野生稻中，直链淀粉含量分别为普通野生稻11.99%、药用野生稻9.7%、疣粒野生稻11.28%，明显低于栽培粘稻，介于糯稻和粘糯稻之间。主要矿质元素包括常量元素和微量元素，常量元素在稻米中的含量通常每千克达数百毫克至数千毫克，常量元素通常是机体重要功能物质的基本成分，如P、S，或者是维持机体基础代谢必不可少的营养因子。微量元素往往是机体代谢关键酶的重要组分，是机体健康必不可少的重要营养元素。主要矿质元素分析表明：云南3种野生稻中，5种常量元素硫（S）、磷（P）、钾（K）、镁（Mg）、钙（Ca）的总含量分别为：普通野生稻13 986.01mg/kg，药用野生稻12 365.67mg/kg，疣粒野生稻9561.00mg/kg，分别比栽培稻高65.3%、46.2%和13.0%；部分元素差异更大，如普通野生稻P含量比栽培稻高85.85%，药用野生稻Ca含量比栽培稻高125.70%等；与抗逆性相关的Ca和K含量，野生稻比栽培稻分别高89.8%和29.0%。5种微量元素铁（Fe）、锌（Zn）、锰（Mn）、铜（Cu）、硼（Bo）的总含量分别为：普通野生稻77.16mg/kg，药用野生稻149.93mg/kg，疣粒野生稻90.65mg/kg，分别比栽培稻高39.5%、171.1%和63.9%；不同稻种微量元素含量有其特征，如药用野生稻Fe和Mn含量特别高，Fe含量比其他稻种高14.4%~174.6%，Mn含量比其他稻种高4~6倍；疣粒野生稻Fe和Cu含量比较高，Cu含量比其他稻种高45.2%~542.9%，Zn含量野生稻比栽培稻高1倍以上，Bo含量在各稻种间相对稳定。上述微量元素分析结果与曾亚文等（2003）的结果基本一致。当然，稻米矿质元素含量与产地生态条件（栽培条件）和地质背景相关，但不能否定其种质特性。

值得注意的是，与野生稻相比，栽培稻营养品质总体呈下降趋势。但栽培稻中，糯稻营养品质总体高于粘稻。

（五）稻种资源核心种质构建

1. 云南稻种资源核心种质构建

云南是中国稻种遗传生态多样性中心和优异种质的富集地区。1998~2001年云南省农业科学院与中国农业大学等共同承担了"云南稻种资源核心种质库的构建"项目，以国家作物种质库编目入库的清单数据为基础，将收集的云南地方稻60个性状近30万个基础数据输入计算机，建立了云南17个地（州、市）109个县6121份完整的云南稻种资源原始数据库。参照中国稻种资源核心种质构建，以及核心种质取样原则、方法及技术体系，结合云南实际，经37种取样方案的检验和比选，确定了以丁颖、程-王（程侃声-王象坤）分类系统为分组原则，以平方根或对数法决定组内取样比例和组内聚类取样为最佳取样方案，并与核心种质取样策略、检验体系、形态、农艺性状、同工酶、分子标记，以及GIS技术等多学科和技术结合，建立了云南稻种资源的初级、二级和三级核心种质。初级核心种质919份，约占初始样本（6121份）的15%，表型上代表了初始样本98%以上的多样性；二级核心种质700份，约占初级样本的76%、初始样本的11%；三级核心种质548份，约占二级样本的78%、初始样本的9%，其形态多样性约占初始样本的92%，同工酶多样性约占初级核心种质的95%，SSR多样性约占二级核心种质的98%（曾亚文等，2000），并在此基础上开展了云南稻种资源的多样性及其分布研究。

2. 云南稻种资源多样性评价

一是生态多样性。根据云南省农业科学院粮食作物研究所对云南稻种资源初始样本31个表型性状平均多样性指数的分析，依其在云南16个地州间的分布，可将云南稻种资源的多样性大致划分为3个地理分布区，即多样性中心区（包括临沧、西双版纳、德宏、思茅和文山）平均多样性指数1.2735~1.2036；多样性扩散区（包括保山、玉溪、怒江、昭通、红河和大理）平均多样性指数1.1747~1.1230；多样性贫乏区（包括楚雄、曲靖、丽江、昆明、迪庆）平均多样性指数1.107~0.7843。依其在云南稻区的分布，依次为南部边缘水陆稻区（1.2656）＞滇南单双季籼稻区（1.2437）＞滇中一季籼粳稻区（1.1970）＞滇西北高寒粳稻区（1.1666）＞滇东北高原粳稻区（1.1128），显示南部边缘水陆稻区和滇南单双季籼稻区是云南稻种资源多样性的中心。二是种群多样性。根据曾亚文等（2001）对云南稻种资源初始样本进行系统分类和表型性状平均多样性指数的分析，云南地方稻种被划分为籼、粳2个亚种，六大生态群，并分属58个变种。其中，稻籼亚种26个、粳亚种32个。籼、粳亚种的平均多样性指数显示，粳稻为1.2081，籼稻为1.1454；六大生态群的平均多样性指数依次为爪哇群（1.2319）＞晚籼群（1.1738）＞普通粳群（1.1726）＞光壳粳群（1.1618）＞早中籼群（1.1371）＞冬籼群（0.9889）。云南稻种资源无论是多样性指数还是变种分类研究均显示粳稻多样性明显大于籼稻，从而提出了云南地方稻种籼、粳独立起源的观点。三是等位酶基因多样性。张洪亮（2000）等以云南912份地方稻种资源初级核心种质为研究对象，对亚种、不同地区和稻区间材料的6种等位酶12个酶基因位点的遗传多样性研究显示：粳亚种平均基因多样性高于籼亚种；除少数位点外，籼、粳亚种间的遗传分化不明显；亚种中陆稻平均基因多样性高于水稻，籼亚种中的水陆遗传分化要比粳亚种中的水陆遗传分化彻底；滇西南5个地区平均基因多样性较高；南部边缘水陆稻区平均基因多样性最高，稻区间的分化水平较低；籼稻在不同稻区间的遗传分化（0.1175）远大于粳稻在不同稻区间的遗传分化（0.0398）；滇东北高原粳稻区的籼粳平均遗传分化程度最高，选择压力较大可能是滇东北高原粳稻区内籼粳亚种分化比较彻底的原因。四是SSR多样性。张洪亮等（2003）对云南地方稻种核心种质的SSR分析也表明：云南稻种资源中粳稻具有比籼稻多的等位变异、基因多样性和特有等位基因数，而且具有较小的栽培型间和地理上的遗传分化，水陆稻间的遗传分化明显小于籼粳稻间的遗传分化；云南稻种资源遗传多样性丰度依次为南部边缘水陆兼作区（0.7692）＞滇南单双季稻区（0.7423）＞滇中一季粳稻区（0.7314）＞滇西北高寒粳稻区（0.7179）＞滇东北高原粳稻区（0.6890）。云南稻种资源核心种质的遗传多样性，无论是形态、等位酶、还是SSR分析总趋势是一致的，反映了云南稻种资源的遗传结构特征。

二、玉米种质资源的鉴定与评价

根据国家"六五"计划以来对农作物农艺性状鉴定的具体要求，云南省农业科学院按国家统一标准，在昆明（海拔1910m）完成了约2000份云南玉米资源的株高、穗位高、主茎叶片数、双穗率、生育期、穗长、穗粗、千粒重、品质、抗性等性状鉴定与评价（陈宗龙等，2005）。主要结果如下。

（一）粒型

在云南收集到的1761份农家玉米品种中，硬粒型占58.6%，中间型占17.5%，马齿型占6.9%，糯质型占15.6%，爆裂型占0.9%，甜质型占0.2%，甜粉型占0.1%，未发现有粉质型和有稃型玉米品种。硬粒型玉米进入云南最早，品种演化历时最长，故品种数最多，占全省地方品种数的一半以上；种植面积最大，遍布云南全省。云南爆裂型玉米以米粒型为主，也是引入云南最早的品种类型，但产量低，食用方法单一，故品种数较少，仅收集到15份，云南中北部冷凉山区彝族、傈僳族聚居区有少量种植。马齿型和中间型玉米引入云南显然较晚，且多数可能是19世纪由西方传教士带入，分化出的品种数远少于硬粒型玉米，二者合计约占云南玉米地方品种总数的1/4；分布也不及硬粒型玉米广，中间型玉米在滇东北分布较为集中。甜质型和甜粉型玉米进入云南的时间可能更晚，品种数少，收集到普通甜玉米仅3份，甜粉型玉米1份，且仅见于昆明及周边地区，可能是20世纪30年代末由美国航空志愿队带入。糯质型（蜡质型）玉米是云南玉米地方品种的重要组成部分，栽培历史悠久，品种数多，约占全国糯质型玉米品种总数的1/3，在收集到的糯玉米农家品种中，以云南南部分布较为集中，占近2/3。许多品种在傣族、哈尼族、布朗族聚居区历史悠久。显然滇南、滇西南是糯玉米的多样性中心。

（二）株型及熟性

云南玉米地方品种资源遗传多样性丰富，生态类型复杂，有大包谷、二季早、小包谷三大生态群，株型和熟性差异较大，以中高秆、中晚熟、中大穗品种最为丰富。

1. 株型特征

云南地势北高南低，玉米地方种质资源（农家种）的株高从南到北随海拔高程升高呈株高降低、叶片数减少的趋势，株型亦随之变化。南部低热层玉米，植株高大，叶片多而披散；中北部高寒层玉米，植株矮小，叶片少而相对直立，穗位高度亦随海拔升高而降低。从1800余份云南玉米农家种在昆明种植的观察鉴定结果可以看出，云南北部高海拔冷凉山区玉米农家种多为小包谷类型，穗位高与株高的比率一般小于0.4，比率极小者如丽江白包谷仅0.18，穗位绝对高度仅34cm，接近地面；云南中部温凉地区玉米农家种多为二季早类型，穗位高与株高的比率多在0.5~0.6；南部温暖地区玉米农家种多为大包谷类型，穗位高与株高的比率多在0.65以上，比率最大者达0.8以上，如保山市农家种白早花，穗位高与株高比0.69，穗位绝对高度竟达306cm。概而言之，高海拔冷凉区小包谷植株较矮，果穗一般着生在植株的"腰部"或其下；而低海拔热区大包谷植株高大，果穗往往着生在植株的"肩"上。形成这种株型分异的主导因子或选择压力显然与所在地的气温有关，尤其是夜间温度。夜间静风天气下形成的近地逆温层可能是穗位高度选择的主导因素。

株高：生产用种的植株高度在150.0~250.0cm（平均高度200.0cm左右）为最佳。《全国玉米种质资源目录》将株高低于100cm的玉米种质规定为矮秆资源。云南根据玉米资源的具体情况将株高低于150cm的玉米种质规定为矮秆资源；高于400.0cm的玉米资源规定为特高秆资源。矮秆资源用于玉米的矮化或抗倒伏育种，而高秆资源则用于青贮饲用玉米育种。在昆明通过对2010份云南玉米资源的株高进行分析，云南玉米资源的株高分布在70.1~444.0cm，平均株高270.96cm，变异系数20.10%。其中贡山糯包谷最矮，株高仅为70.1cm（小于100cm），保山白早花玉米最高，为444.0cm。有1282份玉米资源的株高在201.0~300.0cm，占云南总数的63.78%；14份小于150.0cm，占0.69%；15份大于400.0cm，占0.74%。

主茎叶片数：云南玉米资源主茎叶片数的变化相对较大，最多的品种是来自滇西南的墨江黄糯玉米，为30片叶；最少的是来自昆明（滇中）的白包谷和来自绿春（滇东南）的糯包谷，为11片叶。对1996份云南玉米资源的考察发现，其平均主茎叶片数为19.11，变异系数为15.62%，相对较小。从品种数的分布来看，约1372份玉米品种资源的叶片数在16~21片，占云南玉米资源总数的68.74%；小于15片叶的品种有198个，占9.92%。根据《全国玉米种质资源目录》，主茎叶片数在12片叶及以下的品种为特殊材料，云南玉米资源中主茎叶片数在12片叶以下的品种有15个。

2. 熟性

据云南省农业科学院对2008份玉米资源在昆明的测定，云南玉米地方品种中，中熟及中晚熟品种最多，生育期大部分在111~140d，约占总数的78.74%，短于111d的品种（早熟与极早熟品种）约占19.52%，长于140d的仅有1.74%。其中又以生育期111~130d的中熟及中晚熟品种最多，占33.62%。生育期在各地表现也有明显差异，早熟和极早熟品种主要分布在滇东北温凉区、滇西北冷凉区和滇中温暖区的高寒山区。在滇东北，极早熟品种占该区品种数的11.94%，早熟品种占21.39%，还没有发现一个地方品种的生育期长于140d。在滇西北，极早熟品种占10.89%，早熟品种占14.52%，而生育期长于140d的品种仅占0.33%。

（三）穗部性状特征

1. 果穗性状

穗型：从短锥、长锥到圆柱、长柱均有。硬粒型玉米多为锥形，马齿型、中间型玉米多为柱形。在1992份云南玉米种质资源中，柱形果穗的品种有217份，占品种总数的10.9%；锥形果穗品种456份，占22.9%；中间型果穗1319份，占66.2%。其中，云南"大屁股玉米"果穗粗短，基部膨大，顶端截平，籽粒浑圆，穗行数22~26，穗轴粗，是一个特殊类型。

穗长：穗长≥20.00cm是玉米高产性状的一个重要指标。云南省农业科学院测定了2009个云南玉米地方品种的穗长，平均长度为14.64cm。最长的品种是镇雄（滇东北）大白包谷，为21.1cm；最短的品种是瑞丽（滇西南）玉蝶玉米，为6.0cm；变异系数为13.91%。

穗粗和穗行数：穗粗≥5.20cm是玉米穗部产量的一个重要指标，也是玉米种族分类的一个主要性状。对1996份云南玉米资源穗粗的鉴定显示，其穗粗直径最小值为1.8cm，品种是勐海（滇西南）四路糯；最大值是5.7cm，品种是保山（滇西南）黄包谷；变异系数为9.96%。1631份云南玉米资源的穗粗直径在3.6~4.5cm，占调查玉米资源总数的81.71%。穗行数4~24行，除勐海四路糯第1~3穗为4行为特殊类型外，多数为10~14行。

双穗率：双穗率高是玉米高产、稳产的主要性状之一。对1940个云南玉米资源双穗率的调查发现，带双穗性的品种915个，占总数的47.16%；根据《全国玉米种质资源目录》确定的双穗率在50%以上的品种为特殊材料，云南玉米有51个品种是特殊多穗材料，占2.6%。双穗率在100%以上的多为糯玉米，如勐海四路糯（171.4%）、蒙自红糯（143%）、丽江糯包谷（222%）等。嵩明白包谷双穗率可高达315%，是特殊多穗材料。

2. 籽粒性状

粒重：在2011份云南玉米地方品种资源中，千粒重为32.00~699.00g，千粒重最大的品种是文山（滇东南）黄包谷，为699g，最小的是红河（滇东南）黑色包谷，为32g。云南玉米地方品种资源的平均千粒重为276.68g，变异系数23.94%。其中，有1733份云南玉米资源的千粒重为201~400g，占鉴定总数的86.18%；千粒重大于501g的品种9份，小于100g的品种有8份。云南玉米资源中大粒资源比较丰富，按照《全国玉米种质资源目录》的界定，千粒重大于400g的为大粒品种，则云南玉米资源中有大粒品种70份，占鉴定总数的3.48%，千粒重大于450g的云南玉米品种有28份，千粒重大于500g的有镇雄大白包谷（504.8g）、武定普照包谷（512.0g）和瑞滇玉米（560g）等。

粒色：云南玉米粒色丰富，除黑、紫、红、黄、白各单色籽粒外，还有各色阶的过渡色籽粒，如橘红、橘黄、浅紫、淡黄等，以及二色以上的籽粒镶嵌穗（杂色）和籽粒带红色（紫色）细条纹的血丝包谷。云南玉米籽粒以黄、白二色为主，白粒品种占地方品种总数的44.5%，黄粒品种占42.7%，红色品种占5.5%，乌色占3.9%，杂色占2.6%，血丝占0.9%。白粒玉米喜肥耐水耐潮，因其淀粉较软，蒸煮食品口感柔和，深受南部傣族、壮族、哈尼族等河谷地区民族青睐；黄粒玉米耐瘠，淀粉较硬，蒸煮食品"筋骨好"，经饱耐饥，故得到中北部彝族、傈僳族等山地民族偏爱。

（四）品质

1980年开始，云南省农业科学院粮食作物研究所先后对云南玉米地方品种品质进行了大量检测鉴定，同时参加了以中国农业科学院品种资源研究所牵头、组织全国的协作攻关单位完成的5850份玉米资源的粗脂肪、粗蛋白、总淀粉、赖氨酸的测定，云南提供了641份玉米地方品种做脂肪、蛋白质、总淀粉含量分析，其中130份做支链淀粉分析、137份玉米资源做赖氨酸等19种氨基酸分析、49份资源做脂肪酸等的含量分析，主要结果如下。

1. 蛋白质

云南玉米地方品种蛋白质平均含量为12.00%，比全国平均水平（9.6%）高2.4个百分点；变幅为7.55%~14.82%，变异系数为6.91%，11.01%~12.00%的有267个，占41.65%；12.01%~13.00%的有244个，占38.07%；13.01%~14.00%的有64个，占9.98%；蛋白质含量大于12%的296份，占46.2%；大于14.00%的品种仅有8个，占1.25%，分别是糯包谷（14.04%）、黄洋玉米（14.04%）、红玉米（14.05%）、黄糯玉麦（14.11%）、二季早（14.26%）、血丝包谷（14.31%）、杂花玉米（14.57%）和银泡玉麦（14.82%）。根据137份云南玉米资源氨基酸组分测定结果，云南玉米全籽粒赖氨酸含量0.2131%~0.3613%，平均含量为0.2879%；全籽粒赖氨酸含量≥0.3301%的品种有6份，分别是丽江早熟黄包谷（0.3362%）、屏边金黄包谷（0.3384%）、通海杞麓糯包谷（0.3394%）、鹤庆黄马牙包谷（0.3400%）、丽江洋包谷（0.3578%）和禄丰白包谷（0.3613%）；全籽粒色氨酸含量0.0540%~0.0851%，平均含量0.0674%；其中色氨酸含量≥0.081%的3个，分别是云龙白糯玉米（0.081%）、丽江小黄包谷（0.082%）和武定红包谷（0.085%）。云南玉米资源蛋白质含量与不同粒色之间有一定差异，主要是黑紫色粒玉米的蛋白质含量较低，而其余4种粒色玉米的蛋白质含量无显著差异。云南玉米参试品种的蛋白质含量变化与脂肪含量的变化相似，也是以糯质型玉米的蛋白质含量最高，其次是硬粒型、中间型品种，马齿型玉米的蛋白质含量最低。同样，玉米籽粒粉质越高，则蛋白质含量越低。

2. 脂肪

云南玉米地方品种脂肪的平均含量为4.69%，略低于全国平均（4.8%）水平，变幅为3.24%~6.20%，变异系数为11.09%，没发现含量大于7%的品种。约25%的参试品种的脂肪含量超过5.01%；4份品种的脂肪含量超过6.01%，占参试总数的0.62%，这4个品种是紫包谷231008（6.13%）、晚熟白糯包谷231186（6.20%）、子利甲马231583（6.11%）、四匹河波尤231587（6.12%）。另据测定，新平黄包谷的粗脂肪含量高达6.74%。48份品种材料的脂肪酸组分测定结果表明，以粗脂肪含量为100%计，云南玉米棕榈酸含量为12.89%~18.40%，平均含量15.08%，有21份棕榈酸含量大于平均值（15.08%）。硬脂酸含量1.43%~3.52%，平均含量2.23%；约77.08%的材料硬脂酸含量集中在2.50%以下，其最小值为1.43%（华坪白糯），高于全国的最小值（1.29%）；有23份云南玉米资源的硬脂酸含量大于平均值，占鉴定份数的47.92%；白糯玉米的硬脂酸含量高达3.52%，为全国已鉴定材料之最。油酸含量28.37%~37.43%，平均含量33.27%，约70.83%的品种油酸含量集中在32.01%以上；有24份云南玉米资源的油酸含量大于平均值，其中6份材料的油酸含量大于36.01%，包括黄包谷（36.34%）、黄团棵（36.56%）、黄糯包谷（36.86%）、细黄包谷（37.06%）、三月黄（37.24%）、半高脚团棵（37.43%）等6份地方品种。亚油酸含量43.31%~52.78%，平均含量47.67%，其最小值为43.31%（细黄包谷），高于全国的最小值（36.77%），但亚油酸含量的最高值（52.78%）也小于全国的最高值（62.51%），约60.41%的品种亚油酸含量集中在47.01%以上；有21份云南玉米资源的亚油酸含量大于平均值，占鉴定份数的43.75%，其中3份品种的亚油酸含量大于51.01%，即洋包谷（51.02%）、二马牙（52.74%）和早熟黄包谷（52.78%），属于高亚油酸种质。亚麻酸含量0.67%~1.56%，平均含量1.11%，最高值是1.56%，低于全国的最高值（2.35%），最低值（0.67%）也低于全国的最低值（0.82%），约87.50%的品种的亚麻酸含量集中在1.30%以下；6份品种的亚麻酸含量小于0.91%，即矮脚糯包谷（0.90%）、武定黄包谷（0.90%）、黄团棵（0.86%）、高山红缨包谷（0.84%）、昌宁二黄包谷（0.84%）、丽江黄包谷（0.67%），属于低亚麻酸种质。花生四烯酸含量0.16%～3.90%，平均含量0.54%，其最小值高于全国最低范围，最大值高于全国最高范围，其中，83.33%的品种花生四烯酸含量在0.21%～0.39%，大于0.40%的品种有4个。α-生育酚含量2.10%～15.98%，平均含量7.36%，小于全国玉米α-生育酚含量的变化范围（1.80%～19.40%）；其中，有23份品种α-生育酚含量大于平均值（7.36%）；8份品种α-生育酚含量大于12.01%，包括楚雄白玉米（12.12%）、昆明黄包谷（12.21%）、昆明黄二季早（12.41%）、大理白糯玉米（12.46%）、玉溪红包谷（12.85%）、玉溪杞麓包谷（13.03%）、丽江大白包谷（13.33%）、丽江黄包谷等。玉米不同粒色的脂肪含量则有所不同，表现为杂色玉米＞白色玉米＞黄色玉米＞黑紫色玉米＞红色玉米。粒色为浅色的品种脂肪含量相对比深色的高，杂色玉米因其是多种颜色的组合，多含白色、黄色等，脂肪含量相对较高。在参试品种中，以糯质型玉米的脂肪含量最高，其次是硬粒型、中间型品种，马齿型玉米的脂肪含量最低，说明玉米籽粒粉质含量越高，则脂肪含量越低。

3．淀粉

根据对641份随机样本的分析，云南玉米资源的总粗淀粉含量为63.08%～74.59%（干基），平均69.54%，略低于国内玉米平均粗淀粉含量（71.1%）。其中大于72.01%的有39份，达到高淀粉玉米指标≥74%的仅有2份，分别为黄玉米（231569，74.28%）和夹黄包谷（231524，74.59%）。对128份玉米资源支链淀粉品质的分析结果表明，支链淀粉含量为68.27%～99.64%，依品种粒型、糯性而异；糯玉米支链淀粉含量高，为73.11%～99.64%；普通玉米较低，为69.24%～73.83%。显然，云南糯玉米地方品种除wxwx基因型外，还存在多种淀粉修饰基因类型。

4．氨基酸

根据对137份云南玉米资源的氨基酸分析，赖氨酸平均含量为0.2879%，最大值为0.3613%，低于高赖氨酸玉米含量（≥0.4%）的最低要求，比全国玉米资源赖氨酸含量的最高值（0.5280%）低得多；最小值为0.2131%，又高于全国的最小值（0.2100%）。其中67.16%的品种的赖氨酸含量集中在0.2501%～0.3100%；赖氨酸含量≥0.3301%的品种有6个。色氨酸平均含量为0.0674%，最大值为0.0850%，比全国玉米资源的色氨酸含量最高值（0.1110%）低得多；最小值为0.0540%，其中56.93%的品种的色氨酸含量≥0.066%；色氨酸含量≥0.081%的品种有3个。脯氨酸平均含量为0.7806%，最大值为1.1561%，比全国玉米资源的脯氨酸含量最高值（1.6898%）低得多；最小值为0.1039%，也低于全国的最小值（0.2750%）。其中62.77%的品种脯氨酸含量≥0.7501%；而含量≥1.0001%的品种有4个。苏氨酸平均含量为0.3628%，最大值为0.4960%，低于全国玉米资源的苏氨酸含量最高值（0.5241%）；最小值为0.0340%，远低于全国的最小值（0.2730%）。其中64.96%的品种的苏氨酸含量≥0.3501%；而含量≥0.4201%的品种有7个。

云南糯玉米的蛋白质、淀粉、脂肪、赖氨酸的平均含量高于普通玉米。据中国科学院遗传研究所1989年分析，云南糯玉米籽粒蛋白质、赖氨酸含量介于普通玉米和高赖氨酸玉米之间，但蛋白质含量变幅较大（7%～14.5%）。糯玉米胚乳蜡质状，籽粒呈不透明，表面无光泽，支链淀粉含量接近100%，具有黏、软、细、柔四大特点，另外，还有特殊香味，口感好，这是普通玉米所不具备的。

（五）抗病性

1．玉米大斑病（*Helminthosporium turcicum*）

大斑病是玉米主要的叶斑性真菌病害，云南是病害的高发区，常年普遍发生。全国玉米大斑病抗性鉴定协作组在昆明、成都、丹东三地采用接种法鉴定了2852份玉米材料，病级按0～6级划分。于玉米植株8～9叶期和心叶末期用病叶粉末或高粱粒、玉米碎粒培养物两次接种，玉米雌穗吐丝后15～20d记载病级。经3年重复鉴定，仍表现抗病的云南地方品种有70份；其中，抗性反应为0.5级（高抗，HR）的品种3个；抗性反应为1级（抗，R）的品种56个；抗性反应为2级（中抗，MR）的11个。云南地方品种抗病材料较丰富，对环境变化的稳定性较强。云南抗大斑病玉米地方资源的生态地理分布：滇西南（29.03%）＞滇东南（22.58%）＞滇东北（20.97%）＞滇中（17.74%）＞滇西北（9.68%）。

2. 玉米小斑病（*Helminthosporium maydis*）

小斑病是云南温暖湿润地区常见的玉米叶斑性真菌病害。采用田间诱发鉴定，病级按0～6级划分。结果显示，小斑病表现抗病的有3份，占0.14%；中抗的有141份，占6.78%；中感（MS）的有1249份，占60.05%；感病（S）的有597份，占28.7%；高感（HS）的有90份，占4.33%。经重复鉴定，云南参试材料仍表现抗性的有二白包谷1份，占全国抗性品种的1/3；中抗品种有本地黄玉米、大白马牙、丘北二关青等46份，占全国中抗品种的32.6%。云南抗小斑病玉米资源的生态地理分布：滇东南（48.94%）＞滇西南（14.89%）＝滇东北（14.89%）＞滇西北（12.77%）＞滇中（8.51%）。

3. 玉米丝黑穗病（*Sphacelotheca reiliana*）

丝黑穗病是云南春玉米区重要真菌病害，抗病级别划分为HR（高抗）、R（抗病）、S（感病）、HS（高感）4级。以1987年秋天就地采集的丝黑穗病病菌材料，经40目铜筛筛出病菌厚垣孢子，播种前一天与筛过的细土按重量配制，1kg菌粉加1000kg细土混合均匀配成0.1%菌土后施土接种。在355份云南参试材料中，表现抗病的有大黄包谷等13份，占总鉴定数的3.7%。云南抗丝黑穗病玉米资源的生态地理分布：滇东北（38.46%）＞滇东南（23.08%）＞滇西南（15.38%）＝滇中（15.38%）＞滇西北（7.69%）。

4. 玉米矮花叶病（MDMV）

玉米矮花叶病是玉米蚜虫传播病毒病害，在云南有零星发生。鉴定采取田间自然感染，抽雄后20～25d调查发病率。或接种人工饲毒的禾谷缢管蚜（无翅），玉米齐苗后三叶一心时进行人工接毒，每株接虫不少于5头，半月后调查发病率。以0～6级发病病级划分品种抗病性类型。结果显示，在264份云南参试材料中抗病的有白马牙、黄包谷等4份，表现中抗的有大黄包谷、洋金麦等4份。云南抗矮花叶病玉米资源的生态地理分布：滇西南（50.00%）＞滇东北（25.00%）＝滇中（25.00%）。

（六）抗逆性

1. 抗冷性

根据1986～1990年中国农业科学院品种资源研究所对云南298份玉米种质的抗冷性鉴定：芽期抗冷性用种子综合力指标法，通过芽期各抗冷指标的相关分析，种子综合力指标与田间相对出苗率呈正相关（$r=0.7950^{**}$）；幼芽冷冻存活率指标与田间低温出苗率呈正相关（$r=0.8921^{**}$）；玉米芽期各抗冷指标间的相关也达到极显著水平。筛选出芽期抗寒（1～2级）的材料190个，占鉴定种质总数的63.76%，其中1级的90个，占30.2%，2级100个，占33.56%。苗期抗冷性用田间苗期综合指标法、5级人工模拟环境鉴定法和生理生化法，将玉米苗期各抗冷指标之间进行简单相关分析，玉米植株组织含水量与冷害叶片萎蔫状况间$r=0.7200^{**}$，玉米植株组织含水量与田间苗期综合指标间$r=0.7500^{**}$，电导率指标与田间苗期综合指标间$r=0.6779^{**}$，K^+外渗指标与田间苗期综合指标间$r=0.7200^{**}$均存在极显著的正相关。通过玉米苗期各抗冷性评价指标间的相关系数分析，筛选出云南玉米资源苗期抗冷（1~2级）材料49个，占鉴定种质总数的16.44%，其中1级7个，占2.35%，2级42个，占14.09%。芽、苗期均抗寒（1~2级）的材料有34个，占鉴定种质总数的11.41%。芽期和苗期均为1级的品种仅有昭通小白包谷（230051）1个，占0.34%。芽期1级、苗期2级的17个，占5.7%；芽期2级、苗期1级的仅有1个，占0.34%。芽、苗期均为2级的有15个，占5.0%。

2．抗旱性

云南冬春干旱严重，春夏连旱频繁。20世纪90年代以来，云南省农业科学院采用相关抗旱性检测方法，分萌芽期、幼苗期和成株期规模化鉴定了大量云南玉米资源的抗旱性。采用吸水法、高渗液法、田间限水出苗法对513份云南玉米资源萌芽期抗旱性进行鉴定，结果显示：供试样本中，一级（HR）抗旱资源76份，占鉴定总数的14.81%；二级（R）176份，占34.31%；三级（M）56份，占10.92%；四级（S）65份，占12.67%；五级（HS）140份，占鉴定总数的27.29%。1992年采用国家推荐的作物幼苗期抗旱性鉴定方法、反复干旱法，对8种籽粒类型共计1467份云南玉米资源幼苗期抗旱性进行鉴定，结果显示：各类型玉米幼苗期的抗旱性绝大部分在弱级（四、五级）以下，共1373份，占总数的93.60%；中级（三级）88份，占6.00%；抗旱资源（一、二级以上）仅6份，占0.4%。在8个类型的玉米中，有3份抗旱材料为中间型玉米杂交种，属偏马齿型玉米，占该类型总数的5.88%，2份硬粒型为中强级抗旱，占该类型总数的0.22%，1份属偏硬型玉米，占1.06%。未发现抗旱性在二级以上的糯玉米、甜玉米及爆裂玉米资源材料。硬粒型、偏硬型和偏马齿型在云南玉米资源幼苗期抗旱性选择中值得重视。成株期抗旱性鉴定，参照罗淑平等（1989）的方法，利用云南元谋冬春季节干热、水分蒸发量大的自然条件，以株高、穗位、功能叶面积、穗粒数、百粒重为指标综合评价其成株期抗旱性。在鉴定的1467份样本中，抗旱极强的材料9份，占鉴定总份数的0.61%；抗旱材料21份，占鉴定总份数的1.43%；中间材料151份，占鉴定总份数的10.29%；不抗旱材料1286份，占鉴定总份数的87.66%。抗旱材料中，硬粒型（包括偏硬粒型）品种有16个，占30个材料的53.33%；马齿型（包括偏马齿型）品种有7个，占23.33%；中间型品种6个，占20.00%；糯玉米仅有1份。可见，硬质型胚乳、籽粒角质层厚的品种抗旱性相对强，粉质型胚乳、籽粒角质层薄的品种抗旱性相对弱，糯质型、甜质型、爆裂型、甜粉型资源中抗旱性种质材料极少。从粒色的角度分析，抗旱资源中籽粒呈白色的有15份，占总数（30份）的50%；黄色的10份，占33.33%；红色和杂色各2份，乌色1份。其抗旱资源丰度为白色＞黄色＞其他颜色。但不同粒色材料的抗旱强度分析显示：综合抗旱性为红色＞黄色＞白色＞其他颜色；萌芽期抗旱性为红色＞白色＞黄色＞其他颜色；幼苗期为红色＞黄色＞白色＞其他颜色；成株期为黄色＞其他颜色＞白色＞红色。从品种来源看，来自云南北部地区的抗旱品种占据绝大多数，共18份，中部地区有3份，南部地区有6份，说明在相对干旱环境下筛选或驯化的玉米种质的抗旱性比较强，在相对多雨阴湿环境下筛选或驯化的抗旱性比较弱。

三、麦类种质资源的鉴定与评价

（一）小麦

1．冬春性和生育期

不同类型的品种通过春化所需的低温范围和持续时间不同，据此可划分其冬春性。通常以分期播种比较法、春性品种比较法、冬夏播结合分析法进行鉴定。根据1958年对所收集的119份云南小麦代表性地方品种资源的鉴定，云南小麦地方品种资源以半冬性和弱春性品种居多，这与云南小麦主产区的海拔（1500~2200m）和冬季温暖的气候直接相关。在此海拔范围内，随着海拔的升高，冬性品种所占的比例逐步增大，而春性品种则逐渐减少。海拔2200m以上的高寒山区，以冬性品种为主，1500m以下的滇南地区则以弱春性及春性品种为主。1981年，曾学琦等用已知冬春性的尤二、墨波为标准品种，通过昆明的夏播试验，研究了来自不同生态区的273个地方品种的冬春性。根据播期（6月13日）和标准品种的生育进程，将冬春性的划分标准定为：能在8月上旬前拔节，8月底前正常抽穗的归为春性品种；8月内能正常拔节，但抽穗迟而不整齐的归为半冬性品种；9月内不拔节或拔节不抽穗者，归为冬性品种。结果273个品种中有98个为春性，占35.9%；这类品种幼苗习性多为直立，主要来自滇西南和滇东南及滇中低海拔地区，包括普通小麦、圆锥小麦及硬粒小麦。属于半冬性的品种有133个，占48.7%；冬性品种44个，占16.1%，这类品种主要来自海拔较高的滇西北地区。

云南小麦地方品种资源的生育期变幅较大，达100~250d。曾学琦等1981~1982年曾对387个地方品种的生育期进行了连续两年的研究，并根据云南小麦的生产实际，将各品种的生育期按特早熟、早熟、中早熟、中晚熟和特晚熟分类，发现供试样本中，有3月上旬至中旬就成熟的早熟品种，如盈江短芒麦；也有5月底至6月初才成熟的晚熟品种，如昌宁广益五月麦；绝大多数为4月底至5月上中旬成熟。云南小麦地方品种中特早熟和早熟品种较少，仅占1%左右；中早熟品种也只占17%，主要分布于海拔1600m左右的滇南和其他区域河谷地带；中晚熟品种的比例最大，分布也最广，云南大部分地区都有分布；晚熟和特晚熟品种与中早熟品种比例相似，主要分布于滇西北的高海拔寒冷山区。伍少云等1991~1993年选用早熟和晚熟类型的云南地方品种资源18个，按不完全双列杂交方式组配杂交组合，研究了与生育期相关的3个性状的遗传特点，结果表明，拔节期表现为质量-数量遗传模式，抽穗期和开花期表现为显性遗传模式，而且抽穗期和开花期的遗传力均较高，有利于育种中对早熟性的选择。此外，对各性状间的相关分析表明，成熟期与抽穗期（$r=0.368~0.561^*$）、开花期（$r=0.428~0.581^*$）呈显著正相关，开花期对成熟期有较大的正向通径（$b=0.93$）。因此，开花早的材料往往熟期也相对较早，结果表明，在利用云南的早熟性资源进行品种改良时，要在杂交后代中得到较多的早熟个体，亲本之一应为早熟材料；通过对抽穗期和开花期的选择来选育早熟品种是有效的，尽管不同材料间的灌浆成熟期有差异。云南小麦地方品种多为弱冬性或冬性中晚熟种。在原产地，根据海拔与纬度不同，一般9~10月播种，3~4月抽穗，5~6月成熟，全生育期210~240d。云南小麦（云南小麦亚种）的生育前期较长，在原产地9~10月播种，出苗至拔节日数达100d左右，占全生育期的一半，此特性有利于抗1月霜冻低温冷害。

2．穗粒数与千粒重

多花多实、大穗大粒是云南小麦资源的突出特点之一，与云南小麦穗分化、穗发育和灌浆期间较好的光温条件及昼夜温差有关。在无灌溉的旱地种植，一般穗粒数不低于30粒，70%以上的品种穗粒数在40粒以上，其中21.2%的品种穗粒数在50粒以上，千粒重一般在45g左右，50~60g的也不少。此外，与国内大面积生产品种不同的是，80%以上的云南小麦地方资源都是红粒品种，只有圆锥小麦和硬粒小麦多为白粒。由于穗粒数与千粒重都是产量的主要构成因素，为更好地利用这些资源，伍少云等1991~1993年选用不同穗粒数和粒重的品种杂交，研究了云南小麦资源的穗粒数和粒重的遗传特性。穗粒数的遗传特性：亲本的穗粒数与F_1及其分离世代有密切关系。在多×多、多×少或少×多的杂交模式中，其F_1植株的穗粒数一般偏高亲或介于双亲之间，并大于双亲的平均值；双亲平均值与F_1相关（$r=0.38^*$）。亲本的一般配合力与F_1表型平均值（$r=0.538^{**}$）和杂种优势（$r=0.5145^{**}$）均呈极显著相关；组合特殊配合力与杂种优势（$r=0.464^{**}$）也呈极显著相关。F_1的平均穗粒数=16.26+0.8mp，其中mp为中亲值。一般穗粒数多的杂种F_1，其分离后代出现多花多实个体的频率也较高。亲本穗粒数的遗传力较高，其广义遗传力为38%~50%，狭义遗传力为25%~56%，现实遗传力为20%~95%。由于穗粒数的遗传传递力较高，因此后代有较好的定向选择效果。一般选择率为40%~60%，个别组合高达80%，并可在F_3~F_5中基本稳定。千粒重的遗传特性：高×高、高×低的组合中，F_1的千粒重偏高亲或介于双亲之间；在低×高、低×低的组合中，F_1介于双亲之间，也有少数表现超亲。F_1的粒重与双亲平均值（$r=0.70^{**}$）呈极显著相关。因此，可根据双亲平均值来预测F_1的千粒重。亲本千粒重的一般配合力与F_1表型平均值（$r=0.5154^{**}$）呈极显著相关，组合特殊配合力与杂种优势（$r=0.593^{**}$）呈极显著相关。一般配合力相对效应值高的亲本，其杂交组合平均千粒重的绝对值也较高，从后代中选择千粒重高的个体概率也较高。因此，可利用F_1平均值判断千粒重一般配合力的大小。千粒重和穗粒数一样，遗传力估计值较高，遗传较强，其广义遗传力为26.9%~86.5%，狭义遗传力为21%~46.7%，现实遗传力为20%~85%；一般选择率为40%左右，早代定向选择较好。在单交组合中，一般F_4~F_5代即可基本稳定。

3．小麦的品质

蛋白质和赖氨酸：根据1982年对云南451份小麦资源样品的蛋白质分析，其粗蛋白平均含量为12.93%，变幅为7.81%~18.26%。在381份小麦地方品种资源中，粗蛋白含量小于10.00%的材料仅11份，占2.89%；10.00%~11.99%的69份，占18.11%；12.00%~13.99%的220份，占57.74%；14.00%~16.99%的81份，占21.26%。1986~1990年分析入国家作物种质库的云南小麦种质资源的蛋白质、赖氨酸含量，云南省提供的510份资源样品中蛋白质含量平均为14.88%，变幅为9.89%~20.99%，高于全国平均值12.76%及春麦平均值13.37%；赖氨酸含量平均为0.44%，变幅为0.31%~0.56%，高于全国平均值0.40%及春麦平均值0.41%；90%以上的样品粗蛋白含量在12%~18%，80%以上的样品赖氨酸含量在0.40%~0.45%；籽粒蛋白质与赖氨酸含量间呈极显著正相关（$r=0.85^{**}$），说明云南小麦地方品种中确有一批高蛋白资源。分析结果表明，蛋白质含量在不同种、亚种及变种间存在明显差异。伍少云和金晓瑾（1992）指出，云南小麦资源的蛋白质含量较高，平均达15.59%，普通小麦平均为15.3%，密穗小麦平均14.7%，硬粒小麦平均14.19%，圆颖多花类15.10%，拟密穗类14.78%。蛋白质含量在17%以上的品种大多数来自普通小麦，赖氨酸平均含量除硬粒小麦偏低外，其他均较接近。来自云南63个市、县的396份地麦（旱地麦）生态型和田麦（稻田麦）生态型地方种质中，地麦的蛋白质含量一般较田麦高。海拔对小麦籽粒蛋白质含量的影响也较明显，随着海拔的升高，小麦籽粒蛋白质含量也随之增加，这可能与生育期逐渐延长有关。蛋白质含量低于12%的品种主要分布于低海拔的河谷或坝区，多为田麦。根据对396份地方种质和114份育成种质的分析，云南小麦地方种质与育成种质在蛋白质和赖氨酸含量上有明显差异。地方种质的蛋白质含量平均为15.15%，而育成种质平均蛋白质含量仅为13.91%，育成品种千粒重较高，籽粒中淀粉积累较多而蛋白质相对含量降低。赖氨酸含量的趋势也基本一致，地方种质平均为0.44%，育成种质的赖氨酸含量平均为0.41%。云南小麦亚种（云南小麦）的平均蛋白质含量为15.59%，变幅12.89%~18.24%，比普通小麦的平均含量（15.03%）高0.56%，变幅也略小于普通小麦（9.89%~20.99%）；比密穗小麦的平均含量（14.7%）高0.89%，比硬粒小麦的平均含量（14.19%）高1.4%。因此，云南小麦可作为改良小麦品种蛋白质含量的优良资源。

面筋属性：2001年以来，云南省农业科学院粮食作物研究所对种植于昆明的1468份普通小麦资源（包括100份云南地方品种资源和国内外引种资源）用全麦粉进行了面筋含量与面筋指数（gluten index, GI）测定，发现种、亚种间面筋含量与面筋质量存在差异。云南小麦地方品种资源的面筋含量普遍较高，除圆锥小麦外，硬粒小麦、密穗小麦和普通小麦3个种的面筋含量都在30%以上。在普通小麦种内，又以拟密穗小麦的面筋含量最高，全麦粉达37%。但所有地方品种资源在昆明种植的样品，其面筋指数都很低。按GI<60%为弱筋粉、60%≤GI<80%为中筋粉、80%≤GI<90%为强筋粉、GI≥90%为超强筋粉分类，这100份资源中除1份来自临沧的铁壳麦品种（编号为XM0927）GI为69%，达到中筋水平外，其余资源均为弱筋小麦，说明云南小麦地方品种资源的面筋含量较高，但面筋强度普遍较弱。育成或引进种质的面筋含量虽不及地方品种资源，但面筋强度要好得多。

4. 小麦的抗性

锈病抗性：小麦锈病包括由条锈菌（*Puccinia striiformis* f. sp. *tritici*）、叶锈菌（*P. recondita* f. sp. *tritici*）及秆锈菌（*P. graminis* f. sp. *tritici*）三种病原菌引起的病害，其中条锈病危害最为严重。锈病的抗性鉴定采用自然诱发和人工接种方法，曾学琦等1980~1984年的观察鉴定认为，云南小麦的44个品种对叶锈和秆锈的抗性均较强，除2个品种发生叶锈外，其余均未发生叶锈病、秆锈病，但小麦种的绝大多数品种高感条锈病；密穗小麦感三种锈病，而以条锈最重；全部供试材料均发生病害，圆锥小麦对秆锈的抗性较强，条锈病次之，叶锈病较重；硬粒小麦的三个品种均表现叶锈轻、秆锈重。普通小麦资源三种锈病均有发生，条锈发生普遍且较重，秆锈少而轻，叶锈发生普遍。普通小麦对"三锈"的抗性在不同类型间差异不明显。1986~1990年，在中国农业科学院的统一组织下，曾学琦等提供了315份小麦品种，其中包括云南小麦在内的地方品种265份，育成品种87份，在265份地方品种中，抗条锈品种仅17份，占6.4%，感病品种占93.6%；抗叶锈品种13份，占4.9%，感病品种占95.1%；抗白粉病品种仅2份。这说明云南小麦地方资源对三锈的抗病性差，抗源少。在87份育成品种中，中抗条锈病的品种有26份，抗叶锈病的有17份，抗秆锈病的有11份，育成品种对三锈的抗性较地方品种好，而且在这些抗病资源中蕴藏着双抗、多抗、抗病优质早熟等优异资源。

白粉病（*Blumeria graminis* f. sp. *tritici*）抗性：白粉病主要发生在田麦栽培地区，曾学琦等1980~1984年观察自然诱发条件下品种的抗性反应认为，云南小麦地方品种普遍高感白粉病。但在种、品种及年度间有差异。1984年人工接种鉴定表明，云南小麦地方品种普遍高感白粉病，在390个地方品种中，100%感白粉病，1984年及以前的鉴定未能在地方资源中发掘出白粉病的有效抗源。1986~1990年的鉴定表明，在265份地方品种中，抗白粉病品种仅2份。在87份育成品种中，抗白粉病的有40份。育成品种抗性亦高于地方品种资源。

抗旱性：云南小麦生长期间处于干季，种植面积的2/3是无水灌溉条件的地麦，加上冬春季节日照强、风大，干旱是影响云南小麦生产的主要非生物因素。1984年，曾学琦等选择千粒重基本接近的云南地方春性品种、弱春性品种以及英国冬性品种与云南小麦地方品种的杂交后代，研究了小麦品种的部分特征特性与抗旱性的关系。抗旱特征为，叶片窄长、长宽比大、叶色较淡，或者虽深但角质层厚；分蘖越多，根系越发达，细胞间隙均较小，蜡质层厚。1993~1994年，伍少云等选用20个云南小麦地方品种和20个育成品种（多为田麦品种），研究了小麦根冠水解淀粉含量与抗旱性的关系。统计结果表明，地方品种根冠淀粉的水解速度明显较慢，NaCl干旱胁迫后根冠淀粉残留率仍达50%~80%，而育成品种只有20%~50%，说明地方品种的抗旱性显著强于育成品种，与地方品种资源长期在干旱条件下栽培有关。此外，田麦育成品种的淀粉水解速度也较地麦育成品种快。若按淀粉水解在30%

以下为抗、40%～50%为中抗、50%以上为不抗划分，云南小麦地方品种的抗旱性多属中抗至高抗。1999～2000年，伍少云等选择了5个云南小麦品种，以及长期种植在干旱条件下的普通小麦地方品种及新育成的旱地小麦品种共7个材料，比较研究其抗干旱性，结果表明云南小麦亚种资源都具有较好的抗旱性。其中澜沧铁壳麦和永德铁壳麦表现出较强的苗期抗旱性；云县铁壳麦具有较强的成株期抗旱能力。

5．国内外小麦种质资源的引种鉴定

20世纪90年代初之前，云南生产上大面积推广的品种大都来自国内外引进品种。以后云南利用国内外的矮秆、早熟、丰产和抗病品种及资源，选育出了一批适合云南不同生态环境需求的优良品种。20世纪70年代以来，云南先后从亚洲、欧洲、美洲和非洲的51个国家引进小麦品种资源2000余份，其中国际玉米小麦改良中心（CIMMYT）的材料占60%以上。1983～1984年，曾学琦等在云南11个不同生态区对这些资源的主要农艺性状进行了系统评价与研究。通过筛选鉴定，全生育期175d以下的早熟品种较少，主要来自亚洲的印度、日本、巴基斯坦、以色列、也门和美洲的墨西哥及非洲，这类品种幼苗直立、春性强。5月上旬至5月25日前成熟，全生育期180～200d的中熟及中晚熟品种最多，这类品种来源广，经济性状普遍较好。全生育期205d以上的晚熟型品种，多半为冬性或半冬性，叶色深、具蜡质，以欧洲及美国品种居多。总的来看，亚洲、非洲及近赤道地区或国家的品种生育期短、熟期较早；气候温暖、雨量适中的地中海沿岸国家的品种，中熟及中晚熟类型较多；来自欧洲和美洲的以晚熟材料较多。小麦品种的株高与抗倒伏能力密切相关，尤其是田麦型品种。20世纪70年代以来，随着矮秆品种在世界范围内的成功应用，引进的品种多数株高在100cm以下，70cm以下的矮秆品种主要来自墨西哥、印度、日本、巴基斯坦、以色列、英国、南斯拉夫、匈牙利和保加利亚等国，60cm以下的特矮资源22个。大穗多粒型材料以墨西哥的品种最多，其次为英国、法国、南斯拉夫、叙利亚、土耳其、罗马尼亚、智利等国。来自印度、巴基斯坦、也门、阿根廷、墨西哥、秘鲁、叙利亚、肯尼亚和澳大利亚的材料，一般千粒重均较高，在40g以上；其余国家的品种千粒重多在40g以下，尤其是来自欧美的材料。以来源划分，亚洲、非洲材料一般春性强，幼苗直立或半直立，生育期短，早熟及中熟材料多，分蘖力较弱，株高中等。籽粒除印度、也门等大粒材料较多外，其余国家的材料大粒种少，穗粒数多为35～45粒；土耳其、巴基斯坦、朝鲜、叙利亚等国家的品种小穗密，穗粒数多为45～60粒；粒色除印度、巴基斯坦的白皮种较多外，其余以红色为主；抗病性一般较弱、较耐旱、不耐寒、易受霜冻。这些资源或品种在云南海拔高、气温寒冷、霜期长且重的地区不宜种植；如作为早熟资源兼顾其他性状引种，以印度、巴基斯坦、也门、叙利亚等地区的材料较好。欧洲材料，一般生育期长，成熟晚，半冬性或冬性，幼苗匍匐或半匍匐，叶色深，分蘖力强，小穗密，穗粒数多，60%以上的品种穗粒数在45粒以上；多为红粒，籽粒小，千粒重低，多数在35g以下。这一地区的品种在云南大部分地区不适应，在南部地区部分材料表现为不能正常抽穗，西北部地区表现为成熟度较差，因此不能直接在生产上应用，但其抗病性强、秆矮、大穗材料多，可作为抗源、矮源及大穗多粒资源应用，创造新的种质资源。澳大利亚品种以中熟材料居多，株高、穗粒数及千粒重等均为中等。在云南能正常生长、发育、成熟，但一般白粉病及锈病较重。北美洲的材料生育期长、穗粒数多、大粒品种少，多感白粉病及锈病，也有少数材料抗病。南美洲的材料生育期短，多为早熟及中熟类型，阿根廷及秘鲁品种在云南表现为熟性好、抗锈、穗大、粒多、粒重。CIMMYT的材料株型紧凑，叶片短小；株高85～100cm，多数材料秆细且弹性好；分蘖力较强，分蘖成穗率高，一般可达60%以上；穗中等偏小，穗粒数35～50粒，千粒重一般39～40g，属穗数型材料。这类品种或材料往往具有较好的稳产性，抗锈性好但多感白粉病，部分品种感颖枯病和黑穗病；多数材料前期生长发育慢，有较好的耐寒性，成熟期略偏晚，适应性广。

国内引种的范围较广，几乎包括国内几乎所有麦区，其中以西南、长江中下游和西北的材料最多，四川尤其是绵阳的品种在云南可直接应用，面积也较大，其他省份的材料主要用作育种资源。曾学琦等1984~1985年通过试验认为，福建、江苏、浙江、四川等省的材料多表现为春性或弱春性，生育期短，早熟及中早熟类型较多，植株中等或矮秆，千粒重40g左右，穗粒数35~45粒；较耐旱，不耐寒，易受霜冻，四川材料适应性强，丰产性好，易栽培，但对锈病和白粉病的抗性较差。1997年以来从江苏、四川引进的部分材料，含有南京农业大学育成的6VS/6AL易位系。该易位系因含有来自簇毛麦（6VS）的 *Pm21* 抗白粉病基因和圆锥小麦（1BS）γ80-1的 *Yr26* 抗条锈病基因，经接种条中29~32号条锈病生理小种鉴定，结果连续6年对条锈病和白粉病表现高抗或免疫。材料籽粒多为红粒，小穗着穗密度较稀，相当部分为黑芒，丰产性中等，已成为抗病育种的重要抗源。贵州材料，多为半冬性，分蘖力强，小穗密度大，穗粒数多，一般在45粒以上，千粒重一般40g左右，生育期较长，晚熟。中抗白粉病的材料较多且抗性好，作抗病资源利用较多。西北的材料主要来自宁夏、甘肃和陕西，20世纪90年代初期引种较多，以春性或弱春性品种为主，株高70~90cm，分蘖力中等偏弱，灌浆期45~50d，多数不抗条锈和白粉病，但丰产性普遍较好。东北的材料多为春性品种，分蘖力弱，株高90~140cm，穗小，丰产性差，高感条锈病，但加工品质好，面筋含量28%~35%，面筋指数80%以上，可作为优质专用强筋小麦亲本资源。

（二）大麦

云南是中国大麦品种资源最多的省份之一，云南的大麦有皮、裸和多棱、二棱类型之分，在复杂的自然生态条件下，栽培大麦和近缘野生大麦都分化形成了丰富多样的种质资源。中国少有的光芒类型在云南也有分布。云南同时还生长有近缘野生大麦。栽培大麦以多棱为主，皮、裸皆有，二棱大麦过去较少，自20世纪80年代以来种植面积逐渐扩大，成为目前主要的栽培类型。1991年曾学琦、恩在诚等对云南省收集整理的181个栽培大麦进行变种分类研究，揭示了云南省栽培大麦变种类型的特点。云南省栽培大麦地方品种群体复杂，181个品种就包括175个变种，其中一些新变种类型为云南省独有，尤以禄劝二棱大麦及昭通鲜大麦两个品种群体中变种类型最多。曾亚文和王建军（1998）对来自云南的500余份大麦品种进行了鉴定，它们属于普通大麦种的二棱大麦和多棱大麦亚种共305个变种，其中新变种154个，尤其是他们发现了9个宽护颖变种，并提出云南很可能是中国有稃型大麦的遗传多样性中心。现云南大麦地方品种资源包括1个种，2个亚种，320个变种。在云南大麦资源中，裸大麦（青稞）是迪庆涉藏地区的主要粮食作物，云南拥有诸多优质青稞（裸大麦）地方种质资源，其特色突出的品种有：四棱裸大麦：长黑青稞、短芒黑青稞，藏名为耐那；德钦红青稞：藏名给斯；八十天青稞，藏名节支各陆耐；六棱裸大麦：短白青稞，藏名麻鲁；黄青稞：藏名格勒；以及猪屎青稞。马得泉和李燕勤（1994）认为云南地方品种以早熟和大穗大粒等优异种质居多。

1. 农艺性状和抗逆、抗病性

对云南大麦种质资源特征特性的鉴定和评价中，全部采用国内外通用的描述和鉴定标准。在云南省编目的176个大麦地方品种中，大多数品种的株高属中秆和半矮秆型，占86.4%，其次是高秆型，占12.5%，矮秆型品种极少；类型以多棱品种为主，占88.6%。一般穗粒数50~70粒，千粒重25~40g，株型紧凑，分蘖中等，此外大多数资源为春性、半冬性品种。相比之下，二棱品种资源较少，穗粒数一般30粒，千粒重多为40g，最高达57g；成熟期类型以中、晚、早熟品种居多，占75%，特早熟和特晚熟品种少，一般比小麦早熟半个月。云南地方品种资源以中秆、大粒、多粒、中（晚）熟和早熟品种居多，变种类型丰富。

宋景芝1986~1990年对147份云南大麦地方品种进行的耐盐性鉴定表明：6份为4级（严重受害）；141份为5级。浙江省农业科学院1986~1990年对173份云南大麦地方品种进行的耐盐性和抗赤霉病鉴定表明：云南省大麦地方品种耐盐性差、耐湿性弱；绝大多数品种感赤霉病。马得泉等（1994）认为，云南地方品种以早熟和大穗大粒等优异种质居多。孙立军等（1999）指出，云南大麦地方资源以深色型的品种抗黄矮病居多。

2．品质性状

1981年恩在诚等分析了74份云南不同类型的大麦地方品种的蛋白质含量，结果表明，含量为12.1%~14%的共33分，14%以上的有22份，其中福贡白青稞的含量为17.25%，景东米大麦达18.5%，总体上，裸大麦的蛋白质含量高于皮大麦。1988年华中农业大学对168份云南大麦地方品种的常规品质进行分析，结果表明，云南大麦地方品种的平均蛋白质含量为14.08%，标准差为1.41，变异系数为10.01%；赖氨酸含量为0.46%，标准差为0.06，变异系数为13.04%；总淀粉含量为49.71%，标准差为4.01，变异系数为8.06%。1987年北京农业大学对55份云南大麦资源的加工品质进行分析，结果表明，云南大麦地方品种的平均绝干麦芽浸出物为75.16%，标准差为3.44，变异系数为4.58%；糖化力为249.30WK，标准差为120.30，变异系数为4.58%。云南多数大麦品种的蛋白质含量较高（最高达19.59%），绝干麦芽浸出物含量高，赖氨酸含量中等，淀粉含量和糖化力偏低，水敏性极轻微。孙立军等（1999）认为云南大麦地方资源以高蛋白种质资源居多。

（三）燕麦

按照全国燕麦资源的统一要求，云南完成了16个地方燕麦品种25个性状的鉴定。云南地方燕麦品种株高66.7~107.4cm，平均为94.02cm；裸燕麦农家品种普遍比育成品种分蘖力强；穗形周散形，小穗串铃形，籽粒多为纺锤形；内外稃和籽粒黄色；单株粒重0.9~2.8g，平均1.775g，主穗粒重0.5~1.1g，平均0.644g；千粒重10~17.1g，平均13.675g。齐雅昆（1991）研究发现，云南燕麦幼苗为匍匐型，颜色淡绿色。马得泉和田长叶（1998）认为，中国西南地区的燕麦是弱冬性品种，一般生育期在250d以上。云南燕麦资源生育期199~237d，平均217.6d，较全国弱冬性燕麦的平均生育期短。

中国农业科学院品种资源研究所1991年人工接种饲毒麦二叉蚜，鉴定全国1151份品种对燕麦红叶病（大麦黄矮病，BYDV）的抗性，在76份抗病资源中，云南品种资源高抗的材料有14份，占18.42%，在全国燕麦抗BYDV资源十分缺乏的状况下，云南燕麦资源中可能有红叶病抗性基因，是宝贵的抗性遗传资源。同年中国农业科学院品种资源研究所以0~4级标准鉴定抗倒伏性，云南16份品种资源最高级别为0级，最低为3级，平均1.438。其中5份抗倒伏级别达到0级，2份达到1级。

龚海等（1999）分析得出，云南燕麦资源的脂肪含量6.45%~9.65%，平均为7.84%，高于全国平均6.33%的水平。以马得泉等1998年提出的脂肪含量≥8%的为高脂肪燕麦标准，则云南燕麦品种有6份为高脂肪燕麦；脂肪含量7%~7.9%的还有6份。云南燕麦资源的蛋白质含量为11.35%~19.94%，平均为14.28%。蛋白质含量大于18%的品种只有一个，即巧家小燕麦，为19.94%。有3个品种的蛋白质含量大于15%，其余12个品种的蛋白质含量小于15%。

四、小宗作物种质资源的鉴定与评价

云南小宗作物种质资源鉴定与评价数据，主要来自对入国家作物种质库的小宗作物种质资源的统一评价与鉴定（王振鸿等，2008）。

（一）高粱

云南虽不是高粱主产大省，但在收集鉴定的种质资源中，具有各种特异性状的品种比较多。云南入国家作物种质库的198份高粱平均株高242.4cm，多数为210～260cm。穗形分7种，纺锤形的有157份，伞形的16份，牛心形的9份，棒形的1份，圆锥形的10份，帚形的2份，杯形的3份。紧穗型的种质占1.5%，其余散、中散、侧散和周散类型的种质占98.5%。云南高粱种质的千粒重超过全国平均数（24.03g）的有5份，单穗粒重超过全国平均数（50.27g）的有10份，云南穗粒重最高的为禄丰红高粱，穗粒重117g。千粒重最大的为永胜红高粱（35.3g）。云南高粱生育期普遍较长，平均生育期112.99d。甜高粱株高、茎粗分别比粒用高粱高11.7%和4.8%。甜高粱生育期比粒用高粱平均长7.7d，稍晚熟。

云南高粱抗逆性表现十分突出，根据辽宁省农业科学院高粱研究所在沈阳市做的抗逆性鉴定的结果：一级抗旱的6份；一级耐瘠的12份；一级抗寒的7份；高耐盐的1份，二极耐盐的1份；光敏感的1份。

云南优异种质高粱被列入《中国高粱品种资源目录》评价的品种，品质好、支链淀粉含量高、黏糯爽口、适于直接食用的糯高粱品种有35份，约占全国糯高粱总数的8.75%。其中墨江糯高粱粗蛋白含量高达15.34%（一般为10.5%～13.5%），是国内糯高粱种质中粗蛋白含量最高的材料。食用粳高粱品种中品质好、食味好和角质层达85%以上的有6份。蛋白质含量高于14%以上的有7份，在15%以上的有4份。高粱单宁含量的高低与酿酒及适口性有关，云南蒙自的高脚白高粱等品种，单宁含量在3.2%左右，适宜作为酿酒的原料。甜高粱茎秆富含糖分，汁水味甜。一般品系蔗糖含量（锤度）可达14%～18%，视纯度55%～65%，出糖率4%～6%。1990年，云南省农业科学院从日本引入2份（ヌヌ〝ホ和モロエシ）粒用高粱品种，均属矮秆、早熟、大穗、大粒型优良品种。モロエシ品种单宁含量2.07%，是一个适于酿酒的品种。スス〝ホ单宁含量仅0.03%，是很适宜于食用的品种。1989年中国科学院植物研究所北京植物园引入美国、澳大利亚8份甜高粱品种在云南进行评价，其被认为是较好的奶牛青贮饲料。

（二）谷子

云南入国家作物种质库的品种资源为127份，经鉴定、评价，云南谷子品种资源全都是夏季播种的夏谷，多为晚熟种，全生育期121～150d的有65份，占75.6%；120d以下的早熟种只有11份，151d以上的晚熟种有10份。其中，全生育期最长的是富宁县的糯小米（182d），出苗至抽穗日数就达139d，是营养生长期最长的一个典型品种。云南谷子资源的重要特点是多数品种有分蘖性，而且成穗率高。云南谷子资源穗粒重平均8.53g，高的达19.4g，千粒重平均2.05g，高的达3.60g。粒色以黄色为主，有42份，占48.8%；红色22份，占25.6%；白色20份，占23.3%；黑色2份，占2.3%。米色以黄色为主，有74份，占86%；白色10份，占11.6%；青绿色2份，占2.3%。品种中糯性有42份，粳性有44份。总体来看，云南谷子种质资源在国内属于典型的南方晚熟小粒种类型。大多品种具有耐瘠薄、耐干旱、适应性广和在不良环境下生长的特征特性。

按全国谷子优异种质资源的综合性状标准，云南无综合性状均优的品种，但单项达标的较多，其中4个品种的蛋白质含量达16.27%～18.33%；高脂肪的有5份，粗脂肪含量达5.02%～5.38%。高赖氨酸的有23份，赖氨酸含量达0.30%～0.34%。

（三）荞麦

根据对已入国家作物种质库的189份云南栽培种（甜荞58份、苦荞131份）的鉴评，云南荞麦栽培种质中，中、晚熟品种偏多。其中，甜荞早熟种6份，占10.3%，中晚熟种52份，占89.7%；苦荞无早熟（≤70d）种，中晚熟种131份，占100%。甜荞品种株高以中秆和高秆为主，分别占39.7%和29.3%；其次是超高秆品种，占22.4%；100cm以下的矮秆品种相对比较少，仅占8.6%。云南苦荞品种的株高则以超高秆和高秆为主，分别占52.7%和28.2%；中秆和矮秆仅分别占9.9%和9.2%。云南甜荞品种千粒重平均24.1g，属于小粒品种范围（甜荞千粒重25g以下为小粒种），小粒品种约占鉴评样本数的67.2%。苦荞千粒重平均20.1g，以中、大粒品种为主（苦荞千粒重15g以上为中、大粒种），中、大粒品种约占鉴评样本数的90.8%。甜荞主茎节数平均为12.0，苦荞平均为15.1。云南苦荞主茎节数偏多，是云南荞麦种质资源的一大特点。

云南荞麦的氨基酸总量平均值，甜荞为9.53%，属全国最低省份，苦荞为11.31%，居中间地位，苦荞明显高于甜荞，与全国两者氨基酸总量相近不同；高氨基酸含量（14%～15%）品种，云南仅有3份（甜荞1份、苦荞2份）。8种人体必需氨基酸含量苦荞高于甜荞，尤其是含量在0.90%以上的苦荞高赖氨酸资源中云南有16份，占全国22份的72.72%。维生素E含量，云南甜荞平均为1.42mg/100g，苦荞平均为0.97mg/100g，接近全国平均数。维生素PP含量，云南甜荞平均为2.58mg/100g，苦荞平均为2.20mg/100g，低于全国平均数。矿质元素硒（Se）、磷（P）和铜（Cu）含量，云南甜荞Se含量在全国供测的15个省区中处于第四位，云南苦荞P含量处于第二位，Cu含量则居全国首位。

此外，云南还有诸多野生荞麦资源。其中不少种具有独特的优异性状，如野生种 *Fagopyrum homotropicum* 具有耐瘠、耐霜冻、自交亲和、药用成分含量高等特性。金荞麦块根的有效成分为双聚原矢车菊苷元、海柯皂苷元、β-谷甾醇、对香豆酸、阿魏酸、赤地利和单宁混合物等，具有极高的开发利用价值。

（四）籽粒苋、薏苡、黍、龙爪稷、食用稗

籽粒苋云南已完成收集入库的有7个种，保存有200多份原始资源材料，已从株高、茎色、叶色、花序、花序色、花序性、主花序长度、粒色、千粒重、全生育期等10项基本植物学特征及经济技术指标等多方面开展鉴定评价，平均株高160.8cm；花序（穗）色、粒色五彩缤纷；主花序（穗）长，主要集中在41～60cm；多数品种生育期在110d左右，千粒重在0.7～1.0g，平均0.86g；存在诸多糯性种质。籽粒苋是一种高光效、短日照作物，光、热、水、肥条件满足，生长十分旺盛，但不耐涝。

薏苡云南征集繁种进行田间农艺性状鉴定的材料有29份，株高平均201.6cm，单株主茎10～14个节，茎粗0.6～1.0cm；全生育期平均169.7d，多数为147～175d；千粒重89～318g，平均167.7g，栽培类型出籽率60%～70%。薏苡根系发达，根吸收面积比其他禾本科植物大5.5倍，抗旱耐瘠，抗病虫能力强，生长旺盛，植株高大，易徒长倒伏。

黍云南入国家作物种质库资源有16份，株高平均131.7cm；全生育期90～123d，平均102.1d；千

粒重4.4～8.5g，平均5.8g；粒色有黄、淡黄、白、灰白、红5种；均为糯性品质。黍茎秆直立，生育期短，喜温暖，不耐霜，抗旱耐涝力强。

龙爪稷云南入库种质17份，株高平均113.9cm；全生育期131～169d；穗子小，单株粒重偏低。但粒重性状突出，千粒重为1.6～3.4g，平均2.46g，而且表现比较集中。粒色有褐、灰褐、红、淡紫黑4种。龙爪稷茎秆直立粗壮，根系发达，耐干旱。

食用稗云南入库种质14份，株高61～152cm；全生育期106～162d，平均134d；穗长13.2～24.9cm；千粒重1.8～11.5g，平均5.31g；粒色主要为灰色、灰白色、灰黄色和灰绿色。食用稗适应性广，水旱皆宜，品种间农艺性状差异大。

五、薯类种质资源的鉴定与评价

（一）马铃薯

云南马铃薯品种植株多为直立或半直立型，大多属于晚熟（105d以上）和中晚熟种（96～105d）。在滇东北、西北和中部春播主产区（海拔1800m以上）品种生育期100～120d；在滇南、东南和西南冬作区（海拔1600m以下）品种生育期80～105d。南部红河、思茅、临沧等地的地方品种生育期短（80～95d）。由于光温反应，一些品种在北部高海拔春播区表现出长生育期，而在南部低海拔冬作区则表现出生育期缩短。云南马铃薯有四季种植的特点，种薯需要串换。适应于云南各个季节和不同海拔栽培的广适性品种有中甸红、会-2、米拉、威芋3号等10多个。马铃薯的休眠期与耐储性呈正相关，大部分晚熟品种休眠期长（120d），耐储藏的有会-2、米拉等较多品种。孙茂林等（2004）报道，进行马铃薯室温保存休眠试验，云南马铃薯品种的休眠强度和萌发幅度（萌发整齐度）分别为42～70d和35～42d；自交实生薯分别为56～77d和42～49d，杂交实生薯分别为56～91d和49～63d。赤霉素处理能使休眠期较室温保存期强度缩短25.0%～62.5%，幅度缩短34.7%～71.4%，但使芽的生长变弱。变温处理能有效缩短休眠期较长的品种和家系的休眠时间，对休眠期短的品种和家系的休眠时间效果不明显，但能使萌发幅度较室温下缩短28.6%～50.0%，使芽生长得较粗壮。赤霉素处理和变温处理均不能改变3种类型试验材料之间休眠幅度的差异。用CIPC抑芽剂处理块茎，能够有效地抑制芽的生长。李先平等（1999）通过对云南主栽品种进行RAPD聚类分析，从26个随机引物中，筛选出谱带清晰并呈现多态的有效引物15个。用15个引物对26个马铃薯品种进行扩增，显示了较好的分辨率，15个引物将供试的26个样本完全区分开，没有发现任何样本拥有完全相同的标记。2004年云南农业大学杨静等用SSR分子标记分析了122个云南马铃薯栽培品种的遗传多样性，以遗传相似系数0.79为基点，可将122个品种分别聚在8个不同的遗传组群（G1～G8）中，遗传相似系数为0.6613～0.9135，栽培品种的遗传相似度较高，亲缘关系较近。

云南马铃薯生产中，由疫霉真菌引起的晚疫病（*Phytophthora infestans*）是最严重的病害，孙茂林（2003）鉴定分析国内外引进品种的晚疫病抗病性，16份欧洲和美国引进品种均表现为高感和中感，国际马铃薯中心（CIP）的品种具有较好的抗病性，国内北方的品种抗性差。1987年后从国际马铃薯中心引进的品种、杂交材料、杂交实生种（TPS）组合及水平抗性B群体材料成为直接利用和抗病育种的重要资源。癌肿病（*Synchytrium endobioticum*）是高寒山区的病害，王月云等（2002）报道，1990年后昭通、曲靖等地推广了品比四号、威芋3号等抗病品种，病害已经很难被发现。粉痂病

(*Spongospora suberranea*)和疮痂病(*Streptomyces scabies*)是大春连作地区最广泛的病害，杨艳丽等人工接种鉴定发现品种会-2有较好抗病性。

马铃薯品质一般按用途描述，为蔬菜、粮食、饲料和加工兼用型品种，要求薯块大、薯形好、皮光滑、芽眼浅、黄肉形、蛋白质含量高、口感好，淀粉含量10%～19%，云南大部分种植品种属于兼用型。云南马铃薯种质资源块茎色彩多样，薯皮有红皮、黑皮、紫皮、黄皮等，薯肉有红肉、紫肉、黑肉等，利用丰富的特色品种资源，可以选育出适宜各种消费的鲜食和加工品种。薯片加工型品种，要求薯块圆形、大小40～60mm，皮光滑、芽眼浅、肉白色，干物质含量22%～24%，还原糖含量0.3%以下。适合薯片加工的品种有大西洋（干物质含量24.6%、淀粉含量18.24%、还原糖含量0.3%）、抗青9-1（干物质含量19.72%、还原糖含量0.05%）、云薯301（干物质含量23.7%、还原糖含量0.05%）。淀粉加工型品种，要求淀粉高，云南适合淀粉加工的高淀粉品种有云薯101（淀粉含量18.4%）、云薯201（淀粉含量19.3%）、PB06（淀粉含量19.8%）、I-1085（淀粉含量19.3%）、PI33（淀粉含量18.91%）、合作88（淀粉含量18.6%）。在云南评价了大量引进和育成材料，但尚未发现既符合炸薯条要求又高产的品种。

（二）甘薯

1990～1992年江苏徐州甘薯研究中心收集云南甘薯47份，经整理鉴定归并为25个品种，观察了12个农艺性状，其基部分枝为4～20个，单薯重0.32～1.22kg，筛选出高抗和抗黑斑病（*Ceratocystis fimbriata*）品种10份，其中昆明甘心红薯为高抗；高抗和抗茎线虫病（*Ditylenchus destructor*）17份，占供试样本的68%，表明云南甘薯对线虫的抗性普遍较强。谢世清等（1997）调查云南甘薯品种51个，植株形态均为匍匐型。顶端叶色以绿色为多，褐色次之，紫色及紫红色较少。叶形以浅单缺刻形、浅复缺刻形、心形、尖心形的为多，掌形及深复缺刻形的较少。叶色为浓绿色和绿色，并以浓绿色为多。茎秆颜色有绿带紫色、紫红色、绿色、紫色等4种颜色，以紫红色、绿色、绿带紫色为多，紫色较少。茎粗4～9mm，以7mm左右茎粗居多。蔓型有长蔓型与短蔓型之别，蔓长60～250cm。基部分枝4～11个/株，多数在6～9个/株。块根形状有纺锤形、圆筒形，以上膨纺锤形和圆筒形居多，下膨纺锤形和长纺锤形居少。单株结薯数量2～6个/株。鲜薯产量23 352～66 720kg/hm²。块根烘干率20%～36.3%。分析云南甘薯品质发现，可溶性糖含量13.67%～42.29%，淀粉含量33.45%～66.38%，粗蛋白含量占干重的5.5%～10.28%，粗纤维含量占干重的1.26%～3.95%。

云南甘薯地方品种从播种到出苗的日数为53～103d。播种至出苗期间的平均温度为17.1～18.6℃，有效积温（ΣT）则为88.5～291.5℃·d。凡是88.5℃·d≤有效积温≤165℃·d的品种均属萌芽出苗性较强的品种；凡165℃·d＜有效积温≤29.51℃·d的品种均属萌芽出苗性较弱的品种。30个品种为萌芽出苗能力较强的品种类型，21个品种为萌芽出苗能力较弱的品种类型。关于甘薯地方品种的生长分析发现，其中甘薯地方品种移栽后120d，叶面积指数（LAI）均达到最高值。不同甘薯地方品种植株干物质的变化，移栽后不同时期差异较大。品种相对生长率（RGR）、净同化率（NAR）、叶面积比率（LAR）的变化：移栽后不同时期，除个别地方品种与对照品种徐薯18有明显差异外，地方品种间变化不显著。

1996年云南农业大学对甘薯地方品种资源的抗旱性进行了试验，将土壤水分含量控制在30%左右，直至收获，并计算抗旱系数及抗旱指数，其中抗旱系数（DC）=A/B，抗旱指数（DI）=（A/X）×（A/B），其中A为某品种干旱处理单株薯块平均干物质产量；B为某品种对照处理（CK）单株薯块平均干物质产量；X为所有参试品种干旱处理平均单株薯块干物质产量。根据游明安、杨德1994

年提出的聚类分析方法，对所有品种干旱处理的薯块鲜重（X_1）、薯块干重（X_2）、薯数（X_3）及全株干重（X_4）进行聚类。最后将聚类分析结果与抗旱指数（DI）结合，综合评价每个品种的抗旱性。甘薯品种干旱处理地的单株干物质产量为2.6~20g，推断抗旱系数在某种程度上并不能正确反映出生产水平的高低。不同甘薯品种的抗旱指数差异较大，为0.0331~1.9071，抗旱指数能够较直观、真实地评价品种的抗旱性。通过对35个参加试验品种干旱处理地的薯块鲜重（X_1）、薯块干重（X_2）、薯数（X_3）、全株干重（X_4）进行聚类分析，并将聚类结果与抗旱指数结合进行比较。可以得出结果：凡DI值≥0.45者，可视为抗旱品种类型；凡DI值<0.45者，可视为不抗旱品种类型。对于DI值≥0.45者，可根据聚类结果，再分为3种类型，即DI值>1.7，为强抗旱类型；DI值>1.0，为中抗旱类型；DI值=0.45，为抗旱类型。结果表明，地方品种路南红皮为强抗旱类型品种，水果山药、蒙自黄心为抗旱至强抗旱类型品种，7个为抗旱类型品种。除以上10个抗旱类型品种外，其余的25个地方品种以及对照徐薯18均表现为不抗旱。

（三）魔芋和木薯

云南花魔芋、白魔芋品种生育期150~180d，花魔芋的生育期比白魔芋长7~14d。白绢病（*Pellicularia rolfsii*）和软腐病（*Erwinia aroideae*）、胡萝卜软腐病（*Erwinia carotovora* subsp. *carotovora*）是云南魔芋的主要病害，对产量的影响较大。其中软腐病的发病率一般在20%，有些地方高达85%，甚至造成绝收。白绢病的发病率一般在15%。此外，还有根腐病（*Rhizoctonia solani*）。现有的魔芋栽培品种中，尚没有发现抗病种质资源。花魔芋的适应性较广、产量较高，一般为18 216~42 984kg/hm²，增重系数分析表明，花魔芋达到2.25~4.74，栽培中块茎生长快，可以获得高产。白魔芋产量相对较低，为17 688~27 261kg/hm²。在德宏栽培有珠芽魔芋（红魔芋），产量相对较低，适宜热带、亚热带气候条件。萌芽出苗性方面，白魔芋中，巧家白魔芋、金江白魔芋种芋的萌芽出苗能力强于对照品种元阳白魔芋。花魔芋中，宾川花魔芋、寻甸花魔芋等品种的萌芽出苗能力强于对照品种昆明花魔芋。

中国现有魔芋可供食用和饲用的共9个种。根据化学成分，魔芋属植物可以分为葡甘露聚糖型、淀粉型和中间型三种。葡甘露聚糖型指以葡甘露聚糖为主（含有少量淀粉）的魔芋种类，如白魔芋、花魔芋等；淀粉型指以淀粉为主（不含葡甘露聚糖）的魔芋种类，如疣柄魔芋、南蛇棒等；介于两者之间的魔芋种类为中间型。关于云南主要栽培魔芋的葡甘露聚糖含量分析，谢世清等2001年报道，白魔芋、花魔芋的干物质含量分别为21.4%和21.2%，葡甘露聚糖含量在全粉中占48.13%~62.06%，并以白魔芋（59.3%）、花魔芋（52.7%~59.6%）和东亚魔芋（56.7%）较高，其中永善县的白魔芋（53.26%）、永善县的花魔芋（51.38%）、鲁甸县的花魔芋（51.53%）、会泽县的花魔芋（55.37%）、东川区的花魔芋（55.88%）、富源县的花魔芋（53.65%）及南华县的白魔芋（57.65%）品质最佳。精粉黏度是魔芋品质的重要指标，各地品种精粉黏度为27 500~39 000mPa·s，以永善、鲁甸、东川、云龙等地花魔芋的黏度较高。魔芋种间的化学成分差异很大。一些栽培种虽然含有毒的甲基胺，不适宜食用，但通过加工可以成为能食用或具其他用途的精粉，还可以入药。分布在西双版纳的甜魔芋，块茎几乎不含多甲基胺类物质，无毒性，其块茎煮食可以直接食用，但不含有葡甘露聚糖，不能作为加工原料。

云南木薯多为引进品种，品种中中植188，为甜种类型，株型好，适应性强，耐寒性稍差。华南124，为甜种类型，中晚熟低毒，抗寒性好，可早种植，耐旱，耐瘠。南洋红（又名华南201），为苦种木薯类型，适应性强，氢氰酸含量高。E-24，为高产品种，耐干旱，耐瘠薄，但对海拔要求严格，适宜在低海拔河谷种植。面包木薯，与原地方老品种相似，特点是营养丰富，口感好。近年来引进示范了新品种华南8013。据在红河州的分析，木薯叶中含有丰富的蛋白质，一般鲜叶中蛋白质含量

7%～9%。干叶中蛋白质含量27%，最高可以达到38.6%。每公顷木薯叶可以生产蛋白质1905kg，叶片中β胡萝卜素含量53mg/100g，叶黄素含量92mg/100g，除了甲硫氨酸低于临界水平，其他氨基酸很丰富。木薯叶可以作为畜禽良好的植物蛋白饲料。

六、油料作物种质资源的鉴定与评价

油料作物是云南重要的传统经济作物，从20世纪80年代开始，云南省农业科学院对相关资源材料进行了大量的鉴定、评价和利用研究（刘其宁等，2008）。

（一）油菜

云南油菜的农艺性状鉴定工作在20世纪80年代以前曾进行过多次，但鉴定方法及手段均缺乏统一的标准，致使鉴定结果不尽一致。1986年云南省农业科学院油料作物研究所[①]承担了"云南省油菜品种资源的繁种入库及主要性状鉴定"课题，对云南省的372份油菜种质资源进行了繁种入库及农艺性状鉴定。本次鉴定按全国统一标准、技术与方法进行，共调查记载了372份云南油菜种质资源的子叶形态、幼茎色泽、心叶色泽、刺毛、叶色、叶脉色泽、叶柄长短、叶缘形状、叶片厚度、蜡粉、苗期生长习性、薹茎色泽、薹茎叶形状、薹茎叶着生状态、花冠大小、花色、花瓣着生状态、分枝习性、株型、角果色泽、角果着生状态、籽粒节明显度、性状一致性、裂果性、着角密度、角果长度、角果宽度、果皮厚度、种子颜色、种子形状、种子状态、株高、有效分枝高、一次有效分枝数、二次有效分枝数、全株有效角果数、每角粒数、千粒重、单株生产率、生育期等40项性状，为今后开展油菜种质资源优良性状鉴定和优异种质研究利用奠定了基础。

1. 主要农艺性状

株高：植株高度受环境因素影响较大，变幅较宽，但不同类型之间的差异是明显的。白菜型油菜（*Brassica chinensis*）平均株高较矮，甘蓝型油菜（*Brassica napus*）较高。分枝数：甘蓝型油菜的一次有效分枝数最少，为5～13.3枝，平均为7.7枝，白菜型油菜次之，为2～57.4枝，平均为11.4枝，芥菜型油菜（*Brassica juncea*）的一次有效分枝数最多，一般为6～84.6枝，平均为18.3枝。角果数：单株角果数以芥菜型油菜的最多，平均为779个；白菜型油菜次之，平均为551个；甘蓝型油菜的最少，平均为473个。角粒数：以甘蓝型油菜为最多，平均为19粒，其次是白菜型油菜，平均为15粒，芥菜型油菜平均为12.6粒。千粒重：甘蓝型油菜的千粒重最重，平均为3.17g，芥菜型油菜次之，平均为2.53g，白菜型油菜的最轻，平均为2.08g。

油菜苗期生长状态分匍匐、半直立和直立三种。遗传性状研究表明，匍匐型油菜为典型的冬性型油菜，直立型油菜为典型的春性型油菜。匍匐型对直立型具有不完全显性，春性对冬性呈显性，并由两对基因控制。绿色心叶对黄绿色心叶呈显性，这一性状可作为指示性状在杂交育种中在苗期加以识别。油菜叶片表面分有刺毛和无刺毛两种。有刺毛对无刺毛呈显性。在甘蓝型油菜中，幼苗叶片上有无刺毛可作为区分春、冬油菜的一种准确的形态指标，春油菜幼苗叶片上有刺毛而冬油菜幼苗叶片上完全无刺毛或仅有极少量的刺毛。油菜叶片形态有4种：花叶、深裂、浅裂和圆叶。甘蓝型油菜花叶

[①] 2004年，由云南省农业科学院油料作物研究所、云南省农业科学院生物技术研究所油菜课题组、马铃薯课题组合并成立云南省农业科学院经济作物研究所。

对圆叶呈不完全显性，芥菜型油菜正常叶对深裂呈不完全显性，花叶这一性状可作为指示性状在育种中应用。幼茎色泽有紫色和绿色两种。紫色对绿色呈显性，特别是在白菜型油菜中更为明显。对云南油菜品种光温生态型的鉴定显示，云南地方油菜品种的生态类型均属于春油菜和春性型油菜，无冬性和半冬性油菜。它们对温度和对长日照的反应均不敏感。

2．品质

20世纪70年代，云南省农业科学院油料作物研究所与中国农业科学院油料作物研究所合作对所掌握的种质资源进行过脂肪酸的分析测定，1986~1995年又对云南油菜种质资源进行了系统的分析测试，初步明确了云南油菜种质资源中脂肪酸组成及含油量的变化规律。

种子含油量：云南油菜种质资源种子平均含油量以甘蓝型油菜最高，为40.34%，芥菜型油菜最低，为39.09%，白菜型油菜种子的平均含油量为39.16%，从变异范围来看，大部分品种为30%~45%。云南油菜品种中含油量超过45%的品种有31份。同时还发现，云南油菜品种的含油量与生态区有密切关系，含油量较高的品种主要分布在滇西地区，其中以滇西北高海拔地区油菜品种平均含油量最高，为44.53%，其次是滇西南地区的油菜品种，平均含油量为43.73%，滇中地区油菜品种的平均含油量最低，为39.32%。云南省白菜型油菜含油量最高的品种是片马5号，含油量为48.51%，芥菜型油菜含油量最高的是盘溪大寨油菜，含油量为49.64%，甘蓝型油菜中含油量最高的是云油6号，含油量为45.78%。

脂肪酸组成：云南各类油菜资源中尚未发现脂肪酸组分较优异的种质资源，特别缺乏低芥酸（含量<1%）或高芥酸（含量>60%）、低亚麻酸（含量<3%）、高亚油酸（含量>40%）、高油酸（含量>40%）的优异种质资源。白菜型油菜油酸含量为8.72%~17.19%，芥菜型油菜为6.60%~14.39%，甘蓝型油菜为10.29%~55.15%；白菜型油菜亚油酸含量为11.21%~18.86%，芥菜型油菜为9.28%~20.83%，甘蓝型油菜为9.79%~12.85%；白菜型油菜亚麻酸含量为5.87%~16.57%，芥菜型油菜为7.56%~17.23%，甘蓝型油菜为9.72%~11.53%；白菜型油菜芥酸含量为41.99%~59.45%，芥菜型油菜为42.47%~57.37%，甘蓝型油菜为43.64%~57.13%。且甘蓝型油菜的油酸含量较高，亚麻酸含量较低；白菜型油菜亚麻酸含量虽低，但芥酸含量较高；芥菜型油菜亚油酸和亚麻酸含量均较高。优质菜籽油以其含油酸和亚油酸而使其油脂营养价值有较大幅度的提高。

硫代葡萄糖苷（硫苷）含量：云南油菜资源的硫代葡萄糖苷的总含量为45.3~198μmol/g，其中白菜型油菜平均硫苷含量为89.25μmol/g，芥菜型油菜平均硫苷含量为99.89μmol/g，甘蓝型油菜平均硫苷含量为87.68μmol/g。云南省油菜种质资源的硫苷含量集中分布在30~150μmol/g。同时鉴定结果还表明：芸薹属油菜各个种间硫苷组成存在较大差异，白菜型油菜的硫苷主要成分为3-丁烯基硫苷，芥菜型油菜的硫苷主要成分为丙烯基硫苷，甘蓝型油菜的硫苷主要成分为2-羟基-3-丁烯基硫苷3-丁烯基硫苷。

菜籽饼粕营养品质：菜籽去油后的副产品菜籽饼一般占种子重的55%左右，其营养价值与大豆饼相近而优于大麦，不仅是良好的精饲料，也是重要的蛋白质资源。菜籽饼粕的蛋白质为全价蛋白质，几乎不存在限制性氨基酸，其蛋白质氨基酸组成的营养价值高于其他植物油料饼粕蛋白。蛋白质效价为3~3.5，高于大豆。但饼粕中硫苷含量是制约其直接饲用的主要限制因素。消除或降低饼粕中硫苷，是提高油菜籽的经济效益和综合利用率的关键，通过选育低硫苷油菜品种以降低菜籽饼粕中硫苷含量是较经济有效的方法。

3．抗病性

1986年中国农业科学院油料作物研究所和湖南省农业科学院植物保护研究所分别对云南321份油菜种质资源进行了菌核病、病毒病（中国农科院）和霜霉病（湖南农业科学院）的抗性鉴定。霜霉病抗性鉴定采用田间自然诱发和室内人工接种（分生孢子悬浮液喷施幼苗接种）进行；菌核病采用菌丝茎秆接种或花期子囊孢子接种；病毒病采用金刚砂病毒汁液摩擦接种。结果如下。

抗病毒性：云南省各类油菜品种中均未发现对病毒病免疫的品种。高抗品种有3份，为芥菜型油菜；抗性品种9份，其中白菜型油菜1份，芥菜型油菜8份。云南省芥菜型油菜中存在丰富的抗源材料（11份），占云南高抗病毒病种质资源材料的91.67%；白菜型油菜中只发现1份高抗病毒病品种材料；甘蓝型油菜仅发现一份低抗（耐）病毒病品种，95.5%的品种为低感品种。云南省大部分品种为低感至高感品种，占油菜资源总数的89.4%。

抗菌核病：对菌核病（*Sclerotininia sclerotiorum*）高抗（耐）的品种有3份，均为芥菜型油菜，白菜型油菜和甘蓝型油菜无高抗（耐）菌核病品种；中抗（耐）品种资源6份，其中白菜型油菜1份，芥菜型油菜4份，甘蓝型油菜1份；低抗品种148份，其中白菜型油菜52份，芥菜型油菜95份，甘蓝型油菜1份；低感品种79份，其中白菜型油菜59份，芥菜型油菜10份，甘蓝型油菜10份；高感品种10份，均为白菜型油菜，芥菜型油菜和甘蓝型油菜无高感品种。

抗霜霉病：云南各类油菜品种中均对霜霉病（*Peronospora parasitica*）无免疫品种；中抗（耐）品种8份，其中白菜型油菜1份，芥菜型油菜4份，甘蓝型油菜3份；低抗品种136份，其中白菜型油菜39份，芥菜型油菜89份，甘蓝型油菜8份；低感品种148份，其中白菜型油菜74份，芥菜型油菜64份，甘蓝型油菜10份；中感品种19份，其中白菜型油菜14份，芥菜型油菜4份，甘蓝型油菜1份；高感品种3份，其中白菜型油菜2份，芥菜型油菜1份，甘蓝型油菜无高感品种。

各类型油菜高抗（耐）病的种质资源，芥菜型高抗菌核病3份，抗及高抗病毒病品种12份。

4．耐贮藏性

油菜籽试管密封保存8年，白菜型油菜籽发芽率为81.7%，甘蓝型油菜籽发芽率为64.7%；在干燥器中保存19年，甘蓝型油菜籽尚有0～42.2%的发芽率。油菜种子活力丧失与维生素C含量和过氧化氢酶及超氧化物歧化酶的活性下降有关，其耐贮藏性也可能与维生素C的含量及两种酶的活性有关。

5．国内外资源的评价

20世纪50年代和60年代初以云南省农业科学院梁天然先生为首的老一辈油菜育种家便先后从全国22个省市引入161份油菜品种资源，但大多于20世纪70年代丢失。此后，又从23个国家引入了品种资源324份（甘蓝型油菜225份、芥菜型油菜96份、白菜型油菜2份、埃塞俄比亚芥1份），通过对其形态特征、农艺性状、品质特性和生态类型等方面进行鉴定与评价，取得了初步结果。

（1）甘蓝型油菜

主要农艺性状：苏联、匈牙利、荷兰、挪威、丹麦的品种生育期最长，都在200d以上，法国、瑞典、德国、波兰、捷克、美国等国家的品种生育期也较长，一般为200d左右（对照186d），澳大利亚、加拿大和日本的品种生育期与对照相同或稍晚（晚3～4d），一般为186～190d。美国品种株高较矮，其株高为95～153cm，平均为125.7cm。分枝数日本品种最多，有效分枝数为24～43个/株，平均为32.7个/株。单株有效角果数日本品种最多，为588～986角/株，平均为769.3角/株，其次是加拿大的品种，平均为650.8角/株。千粒重加拿大的品种最重，日本、加拿大、澳大利亚的部分品种无论是生育期、株高、单株有效角果数还是角粒数、千粒重、单株产量都较优。

品质性状：对甘蓝型油菜籽粒脂肪酸组成进行测定，鉴定出一批低芥酸油菜种质。其中大多数来自欧洲，如法国、英国、瑞典、丹麦、波兰、匈牙利、荷兰等国家的油菜为低芥酸油菜，而来自亚洲国家及美国的油菜多为高芥酸油菜。硫代葡萄糖苷含量分析测定显示，加拿大、瑞典、澳大利亚、法国、联邦德国、英国等国家的油菜资源中有部分低硫代葡萄糖苷种质资源，而日本、匈牙利、美国和挪威的品种都为高硫代葡萄糖苷品种。从195份材料中鉴定筛选出17份硫代葡萄糖苷含量低于30μmol/g的品种。含油量大多在35%～40%，苏联和匈牙利品种的平均含油量较高，在40%以上，瑞典、联邦德国、日本的部分品种含油量超过45%。引入云南的225份甘蓝型油菜中，有高含油量种质、低芥酸种质、低硫代葡萄糖苷种质及双低种质，通过鉴定研究筛选出22份优异种质（高含油量5份、双低种质17份）。

（2）芥菜型油菜

主要农艺性状：苏联、英国、瑞典、法国4个国家的品种从出苗至初花期一般150d以上，生育期一般为200d左右，印度品种的生育期一般为180～184d。苏联的品种平均株高最高为206.4cm，印度、美国、瑞典的株高较对照矮，其中，以印度品种的株高最矮，平均株高仅为141cm。分枝数最多的是印度品种，平均为80.6个/株，苏联品种的分枝数最少，平均为28.5个/株。单株有效角果数印度品种最多，平均为1286.5角/株，苏联品种最少，只有479.9角/株，其余国家的大多数品种角果数在550～900角/株。印度品种的千粒重最重，平均为2.39g，瑞典品种的千粒重最低，仅0.8g。单株产量印度品种最高，平均为25.15g，瑞典品种的最低，仅1.5g。

品质性状：印度、美国、苏联的品种脂肪酸含量无特殊种质，油酸一般为11.78%～17.92%，平均含量为14.84%，亚油酸为16.98%～21.11%，平均含量为17.97%，亚麻酸为8.16%～13.81%，平均含量为9.79%，芥酸含量一般为21.04%～50.24%，平均含量为40.49%，大多数国外芥菜型油菜为高芥酸品种，仅从来自澳大利亚的品种中鉴定出2份低芥酸油菜种质。含油量大多在35%～40%，96份国外芥菜型油菜品种的含油量最高的是来自法国的品种，含油量为41.24%。硫苷总含量最低的是来自印度的品种，硫苷含量为58.76μmol/g，在引入的所有芥菜型油菜品种中未发现低硫代葡萄糖苷品种。

总体按来源评价，苏联品种病毒病发生较为严重，病情指数为57.6～89.3。在昆明地区的自然条件下不能收获到正常成熟的种子。印度品种芥菜型油菜年度间产量变动幅度较大，且缺乏抗病毒病基因，所以不宜直接利用。但因其早熟、株高适中、籽粒大、分枝多，可作为亲本材料把有用的基因转育到改良种中。澳大利亚油菜不能直接利用，但由于品质优异，可作为亲本材料利用某些优良性状。美国芥菜型品种在昆明地区表现为生育期偏长，丰产性差，不宜直接利用，也不宜作为亲本材料。

（二）花生、油用萝卜（蓝花子）、红花和蓖麻

1. 花生

地方资源（包括国内引进资源）：1996～1998年云南省农业科学院油料作物研究所承担实施了"花生品种资源保存，筛选及利用"项目，合计收集266份花生种质资源，按孙大蓉1984年的分类标准，各种类型均有，其中普通型花生有24份，珍珠豆型有98份，多粒型有9份，龙生型有8份，中间型127份，首次建立了云南省花生种质资源数据库，完成28个项目约7400个数据的云南省花生种质资源数据库工作。主要农艺性状：株型直立型有77份，半蔓型有175份，匍匐型有14份。生育期109～136d，生育期最长为136d，生育期最短为109d，平均生育期为122d，生育期小于130d的早熟种质有223份，我省引入种大部分是早熟种质。株高在7.9～53cm，分枝长在11.4～73cm，总分枝数在4.0～28.4个，分枝型中疏枝型有216份，密枝型50份，以疏枝型为主，结果枝数在3.4～13.6个。开花习性：连续开花型有237份，交替开花型29份，以连续开花型为主。单株结果数在8.4～46.6个，平均为19个。各种质百果重在44～220g，平均为123g。单株生产力：各种质单株生产力在6.5～71.9g，平均为23.3g。共有6种果型，包括了我国花生的各种类型，其中斧头型有160份，葫芦型49份，普通型

37份，串珠型9份，曲棍型8份，茧型3份。种仁椭圆形179份，圆锥形58份，三角形15份，桃形14份。种仁色白色3份，粉白色15份，粉红色220份，粉黄色4份，褐色3份，红色18份，紫色3份。优质资源中高产种质（单株生产力≥30g）52份；高含油种质（含油量≥50%）68份；特早熟种质（生育期<120d）77份；高贮藏性能种质（油亚比≥2）23份；高产，高含油种质54份。高抗叶斑病（花生褐斑病病菌 *Cercospora arachidicola* 和花生黑斑病病菌 *Phaeoisariopsis personata*）种质有40份。33份骨干材料同时具有高产（单株生产力≥20g）、高含油（含油量≥48%）、早熟（生育期≤130d）、中抗或高抗叶斑病等特性，综合性状好。品质方面，含油量：种质含油量36.7%～57%，平均含油量为47%。油酸含量：种质脂肪酸成分中，油酸含量28.8%～62.9%，平均含量为47.1%。亚油酸含量17.3%～41.6%，平均含量为32.5%。油酸和亚油酸的比值0.9～3.6。

法国种质：2000～2002年，云南与法国国际农艺发展研究中心（CRIAD）合作进行"花生品种资源交换、研究与利用"项目，研究共引进法国早熟花生种质33份。在云南试种，生育期120～135d，在云南属于中、晚熟种质。比原产地的生育期80～95d延长约40d，原产地为早、中熟种质。抗旱的半蔓型和匍匐型种质占大多数。分枝型以疏枝型和密枝型约各占一半。群体长势较强且整齐。株高在24.9～49.9cm，分枝长在37.7～58.6cm，33份种质平均株高和平均分枝长均高于云南省种质平均值。总分枝数多为6.7～13.8个，结果枝数在6.3～13.0个，总分枝数与云南省种质相近，但结果枝数高于云南省种质平均值。突出表现为：单株结果数多，平均为72.3个（云南地方品种平均为19个）；单株生产力高，平均高达65.4g（云南地方品种平均为23.3g）；平均出仁率也高达69.5%，平均含油量为49.9%，高含油量种质（大于50%）有15份。种质脂肪酸成分中，油酸平均含量为39.5%，亚油酸平均含量为36.5%。蛋白质平均含量也高达27.8%，高蛋白含量种质（大于30%）有5份。与云南地方品种平均值相比：含油量、油酸含量和亚油酸含量均高于云南省种质的平均值（云南省种质平均含油量为47.0%，油酸平均含量为47.1%，亚油酸平均含量为32.5%）。与国内种质相比，蛋白质含量、亚油酸含量高于全国水平（全国种质蛋白质含量为26.7%，亚油酸含量为33.4%），且含油量与全国水平相近（全国平均为50.3%）。这说明引入的33份材料综合品质性状相对较好，但耐贮藏性指标油酸/亚油酸低于云南省平均水平和全国平均水平。研究发现，除感染轻度到中度的常见叶斑病外，均未发现任何其他病害及严重感染叶斑病。从33份种质中筛选出单株生产力大于60g的材料17份，高蛋白质含量种质5份（蛋白质含量>30%），高含油种质15份（含油量>50%），作育种材料进一步转化利用。

2．蓝花子

1979年云南省农业科学院油料作物研究所从省内各地收集到3000多份蓝花子地方品种资源，同时从省外、国外征集到近百份品种资源，经过整理，初步进行分类，发现了许多具有特异经济性状的种质资源，已编目的有2000多份，已编目入国家作物种质库的有50份。蓝花子垂直分布：海拔70～1800m多属春子，海拔1800～3400m多属秋子。春子的生育期较长（160～180d），一般属冬性或半冬性品种，苗期匍匐型，直根（主根）膨大如萝卜，贮藏养分对低温、寒流、霜冻、冰凌抵抗力较强。秋子的生育期较短（80～140d），一般属春性品种，多数品种属中早熟品种，幼苗直立型，直根（主根）不膨大，纤维组织多，对低温、寒流、霜冻、冰凌抵抗力较弱。一般情况下春子品种株高（75～85cm）高于秋子品种（60～70cm），春子主茎分枝数（4～9个）多于秋子（2～5个）。种子角粒数，一般每角果4～7粒，最少是1粒，最多在10粒以上。种子千粒重，一般是秋子（9.0～12.5g）大于春子（8～10g）。千粒重有随海拔升高而增大的趋向。

根据云南省农业科学院油料作物研究所1982年的测定，有效角果数与有效分枝数之间的相关系数为0.68~0.83，呈强正相关。有效角果数与产量之间的相关系数为0.89~0.94，呈强正相关。有效角粒数与产量之间的相关系数为0.35~0.43，呈中等正相关。千粒重与产量之间的相关系数为0.24~0.40，呈弱正相关至中等正相关。含油量为32.00%~51.80%。秋子含油量一般比春子高，大粒种比小粒种高。黄熟时期收获其种皮呈现品种的固有色泽，含油量高，反之，绿熟时期收获或更早收获，往往种皮色浅（淡黄）、饱满度差（扁秕），含油量低。

3．红花

云南红花资源较为丰富，由于栽培历史悠久，在人工选择和自然选择的情况下，形成了相对稳定的生态类型和群体。大面积种植的农家品种中所收集到的红花资源，除昆明植物研究所收集的毛叶红花属于毛红花（*Carthamus lanatus*）外，其余农家品种属栽培红花（*C. tinctorius*）。这些地方品种属远东中晚熟温敏类型。云南省农业科学院油料作物研究所收集和评价了我国及其他48个国家的2000余份红花种质资源。

红花的生长发育大致分为出苗期、莲座期、伸长期、分枝期、现蕾期、开花期及成熟期。莲座期的长短与品种、播种期、出苗时期的温度、日照长短密切相关，它是品种对外界温度和日照环境不利因素的反应。伊朗、阿富汗、土耳其、苏联、德国、英国的品种一般莲座期较长，但能耐-15℃寒冷。我国黄河以北的地方品种也有类似情况，它们属冬性或半冬性品种，对长日照比较敏感，亦称光敏感型。另一类是莲座期一般较短的品种，它们多来自印度、埃塞俄比亚、墨西哥、巴基斯坦、以色列和苏丹，这些材料属温度敏感型，但抗寒能力较弱，称为春性品种，如我国长江以北品种，尤其是新疆、青海、宁夏的品种，莲座期一般较长。它们只有在高温、长日照的条件下，才能完成莲座期的营养生长而进入分枝期；而我国云南及四川、印度的大多数品种只要气温适宜，基本不受日照的影响就很快结束莲座期，进入分枝期。莲座期光温迟钝型的品种仅占7%，而其他品种都属光、温、光温敏感型或过渡类型。

地方和引进的红花资源的产量，以花球直径和百粒重为参数，花球直径≥30mm的种质资源202份，花球直径≥35mm的种质资源17份；单株产量≥60g的种质资源68份。

高含油的种质有，含油量≥35%的种质82份，其中含油量≥38%的种质12份。高油酸＞60%的材料13份；亚油酸＞80%的为376份，其中，亚油酸＞82%的为116份，亚油酸＞85%的为4份。大多数品种的硬脂酸含量平均值1.78%~2.77%，来自南非的BXY0594为4.88%，国内最高的是四川通江有刺红花（4.5%），高棕榈酸含量的种质在所测的材料中平均值为7.03%。

4．蓖麻

云南省农业科学院油料作物研究所鉴定评价了来自中国6个省（自治区）的蓖麻材料24份，引自法国、泰国、缅甸、柬埔寨4个国家的材料20份，以及云南当地收集的地方品种资源67份和自选材料25份共计136份。所有样品分别在昆明试种，观察其形态特征，评价其经济性状。结果表明：种子形状有椭圆、近圆、长椭圆、扁平，以椭圆形为主；籽粒皮色有紫色、紫红色、黑褐色、白花色等，以黑褐色为主；种子百粒重为17.2~98.6g，大部分在35~45g；蓖麻穗形一般可分为塔形、柱形、棒形和锤状结构，以塔形为主，柱形次之，锤状结构最少；每穗蒴果数差异较大，一般在20~50个，多的可达250个。蒴果内一般只有3个籽粒，个别蒴果籽粒超过3粒，有的高达7粒。

1996~1998年在昆明栽种的结果表明：蓖麻平均株高为274.5cm，其变幅为120~441cm。中国黑龙江、内蒙古、吉林等北方一年生品种植株最矮，6个品种植株平均高度为190.5cm；而中国南方多年生品种及泰国、柬埔寨、缅甸品种植株最高，10个品种的平均株高356.7cm，相差近一倍；来自法国和中国云南的材料，植株高度中等，平均株高为231.6cm。单株有效穗数最多的达68个，最少的只有1个，两者相差67个，全部种质的平均单株有效穗数为8.21个。从山东、内蒙古、黑龙江蓖麻产区所收集到的一年生蓖麻资源，植物丛生、有效穗数较多，一般在8～10个；从法国收集的蓖麻资源单株有效穗数较少，平均只有4.85个；其他地方收集的蓖麻资源介于两者之间，一般为6～7个。每穗蒴果数最多的为CSR63-268，达273个，最少的只有2个，相差271个，全部种质穗蒴果数平均为15.57个。来自法国的品种资源每穗蒴果数平均达32.07个，而来自中国一年生蓖麻产区的品种资源每穗蒴果数最少，平均为9～10个，从云南本地收集的品种资源由于类型多、差异大，平均每穗蒴果数为13.3个，从其他地方如泰国、缅甸等收集的品种资源，每穗蒴果数在20～23个。来自中国北方的一年生品种之间百粒重差异不大，一般在30～40g，而南方多年生品种百粒重差异较大，包括了17.2～98.6g的类型。收集材料中百粒重最高的A016为98.3g，最小的A053为17.2g，相差81.1g，全部种质平均36.7g。一年生品种植株矮小，单株生产力低；多年生品种植株高大，单株生产力高，所收集材料单株生产力最高的CSR6.2达2539.7g，最少的只有23.1g，平均134.07g。大部分中、小粒种质平均含油量为52.24%，变幅在43%～56.36%，百粒重在17～30g的24份材料平均含油量为51.08%，百粒重在30～50g的108份平均含油量为52.63%，百粒重大于50g的4份平均含油量为48.82%。云南现有的推广品种含油量为43%～51%。

七、豆类作物种质资源的鉴定与评价

云南豆类作物种类繁多，资源十分丰富，但鉴定与评价深度随其应用的广度而有所不同。

（一）大豆

云南大豆一年两熟，按播期分为春大豆、夏大豆、秋大豆和冬大豆。1980～1990年云南省农业科学院粮食作物研究所大豆室结合《中国大豆品种资源目录》，按照国家统一的试验方法和鉴定标准，开展了云南大豆品种资源的系统鉴定评价。

1. 主要农艺性状

对编入《中国大豆品种资源目录》（续编一，续编二）的582份云南大豆地方品种资源进行鉴定及评价。

生育期：供试大豆品种资源的全生育期100～190d，平均生育期为133d。其中，早熟品种（全生育期≤120d）139份，占总数的23.9%；中熟品种（全生育期121～130d）108份，占总数的18.6%；晚熟品种（全生育期131～140d）224份，占总数的38.5%；极晚熟品种（全生育期≥141d）111份，占总数的19.0%。

株型和株高：株型有直立、半直立、半蔓和蔓生4种类型，以直立型为主。供试品种资源株高2.8～176cm，平均株高75.2cm。50cm以下的资源有4份，占总数的0.7%，100cm以上的有9份，占总数的1.5%，其余绝大多数大豆资源的株高为50～100cm。

百粒重：供试品种资源百粒重4.1～31.5g，平均百粒重15.6g。百粒重<5.0g的极小粒种12份，占总数的2.1%；5.0g≤百粒重<12.0g的小粒种116份，占总数的19.9%；12.0g≤百粒重<20.0g的中粒种311份，占总数的53.4%；20.0g≤百粒重<30.0g的大粒种115份，占总数的19.8%；百粒重≥30.0g的特大粒种有2份。

籽粒性状：粒形以中扁椭圆形和椭圆形为主，占总数的92.3%。种皮颜色主要为黄、青、黑、褐和双色（虎斑）5种颜色，黄色285份，占总数的48.9%；青色108份，占总数的18.6%；褐色103份，占总数的17.7%；黑色69份，占总数的11.9%；双色17份，占总数的2.9%。脐色主要为黑色、褐色、深褐色和淡褐色，黑色224份，占总数的38.5%；褐色288份，占总数的49.5%；深褐色59份，占总数的10.1%；淡褐色10份，占总数的1.7%；黄色种脐资源仅有1份。子叶颜色全为黄色。

其他习性：大豆花色有紫花和白花两种，茸毛色有棕毛和灰毛两种，结荚习性有有限、无限和亚有限三种。云南大豆品种资源中紫花占74.4%；棕色茸毛占81.4%；有限结荚习性占72.76%。因此，云南大豆地方资源以紫花、棕毛、有限结荚为主。

2．品质性状

吉林省农业科学院大豆研究所对547份云南大豆地方资源的蛋白质和脂肪含量进行测定。

蛋白质：供试样本蛋白质含量为39.3%～50.8%，平均44.36%。蛋白质含量在42.0%～44.9%的资源有368份，占总数的67.28%；蛋白质含量在45.0%～45.9%的资源有70份，占总数的12.8%；蛋白质含量在46.0%～46.9%的资源有60份，占总数的11%；蛋白质含量在47%及以上的资源有60份，占总数的11%。云南大豆地方资源的蛋白质含量主要集中在42.0%～44.9%。

脂肪：供试样本脂肪含量为13.3%～20.5%，平均17.41%。脂肪含量在16.0%～18.9%的资源有420份，占总数的76.78%，脂肪含量在19.0%～19.9%的资源有46份，占总数的8.41%；脂肪含量在20.0%及以上的资源有6份，占总数的1.1%。云南省大豆地方资源的脂肪含量主要集中在16.0%～18.9%。

3．云南优异大豆种质资源的筛选及鉴定

根据1985～1995年对云南451份大豆资源抗大豆花叶病毒病的鉴定，其中0级（免疫）有6份，占参试总数的1.33%，1级（抗）有69份，占15.30%，2级（中抗）321份，占71.18%。这说明云南大豆种质总体对大豆花叶病毒病抗性较强，其代表性品种为E0083（小白豆）、E0087（白豆子）、E0096（一窝蜂）和云大豆12号。经多年多点鉴定，筛选出抗蚜虫种质68份，代表性品种为E0469（绿皮豆）、E0484（宣杂）、E0613（黑黄豆）等；抗食叶性害虫种质3份，代表性品种为滇豆6号和滇豆7号；抗倒性较强大豆种质31份，代表性品种为E0484（宣杂）、E0503（马兰早茶豆）、E0908（塞豆）等；耐阴性强的种质5份，在遮阴度80%以上仍保持较好的生长态势和较高的产量水平，代表性品种为E1488、E1597、E1828等；抗旱性较强的种质36份，代表性品种为E0147、E0113、E1486、E1598等；高蛋白质种质（含量超过49%）11份，高脂肪（含量超过20.0%）种质6份，双高种质（蛋白质和脂肪含量总和超过65%）6份。此外，云南大豆种质资源中的小粒种、特小粒种和野生大豆种质具有较强的适应性，耐旱、耐瘠，具有诸多优异特性。

（二）蚕豆

云南蚕豆资源系统鉴定与评价始起于20世纪80年代，此后结合科研项目开展了大量工作。

1．主要农艺性状

不同项目对云南蚕豆地方品种资源的鉴定与评价如下。

百粒重：由于蚕豆可按粒重分为大粒、中粒和小粒3个变种，且各有其相对严格的生态环境，因此，百粒重也成为蚕豆较其他作物更为重要的农艺性状指标。根据已完成百粒重准确鉴定的508份云南地方品种资源数据，供试样本百粒重28～210g，平均百粒重为105.22g。其中，小粒类型（百粒重<70g）56份，占总样本的11.02%；中粒类型（百粒重70～120g）317份，占62.40%；大粒类型（百粒重≥120g）135份，占26.57%，其中，超大粒型的材料（百粒重≥170g）18份，占3.54%。

生育期：根据对有完整记录的389份云南蚕豆资源全生育期的鉴定，供试样本全生育期

161~201d，平均生育期为190.8d。其中，特早熟材料（全生育期<160d）仅有1份；早熟材料（全生育期160~175d）97份，占24.93%；中熟材料（全生育期175~185d）215份，占55.27%；晚熟材料（全生育期185~195d）70份，占17.99%；特晚熟材料（全生育期>195d）6份，占1.54%。

株高：根据对589份资源材料的鉴定，供试样本株高21~117.5cm，平均株高为71.43cm。株高属于超矮秆类型的有28份，占参试材料的4.75%；矮秆类型的有161份，占参试材料的27.33%；中秆类型的有346份，占参试材料的58.74%；高秆类型的有41份，占参试材料的6.96%，没有超高秆类型的材料。

单株茎枝数：根据对514份参试材料的鉴定，供试样本单株茎枝数1~10，平均单株茎枝数为4.87。其中，单株茎枝数>3、分枝力弱的资源有22份，占参试材料的4.28%；单株茎枝数在3~5、分枝力中等的资源有356份，占参试材料的69.26%；单株茎枝数6~8、分枝力强的资源26份，占参试材料的5.06%；单株茎枝数>8、分枝力超强的有13份，占参试材料的2.53%。

单株荚数：云南蚕豆资源单株荚数1.8~37.3荚/株，平均值为12.71荚/株。低单株荚数（单株荚数<5荚/株）的有22份，占鉴定材料的4.50%；单株荚数中等（5~15荚/株）的有358份，占73.21%；高单株荚数（15~25荚/株）的有97份，占19.84%；有12份资源的单株荚数超高（单株荚数>25），占2.45%。

单荚粒数：完成鉴定的537份蚕豆资源的单荚粒数为1~5.33粒/荚，平均值为1.75粒/荚。低单荚粒数（1~1.5粒/荚）资源33份，占鉴定材料的6.15%；单荚粒数中等（1.5~2粒/荚）资源439份，占81.75%；高单荚粒数（2.1~2.5粒/荚）资源63份，占11.73%；单荚粒数超高的材料有2份，分别为3.76粒/荚和5.33粒/荚。

花色：根据对有完整记录的380份云南蚕豆资源花色的鉴定，白色花资源材料有252份，占参试材料的66.32%；其次是淡紫色花31份，占8.16%；紫色花20份，占5.26%；纯白色花11份，占2.89%；花色混合群体65份，占参试材料的17.11%；未见黑色花器类型。白色花是云南蚕豆资源的主要类型。

种皮与子叶颜色：云南蚕豆资源种皮颜色以白色为主，有477份，占鉴定资源总数的82.24%；其次是淡绿色种皮，有61份，占10.52%；绿色种皮的有19份，占3.28%；浅白色种皮的有13份，占2.24%；紫红色种皮的有7份，占1.21%。此外，尚有2份粉红色种皮和1份乌白色种皮的材料。子叶颜色指蚕豆干籽粒种子胚乳（豆瓣）的颜色，通常为黄色，但在云南蚕豆资源中，发现了4份绿色子叶的材料，分别为中、小粒型两个不同的变种，为云南独有的特色蚕豆遗传资源。

2．抗性

云南蚕豆资源的抗性鉴定评价结果包括了中国农业科学院品质资源研究所统一安排和云南农业科学院组织的鉴定。

锈病抗性：根据对254份收集样本群体的鉴定结果，锈病病情指数为1.6~100，平均值为64.93。其中，锈病抗级达到抗以上的材料仅4份，占参试材料的1.57%；达到中抗的材料25份，占9.84%；鉴定为中感的材料60份，占23.62%；鉴定为感的材料105份，占41.34%；达高感的材料60份，占23.62%。可见云南蚕豆资源锈病抗性较弱，近90%为感病材料。

赤斑病和褐斑病抗性：根据对占收集材料40%、区域代表性近70%的244份资源的鉴定评价，赤斑病发病病情指数为21.48%~98.7%，平均为77.19%。244份材料中，仅有4份表现中抗，占参试材料的1.64%；鉴定为感和高感的材料有222份，占参试材料的90.98%。褐斑病鉴定的结果显示，有15份材料为中抗褐斑病。

蚜虫抗性：120份供试材料中，仅获得了2份抗性较好的材料，占1.7%。

抗逆性：结合相关科研项目，先后对云南蚕豆资源代表性材料进行过抗旱、耐涝和耐冻性鉴定评价，结果表明：云南蚕豆资源的抗旱性水平总体较低，未获得抗旱性超过抗性对照云豆100的材料；耐涝和耐冻性鉴定也仅获得了为数不多的中耐材料。其中，耐涝性较好的资源材料5份；花荚期中耐冻害材料3份。

3．品质

根据对云南蚕豆资源137份代表性材料的粗蛋白含量分析，粗蛋白含量17.2%～32.01%，平均值为22.88%；9份代表性材料的氨基酸含量分析显示，氨基酸总量为14.95%～20.05%，平均值为17.71%；48份代表性材料的总淀粉和直链淀粉含量分析显示，总淀粉含量41.77%～51.12%，平均值为44.48%，直链淀粉含量10.76%～15.23%，平均值为12.57%。筛选出粗蛋白含量超过30%的高蛋白材料2份；总淀粉含量超过50%的高淀粉品种15份。

（三）豌豆

1．主要农艺性状

全生育期：根据对353份云南豌豆资源的鉴定，样本全生育期为165～189d，平均为177.2d。全生育期≤170d的早熟材料有31份，占鉴定资源的8.8%；中熟材料（全生育期171～180d）有251份，占鉴定资源的71.1%；晚熟材料71份，占鉴定资源的20.1%。

株型：云南栽培豌豆地方品种株型可分为攀缘型、蔓生型和直立型；株高可分为高茎型、中间型和矮茎型。高茎型株高100～300cm，多为中晚熟种（生育期150～180d）；矮茎型品种株高30～60cm，多为早熟品种（生育期80～120d）。基部节间短，各节都能发生分枝，但一般只有3～4个分枝能结荚。

花和荚果：云南栽培豌豆地方品种，花色为白花和紫花两种，花自叶腋生出，总状花序，花柄比叶柄短，花的着生位置与品种生育期密切相关，一般着生在第7～10节处的为早熟品种，着生在第11～15节处的为中熟品种，着生在第15节以上的为晚熟品种。荚果可分为硬荚种和软荚种。硬荚种以收取干籽粒为主，长椭圆形，荚长5～10cm，每荚有种子2～10粒，云南栽培豌豆资源以硬荚种为主；软荚种主要为菜用，荚果扁平宽大，荚长可达12cm，宽2.8cm，质地嫩脆柔软。该类资源较少，多为引进种。

籽粒：云南栽培豌豆资源中籽粒大致呈近圆球形，包括椭圆形、球形、圆形有棱、多棱、扁缩、皱缩6种。皮色有白、黄、麻、黄绿、绿、灰褐、玫瑰以及黑等色，以白色及麻色的居多。籽粒的大小包括大粒、中粒和小粒三种类型。百粒重7.8～28.0g，平均15.43g。

2．抗性

云南豌豆资源的抗性鉴定虽结合科研项目开展过不少，但未系统总结。白粉病是云南豌豆生产上的主要病害，故对其进行了相对深入的鉴定。从384份云南地方资源中，筛选到8份中、高抗豌豆白粉病菌（*Erysiphe pisi*）的种质，并被标记为与er1抗性基因连锁的7个不同的基因型，进一步通过cDNA PCR扩增、测序和与目标基因*PsMLO1*的比对，发现部分抗性资源*PsMLO1*基因发生了碱基突变或插入，最终在云南白粉病抗性资源中发现了*er1-1*、*er1-2*和*er1-6*共3个与豌豆白粉病抗性相关的新的*er1*等位基因。

3．品质

根据中国农业科学院品质资源研究所对60份云南豌豆资源代表性材料的分析，云南豌豆资源种子粗蛋白含量为15.34%～22.7%，平均为18.94%，未发现粗蛋白含量超过30%的高蛋白资源；粗脂肪含量为1.07%～2.16%，平均为1.55%；总淀粉含量为47.1%～58.69%，平均为53.72%，总淀粉含量大于55%的有19份，占分析材料的31.7%。总体呈现蛋白含量偏低而淀粉含量偏高的趋势。

八、特色果树种质资源的鉴定与评价

云南特色果树种质资源大多为多年生植物,其种类繁多,鉴定与评价多处于植物学和农艺学的水平(张文炳等,2008)。

(一)仁果类

1. 梨属(*Pyrus*)

沙梨(*P. pyrifolia*)和川梨(*P. pashia*)是云南原产的特色资源。沙梨系列品种,大多数果实扁圆形、近圆形、长圆形、倒卵圆形,果皮褐色、淡黄色,有的阳面覆有红色晕,果肉脆,甜酸适度,石细胞较少,不经后熟可食,有宝珠梨、火把梨、红雪梨、蜜香梨、芝麻梨等品种群。川梨系列品种,果皮绿黄褐色或青绿色,果肉黄白色,初采时不能食,放置后果肉变成黑褐色(变乌),称为乌梨,有酸大梨、酸罐梨、金沙乌、长把乌等品种群。

2. 苹果属(*Malus*)

云南有7个栽培种。苹果的变种林檎(*M. pumila* var. *rinki*)在昆明市郊区、曲靖市麒麟区零星栽培,抗逆性较强,对苹果绵蚜(*Eriosoma lanigerum*)有一定抗性。楸子(圆叶海棠)(*M. prunifolia*)在滇东北、滇西北少量栽培。海棠花(*M. spectabilis*)在滇西北少量栽培。西府海棠(海棠果)(*M. micromalus*)是特色资源,为山荆子和海棠花的杂交种(*M. baccata* × *M. spectabilis*),主产于玉龙、宁蒗、剑川等地,可作苹果砧木。树高4~8m,4月开花,9~10月果熟,果肉浅黄色微红,酸甜,种子褐色。果作鲜食和加工。中国苹果(绵苹果,*M. domestica* subsp. *chinensis*),昆明、昭通、丽江有少量栽培。花红(*M. asiatica*),全省各地均有零星栽培。西洋苹果(*M. pumila*),引进种,主要栽品种有金帅、红星、富士等系列。

3. 山楂属(*Crataegus*)

云南栽培山楂主要有云南山楂(*C. scabrifolia*)和山楂(*C. pinnatifida*)两个种。云南山楂(山林果、山铃果、酸铃果)是特有种。落叶乔木,树高5~14m。有8月成熟的早山楂,10月底至11月成熟的晚山楂。果的形状多扁圆形,5棱明显,果色为白色的称白山楂;黄色、金黄色的称黄山楂;一般成熟时阳面被红色晕的称粉红山楂、红山楂。又有以果实形态划分的提法,果大、白色的称大白果山楂;果点密集明显的称麻果山楂;果肉黄色似鸡油的称鸡油山楂;还有按果梗的主要特征划分的提法,果梗红色的称红梗山楂,基部有肉翅的称大翅膀山楂。

4. 木瓜属(*Chaenomeles*)

云南有木瓜(*C. sinensis*)、皱叶木瓜(*C. speciosa*)、毛叶木瓜(*C. cathayensis*)和西藏木瓜(*C. thibetica*)4个栽培种和1个未定种(甜木瓜)。木瓜适应性广,耐湿、耐旱、耐瘠,较易栽培。山区栽培多选择果型大、丰产的品系,滇西北栽培较为集中。木瓜果中含苹果酸、酒石酸、柠檬酸、维生素C、胡萝卜素和黄酮类等物质,果实入药可健胃、化湿、舒筋活络。皱叶木瓜(贴梗海棠)又是云南一种主要的园林观赏植物。

(二)核果类

1. 桃属(*Amygdalus*)

云南有桃(*A. persica*)、山桃(*A. davidiana*)、光核桃(*A. mira*)3个种,尚有冲天核桃分类地位

待定。桃或毛桃栽培品种丰富，已收集到103个，分为北方桃、南方桃、黄肉桃和蟠桃4个品种群。山桃和光核桃多为野生，分别分布于滇中和滇西北疏林灌丛，用作绿化林木。在宁蒗县和永胜县发现原始栽培种冲天核桃，植株直立，高5～8m，幼时枝条密生，树冠圆锥形、果卵圆形，顶端尖圆，重80～100g，可食，可能为自然杂交进化而成。

2．李属（Prunus）

云南栽培李基本上为中国李（P. salicina），主要品种有：①金沙李，果实中大，果重38g，果皮绿黄色或黄色，果肉黄白色，含可溶性固形物13.0%，黏核，品质中上等。②玫瑰李，果实中大，果重36g，果皮紫红色或紫色，果肉黄红色，含可溶性固形物12.5%～13.5%，黏核，品质中上等。③大黄李，果实中大，果重40～65g，果皮紫红色，果肉淡黄色，香味浓，含可溶性固形物11.5%，黏核，品质中等。④朱砂李，果实中大，果重35～63g，果皮紫红色，果肉淡红色至深红色，含可溶性固形物11.5%，黏核，品质中等。⑤鸡血李，果实心脏形，重25～32g，果皮鲜红色或紫红色，果肉红色，含可溶性固形物11.2%，黏核，品质中等。⑥甜脆李，又称青脆李，果实小，果重5～11g，果皮青绿色，微红，果肉黄绿色，肉质脆，汁少，味甜，鲜食，早熟。美洲和欧洲引入的李品种，如大果型的布朗李等近十余年有所发展。其中，紫叶李（P. cerasifera）叶紫红色，树直立，果小紫红色，主要用作观赏。

3．杏属（Armeniaca）

云南栽培种有梅（A. mume）1个种、4个变种和普通杏（A. vulgaris）。重要的品种有盐梅、桃梅、杏梅3类。梅树栽培和梅果加工在滇西成为重要产业。云南野生梅树在滇西分布甚广，有刺梅（var. pallescens）和曲梗梅（var. cernus）两个变种，故有人认为滇西是梅的原产地之一。盐梅，果实圆球形，果重20～32g；果皮绿色，表面有茸毛，缝合线浅，果顶圆形微凹入，肉瓣对称；果肉绿黄色，质地脆，味酸、清香、无苦味；6月下旬至7月成熟。桃梅，果实大、近似桃、尖卵圆形，果重35～45g；果皮绿黄色，果顶尖圆，果肉绿黄色，质地脆；6月中下旬成熟。杏梅，果实圆球形似杏，果重25g；果皮绿黄色，果顶微突起；果肉绿黄色，味酸、汁较多。云南省长期栽培的普通杏品种（品系）有17个，近几年引入国内有名的优良品种10余个。

4．樱桃属（Cerasus）

云南栽培种多属中国樱桃（C. pseudocerasus），果色有红、黄之分，小果型。近年来引入的车厘子品种，果型大，但结果少，尚处于试种筛选阶段。

5．枣属（Ziziphus）

云南栽培种有8个品种群。其中长枣、散枣、团枣、宜良糠皮枣属于枣（Z. jujuba）；碧云枣、蜜思枣、脆蜜枣属缅枣（滇刺枣 Z. mauritiana）；此外还有台湾青枣品种群。特有枣种大果枣（Z. mairei），别名鸡旦果。树高达10m以上，小枝紫红色，核果球形，黄褐色，内果皮硬骨质，种子1～2粒，花期4～6月，果期6～8月。山枣（Z. montana），乔木或灌木，核果近球形，黄褐色，种子倒卵形；花期4～6月，果期5～8月。毛叶枣（缅枣、滇刺枣、西西果、印度枣），常绿乔木或灌木，核果球形或长圆形，成熟时黑色或紫黑色，种子红褐色，有光泽；花期8～11月，果期10～12月。

（三）浆果类

1．葡萄属（Vitis）

云南葡萄地方品种和野生种利用滞后，主要栽培种为欧亚种群〔也称欧洲葡萄（V. vinifera）〕，大多鲜食和加工品种属于该种。美洲种群（*V. labrusca*）耐高温多湿气候，抗病性较强，在云南表现较好，是较好的抗病种质，但目前栽培还不多。此外，还有欧美杂交种群也在试种。

2. 猕猴桃属（*Actinidia*）

云南猕猴桃资源十分丰富，特色资源有阔叶猕猴桃（*A. latifolia*）、毛花猕猴桃（*A. eriantha*）、红茎猕猴桃（*A. rubricaulis*）、软枣猕猴桃变种紫果猕猴桃（*A. arguta* var. *purpurea*）等，但其开发利用滞后。栽培品种主要为中华猕猴桃（*A. chinensis*）和美味猕猴桃（*A. deliciosa*）两个种。近年来，从新西兰引进的品种也在大量试种。

3. 石榴（*Punica granatum*）

全省资源调查共35个品种（系），依据性状比较品种分为以下五大类：按花的颜色有4类；按果皮颜色有12类；按果皮和籽粒色泽有4类；按籽粒颜色和口味有4类；按籽粒大小有2类。云南石榴优良品种丰富，已发展成为特色产业。优质品种有元谋大白粒，又称元谋白皮早，其果实大，近于圆形，果实重208～320g；果皮绿白色或白色，微有红晕，表面有光泽；籽粒大，淡白色或白色，汁多，味极甜，含可溶性固形物14.5%；7月上中旬成熟，早熟，品质佳。会泽、巧家的绿皮甜石榴、青皮石榴，果实扁圆形，有纵沟，果重约320g；果皮绿色有锈斑，阳面红色；籽粒水红色，汁多味甜，含可溶性固形物14%，品质佳。黑井红皮红籽石榴，果实大，扁圆形，有5棱，果重约280g；果皮绿黄色，萼筒四周有淡红晕圈，籽粒鲜红色，汁多味甜，含可溶性固形物14.2%，品质佳。火炮石榴，果实大，扁圆形，有7～8棱，果重约320g；果皮鲜红色美观，籽粒水红色，菱形，种子软，多汁，味甜，含可溶性固形物16.5%，品质佳；9月上旬成熟，晚熟。宜良红皮石榴，又称花红皮石榴，果实圆形，微有纵沟纹，重370～420g；果皮鲜红色、红色美观，稍厚，籽粒红色，味甜，含可溶性固形物14.5%，品质佳。蒙自甜绿籽石榴，果实圆球形，两端微圆形，果重约248g；果皮浅褐色，较厚，籽粒大、淡红色，味甜，种子软，含可溶性固形物14%，品质佳。甜光颜石榴，果实圆形，表面有沟纹，果重226g；果皮褐色，有锈，籽粒中等大，肉紫红色，微香，含可溶性固形物15%，品质佳；7月上旬成熟，早熟。建水酸石榴，果实圆形，有5棱，中大，重210～300g；果皮红色，稍薄，籽粒水红色，菱形，汁多，甜酸可口，含可溶性固形物15%，品质中上。

4. 柿属（*Diospyros*）

云南有23个种、3个变种，为全国种类最多的省份，按利用方法分生食品种群和柿饼品种群。栽培的主要为柿（*D. kaki*），其次为君迁子（*D. lotus*）。从日本引入的柿品种次郎和富有，果实扁圆，重225～370g；果皮橙黄色，果肉黄色或黄红色，肉质柔软致密，汁多味甜，品质佳。君迁子，别名黑枣、软枣、塔枝，乔木，高8～15m，果球形，直径1～1.5cm，成熟时蓝黑色，外面粉白色，果梗粗短；花期4～5月，果期8～10月；半栽培，适应性强，抗旱、耐瘠，果可食。此外，还有栽培和半栽培种黑毛柿（*D. atrotricha*）（产自勐腊县）、大理柿（*D. balfouriana*）（产自大理市）、石柿（*D. dumetorum*）（产自香格里拉、巍山县）、老君柿（*D. fengii*）（产自麻栗坡县）、腾冲柿（*D. forrestii*）（产自腾冲市）、琼南柿（*D. howii*）（产自河口县）等6种。

5. 西番莲属（*Passiflora*）

主要栽培种有引入的大果西番莲（*P. quadrangularis*）和紫果西番莲（*P. edulis*），常绿草质半木质藤本，食用部分为柔软多汁的假种皮，味甘酸或酸，具香味，可生食，主要作果汁饮料。大果西番莲，果大，长5～8cm，果黄色，适应热带地区栽培。紫果西番莲，果小，近圆形或长圆形紫色，适应性较广。另外云南还有西番莲（*P. coerulea*）、龙珠果（*P. foetida*）、云南西番莲（*P. henryi*）及紫果西番莲变种黄果西番莲（*P. edulis* var. *flavicarpa*）等半栽培种。

6．水东哥属（*Saurauia*）

栽培和可食用的有鼻涕果（*S. napaulensis*）、牛嗓管树（蜜心果、撒罗夷）（*S. lantsangensis*），常绿乔木，鼻涕果全株多被褐色刺毛。牛嗓管树枝褐色，中空，状如牛嗓管；果圆球形，直径1～1.2cm，红褐色；有5棱，浆果状，熟时发黏如胶状，甜可食，故名"蜜心果"；花期6～8月，果期8～10月。

7．榕属（无花果属）（*Ficus*）

栽培种很多。果成熟供食用和加工作蜜饯与饮料的主要有无花果（*F. carica*）、大果榕（*F. auriculata*）、苹果榕（*F. oligodon*）、薜荔（*F. pumila*）等。无花果：小乔木，花单生，雌雄异株，着生于叶腋的隐头状花序内，由整个花序发育成浆果，果大、梨形，成熟时紫红色、紫色、黄色，花果期6～7月。果实营养丰富，有特殊香味，含碳水化合物74%，果干含糖量可达75%。果可鲜食，还能制作果酱、蜜饯、罐头。大果榕（木地瓜、蜜枇杷、馒头果）：灌木或小乔木，果簇生于老茎，梨形或扁球形至陀螺形，成熟果红褐色，味甜。花期3月，果期5～8月。苹果榕（狗木瓜、大石榴）：小乔木，果簇生于老茎发出的无叶短枝上，梨形，略被柔毛，幼时有红晕，成熟时深红色，果顶扁平，基部收缢为短柄，果味甜。薜荔（冻粉果、苹果榕）：匍匐灌木，果近球形，直径4～5cm，成熟时紫色。瘦果倒卵形至近球形，成熟时褐色，直径1～2cm，有黏液。花果期5～8月。以瘦果的种子，入水洗，稍加碱，即制成冻粉，为夏季优良饮料。

8．草莓（*Fragaria ananassa*）

多年生草本，栽培品种多为引进种，主要品种有宝交早生，果实圆锥形，果重15g，果面鲜红色，质细，香甜，汁液红色，品质优良，生长势强，坐果率高，4～5月采收。扇子面，果实为不规则扇形，果重13g，果面橙红色，有沟纹，果肉白色微带红，果心略大，稍空，肉甜香，较丰产。绿色种子，果实圆锥形，重约15g，果皮红色，平整。果肉橙红色，紧密，髓心实，果汁红色，丰产。

9．其他浆果类

人参果（香瓜茄）（*Solanum muricatum*），草本水果，引进栽培，有大果、果皮白色和小果，果皮有紫色条斑等品种。鸡嗉子（*Dendrobenthamia capitata*）和大鸡嗉子（山荔枝）（*D. gigantea*），常绿乔木，聚合果，球形、浅红色、肉质，直径2～3.5cm，种子小；果可食，味淡微甜汁多，可制酒、制醋；花期4～6月，果期9～10月。北方拐枣（*Hovenia dulcis*）和南方拐枣（*H. acerba*），小乔木，又名鸡爪子、鸡爪树，果梗是食用部分，肥大弯曲，黄褐色或淡红色，光滑，肉质，有纤维，含糖量高，味甜，供鲜食或酿酒，其中果梗绿色、肥大、肉多、汁多；花期4月，果期9～10月。此外，从浙江引入的大树杨梅（*Morella rubra*）发展十分迅速。

（四）坚果类

1．胡桃属（*Juglans*）

云南栽培种有核桃（胡桃）（*J. regia*）品种如鸡爪绵核桃、纸皮核桃、光皮绵核桃等。云南核桃（*J. sigillata*）是特有种，别名漾濞核桃、泡核桃、茶核桃，乔木，高18～24m，核果球形或椭圆形，直径3.5～5.0cm，花期3～4月，果期8～9月。此外，还有不少壳薄的优良品种。

2．栗属（*Castanea*）

主要栽培种为板栗（中国栗）（*C. mollissima*）和欧洲板栗（*C. sativa*）。地方优良品种主要有宜良早板栗，坚果大，近圆形，粒重15～20g，7月中旬成熟。一年结两次果，第二次果9月下旬成熟。玉溪板栗，坚果中大，重9～10g，赤褐色，有光泽，果肉淡黄色。黑油栗，坚果扁圆形，重8～10g，黑褐色，有光泽，肉甜，淡黄白色。9月中旬成熟。早板栗，坚果椭圆形，单粒13～16g，果肉淡白色，7月下旬8月上旬成熟。欧洲板栗，刺苞的刺分枝，有茸毛，壳果大，种皮坚韧，每刺苞有1～2粒，在贡山县丙中洛镇栽培，当地称瑞士板栗，分布较窄。

3. 其他坚果类

银杏（白果、公孙树、鸭掌树）(*Ginkgo biloba*)：从果形分，类型包括佛手、梅核、圆珠、马铃银杏、龙眼银杏等，品种为引进种。华山松（柯松、松子）(*Pinus armandii*)：产地遍及全省，种子可食，种子椭圆形或椭圆菱形，灰黑色，种肉白色，卵圆形，果期8～9月。澳洲坚果、夏威夷果(*Macadamia ternifolia*)：引进树种，在云南南部热区发展迅速，成为云南特色产业。

（五）柑橘类

柑橘属（*Citrus*）在云南栽培种有8个，分别介绍如下。

1）柑橘（别名宽皮橘、松皮橘）(*C. reticulata*) 柑类品种有建水白橘、石屏风洞橘、勐版橘；黄橘类品种有黄皮橘、早橘；红橘类品种有沙河红橘、大红袍；蕉柑类品种有蕉柑、桶柑；温州蜜柑类品种有宫川、尾张、兴津等。

2）甜橙（*C. sinensis*） 特色品种有四瓣辣子花甜橙，树势强，树冠自然圆头形；叶长椭圆形，深绿色，先端尖，基部圆形，叶柄短，翼叶小；萼片4～5，较大，肉质状（比其他品种大两倍），似辣子花瓣紧贴于果面而得名；果圆球形，果重180～320g；果肉橙黄色，果皮薄，光滑，细胞细密，瓤瓣10～12，沙瓤橙红色，肉质细嫩、汁多、味甜、郁香，11月下旬成熟。会泽黄果，果卵圆形或圆球形，重180～210g；果皮黄色有光泽，较易剥离，瓤瓣易分离，9～10瓣，果肉汁多、化渣、味甜、郁香；11月成熟。此外还有产于永善县码口镇的马口甜橙、鲁甸县乐红镇的鲁甸黄果，品质均较好。引进品种有四川锦橙（脐橙类品种），果呈倒卵圆形，果重180～350g；果顶通常尖突，具脐，有开张和闭合两种；果皮橙色，顶端光滑，基部稍粗糙，较易剥皮，汁胞质脆，汁液多，味甜、清香，品质优；10～11月成熟，较耐贮运。血橙类品种，无脐，果肉赤红色或赤红色斑条，如塔罗科血橙。

3）柠檬（*C. limon*） 主栽品种为尤力克柠檬（Eureka lemon），原产美国，引入云南有20多年。树生长势强，枝梢粗壮，每年开花3次，坐果率高。果椭圆形，顶部乳状突起，重110～160g，汁多，含酸量及香精油量高，丰产。近年来，在德宏州瑞丽市发展迅速。

4）来檬（*C. aurantifolia*） 为地方品种资源，分酸来檬和甜来檬两类，果含糖、酸量比柠檬高，又有大果和小果品种。

5）黎檬（*C. limonia*） 常绿乔木，果圆形或扁圆形，直径4～5cm，果皮薄、光滑、朱红色至黄色，多汁，味酸；花期春季，果期秋季。常见村寨栽培。果榨汁常作调味品。

6）枸橼（香橼）(*C. medica*) 小乔木或灌木，果皮柠檬黄色，厚而芳香；肉酸而苦，种子小，单胚，供药用。花期春季，果期秋、冬季。云南有两个变种，即云南香橼（var. *yunnanensis*）和佛手（var. *sarcodactylis*），香橼变种又称佛手柑，心皮部分离生，发育成熟时，果皮离生部分呈指状或拳状，甚为特异。

7）柚（大泡果）(*C. grandis*) 常绿大乔木，果大，球形、扁球形或梨形，直径10～25cm，果皮厚，不易剥离，果肉灰白或粉红色，汁胞粗大汁少，容易分离，味甜酸有时带苦；种子大，扁厚，胚白色，多单胚。花期春季，果期秋冬至春季。

8）葡萄柚（*C. paradisi*） 常绿大乔木，果中大，偏圆、球形或梨形；表面光滑，黄色，果肉白色，汁胞柔软，多汁，酸甜适口；多胚。

（六）热带亚热带果树

1. 芭蕉属（*Musa*）

栽培种为香蕉（*M. nana*）和大蕉（*M. sapientum*）。类型分为香蕉类、大蕉类、粉蕉类、龙芽蕉类。香蕉类为主要栽培品种。云南特色品种有河口蕉、红河蕉等。栽培品种多为引进，易感束顶病（BBTV），抗寒性差。大蕉类品种有畦头大蕉、高脚大蕉等。粉蕉类品种有灰蕉、粉蕉等，易感巴拿马病（*Fusarium cubense*）。龙芽蕉类品种有河口龙牙蕉、西贡蕉、紫香蕉、小黑芭蕉、孟加拉香蕉、四方蕉，极易感巴拿马病、叶斑病（*Cercospora musae*）、*Cordana musae*、*Deightoniella torulosa*，易受卷叶虫（*Erionota torus*）危害。

2. 芒果属（杧果属）（*Mangifera*）

云南栽培种有5个。其中，芒果（*M. indica*）和泰国芒果（*M. siamensis*）是主要栽培种。生产上主栽品种有象牙芒，果大，呈象牙形，单果重150～210g；皮色金黄，果肉橙黄，质地腻滑，味甜微酸，无纤维感，品质优；可食率72%～77%，种子仅占全果重的1/10。三年芒又称金芒，干旱地区能高产、稳产，单株结果可达60kg以上；一般6～7月成熟，果实可溶性固形物含量17%～20%。秋芒，易获得高产，是当地群众喜好种植的品种之一。吕宋芒，果呈桃形、较小，平均单果重200～300g；皮色深黄，肉色橙黄，食味较腻滑浓甜，有椰乳香或松香味；可溶性固形物含量14%～16%，可食率60%～68%；7月中下旬至9月初成熟。扁桃芒果（*M. persiciformis*）、长梗芒果（*M. longipes*）、林生芒果（*M. sylvatica*）为云南半栽培地方品种资源。近年来，外引品种不断增加，发展加快。

3. 荔枝（*Litchi chinensis*）

云南有两个栽培亚种，即中华荔枝（*L. chinensis* subsp. *chinensis*）和云南褐毛荔枝（*L. chinensis* subsp. *javensis*），云南褐毛荔枝旱地易坐果高产，果重19～60g。最早成熟期为三月上旬，为极早熟荔枝，具有良好的开发前景。对气候适应带颇宽，从≥10℃年积温6000℃的南亚热带北缘到≥10℃年积温7600℃的北热带均能适应栽培（最佳气候仍以南亚热带为好）。肉较薄、味略偏酸。

4. 龙眼（*Dimocarpus longan*）

栽培品种多为中小型果，果核多呈红褐色，果皮较厚，外表粗糙，但肉质好、味极甜，宜于鲜食或制干。龙眼良种金后果近圆形，大小均匀，果顶浑圆，果肩平，纵径2.09cm，横径2.16cm，果重6.8g，果皮薄，金黄色，阳面有红晕，放射纹明显；果肉乳白色，半透明，肉厚0.56cm，易离核，味爽甜清香，可食率64%，品质上等，含可溶性固形物22%；种子扁圆形棕黑色，重1.36g；果8月中旬成熟。

5. 菠萝（凤梨）（*Ananas comosus*）

引入我国栽培的仅1个种诸多品种，分四大类，云南绝大部分都有。皇后类，植株矮小，叶缘有刺，极少无刺；果皮金黄带绿斑，圆锥状、个体小，一般仅有700～1000g；果肉黄色至深黄色，汁多味甜，香气浓郁，适宜鲜食，耐贮运。卡因类，植株长势强健、粗大。叶缘无刺或叶尖仅有少量刺；果皮橘黄色带绿斑、圆柱形、个体大，重2000～2500g；果眼阔而扁平、不突起；果肉淡黄色、甜酸适度、风味清甜，产量较高。西班牙类，介于皇后类与卡因类之间，植株长势中等，叶缘有硬而尖锐的刺；果肉淡黄带白色，纤维较多，酸高糖低，单果重1000～1500g。阿巴卡西类，叶长而带刺，果柄较长，果为金字塔形；果肉黄白色，产量中等，适宜就地消费；植株强健直立，叶狭长排列不整齐，边缘有刺、尖端常带红色；成熟后皮色深黄至红黄；肉质橙黄至橘红，纤维多，味偏酸，品质较差，但果实较耐贮藏、运输；生长中也较其他品种更耐瘠、耐旱、抗病虫、高产，是加工罐头的主要原料。

6. 番木瓜（*Carica papaya*）

主要栽培品种有：苏罗，植株矮小，果型较小，结果好，单果重500g左右；果顶稍弯曲，果肉厚，略带香气，较耐贮藏、运输。蓝茎木瓜，茎干粗大有紫色斑。果呈长圆球形，单果重2000～4000kg；果肉厚、橙黄色、味较甜，种子较少，生长适应性较强。印尼木瓜，果大，椭圆或长椭圆形，单果重2000～3000g；肉质橙红、清甜。墨西哥黄肉木瓜，果大、单果重1500～2000g；肉质黄色、细腻、味较甜，有浓香味，果汁含可溶性固形物8%～10%。

7. 番石榴属（*Psidium*）

主要栽培种为番石榴（*P. guajava*）和草莓番石榴（*P. littorale*）两种。番石榴，小乔木，浆果形状多样（球形、卵形、梨形等），长3～10cm，顶端并有宿存萼片，果皮黄色，果肉有白、黄、粉红至鲜红多种色泽，胎座肥大，肉质细腻。草莓番石榴，梨状或球形浆果，高2～4cm，熟时皮呈黄色，果肉白色。在云南热带及南亚热带均有栽培。由于果实具有较浓郁的草莓香味，多汁，味酸甜，是加工果酱和饮料的良好原料。主要品种胭脂红，果呈梨形，7月中旬成熟；有宫粉红、全红、出世红、大叶红品系，其中以宫粉红、全红生长较好，品质最佳。品种'7月熟'，果呈梨形，7月中旬至9中旬成熟，是中、晚熟最佳优良品种，具有丰产、质细、肉白、味甜等特性。

8. 番荔枝属（*Annona*）

栽培种有5个。番荔枝（*A. squamosa*），食用部分为假种皮，果肉乳白色，浆质，果肉含蛋白质2.34%、脂肪0.3%、糖类20.42%，味极甜而芳香；花期5～6月，果期6～11月。牛心番荔枝（*A. reticulata*），果实心形或圆球形，果肉牛油状，附着在种子上；含蛋白质1.6%、脂肪0.26%、糖类16.84%，是热带地区有名的水果。刺果番荔枝（*A. muricata*），果白色有香味，微酸多汁，对土壤要求不严，但抗寒力较差，果大多汁，味甜酸，果肉含蛋白质0.7%、脂肪0.4%、糖类17.1%，除鲜食外，能加工果冻、冰淇淋、优质饮料等，幼果能作蔬菜。圆滑番荔枝（*A. glabra*），果牛心状，平滑无毛，初时绿色，成熟后淡黄色。花期5～6月，果期8月，果实可食，但风味较差。毛叶番荔枝（*A. cherimolia*），果实圆锥状或心形，也有近球形或卵形，果皮呈各式凹凸状，果肉味甜微酸，多汁，有菠萝风味，含蛋白质1.83%、脂肪0.14%、糖类18.41%，宜于鲜食，并能加工冰淇淋、冰糕及饮料。

9. 罗望子（酸角、酸豆）（*Tamarindus indica*）

常绿乔木，有酸、甜两个品系。甜酸角，叶淡绿色，荚果大，长6.0～11cm，荚形较直，饱满、肉厚，酸味不浓，微甜。酸酸角，叶深绿色，荚果长7～14cm，荚形微弯，肉质薄，酸味浓，品种以大马蹄酸角最为驰名。

10. 阳桃属（*Averrhoa*）

主要栽培种为阳桃（杨桃、洋桃、五敛子）（*A. carambola*）和三敛（毛叶杨桃，多叶酸杨桃）（*A. bilimbi*），有甜果和酸果两种类型，西双版纳、元江等地少量栽培。

11. 波罗蜜（蜜多罗）（*Artocarpus heterophyllus*）

滇南热带重要水果。乔木，果实着生在树干上，外壳无刺，是栽培果树中果实最大种类，果肉甜，种子类似蚕豆，可以煮食。

(七)块根、茎和其他果树

1. 葛属 (Pueraria)

栽培种有甜葛根 (P. edulis)、粉葛 (P. thomsonii) 和葛根 (P. lobata) 等。多年生，常绿藤本，花紫色荚果；地下部发育为肥大的肉质根，皮褐色，有沟纹，肉质白色，有轮纹；通常切成薄片生食，味甘汁少，入口初时微苦，之后回味甘甜，清凉解渴，清热；收获期1~4月份。粉葛地下部肉质根含淀粉较多，可以提取淀粉。

2. 雪莲果（亚贡）(Smallanthus sonchifolius)

一年生大型草本菊科包果菊属植物，为云南中部地区发展迅速的引进果种，膨大块根用于水果，也可以作为蔬菜。

3. 菱属 (Trapa)

栽培种有菱角 (T. natans)、乌菱 (T. bicornis)。菱肉（子叶）富有淀粉，供生食或熟食，制成菱粉。此外，还有野生的细果野菱 (T. maximowiczii)、刺菱 (T. incisa)，果小，具4个刺状角。

九、蔬菜种质资源的鉴定与评价

云南蔬菜资源种类繁多，鉴定与评价深度不一（周立端和龙荣华，2008）。

(一) 根茎类

1. 萝卜 (Raphanus sativus)

云南有中国萝卜 (var. longipinnatus) 和四季萝卜 (var. rabiculus) 2个变种。中国萝卜按栽培季节分为冬春萝卜（冬季播种，次年3~5月蔬菜春淡季节采收）、秋冬萝卜（秋季播种，冬季采收，生育期70~100d）、春夏萝卜（4~5月播种，6~9月采收，生长期55~70d）和夏秋萝卜（6月中旬至7月播种，8~10月采收，生长期65~85d）等4类。冬春萝卜诸多品种冬性强、耐寒、较耐旱、抗抽薹、品质优良，丰产性好，是云南最优良的萝卜种质资源；秋冬萝卜为主产季栽培萝卜，种质资源最多，大多为高产、优质、较耐黑腐病的地方品种；春夏萝卜为生长期较短的小型萝卜种质资源；夏秋萝卜耐湿热、耐贫瘠，较抗黑腐病。四季萝卜为小型萝卜品种，生长期短，较耐抽薹，自2月开始全年可播种，生长期45~60d。

已鉴定出抗胡萝卜软腐病 (Erwinia carotovora subsp. carotovora)、黑腐病 (Xanthomonas campestris pv. campestris) 和花叶病毒 (Radish mosaic virus) 病的品种资源9个，如三月萝卜、通海水萝卜、会泽象腿萝卜等；抗抽薹的种质资源3个，如三月萝卜、春籽萝卜等。云南地方萝卜品种产量较高，品质优良，单产达到45 000~67 500kg/hm^{2}的占92.1%，高于67 500kg/hm^{2}的占5.9%。

2. 胡萝卜 (Daucus carota var. sativa)

栽培品种有黄胡萝卜、红胡萝卜、十香菜等，早熟至中晚熟，品质优良，抗逆性强，肉质根单根重220~230g，可套种在玉米地中。中晚熟品种生育期120~150d，早熟品种，生育期90d左右，单根重120~150g，外皮及韧皮部橘红色，中心柱较细，抗逆性强。

3. 芜菁 (Brassica campestris subsp. rapifera) 和芜菁甘蓝 (B. napobrassica)

芜菁地方优良品种有东川白蔓菁、昭通绿蔓菁、中甸绿蔓菁、鹤庆蔓菁等，肉质根扁圆形，单个重500~1000g，品质佳，耐寒、耐瘠薄、耐贮藏，抗逆力强，4~5月播种，10~11月收获。东川紫蔓菁、昭通紫蔓菁等品种，单个重510g左右，6~8月播种，9~12月采收，生长期90~100d。会泽绿蔓菁等品种，耐瘠薄，耐寒性强，耐霜冻，冬性强，不易抽薹，6~7月播种，9~11月采收，生长期90~100d。芜菁甘蓝有德钦黄皮洋萝卜、维西白皮洋萝卜等，单个重500~900g，品质佳，耐寒性强，较耐霜冻，生育长期130d左右，5~6月播种，9~11月上旬采收。

4. 芋属（*Colocasia*）

芋属包括芋（*C. esculenta*）和大野芋（*C. gigantea*）。芋按使用部位分为叶柄用芋、球茎用芋和花用芋；按块茎形态发生可分为多子芋、多头芋、魁芋；水生类型可称为水芋。叶柄用芋：球茎不发达，球茎中所含草酸钙较多，麻味较重，不易去除；叶柄肥大，无涩味，主要以叶柄、佛焰苞供食用。球茎用芋：多子芋，母芋不发达，子芋大而多，群生，占总重量一半以上，圆形或椭圆形，与母芋的连接较明显，易分离，肉质细软，滋味很好。多头芋：球茎分蘖丛生，块茎形状不规则，母芋与子芋块茎间紧密连接，无明显差别，不易分离；植株较矮，一般50~60cm。魁芋：母芋发达，多为长椭圆形或圆柱形，芋量占总重一半以上，肉质细软，富含淀粉，味道很好；子芋少而小，供繁殖用；植株高大，可达160~180cm；该类品种大部分为晚熟品种。花用芋：属云南特有种，以采收花或花序为主，而球茎含纤维多，麻口，一般不食用，子芋与多子芋相似，但子芋数量明显少。水芋又名芋菜，以叶柄为食用器官，芋头作饲料；叶柄肥厚，绿色，组织疏松、质软绵、纤维少供食用。生长于水田或水沟边，花茎亦可食用。

5. 普通山药（*Dioscorea batatas*）

山药在云南不但栽培历史悠久，品种资源繁多，而且分布较广，营养丰富，具有滋补强壮的药用价值，一直作为高档蔬菜。南部、西南部湿地区山药优良地方品种资源极为丰富，栽培山药种类比较多。

6. 茭瓜（茭白）（*Zizania latifolia*）

品种有叶鞘部分浅紫红色，分蘖强，每簇能结茭30余条的类型；叶鞘部有浅紫红色斑点，茭白嫩时白色或绿白色，见光后现红晕，纤维少，品质优良，产量高的类型；植株高大，叶片及叶鞘均为绿色，茭瓜细长，洁白，长20~30cm，品质优，产量高的类型。

7. 慈姑（*Sagittaria sagittifolia*）

球茎长圆球形，皮黄白色，顶芽较长，单个球茎重22~25g。例如，大理打线坨慈姑、昆明慈姑等，球茎圆形，顶芽较短而粗，微弯曲，外皮浅黄或红褐色，肉质白色，单个球茎重约25g。

8. 莲藕（*Nelumbo nucifera*）

红花藕：株高约160cm，花红色，藕节总长86~92cm，单个藕重2kg左右，顶芽尖长，色泽乳白色，熟食面甜。寸金藕：早熟，花浅粉红色，单个藕重1.8kg左右，藕长90cm左右，肉质较脆，藕粗大，乳白色，产量高，易采收。

9. 草芽（宽叶香蒲）（*Typha latifolia*）

草芽为云南特产、稀有蔬菜。草芽喜较湿热气候，主要分布于海拔1000~1600m的建水、石屏、开远等地。食用地下匍匐茎，每年采收多次嫩茎，芽长20~30cm，粗1~1.5cm，有5~6节，肉质脆嫩、鲜甜。

10. 姜（*Zingiber officinale*）

罗平黄姜是云南特色品种，块茎皮淡黄色，肉浅黄色；抗逆性、抗病性强；肉质根单个重

0.08~0.15kg，生育期150d左右，较耐贮藏运输，品质较好，较适宜加工。玉溪黄姜抗逆性、抗病性强；肉质根单个重约0.2kg，生育期约170d，较耐贮藏运输，品质好。

11．草石蚕（甘露子）（*Stachys sieboldii*）

草石蚕又称小甘露。植株高约45cm，叶椭圆形，深灰绿色。块茎长纺锤螺旋形，皮白色，肉白色。抗逆性强，抗病虫性强，较耐贮藏运输。肉质细嫩。块茎平均重约5g，生育期4月上旬至9月中旬。

其他根、茎类蔬菜有：根甜菜（*Beta vulgaris* var. *rapacea*），云南根甜菜在高寒山区及城市郊区有少量栽培，又称红菜头，叶簇半直立，叶长椭圆形，绿色，叶脉红紫，肉质根扁圆锥形，紫红色，肉质较脆，汁少，味甜，产量高。臭参（*Codonopsis bulleyana*），多年生草本植物，人工栽培的臭参肉质根圆柱形，含有丰富的维生素和微量元素，同时钾的含量最高，高钾低钠，属保健食品。牛蒡（*Arctium lappa*），根、叶柄及嫩叶均可食用，主要为引进品种柳川理想、渡边早生等。山葵菜属（*Eutrema*）在云南分布有多个野生种，但利用极少，近年来云南引进日本山葵菜（*Eutrema wasabi*）优良品种并大量栽培。辣根（*Cochlearia armoracia*），以肉质根供食，主要作调料，根有特殊辛辣味，含有烯丙（基）硫氰酸，药用有利尿、消炎止疼、兴奋神经的功效。荸荠（*Eleocharis dulcis*），株高80cm左右，深紫色，球茎扁圆，芽较粗直，球茎单个重16g左右，横径约3.1cm，球茎高约1.7cm，生食甜脆，品质较佳。豆薯（土瓜、地瓜）（*Pachyrhizus erosus*），藤本植株，叶阔心脏形，根茎扁圆，皮黄白色，肉质细甜，根平均重200g左右；生长期从3月上旬至7月下旬。菊芋（洋姜）（*Helianthus tuberosus*），在云南种类较少，主要分布在开远一带；植株高约133cm，叶披针形，绿色，块茎不规则，皮黄白色，肉白色，肉质甜脆嫩，块茎平均重50~100g；抗逆性强，抗病虫性强，生育期12月下旬至6月下旬。芭蕉芋（蕉藕）（*Canna edulis*），全省分布，美人蕉属中的栽培种，多年生草本植物，植株形态像芭蕉，株高1.5~2m，叶面鲜绿色，叶背紫色。提取块茎淀粉，制作食品。

（二）茎、叶类

1．白菜类

云南白菜主要有大白菜亚种（*Brassica campestris* subsp. *pekinensis*）和白菜亚种（*B. campestris* subsp. *chinensis*）。大白菜亚种包括散叶大白菜变种、半结球大白菜变种、花心大白菜变种、结球大白菜变种。散叶大白菜变种抗霜冻、抗寒、抗抽薹性强。半结球大白菜变种冬性强，抗抽薹，外观好，品质较好，晚冬播种春季气候转暖生长迅速，在春季3~5月淡季采收，较抗病毒病。结球白菜较耐湿热、耐霜霉病、耐软腐病。花心大白菜变种耐病毒病，抗逆性强，耐贫瘠，可在夏秋季播种。白菜亚种包括普通白菜变种、乌塌菜变种、菜薹变种，植株直立，株高30cm左右，束腰或不束腰，叶瓢匙形，叶柄肥厚，抗病毒病，抗抽薹。大白菜亚种中的昆明高桩白、成都白、通海迟白菜等雨季栽培生长良好，耐湿性强；白菜亚种中的昆明蒜头白、中甸黑叶子白等耐旱性强，春旱季节栽培生长较好。大白菜亚种中的结球大白菜变种昆明高桩白、成都白等6个品种抗霜霉病（*Peronospora parasitica*）、胡萝卜软腐病（*Erwinia carotouora* subsp. *carotouora*）；花心大白菜变种东川黑叶白、黄秧白等较耐霜霉病。白菜亚种中的普通白菜变种昆明蒜头白、保山调羹白等抗病毒病（TuMV、CMV）、霜霉病（*Peronospora parasitica*）。

2．甘蓝类（*Brassica oleracea*）

甘蓝类主要有结球甘蓝（var. *capitata*）、花椰菜（var. *botrytis*）、球茎甘蓝（var. *caulorapa*）、青花菜（var. *italica*）等变种。

结球甘蓝　分为圆头型结球甘蓝和平头型结球甘蓝两类。圆头型结球甘蓝：株高24～38cm，开展度45～65cm，外叶数13片左右，灰绿色，蜡粉多，叶球紧实度中等或紧实，叶球较小，单球重1.1～1.5kg。耐寒性、耐热性、耐湿性较强，抗病毒病，肉质脆嫩、鲜甜，品质较好。中熟，生育期90～100d，冬性强，尤以昆明小种莲花白较耐抽薹，早播可在4月下旬采收。夏秋季也可栽培。平头型结球甘蓝：株高24～38cm，开展度52～66cm，外叶11～15片，叶面平滑，叶球扁圆，绿色或淡绿色，单球重1.05～2kg。肉质较脆嫩、甜。大种莲花白品种叶球个大，包心紧实，较耐贮藏，较抗病毒病；3～6月中旬播种，定植期4～7月上旬，生长期75～120d。昆明大种莲花白、普洱本地京白菜、个旧小平头等较抗花叶病毒病；建水大平头叶球甘蓝等抗霜霉病；昆明大种莲花白、昆明小种莲花白、个旧小种莲花白、开远大平头等较抗软腐病。

花椰菜　按花球大小分为两类。花球大型品种：植株高29～80cm，花球扁圆或近圆、包裹紧密，洁白、乳白色，单个花球重1.6kg左右，昆明大种花菜花球最大的可达1.8kg。该类品种较耐寒、耐热，较抗花叶病毒病、耐霜霉病，品质好，中晚熟，定植至收获130d左右。花球小型品种：植株高29～80cm，单个花球重0.4kg左右。该类品种较耐寒、耐热，较抗花叶病毒病、耐霜霉病，品质好，中晚熟，定植至收获108d左右。

球茎甘蓝　按球茎形态分为两类。扁圆球形球茎甘蓝：植株高31～45cm，球茎扁圆或圆球形，单球重0.2～0.79kg；较抗花叶病毒病和霜霉病；早、中熟品种，生育期70～100d。长圆球形球茎甘蓝：植株高32～35cm，单球重0.8kg左右；较耐寒及霜冻，较抗花叶病毒病；中熟品种，生育期100d左右。

青花菜　最具代表性的品种为建水青花菜、建水紫青花菜。建水青花菜属云南省特有种质资源，其花球呈椭圆形盘状，小花粒较大，疏松自然状，抗病性强。近10多年来，引进杂一代品种很多。

3．芥蓝（*Brassica alboglabra*）

云南省的芥蓝品种不多，主要有黄花芥蓝和白花芥蓝。以肥嫩的花薹和嫩叶供食用。昆明白花芥蓝、黄花芥蓝以及昆明广菜心抗病性强。

4．芥菜（*Brassica juncea*）

芥菜分为根用芥、茎用芥、叶用芥和薹用芥四类。根用芥：根头部有多个明显的"叶苞"，肉质根长圆锥形，芥辣味浓，肉质致密，细嫩，水分少，品质好。适宜腌渍，较耐寒、耐旱、耐热，抗白锈病。茎用芥和薹用芥：芥辣味淡，肉质嫩，品质好。适宜鲜食，也可腌渍。中熟，耐肥，较耐病毒病，产量高。大叶、小叶和宽柄芥菜：适应性广，抗性很强，鲜食、腌渍均可。云南省广泛种植。

5．莴苣（*Lactuca sativa*）

莴苣分为茎用莴苣（var. *asparagina*）和叶用莴苣（var. *ramosa*）。茎用莴苣地方良种有建水苦荬叶莴笋，单株重500～800g，耐热、耐湿，抗抽薹性强，较耐霜冻，抗霜霉病和病毒病，夏秋季播种不易抽薹，茎皮色白绿色，肉绿色，味甜、肉质脆嫩，品质优良。挂丝红莴笋产量高，肉质脆嫩细腻，香味浓，口感好，品质极优良。还有丰产的建水绣球莴笋及晚熟、丰产、肉质茎不易开裂的开远尖叶莴笋。叶用莴苣分为散叶莴苣（var. *intybacea*）、直立莴苣（var. *longifolia*）、皱叶莴苣（var. *crispa*）和结球莴苣（var. *capitata*），多为引进品种。

6．菠菜（*Spinacia oleracea*）

菠菜包括有刺菠菜（var. *spinosa*）和无刺菠菜（var. *inermis*）。有刺菠菜种，种子有刺，单株重63g左右；无刺菠菜种，种子近圆形，单株重约68g。两类菠菜都较抗霜霉病、病毒病，较耐湿、耐寒，品质较优，产量高。近年来，引进的高产优质抗病品种成为新的主栽品种。

7．芝麻菜（*Eruca sativa*）

芝麻菜为云南特有珍稀蔬菜，因其全株具有芝麻香味而得名。株高30～40cm，茎圆形，上有细茸毛，叶羽状深裂，叶缘波状，叶绿色；黄花，花瓣上有黑色纵条纹；果为角果，种子黄色细小，千粒重约1.1g；食用嫩茎叶，可生食，也可熟食。

8．落葵属（*Basella*）

落葵属包括：青梗落葵（小叶落葵）（*B. alba*），叶近圆形，叶绿色，叶柄和茎淡绿色，茎圆形，食用嫩叶，肉质软滑，茎向上攀缘生长，茎叶生长快，摘叶及嫩尖食用，高抗病虫害；红梗落葵（紫落葵）（*B. rubra*），叶绿色，茎紫红色，茎圆形，叶生长较快，分枝多，采摘叶片及嫩尖，叶软滑，高抗病虫害。

9．茼蒿（*Chrysanthemum coronarium*）

板叶茼蒿：叶大，品质优，生长期短，产量高，单株重16g左右，为高产优质、抗病、抗逆性强的大叶茼蒿品种。细叶茼蒿：叶狭小，叶缘缺刻多，缺裂深，单株重约10g，生长期短，香味浓，耐热，品质优良。

10．紫背天葵（*Gynura bicolor*）

河口大叶紫背天葵：叶长椭圆形，叶片和茎稍长，叶背和茎均为紫红色，适应性强，抗病、耐热、耐湿性强。昆明紫背天葵：分蘖力强，叶长卵形，叶缘有锯齿，耐热、耐湿、耐寒，抗病，节间容易生根，肉质较嫩，栽培一次连续采收。

11．叶荅菜（牛皮菜、厚皮菜）（*Beta vulgaris* var. *cicla*）

类型分为：白梗叶荅菜，叶柄较宽，白色，单株重约1.2kg，抗性强，品质较好，高产；绿梗叶荅菜，叶柄窄，浅绿色，单株重约1.1kg，适应性强，品质中等；红梗叶荅菜，叶柄及叶脉均为红色，叶柄窄，适应性强，单株产量约1kg，肉质较嫩，品质中等。

12．苋菜（*Amaranthus tricolor*）

类型分为：绿苋菜，叶绿色，茎浅绿色，单株重约22g，抗逆性、抗病力强；红苋菜，叶红紫色，叶柄及茎浅紫红色，肉质软糯，品质优良，单株重20～25g；花苋菜，叶柄浅绿，叶脉附近紫红色，叶面微皱，抗逆、抗病力强，单株重约18g，优质丰产。

13．蕹菜（*Ipomoea aquatica*）

类型分为：尖叶蕹菜，叶长椭圆形和宽披针形，适应性强，耐高温、耐湿，旱地栽培，单枝重20～28g，早熟，品质优良，产量高；水蕹菜，叶短披针形，栽培于水田，耐高温，抗病虫，品质优，产量高。

其他茎、叶类蔬菜还有：茴香（*Foeniculum vulgare*），植株直立，株高28～30cm，叶羽状深裂，绿色，单株叶5～8片，单株20～28g，中早熟，肉质较嫩，香味浓，耐湿，较耐旱，抗病，高产；芫荽（*Coriandrum sativum*），株高约22cm，叶簇直立，小叶近圆形三回复叶，叶缘细锯齿，叶面光滑，叶柄细长，浅绿色，单株重8.5～9g，耐寒、较耐湿，适应性广，优质丰产。芹菜（*Apium graveolens*），分为白芹、绿芹，白芹叶柄白色，耐热、耐湿、耐寒，较抗锈病，适宜密植，产量高，单株重约150g，香气浓，叶柄肉质嫩，纤维少，云南高产优质品种；绿芹叶柄浅绿，抗锈病、耐热、耐湿，肉质脆嫩，香气较浓，单株重120g，品质中等，高产。薄荷（*Mentha arvensis*），匍匐生长，叶长卵圆形，尖端渐尖，叶绿色，叶柄短，叶脉浅绿色，茎红绿色，耐热和寒、耐湿和旱、抗病，适应性广，栽培粗放，分枝极多。紫苏（*Perilla frutescens*），过去民间常常以种子作为油料作物，产量很低。近年来，紫苏叶成为国内外生食的特色蔬菜，栽培面积扩大。豆瓣菜（*Nasturtium officinale*），茎柔弱匍匐，茎上能生不定根。叶为卵圆形，气温低时变为暗紫红色，花小白色，总状花序。水芹菜（*Oenanthe stolonifera*），新开发特色蔬菜。

（三）茄果和瓜类

1. 番茄（*Lycopersicon esculentum*）

番茄包括普通番茄（var. *commune*）和云南樱桃番茄（var. *cerasiforme*）2个变种。普通番茄有大红番茄、小圆红番茄和酸汤果3类。昆明大红番茄：中熟品种，单果重160～180g；耐寒性较强，较耐湿，较耐晚疫病、花叶病毒病；肉质较面，味酸甜，品质好，用以鲜食。瑞丽小圆红番茄：早熟品种，单果重50g左右；耐寒性中等，耐热性较强，较抗花叶病毒病、晚疫病；肉质软，味酸，品质中等，以鲜食为主。酸汤果：单果重约30g，耐热耐湿，较耐晚疫病，品质较差，但可作为育种材料。云南樱桃番茄为热带、亚热带地区半栽培种，中、早熟品种，单果重约4.5g；耐寒性较弱，较耐热，耐晚疫病，较抗番茄花叶病毒病；肉质软，味酸，品质中等，可鲜食及加工。

2. 茄子（*Solanum melongena*）

云南茄子有圆茄（var. *esculentum*）、长茄（var. *serpentinum*）和矮茄（var. *depressum*）3个变种。圆茄：多为晚熟品种，耐热性较强，耐涝性中等，耐黄萎病（*Verticillium dahliae*）能力中等，抗虫性较弱，品质好；代表品种有建水白团茄、华坪紫团茄、大理荷包茄等。长茄：为中、晚熟品种，耐热性、耐涝性中等，耐黄萎病，抗虫性中等，品质好，是茄子资源中数量最多、分布最广也是优良种质资源最多的种类。代表品种有昆明紫长茄、易门羊角茄、开远胭脂茄等。矮茄，植株较矮，长势旺，坐果率高，结果期长，但果皮厚，种子多，品质差，可作为育种材料。

半栽培种有水茄（*S. torvum*）和腾冲红茄（*S. integrifolium*），野生近缘种有刺天茄（*S. indicum*）、水茄（苦茄 *S. torvum*）、野茄（*S. coagulans*）等。半栽培种和野生近缘种果实均有苦味，清凉解暑，可食用，也是耐湿热、抗病虫的优良种质。腾冲红茄可用作茄子的嫁接砧木。

3. 辣椒（*Capsicum annuum*）

云南是辣椒资源最丰富的省份，栽培种有灯笼椒（var. *grossum*）、长角椒（var. *longum*）、指形椒（var. *dactylus*）、短锥椒（var. *breviconoideum*）、萝卜角果形椒（var. *capsicum-annuum*）、樱桃椒（var. *cerasiforme*）、簇生椒（var. *fasciculatum*）等7个变种。近缘野生种有小米辣（*C. frutescens*）及其栽培种涮辣（cv. Shuanlaense）。按果实大小划分，以小辣椒型品种最多，单果重小于10g，单果重最小的仅0.15g，一般1～7g，果纵径0.8～12.5cm，横径0.3～3cm。大辣椒型品种较少，单果重最大的超过160g，一般为40～130g，果纵径4.52～5.7cm，横径4.3～9.3cm。按果形划分，热带和南亚热带低海拔地区的辣椒品种多为小圆锥形、樱桃形、小指形、小羊角形；北亚热带、暖温带和温带等海拔较高地区的辣椒则多为灯笼形、牛角形、大羊角形、长线形椒类。按果肉厚薄划分，热带、南亚热带小椒型品种果肉薄，肉厚0.07～0.2cm；中亚热带辣椒品种稍厚，肉厚0.15～0.4cm；北亚热带、暖温带、温带的辣椒品种果肉厚一般为0.2～0.25cm；部分地区果肉厚0.4～0.6cm；海拔2300m的温带地区为果皮厚、硬的厚皮线形椒区。按辣味强弱划分，热带、亚热带低海拔地区的辣椒品种水分少、辣味强或特强；中亚热带等地的辣味稍次，高海拔地区的果肉甜、辣味弱、水分多。

云南辣椒品种类型丰富，有鲜食型、干鲜兼用型和干椒型品种。干辣椒品种资源极为丰富。最著名的优质干椒品种为邱北小辣，具有香辣味强、含油量高的特点，是著名的出口干椒品种；昭通大牛角椒是优质的加工型品种，可腌制或加工成辣椒酱，同时也可鲜食；乐业羊角椒、祥云辣椒、龙头山小辣、七寸椒、唠叨辣等具有香辣味强的特点；皱皮辣则是鲜香辣味较优良的优质鲜食绿椒品种。

云南辣椒资源中抗病、抗逆性强的资源材料极多。生长在南部湿热地区的品种一般具有耐高温潮湿、抗病性强的特点；生长在高海拔地区的厚皮铁壳辣则较耐寒。个旧长辣较抗疫病（$Phytophthora\ capsici$）；皱皮辣较抗病毒病（TMV、CMV）和辣椒炭疽病（pepper anthracnose），同时兼抗疫病；龙头山小辣具有抗CMV和对炭疽病免疫的特点；大蒜子辣也表现出对TMV、CMV和炭疽病的免疫特性。

4．南瓜属（$Cucurbita$）

云南地方南瓜品种极为丰富，包括中国南瓜（$C.\ moschata$）的两个变种。①扁圆形中国南瓜变种（var. $melonaeformis$）：以食嫩瓜为主的品种有小毛瓜、七叶瓜、昆明大麦瓜、姜饼瓜等，早熟，嫩瓜70～80d可采收。其中，姜饼瓜又名林丝桥南瓜，瓜形似姜块，瓜肉极厚，胎座小，可连胎座食用；嫩瓜浅绿色，肉浅黄色。肉质细嫩、面而鲜甜，品质极优。以食老熟瓜为主的有小面瓜、大麦瓜、大癞瓜类、癞瓜等，中熟、晚熟种，播种至采收老瓜120～150d，高产，单瓜重11～22kg，抗逆性强，较耐旱，耐瘦瘠土地，较抗白粉病，品质优良。②长形中国南瓜变种（var. $toonas$）：长形和葫芦形南瓜类，有开远白打瓜、陇川长棱柱形南瓜等，瓜形葫芦形至长棱柱形，品质较好，采收老熟瓜。印度南瓜（笋瓜）（$C.\ maxima$）：瓜长椭圆形、短椭圆形或牛心形，单瓜重6～30kg，耐粗放栽培，食用老瓜，瓜肉味较甜，品质中上。地方良种有鲁甸金瓜、大理洋瓜、勐海大洋南瓜等。美洲南瓜（西葫芦）（$C.\ pepo$）：瓜短圆筒形，单瓜重0.35～0.65kg，有短蔓种和长蔓种之分，短蔓种品质较好。地方良种有大香瓜、青笋瓜等。黑籽南瓜（$C.\ ficifolia$）：云南特有南瓜种类，瓜短圆筒形，单瓜重8～15kg。嫩瓜食用时，煮后瓜瓤可搅成粗粉丝状，炒食，故人们称为搅丝瓜，主要用作饲料，瓜蔓也可当作饲料。瓜籽黑色，不同品种瓜籽有大粒、小粒品种之分。黑籽南瓜根系发达，生长势强，耐寒力强，抗病、抗逆力强，广泛用于瓜类嫁接砧木。

5．黄瓜（$Cucumis\ sativus$）

云南黄瓜地方种不多，但有特色种类。

普通黄瓜类：属于华南型的有山地黄瓜、昆明寸金瓜等，瓜呈圆柱形或略呈三棱短柱形，瓜面具黑刺，刺瘤稀，瘤不明显；瓜呈绿色、浅绿纵条，嫩瓜易变黄，食用成熟瓜为黄绿色、黄色或绿黄条相间，老熟瓜黄褐色，网纹少或稍多；果肉白色或绿白色，水分较少，肉质脆嫩，单瓜重0.3～0.8kg；生育期90～110d，抗逆性强，耐霜霉病；可在土壤较瘦瘠的山地栽培，栽培较为粗放。例如，昭通大黄瓜耐寒力强，在气温较低的气候条件下，仍能正常开花授粉，果实发育良好，瓜体大，植株生长势极强。单果重2.5kg以上，长棒形，嫩瓜黄绿色，果肉白色，老熟瓜褐色，有网纹。

西双版纳黄瓜变种（var. $xishuangbannanensis$）为新近发现的一个黄瓜变种，分布于云南西双版纳、普洱热带雨林。果形有圆形、短筒形和椭圆形3种。皮色有嫩瓜和老熟瓜均为白色的，嫩瓜绿色、老熟瓜灰绿色的，以及嫩瓜浅绿转浅黄，老熟瓜棕黄色的3种。按果形和皮色可分为9个类型。耐热、耐湿，抗病性强，在气温近40℃的多雨气候条件下仍能正常生长开花结实，果实生长发育正常，是湿热地区夏淡缺菜季节的优良品种。西双版纳黄瓜兼有黄瓜和甜瓜的性状：染色体$2n=14$，嫩瓜肉厚皮脆，既有黄瓜的清香味，又有甜瓜的形态特征，瓜脐大而凸起，胎座多为5心室，老熟瓜皮表面布满网纹（白皮瓜除外），果肉橘红，故有人认为是黄瓜与甜瓜间的中间类型。

6. 冬瓜（*Benincasa hispida*）

优良品种有：三棱子冬瓜，瓜圆筒形，果面呈三棱形，瓜大，果皮绿色，蜡粉厚，果肉较厚，白色，皮较薄。果形指数1.5。单瓜重10～15kg，最大的可达60kg，肉质软，品质好。抗逆性强。细籽冬瓜（青皮冬瓜），瓜圆柱形，无棱，瓜皮深绿，蜡粉多，肉白色，肉质绵，品质中下。版纳冬瓜，瓜圆柱形，皮深绿色，蜡粉厚，瓜肉极厚，达4cm，瓜瓤及种子仅有0.6kg左右，占整瓜重的十分之一。肉质细密，水分少，肉质脆，可炒食，是制作蜜饯的优质原料，耐热性强。

7. 丝瓜属（*Luffa*）

丝瓜属有丝瓜（*L. cylindrica*）和棱角丝瓜（*L. acutangula*）两个种。云南丝瓜属种质资源种类多，优良品种丰富，包括长丝瓜、棒形丝瓜、香丝瓜、糯米香丝瓜、十棱丝瓜等。其中，长丝瓜、巍山长丝瓜、大理丝瓜均较抗病，抗逆性强。棒形丝瓜、糯米香丝瓜较耐热，肉质风味香甜，品质佳。马尾丝瓜产量较高，品质较优良，适应性较强。十棱丝瓜抗病、抗热、耐湿、耐瘦瘠土壤。

8. 瓠瓜（葫芦）（*Lagenaria siceraria*）

瓠瓜包括长瓠瓜（var. *clavata*）、葫芦瓠瓜（var. *gourda*）和团瓠瓜（var. *depressa*）3个变种。云南瓠瓜种质资源较为丰富，适应性强，性状各异。棒形瓠瓜，单瓜重约1.2kg，肉白色，肉质细软，品质较好。长棒瓠瓜，果顶部分粗，形似牛腿形，如保山牛腿大瓠瓜、普洱牛腿瓠瓜等，单瓜重3～4kg。葫芦瓠瓜，味淡，品质差，可制成容器。棒形、牛腿形、葫芦形瓠瓜较抗病毒病、枯萎病，耐热性较强。

9. 辣椒瓜（小雀瓜）（*Cyclanthera pedata*）

辣椒瓜为云南特有瓜类，蔓生，攀缘树干生长，或搭架栽培。单株可结瓜3～3.5kg。果形似圆锥形，外形极像辣椒，果肉薄，肉质脆嫩，有清香味，可炒食、煮汤等。种子长方形，一端有翅，种皮上有十字形凸起如龟状，适于温暖地区生长。

其他瓜类还有：苦瓜（*Momordica charantia*），云南苦瓜属种质资源较为丰富，有较多优良品种。品种按瓜形、色泽分为大白苦瓜、绿皮小苦瓜，其中大白苦瓜以产量高、品质优良最负盛名。佛手瓜（*Sechium edule*），云南省称洋丝瓜，瓜形倒卵形，上面有小肉瘤和刚刺，单瓜重0.45～0.53kg，大的达0.62kg，还有无刺洋丝瓜品种。洋丝瓜耐瘦瘠，抗病性强，抗逆力强，但不耐霜冻。蛇瓜（*Trichosanthes anguina*），也称豆角黄瓜，瓜形细长棒形，盘状弯曲，生长外形似蛇形，浅灰绿色，果顶及瓜柄稍细，皮薄，肉质较疏松，绿白色，味淡，抗热性强、抗病，可在元江夏季气温38℃的气候条件下正常生长开花挂果，挂果数多，适应性强。老鼠瓜（*Trichosanthes* sp.），是蛇瓜的近缘种，有特殊臭味，不堪食用，但种子外包红色瓜瓤，有甜味，可以食用。

（四）豆类

1. 菜豆属（*Phaseolus*）

菜豆属包括菜豆（*P. vulgaris*）、多花菜豆（*P. coccineus*）和莱豆（*P. limensis*）3个种。

菜豆：品种资源最多，主要为两个变种。食荚菜豆变种（var. *chinensis*）：该变种茎蔓生和半蔓生，单荚重约18g，每荚有种子5～8粒，籽粒呈肾形，黄褐色或白色、黑色，荚肉厚或较厚，品质优，抗锈病；有豆荚横断面近圆形，纤维少，品质佳，产量较高，在夏季冷凉气候环境下正常生长开花、结荚，单荚重12～17g，种子宽肾形的品种；有种子椭圆形似雀蛋，软荚，豆粒香甜而面，荚肉较软，品质优的品种。矮生菜豆变种（var. *humilis*）：包括硬荚和软荚2类。硬荚多为食豆品种，单荚重约7.2g。软荚有纤维少，荚肉较厚，单荚重8g左右，豆粒肾形，淡黄色，早熟，生育期90d左右，产量较高的品种；有豆粒鸡腰子形，嫩荚可食用，老熟后食用籽粒，豆粒大，紫红色，色泽艳丽，抗锈病（*Uromyces appendiculatus*）、耐炭疽病（*Colletotrichum lindemuthianum*）的品种。菜豆品种中，蔓生型的一些品种具有荚肉厚、肉质嫩、味甜、风味佳、适应性强、抗锈病、产量较高等优良性状。不少品种耐寒性、抗逆性强，抗锈病，产量高，荚肉厚，丰产优质；还有半蔓生、荚粒两用、嫩荚软、食之鲜甜而面的特殊品种，如豆粒香甜的昆明花生豆。矮生型变种也有一些品质极佳、荚粒兼用、豆粒大、紫红色、抗病及豆粒香甜、糯的优良品种。引进品种英国芸豆、日本五月绿菜豆均是软荚品种。

多花菜豆：包括大白芸豆、黑芸豆、花芸豆等。多花菜豆茎蔓生，生长势极强，花白色或紫红色，豆荚扁条形微弯，绿色，硬荚，主食豆粒，种子大，长椭圆形，白色或紫黑色，千粒重100～150g。产量高，耐旱、耐寒，抗病、较耐瘦瘠。

莱豆：又名荷包豆，茎蔓生，硬荚，单荚重17g左右，豆粒荷包形。豆粒淀粉粒细，是食用豆中品质最优良的种质。代表品种有大理荷包豆、保山荷包豆等。

2．豇豆（*Vigna unguiculata*）

豇豆包括长豇豆（subsp. *sesquipedalis*）和矮豇豆（subsp. *unguiculata*）两个亚种。云南菜用豇豆品种较多，根据豆荚色泽不同及蔓生种和矮生种分为许多品种。蔓生种有花白色，豆荚长条形，绿白色，肉质嫩，纤维少，品质佳的白豇豆；荚深紫色，荚长较粗，荚肉较薄，肉质较粗，味淡，抗病、抗逆，产量高的红豇豆；花淡紫白色，豆荚长，绿色，肉质稍粗，品质中等的绿豇豆；荚较长、较粗，紫花或深紫色，耐热，品质较优的牛血豇豆；花紫白色，豆荚短，荚两边边缘嵌绿黄色的金边，适应性广，较耐寒，抗逆性强，结荚多，产量高的金边豇豆。短藤豇豆短蔓，豆荚绿白色，不需要搭架，产量低，品质中下。引进品种红嘴燕豇豆，豆粒肾形，品质好，产量高。

3．豌豆（*Pisum sativum*）

豌豆包括菜用豌豆（var. *hortense*）和软荚豌豆（var. *macrocarpon*）两个变种。按用途分为：食豆粒品种，有花白色，豆荚镰刀形，单荚重1.7g左右，硬荚豆粒圆形，黄白色，食用豆粒，亦可采豌豆、嫩尖食用，耐旱、抗逆性强品种；有花紫红色，豆荚较扁条形，每荚有种子3～5粒，种子圆形的品种。食豆荚品种，有的品种荚小，单荚重4g左右，质软，品质优良；有豆荚宽扁，单荚重10g左右，豆粒圆皱，嫩荚软，纤维少，口感甜嫩品种。引进软荚豌豆品种有食荚一号大菜豌、紫花大菜豌。引进甜脆豌豆品种有法国大荚、台中11号、台中13号等。

4．蚕豆（*Vicia faba*）

云南蚕豆资源包括了蚕豆所有的三个变种：大粒变种（var. *major*）、中粒变种（var. *equine*）和小粒变种（var. *minor*）。中粒变种是云南蚕豆品种资源的主要类型。根据对665份资源样本的分析，大粒变种百粒重为142～210g，代表性品种资源为产自元江县的'撮科蚕豆'（百粒重205g）、产自新平县的新平大白豆（百粒重210g）；小粒变种百粒重为28～67g，代表品种资源为产自元阳县的小粒蚕豆（百粒重28g）、产自孟连县的'等嘎拉小蚕豆'（百粒重30g）；其余为中粒变种。种皮颜色包括白色、绿色（浅绿色、绿色、深绿色）、红色（紫红色、粉红色、浅紫色）、黑褐色、黑紫色等。子叶颜色有黄色和绿色两种，绿色子叶资源为云南独有的，代表品种资源为产自保山的'透心绿蚕豆'。云南蚕豆资源多为秋播型，春播型比率仅占1.7%，秋播型资源中，强冬性匍匐型晚熟品种占12.05%，弱冬性直立型早熟品种占8.43%，接近80%的资源为中性半直立型中熟品种。蚕豆花色主色调为白色和紫红色两种，以白色为主。由于生态差异，全生育期最短的为155d，最长的为217d，极差达到62d。

5．扁豆（*Dolichos lablab*）

扁豆又名架豆、插豆、眉豆、白花豆。云南扁豆品种资源极为丰富，有单荚重6.5g左右，荚肉厚，肉质嫩，纤维少，品质好的白扁豆类型；荚扁宽，种子黑色，纤维较少，抗逆力强，品质较佳的宽荚扁豆类型。明枝白花豆、暗枝白花豆丰产性好，荚肉较厚，肉质嫩，味甜香，风味好，抗病适应性强，为扁豆优良品种资源。

6．四棱豆（*Psophocarpus tetragonolobus*）

四棱豆是云南南部的特色豆类品种，栽培历史悠久，荚面有4个纵棱角，棱角上有锯齿状翼，豆粒含蛋白质近40%，脂肪15%~18%，与大豆营养价值相媲美，故有热带大豆之称。

其他豆类还有：藜豆（*Stizolobium capitatum*），分布于云南热区，生长势强，叶面有茸毛，结荚性好，产量高。籽粒需经煮沸或炒干磨粉后食用，可作为猪饲料。刀豆属（*Canavalia*），包括大刀豆（*C. gladiata*）和矮刀豆（*C. ensiformis*）两个种，昆明及周边地区有栽培。鹰嘴豆（*Cicer arietinum*），中文名有桃豆、鸡豆等，滇西有栽培，干籽粒含蛋白质17%~28%、脂肪约5%、碳水化合物56%~61%、纤维4%~6%，籽粒作主食，也制成罐头食品，或炒熟食用或作甜食，嫩叶亦用作蔬菜。

（五）葱蒜类和多年生蔬菜

1．葱类

葱类包括大葱（*Allium fistulosum*）、小葱（细葱、香葱）（*A. schoenoprasum*）、分葱（*A. fistulosum* var. *caespitosum*）、火葱（胡葱）（*A. ascalonicum*）和韭葱（*A. porrum*）。大葱：株高74cm左右，假茎（葱白）长24~30cm，在短缩茎下部有一褐色突起的根盘为其特点。以葱白弯曲、洁白，香甜度适中为品质优良。小葱：管状叶较细，叶直立簇生，高26~38cm，葱清香味浓，品质优，但产量较低。分葱：株高30~40cm，中管状，细长，分蘖力强，不抽薹或少抽薹，四季均可采收。火葱：植株稍矮，株高28cm左右，叶色偏绿色，分蘖力强，能开花但不结籽，鳞茎大小如薤头，外皮红褐色、橘红色，耐寒，秋播夏枯，食用葱头及葱株。韭葱：株高50~60cm，叶长40~50cm，叶宽1~2cm，绿色，上有蜡粉，假茎粗壮肥大，横茎1~2cm，鳞茎稍肥大，不结葱头，能抽薹，花薹粗壮，叶片食用，味稍淡，品质差。

2．大蒜（*A. sativum*）

紫皮大蒜：蒜头长圆形，蒜瓣大小较均匀，外皮紫红色，中熟种，生育期210~220d。早熟种红七星大蒜：生育期140~160d。白皮大蒜：蒜头圆形，蒜瓣较大，大小均匀，皮白色。中熟，产量高。通海菜蒜、东川无薹蒜等，蒜叶质软、味香，不易抽薹，以食用青蒜苗为主。

3．韭菜（*A. tuberosum*）

韭菜品种分为大叶韭、小韭菜、细叶韭。也可根据其食用部位分为叶用韭和叶薹用韭；还可按抽薹迟早分为早熟韭、晚熟韭等。细叶韭：分蘖力较强，韭味浓，品质优，韭薹细，产量低，耐寒、耐热、抗逆力较强。大叶韭：分蘖力强，产量高，香味不如细叶韭，叶、薹兼用，品质优良。

4．洋葱（*A. cepa*）

红皮洋葱：鳞茎扁圆形，外皮紫红色，鳞皮淡红色，辛辣味浓，组织致密，耐贮藏运输，产量高。黄皮洋葱：多为短日型早熟种，外皮浅黄色或铜黄色，肉质白色。洋葱是云南"南菜北运"的主要外销品种之一。

5．根韭（*A. hookeri*）

根韭又名苤菜、宽叶韭、山韭菜、大韭菜。根韭主要食用粗壮的肉质根和肥嫩硕长的韭菜薹，叶片经软化栽培也作黄芽韭食用。宽叶韭：株高约34.2cm，叶片长条形，较宽。窄叶根：叶片长条形稍窄，叶黄绿色，根、薹、叶均可食用，味淡。

6．薤头（*A. chinense*）

薤头株高40~50cm，叶丛生，管状细长，深绿有蜡粉，生长势旺盛，分蘖力强。鳞茎呈纺锤形，白色，一丛有5~6个，多的达10多个，单个鳞茎长约3.9cm，横茎1.5~2.2cm。能抽薹开花，但不能结籽。主要以鳞茎加工甜薤头。

7．百合属（*Lilium*）

云南有百合23种，包括可作蔬菜食用的山百合（*L. brownii*）、蒜头百合（*L. sempervivoideum*）、滇百合（*L. bakerianum*）、川百合（*L. davidii*）4种。百合为多年生宿根植物，其鳞茎富含淀粉，是很好的蔬菜。

8．竹笋类

云南蔬菜竹笋种质资源极为丰富。其中牡竹属（*Dendrocalamus*）有勃氏甜竹（*D. brandisii*）和版纳甜竹（*D. hamiltonii*）；空竹属（*Cephalostachyum*）有香糯竹（*C. pergracile*）；泰竹属（*Thyrsostachys*）有泰竹（实心竹、条竹）（*T. siamensis*）；方竹属（*Chimonobambusa*）有刺竹（*C. brevinoda*）；箭竹属（*Fargesia*）有香笋竹（云南箭竹）（*F. yunnanensis*）；香竹属（*Chimonocalamus*）有香竹（*C. delicatus*）；筇竹属（*Qiongzhuea*）有罗汉竹（*Q. tumidinoda*）；刚竹属（*Phyllostachys*）有毛竹（*P. edulis*）和早竹（*P. praecox*）；篦箩竹属（*Schizostachyum*）有沙罗竹（*S. funghomii*）。大多笋质鲜嫩，味香甜，营养价值高，可以鲜食，也可加工成笋干及罐头。

9．香椿（*Toona sinensis*）

云南香椿有三种类型：红油香椿，芽初放时鲜红色，展叶初期变鲜紫色，光泽油亮，叶肉较薄，叶缘有细锯齿，肥厚，香味浓，品质优。紫油椿，枝条粗，皮孔稀，芽暗紫褐色，嫩叶绿褐色，叶肉较厚，4~5月采收；香味浓郁，脆嫩多汁，糖、蛋白质、胡萝卜素、维生素B_1、核黄素、维生素C、芳香油等含量均高出普通香椿1~1.5倍，为椿中极品。绿香椿，芽初放时绿褐色，有皱缩，其余小叶为绿色。该品种主干明显，生长旺盛，嫩芽香气较淡，易木质化，品质差。

10．树番茄（*Cyphomandra betacea*）

树番茄为云南特色菜用木本作物，株高3~5m，花芽顶生，聚伞花序，花穗多，每花穗结果3~5个，果卵形，成熟果暗紫色、淡红色、橘黄色，成熟果需软熟后食用，有草莓香味，味酸，当地群众作为调料品食用。

其他多年生蔬菜有：枸杞属（*Lycium*），主要栽培种为枸杞芽（*L. chinense*），株型为多分枝的灌木，株高50~100cm，枝细长柔弱常弯曲下垂，有棘刺。采摘嫩茎尖及叶食用。分大叶种、小叶种，大叶枸杞叶肉较薄，味淡，但产量高。小叶枸杞叶肉较厚，味浓，质优，产量较低。黄花菜（*Hemerocallis citrina*），多年生草本植物，以肥嫩花蕾供食用。芦笋（*Asparagus officinalis*），目前栽培的品种主要为引进高产优质品种。中国芦荟（*Aloe vera* var. *chinensis*），多年生肉质草本植物，肉质茎可以作为蔬菜。蘘荷（*Zingiber mioga*），多年生宿根草本植物，可以加工制成罐头、泡菜和饮料。

十、烟草种质资源的鉴定与评价

（一）烟草的品种类群划分

何川生等（2000，2001）、黄学跃和赵立红（2001）、肖炳光等（2000）从收集到的烤烟品种资源中选出104个品种，用14个性状进行聚类分析，可将其分为4个品种群，即优质烟品种群Ⅰ、低烟碱多叶品种群Ⅱ、低糖高蛋白品种群Ⅲ、高糖碱比品质欠佳类群Ⅳ。利用RAPD标记研究了29个烤烟品种的遗传关系，可将参试品种分为3个类群，云南省主栽品种K326与近年选育的品种V2、云烟85、云烟317等被归为一类。北方烟区主栽品种NC89、地方品种净叶黄及G140等则归为另一类。第三类中无中国主栽品种。在对另外31个烤烟品种进行的RAPD分析中，基本可聚为四大类。第一大类将19个具有Orinoco品种及其衍生种质亲缘关系的烤烟品种聚在一起，没有Orinoco亲缘的品种则相隔较远；其余12个品种分别聚为三类。美国的许多优质烤烟品种都是直接或间接来源于Orinoco，这是一个香味和吃味较好的原始种，由此衍生出特字400、Virginia Bright Leaf、Hicks、Yellow Mammoth四大分支，前三者是育成品种的主体。用它们作亲本源，美国育成了大批优质品种；中国利用这些品种选出了红花大金元、云烟85、云烟317等优质品种。对157份晒晾烟品种进行系统聚类，按农艺性状分为晒烟高大品种群和矮小品种群；按品质分为低糖品种群、中糖品种群、高糖品种群。将37份白肋烟品种进行系统聚类可分为3个品种群，即植株高大、低糖、中碱尚协调型，株型适中、低糖、高烟碱蛋白质协调型，以及株型适中、高糖中碱、低蛋白质尚协调型。

（二）各类型烟草的评价及其系谱

中国栽培的烟草一般分为烤烟、晒烟、晾烟、白肋烟、香料烟、黄花烟6个类型。烤烟是1832年由美国弗吉尼亚人塔克（Tuck）发明的，所以称为弗吉尼亚（Virginia）型烟。烟叶经烘烤后叶色金黄鲜亮，味香，是中国也是世界上栽培面积最大的烟草类型。晒制是一种较古老的调制方法，过去中南美洲的印第安人以晒为主、晾晒结合将烟叶晒干，让烟叶充分凋萎变黄和内在品质固定。晾烟是指逐叶采摘的烟叶，或者整株、半整株采收后不直接放在阳光下，而是置于通风的室内或无阳光照射的适当场所晾干的烟叶。晾烟包括除白肋烟以外的雪茄烟、马里兰烟和地方传统晾烟。白肋烟（white burley）即白色白肋烟，是白朗郡的音译，也是茎和烟叶主脉呈乳白色的意思，起源于美国俄亥俄州白朗郡的乔治韦勃农场。人们发现它是一种缺绿型突变株，便把它保留下来，后经专门种植，证明其具有特殊使用价值，从而发展成为烟草的一个新类型，现已成为混合型卷烟的重要原料之一。香料烟又称东方型烟或土耳其型烟，叶片具有特殊的浓香，尤其是上部叶片香味最浓，所以称为香料烟。黄花烟（*Nicotiana rustica*）是烟草属中另一栽培种，起源于南美高原。

1. 烤烟

云南大多数烤烟品种具有外观质量好、内在化学成分协调等优良特性。许多烤烟推广品种都直接或间接来源于美国较早的优质品种Orinoco。到2002年底，云南有高抗黑胫病（*Phytophthora parasitica* var. *nicotianae*）资源13份，主要抗源是Florida301和*Nicotiana plumbaginifolia*，前者是隐性多基因控制的抗性，后者则为显性单基因控制的抗性；高抗青枯病（*Ralstonia solanacearum*）资源6份，抗源是TI1448A，为多基因控制的抗性；高抗赤星病（*Alternaria alternata*）资源3份，美国利用的主要抗源为NC95和Coker319；中抗普通根结线虫病（*Meloidogyne* spp.）资源41份，高抗南方根结线虫病（*M. incognita*）资源3份，中抗爪哇根结线虫病（*M. javanica*）资源5份，中抗北方根结线虫病（*M. hapla*）资源4份，主要抗源是TI706；中抗野火病（*Pseudomonas tabaci*）资源1份，高抗TMV资源2份，抗CMV资源2份，主要抗源是粘烟草（*N. glutinosa*）；高抗烟蚜资源5份。此外，还有抗白粉病（*Erysiphe cichoracearum*）和各种叶斑病的资源。

2．晒晾烟

在评吸鉴定的云南各地晒晾烟烟叶样品（163份）中，质量档次"好"的样品2个，占鉴定总数的1.2%；质量档次"较好"的20个，占12.3%；质量档次"中等"的117个，占71.8%。有135份样品可作为混合型卷烟原料，包括三大谱系：一是以ky16及By21为主体亲本育成的白肋烟品种；二是由Md Robinson、Catterton衍生的Md 609为主体亲本育成的马里兰烟品种；三是Havana及Virginia312衍生的哈瓦那型晾烟和熏烟品种。在晒晾烟品种资源中，有抗根结线虫病资源26份，抗黑胫病资源16份，抗赤星病资源10份，抗TMV资源18份，抗丛枝病（tobacco rosette）资源7份，抗青枯病资源1份，抗CMV资源2份。晒晾烟的抗源多数来自野生种。

3．白肋烟

白肋烟茎秆和叶片主脉呈乳白色，叶片黄绿色。中下部叶片大而较薄，适宜较肥沃的土壤，对氮素营养要求较高，生长快，成熟集中，采叶或砍株在晾房内晾干。其烟碱、总氮量比烤烟高，含糖量较低，弹性强，组织疏松，填充性强，能增加卷烟透气度，与烤烟、香料烟配合具有增香调味作用，是混合型卷烟的重要原料。在烤烟中很难导入的野火病抗性，在白肋烟中能迅速稳定遗传。云南1975年开始试种。

4．香料烟

云南香料烟品种资源收集保存始于20世纪70年代，在栽培上对氮素的要求较少，不打顶。在普通烟草中香料烟的叶片最小，只有10～20cm长，每株着生叶35片左右，株高80～100cm，烟叶油分充足，叶色金黄、橘黄或浅棕色，烟碱含量低，糖含量不高，燃烧性好，气味芳香，是混合型卷烟的重要原料之一。通过观察鉴定，选出29份综合性状较好的品种。

5．马里兰烟

1983年开始，云南先后从国内外引入8个马里兰烟品种，在宾川、蒙自、孟定、南涧等地试种，表现出极大的开发潜力。

6．黄花烟

生物学特性与普通烟草差异较大。生育期短，耐寒性较强，适宜生长在高纬度或高海拔和无霜期短的地区。黄花烟的单株叶片较少，每株10片左右。叶片卵圆或心形，呈深绿色，有叶柄，花序繁茂，花冠黄色。黄花烟的调制方法与晒烟类同，因此，通常将黄花烟归为晒烟类型。一般黄花烟的总烟碱、总氮及蛋白质含量均较高，而糖分含量较低，烟味浓烈。云南黄花烟品种不多，目前共收集到16个品种，具有观赏价值，可作为抗线虫资源。

7．烟属野生种资源

栽培品种的抗TMV、抗黑胫病、抗根结线虫病等许多病害的抗源基因主要来自烟属野生种。野火病的抗源主要是*Nicotiana longiflora*和*N. debneyi*，黑腐病的抗源主要来自*N. debneyi*，TMV的抗性也来自*N. glutinosa*。云南引入的10份烟属野生种，如具翼烟草，又称花烟草（*N. alata*）、粘烟草（*N. glutinosa*）、哥西氏烟草（*N. gossei*）、裸茎烟草（*N. nudicaulis*）、蓝茉莉叶烟草（*N. plumbaginifolia*）、残波烟草，又称匍匐烟草（*N. repanda*）等，可以抗多种真菌、细菌、病毒和线虫病害。与普通烟草有性杂交亲和，并可以产生胞质雄性不育杂种。通过胚珠培养和细胞融合已获得其与普通烟草的杂种植株，为烟草育种研究提供了宝贵的材料。

十一、茶树种质资源的鉴定与评价

1986～2003年云南省农业科学院茶叶研究所王海思、王平盛、许玫等鉴定了收集自全省的270份茶树资源的农艺性状、抗病虫性、抗寒性、加工品质、生化成分等。鉴定与评价方法采用国家统一标准及规范的技术，获得了有可比性和有代表性的数据。此后，相关科技人员又结合科研项目，开展了一系列的鉴定与评价（王平盛等，2007）。

（一）农艺性状

1. 形态特征

云南茶树树型有高大乔木型、小乔木型和灌木型3类。树型、生态与叶片大小关系密切，高大乔木型茶树特大叶和大叶占多数，中叶比例很少；小乔木型茶树以大叶为主，特大叶比例下降；灌木型茶树以中叶为主，特大叶很少，大叶比例也下降。未发现小叶。一般在高温、多雨的热带地区叶片较大，温带叶片较小。花有单生、对生和簇生3类，花色通常为白色、白绿色，少数为白黄色（南涧大叶茶）、粉红色（昔马红芽茶）。茶树蒴果通常为1～5室果，最多的有8室果（厚轴茶）。果实和种子大小、色泽、形态差异大，变异广泛，种子百粒重为55～465g。

2. 主要农艺性状

茶树是叶用作物，芽叶萌发的早晚与产量、质量关系尤为密切。营养芽物候期观察发现，头轮一芽三叶开采期与≥10℃有效积温有显著的相关性，即茶树所需有效积温越少，一芽三叶开采期越早。头轮春梢从鱼叶展到一芽三叶展，一般需要21～28d。云南茶树资源特早生型约占7.75%，早生型约占20.66%，中生型约占24.35%，晚生型约占47.23%，一芽三叶开采期最早与最迟相差两个月左右。茶树年发芽轮次一般在5～6轮，最多7轮，最少3轮。始花期最早在7月中旬，最晚在10月下旬；盛花期最早在8月中旬，最晚在12月下旬，一般持续2～3个月。结实性差异较大，结实性多的占43.4%，结实性中的占22.8%，结实性少的占29.6%，不结实的占4.2%。种子成熟期在9月中旬至11月中旬。休眠期差异也很大，有的茶树9月停止生长，有的11月下旬才休眠，年生长期最长229d，最短194d。云南大叶茶的低温临界值为−3℃。

（二）抗性

通过综合鉴定，已筛选出抗寒性较强的原始材料15份；抗假眼小绿叶蝉（*Empoasca vitis*）材料8份；抗茶苗根结线虫病（*Meloidogyne incognita*、*M.arenaria*）的材料45份，其中高抗5份、抗13份、中抗27份；大部分资源对茶云纹叶枯病（*Colletotrichum gloeosporioides*）均表现为高抗；没有发现抗茶轮斑病（*Pestalotiopsis* spp.）及抗咖啡小爪螨（*Oligonychus coffeae*）的材料。易武绿芽茶、景谷大叶茶、邦东大叶茶、茶房大叶茶、龙山大山茶、公弄茶等6份原始资源材料具有良好的综合抗病虫性。

(三) 品质性状

1. 感官品质

茶叶感官品质主要指茶叶内质的色、香、味和外形特征，是茶叶物理性状和化学成分的综合反映，也是区分茶叶花色品种的主要依据。感官品质包括干茶，尤其是茶汤的感官。其除与原料品质相关外，还与加工工艺等因素密切相关。常说的感官品质往往具体到相应的产品。云南茶树资源普遍属红、绿茶兼制种质，而制红茶的品质更优良更稳定。云南茶树资源中烘青绿茶总的特点是汤色黄绿明亮，香气清香，滋味醇厚或清爽，叶底黄绿明亮。其红茶的特点是汤色红亮，香气高爽，滋味鲜爽浓强，叶底红亮；茶黄素含量最高可达2.0%，且耐泡。

2. 香气成分

在绿茶和红茶中，香气与滋味具有极显著的相关性，即香气高锐的茶，滋味浓强或鲜爽。云南茶树资源中，绿茶、红茶香气评分≥90分的有许多品种，其中还有特殊花香的材料如云佛1号（玫瑰花香）、狗街小茶（菊花香）等。根据游小清1988年等对红碎茶和烘青绿茶香气的解析，以萜烯指数（TI）作为茶树分类依据，以红茶香气指数（FI）作为衡量红茶香气的指标。云南茶树资源TI值为0.39~0.91，FI值为3.53~8.46。云南茶叶的香气组成特征如下。

红茶：其香气组成可分为4种类型，第一种是芳樟醇及其氧化产物含量很高，而代表清香的低沸点成分和花香型的高沸点成分不太高，其香型类似于印度红茶，这类资源约占56.6%。第二种是除芳樟醇含量较高外，还含有大量香叶醇，与第一种不同之处是玫瑰花香占有一定比例，这类资源约占6.7%。第三种总香气含量稍低于前两种，主要是芳樟醇含量及苯乙腈、苯甲醇含量稍低，这类资源约占16%。第四种是芳樟醇及其氧化产物含量较高，但是（反）-2-己烯醛的含量也很高，因此FI值较低，降低了红茶香气品质，这类资源约占20%。云南茶树种质制作红茶的香气总体稳定，差异主要体现在（反）-2-己烯醛、香叶醇和微量成分含量的变化上。

绿茶：其香气组成可分为六类，第一类芳樟醇含量特别高，其他还有α-萜品醇、香叶醇、雪松醇、水杨酸甲酯、橙花醇、苯乙腈等，是云南绿茶的高品质资源，这类资源约占10.0%。第二类芳樟醇含量特别高，约占23.3%。第三类与第二类相似，所不同的是1个未知峰含量较高，这类资源约占3.3%。第四类与第二类相似，较特殊的是3个未知峰含量较高，这类资源约占10.0%。第五类是绿茶香气差的资源，其香气成分除芳樟醇含量稍高外，其他各成分含量均很低，这类资源约占43.3%。第六类与第五类相似，不同之处是3个未知峰含量相对较高，这类资源约占10.0%。芳樟醇、苯乙腈、香叶醇、α-萜品醇、雪松醇等是构成云南绿茶香气的特征性物质。这些成分在各种质间的变化较大，尤其是具有柏树木香的雪松醇和具春茶清新香的（顺）-3-乙烯酸乙烯酯，变异系数分别高达97.04%和111.07%。

普洱茶：普洱茶的独特陈香与云南大叶种中丰富的糖类及其次生代谢产物有关。刘晋勤2002年指出云南大叶种形成茶叶陈香和甜醇的16个组分含量明显高于中、小叶种，香气增加20%。树龄越长的茶树，次生代谢产物和组分越丰富。普洱茶晒青原料与人工发酵的成品茶比较，成品茶较原料香气组分增加25%。

3. 机能性成分

云南茶树资源茶多酚含量15.79%~42.10%，一般在30.00%~33.00%；氨基酸含量1.50%~6.50%，一般在2.00%~4.00%；茶氨酸含量0.77%~1.81%；酚氨比值一般在15~20；咖啡碱含量3.58%~5.45%，

一般在4.00%～5.00%；水浸出物含量38.93%～53.81%，一般在43.00%～49.00%。与全国其他茶树资源相比，云南茶树资源内含物质丰富，四项常规成分除氨基酸外含量均高，茶氨酸含量与其他地方的资源相当，酚氨比值较高，儿茶素组成中EC、ECG等简单儿茶素含量较高。

十二、甘蔗种质资源的鉴定与评价

经过近20年的发展，甘蔗种质资源成为我省作物种质资源鉴定与评价中最为规范的作物。1996年以来，在"甘蔗资源保存和主要性状鉴定评价""甘蔗资源共享试点建设"等项目支持下，云南省农业科学院甘蔗研究所参与研究制定了《甘蔗种质资源描述规范和数据标准》和《农作物种质资源鉴定技术规程 甘蔗》（NY/T 1488—2007），并按此规范和规程完成了5个属15个种共2198份种质资源的30项形态特征及生物学特性、3项品质特性、2项抗逆性、3项抗病性和15项其他特征特性的系统鉴定，建立了包括基本信息、形态特征和生物学特性、品质特性、抗逆性、抗病性及其他特征特性等6类描述符类别共78项描述规范的野生资源、栽培原种、品种资源、优良种质数据库、图像信息库和信息管理系统，成为我国编目资源数目最大、数据最全的国家甘蔗种质资源数据库系统。

（一）主要农艺性状

1. 甘蔗中国种（*Saccharum sinense*）

甘蔗中国种起源于中国，为甘蔗栽培原种之一，代表种为竹蔗、芦蔗。

竹蔗：为中国传统栽培原种。秆直立粗壮，茎径中大或偏细，硬而实心，茎色青铜色略带淡绿或呈灰紫色，蜡粉厚，节间线轴形；株高123～278cm，茎径1.48～3.15cm；大型圆锥花序，长30～60cm；田间锤度15.33%～21.44%，蔗糖分10.86%～13.25%，纤维素4.71%～12.62%；花果期11月至翌年3月，大多不开花结实；理论产量15.60～113.97t/hm²。染色体2n=96～118。较早熟，根状茎发达，宿根性好，分蘖力强，纤维多，较耐瘠，蜡质多，且易抽侧芽，能粗放栽培，但易感黑穗病、棉蚜虫。秆供生食并可入药，制糖，蔗梢与叶片为牛等家畜的饲料，蔗渣纤维是造纸原料以及压制隔音板材料，副产品还有糖浆、乙醇等。

芦蔗：也是中国古老的栽培原种，代表种为四川芦蔗。芦蔗茎径中大或偏细，硬而实心，间有空心，茎色青铜色略带淡绿或呈灰紫色，蜡粉厚，节间线轴形；株高183～292cm，茎径1.8～2.1cm；花穗长25～40cm；田间锤度17.58%，蔗糖分10.26%，纤维素12.65%；花果期11月至翌年3月，大多不开花结实；理论产量75.66t/hm²。染色体2n=96～120。较早熟，分蘖力强，纤维多，耐瘠，蜡质多，糖分较低，且易抽侧芽，易感黑穗病、棉蚜虫。因其产量及糖分均较低，栽培面积逐渐缩小，后被杂交品种取代，但有抗旱、生势和宿根性强、对栽培管理要求不严等特点，可作为饲用和秸秆能源材料开发。

2. 甘蔗细茎野生种（*S. spontaneum*）

甘蔗细茎野生种又称割手密、甜根子草，是甘蔗育种中目前应用最多的野生种资源植物。云南割手密资源分布广、类型多，形态多样，主要性状差异明显，遗传多样性十分丰富。

株高：根据对585份甘蔗细茎野生种资源的调查，株高16～518cm。其中16～50cm有10份，占1.7%；51～100cm有124份，占21.2%；101～150cm有241份，占41.2%；151～220cm有194份，占33.2%；大于220cm有16份，占2.7%。

茎径：根据对562份资源材料的调查分析，茎径为0.18～1.5cm。其中，0.18～0.25cm有12份，占2.1%；0.26～0.4cm有195份，占34.7%；0.41～0.55cm有265份，占47.2%；0.56～0.75cm有79份，占14.1%；大于0.75cm有11份，占1.9%。

节间形状：可分为圆筒形、腰鼓形、细腰形、圆锥形、倒圆锥形5种类别。根据对683份材料进行的节间形状观察，结果以圆筒形和圆锥形为主，分别占79%和18%，腰鼓形、细腰形和倒圆锥形共占3%。

节间颜色（曝光后）：可分为黄绿、深绿、红、紫、深紫、绿条纹6种类别。根据对683份材料进行的观察，结果以紫色为主，占91%，其他颜色占9%。

芽形：可分为三角形、椭圆形、倒卵形、五角形、菱形、圆形、卵圆形7种类别。根据对683份材料进行的观察，结果以三角形和卵圆形为主，分别占68%和22%，菱形占5.5%，其他占4.5%。

叶鞘背毛：可分为无、少、较多、多4种类别。根据对695份材料进行的观察，以上4种类别的比例分别为55.2%、12.3%、7.0%和25.5%。

叶宽：根据对527份材料的调查，叶宽0.2～1.8cm。其中，小于0.2cm的有9份，占1.7%；0.21～0.4cm有159份，占30.2%；0.41～0.6cm有194份，占36.8%；0.61～1.3cm有151份，占28.6%；大于1.3cm有14份，占2.7%。

叶长：根据对527份材料的调查，叶长为39～144cm。其中，39～55cm有12份，占2.3%；56～80cm有141份，占26.8%；81～110cm有281份，占53.3%；111～130cm有79份，占15.0%；大于131cm有14份，占2.6%。

花期：根据对494份材料的调查，其花期从6月下旬至次年1月上旬。其中，6月下旬至7月下旬有27份，占5.4%；8月有113份，占22.9%；9月有123份，占24.9%；10月有151份，占30.6%；11月有70份，占14.2%；12月至次年1月有10份，占2.0%。

锤度：根据对574份资源材料锤度的检测结果，其锤度为2.5～22%。其中，2.5～5.0%有16份，占2.8%；5.1～8%有53份，占9.2%；8.1～10%有80份，占14.0%；10.1～12%有150份，占26.1%；12.1～16%有252份，占43.9%；大于16%有23份，占4.0%。

染色体：对中国9个省区247份资源材料染色体的分析表明，其体细胞染色体为2n=60～108条，具有60、64、72、80、96、104、108等11种不同类型，遗传多样性非常丰富。

3．其他近缘野生属种

蔗茅属（*Erianthus*）云南主要有斑茅（*E. arundinaceum*）、滇蔗茅（*E. rockii*）、蔗茅（*E. rufipilus*）3个种。斑茅一般茎径大于1cm，株高有的达5m以上，根据对49份资源材料的测定，平均茎径1.27cm；平均株高242.5cm；锤度1.5～11.5%。斑茅抗旱力强，植株直立生长、高而粗大，是甘蔗育种的宝贵材料。蔗茅株型较小，植株高度50～270cm，锤度一般在10%左右，最高达到15%。蔗茅抗寒、抗旱、耐瘠力强，在甘蔗育种上具有重要价值。此外，狼尾草属（*Pennisetum*）象草（*P. purpureum*）生长势强，生物量巨大；白茅属（*Imperata*）白茅（*I. cylindrica*）的开花属性等在甘蔗遗传改良上具有重要意义。

筛选出含糖量超过15%的品种材料13个；蔗茎产量高于对照种ROC22（95.42t/hm²）的品种材料29个；宿根性强、根系发达、适应范围广、耐干旱、抗霜冻、耐土地瘠薄的品种材料6个。

（二）抗病抗旱性

1．检测技术体系建立

2000年以来，云南省农业科学院甘蔗研究所通过国际合作和相关项目研究，引进、消化、再创新，建立了较为规范的甘蔗抗旱和主要病害精准检测评价技术体系。病害检测体系在病害种类上，包括了对甘蔗真菌、细菌、病毒等代表性病害的检测技术；在技术层面包括了传统检测技术、电镜、血清学及分子标记检测技术。抗旱检测体系包括了土壤水分、叶绿素荧光动力参数（Fv/Fm）、净光合速率（A）、气孔导度（g_s）、胞间二氧化碳浓度（C_i）、蒸腾速率（T_r）、叶面水平蒸腾效率（TE_i）、叶面温度、叶片水势、叶面积、叶片伸长长度、叶片相对含水量、生物量（biomass）和水分利用效率（WUE）等14个检测指标。研究所建立了相关的评价标准，并先后开展了对甘蔗资源锈病、黑穗病、宿根矮化病、赤条病、白条病、黄叶病、花叶病毒（SCMV）病、杆状病毒病、线条病毒病、条纹花叶病毒、斐济病、白叶病等病害，以及重要资源抗旱性的检测评价。

2. 主要病害

根据对甘蔗属栽培原种45份（包括中国种17份、印度种6份、热带种22份）、野生种54份（其中大茎野生种2份、细茎野生种52份）、近缘野生属种蔗茅属42份（其中斑茅37份、滇蔗茅4份、蔗茅1份），共计141份代表性资源材料黑穗病、锈病、花叶病（SCMV）的鉴定评价，甘蔗属中国种（含地方种）材料获高抗黑穗病种质1份、高抗锈病种质6份、免疫和高抗高粱花叶病毒种质各1份，高抗锈病种质占中国种鉴评材料的35.29%。印度种材料中，高抗黑穗病种质4份、高抗锈病种质3份，分别占印度种鉴评材料的66.67%和50.00%。热带种材料中，高抗黑穗病种质3份、抗锈病种质13份、对高粱花叶病毒免疫的种质6份，分别占热带种鉴评材料的13.63%、59.09%和27.27%。大茎野生种2份均高抗黑穗病，1份高抗锈病。细茎野生种（割手密）材料中，获高抗黑穗病种质11份、抗锈病种质14份、抗高粱花叶病毒种质17份，分别占细茎野生种鉴评材料的21.15%、26.92%和32.69%。蔗茅属斑茅材料中，获高抗黑穗病种质2份、抗锈病种质8份、抗高粱花叶病毒种质22份，分别占斑茅鉴评材料的5.41%、21.62%和59.46%。滇蔗茅和蔗茅材料均无抗黑穗病种质，均抗锈病，免疫和高抗高粱花叶病毒种质各1份，其中云南95-19还兼抗条纹花叶病毒。此外，在抗锈病资源材料中，甘蔗属栽培原种和滇蔗茅、蔗茅大多数能检出 *Bru1* 抗性基因，检出率超过90%。但甘蔗属细茎野生种（割手密）和蔗茅属斑茅抗性材料中，绝大多数未检出 *Bru1* 抗性基因，割手密全无，8份斑茅抗性材料中仅1份检出 *Bru1* 抗性基因，说明其抗锈病机制存在差异。本次鉴定筛选出了一批优异抗病种质，其中抗黑穗病种质材料125个、抗锈病材料53个、高抗和免疫花叶病材料68个。

3. 抗旱性

甘蔗研究所系统研究了水分胁迫下甘蔗主要农艺性状与生理指标的关系；选出可用于甘蔗资源评价和抗旱育种目标的生理指标；发现叶片温度与蔗茎产量之间存在显著的负相关关系（$P<0.05$），叶片温度可作为抗旱评价的重要筛选指标；发现导致甘蔗生物量降低的原因主要来自水分胁迫，而材料间生物量的差异由自身基因型决定。因此，评价其抗旱潜能，仅需在相同的水分胁迫处理条件下进行筛选即可。甘蔗研究所筛选出了一批抗旱性极强的材料，尤其是野生种材料，如四川内江坝地割手密、海南陵水4号、云南83-185、云南白花草；斑茅四川79-2-3、云南95-30、贵州78-2-12等，并提供给相关育种研究机构利用。

（三）甘蔗核心种质库构建

核心种质是以最少数量的遗传资源最大限度地代表整个资源群体的遗传多样性和群体地理分布代表性的种质。构建核心种质库是提高种质资源保护和利用效率的重要方式。2000年以来，云南省农业科学院甘蔗研究所参考相关作物核心种质库构建的技术路线和策略，结合甘蔗资源的实际，通过对已收集的1945份资源相关性状的系统检测、聚类、压缩，最终形成了由249份材料组成的甘蔗核心种质库，占原库比例为12.51%。该库包括栽培品种核心种质库、细茎野生种（割手密）核心种质库、斑茅核心种质库。

1．栽培品种核心种质库

该库通过对1202份栽培品种相关性状的检测分析、聚类和压缩，形成了由107份材料组成的栽培品种核心种质库。其根井正利基因多样性指数（Nei遗传多样性指数）为0.9785，占初级库Nei遗传多样性指数的99.84%；香农-维纳（Shannon-Wiener）多样性指数为4.1854，占初级库Shannon-Wiener多样性指数的94.96%，两个遗传多样性指数的T检验表明该库对初级库的遗传多样性具有最大的代表性，占原库比例为8.90%。

2．细茎野生种（割手密）核心种质库

该库通过对596份割手密资源相关性状的检测分析、聚类和压缩，形成了由80份材料组成的割手密核心种质库。其Nei遗传多样性指数为0.9843，占初级库Nei遗传多样性指数的99.87%；Shannon-Wiener多样性指数为4.2598，占初级库Shannon-Wiener多样性指数的97.64%，两个遗传多样性指数的T检验表明该库对初级库的遗传多样性具有最大的代表性，占原库比例为13.76%。

3．斑茅核心种质库

该库通过对147份斑茅资源相关性状的检测分析、聚类和压缩，形成了由16份材料组成的斑茅核心种质库。其Nei遗传多样性指数为0.8273（SSR）、0.2339（AFLP），占初级库Nei遗传多样性指数的比例平均为99.16%；Shannon-Wiener多样性指数为0.8248（SSR）、0.3516（AFLP），占初级库Shannon-Wiener多样性指数的比例平均为89.25%，T检验表明该核心库对初级库的遗传多样性具有最大的代表性，占原库比例为10.88%。

十三、桑树种质资源的鉴定与评价

1987～1998年，中国农业科学院蚕业研究所和云南省农业科学院蚕桑研究所通过对云南桑树种质资源的考察，共收集桑树资源材料152份，经研究鉴定有12个种和1个变种，编制了各个桑种及变种的形态特征检索表。这些种质资源中有广东桑、白桑、山桑、鲁桑和瑞穗桑5个栽培种；长穗桑、长果桑、华桑、蒙桑、川桑、滇桑、鸡桑、鬼桑（蒙桑的变种）8个野生种和变种。

栽培种中鲁桑是云南省蚕桑业生产上的主栽品种。广东桑叶型小，但是着果性能特高，且有并蒂联体桑果，果味好、果型大，是开发果用桑品种的宝贵材料。

野生资源中滇桑是云南特有种，乔木或小乔木，叶型大、叶肉厚、叶质柔软、生长势强，适熟叶与栽培种混合饲蚕，没有发现拒食现象，可作为桑品种选育的宝贵基因材料。长果桑是云南桑属植物种质资源中一个较有特色的桑种，不但分布较广泛，而且树体高大，树龄极长；桑葚长而大，甜味极浓，是适宜云南省栽培的果用种；病虫害少，木材结实优良；是民间制作工具用材的佼佼者。华桑生长势强、树型大、叶质好、叶辐大，是桑树育种的宝贵材料。生长在石灰岩生态环境中的鬼桑和蒙桑是抗旱育种的材料。鸡桑种中的屏边2号和新平5号经鉴定是自然三倍体桑，其扦插生根率达90%以上，是桑树育苗的宝贵资源。云南省桑树种质中叶用桑种资源叶型大、叶肉厚、生长势强，资源非常丰富。白桑春季盛开雄花，雄花序长而大，着花数特别多，可作为花菜品种开发，食用其对人体健康有益。

云南桑树普遍发生的重点病害是桑褐斑病（*Septogloeum mori*）和桑里白粉病（*Phyllactinia*

moricola），品种抗性上差异明显。

十四、花卉种质资源的鉴定与评价

（一）野生观赏植物的类型及概况

云南是许多世界著名花卉的发源地。云南花卉植物在世界园艺史中担任着重要角色。早在100年前西方国家就已经开始引进和栽培云南观赏植物。这些引种栽培的植物对西方园艺产生了巨大的影响。大多数西方园艺栽培的杜鹃、山茶、报春花、龙胆、百合、蔷薇、铁线莲或从云南野外采集而得或来自云南野生花卉植物的引种杂交繁育而得。花卉资源泛指野生观赏植物，根据其观赏部位不同，可以分为观花、观果、观叶植物。

1. 观花类

云南野生观花植物超过4000种，约占观赏植物总数的90%，可分为：蓝紫色系花，花的主要底色为蓝色或紫色，包括龙胆属、报春花属、风毛菊属、乌头属、翠雀花属、紫菀属、马先蒿属、紫堇属、绿绒蒿属等类群，共约500种。橙黄色系花，花的底色为橙黄色，主要是橐吾、杜鹃花属、委陵菜属、马先蒿属、垂头菊属、报春花属等属的类群，共250余种。红色系花，花的主要底色为红色，主要集中在马先蒿属、杜鹃花属、点地梅属等属，共300余种。白色系花，花的底色为白色，常素洁典雅，主要集中在杜鹃花属、银莲花属、蔷薇属、绣线菊属、火绒草属、珍珠菜属等属，共有200余种。黑色系花，花色为黑色，云南具有培育花色为黑色的珍稀园艺品种的宝贵种质资源，该类花卉植物大多生长在滇西北的高山灌丛草甸、高山流石滩上等高海拔地段，生境非常特殊，约有6个种，即茄参（*Mandragora caulescens*）、绒背风毛菊（*Saussurea vestita*）、粗齿风毛菊（*Saussurea grosseserrata*）、雪山鼠尾草（*Salvia evansiana*）、紫花野决明（*Thermopsis barbata*）、紫花百合（*Lilium souliei*）。花以"黑"为贵的一个重要原因是黑色花瓣能够吸收全部的太阳光，很容易被灼伤。经过长期的自然选择，黑色花的品种便屈指可数。

2. 观果类

观赏特性为果实的花卉植物大多是木本植物，果实成熟期多在秋季，云南有200余属350余种。

果实红色：主要有蔷薇科栒子属（*Cotoneaster*）、花楸属（*Sorbus*）、蔷薇属（*Rosa*）、樱桃属（*Cerasus*）、石楠属（*Photinia*）、山楂属（*Crataegus*）等属共约100种。五味子科（Schisandraceae）、小檗科（Berberidaceae）、樟科（Lauraceae）、冬青科（Aquifoliaceae）、天南星科（Araceae）、棕榈科（Palmae）、忍冬科（Caprifoliaceae）、桑科（Moraceae）等的果实也具有较高的观赏价值。

果实黄色：主要有槭树科槭属（*Acer*）、海桐科海桐花属（*Pittosporum*）、蝶形花科黧豆属（*Mucuna*）、卫矛科南蛇藤属（*Celastrus*）等的多果槭（*A. prolificum*）、五裂槭（*A. oliverianum*）、小叶青皮槭（*A. cappadocicum* var. *sinicum*）、圆锥海桐（*P. paniculiferum*）、间序油麻藤（*M. interrupta*）等若干种类。

果实蓝紫色：果实色彩为蓝紫色，主要有槭树科的俅江槭（*A. kiukiangense*）、七裂槭（*A. heptalobum*）、独龙槭（*A. taronense*）、滇藏槭（*A. wardii*）等；蔷薇科悬钩子属（*Rubus*）的红花悬钩子（*R. inopertus*）等；葡萄科的毛蓝果蛇葡萄（*Ampelopsis bodinieri* var. *cinerea*）；桑科的爬藤榕（*Ficus sarmentosa* var. *impressa*）。果为蓝色的还有小檗科的红毛七（*Caulophyllum robustum*）、平滑小

檗（*Berberis willeana*），忍冬科的淡红忍冬（*Lonicera acuminata*）、微毛忍冬（*L. cyanocarpa*）等。此外还有生于热带低山沟谷林的常绿乔木木奶果（*Baccaurea ramiflora*），蒴果幼时黄红色，5～8月成熟后紫蓝色，在傣族人家庭院栽培观赏，也可药用，是极佳的园林树种。

果实黑褐色：以壳斗科（Fagaceae）栎属（*Quercus*）、青冈属（*Cyclobalanopsis*）、石栎属（*Lithocarpus*）、栲属（*Castanopsis*）和桦木科（Betulaceae）桦木属（*Betula*）、鹅耳枥属（*Carpinus*）、榛属（*Corylus*）为主。

果实白色：果实颜色为白色的野生花卉植物较为少见，观赏价值也比较高，主要有花楸属和小檗属若干种类，如西康花楸（*Sorbus prattii*）、铺地花楸（*S. reducta*）、道孚小檗（*Berberis dawoensis*）等。此外，大戟科白饭树属（*Flueggea*）白饭树（*F. virosa*）成熟果实的果皮淡白色，果期在7～12月，是良好的冬季观果植物。

3．观叶类

观叶植物以观赏叶色、叶形为主，大部分分布在热带和亚热带地区。其中乔木类代表种主要有槭树科的丽江槭（*Acer forrestii*）等约21种，叶形奇妙，叶色秋季时绚丽；木兰科的贡山木莲（*Manglietia kungshanensis*）、多花含笑（*Michelia floribunda*）等约13种；金缕梅科的滇西红花荷（*Rhodoleia forrestii*），花叶均有较高的观赏价值。草本类代表种主要有兰科植物大多数既可观花又可观叶的良好花卉植物资源，约有133种；秋海棠属（*Begonia*）的大王秋海棠（*B. rex*）、长果秋海棠（*B. longicarpa*）、变色秋海棠（*B. versicolor*）等100余种；天南星科的天南星属（*Arisaema*）、芋属（*Colocasia*）若干种类；鸢尾科10余种；石莲属（*Sinocrassula*）（叶质地厚，基生叶莲座状，宛如一朵莲花，是盆栽花卉良好资源）约有3种。

（二）特色花卉种质资源

1. 山茶

在山茶属（*Camellia*）植物中，以山茶组的普通山茶（*C. japonica*）、云南山茶（*C. reticulata*），油茶组的茶梅（*C. sasanqua*），古茶组的金花茶（*C. petelotii*）以及其他一些野生山茶的观赏性较高。

云南茶花系：为原产云南高原的特有种。特点是乔木型，叶背、子房被毛，花大，花期早。云南山茶花不是一个自然种，是怒江山茶（*C. saluenensis*）和西南山茶（*C. pitardii*）杂交而成，目前云南山茶花的品种已有180多个。云南山茶花品种一般按花瓣颜色、花期早晚、花型不同来分类。目前较为通用的是花型分类方法。花型分类方法以花瓣数量、花瓣形状、花瓣排列及雌雄蕊发育情况为依据。花主要有：单瓣组，花小瓣单，结实率高。此类型约占99%；半重瓣类组，该类花较大，雌雄蕊发育好，花瓣较多（8～18枚），能结果，该类只占总数的1%左右；重瓣类型，雄蕊全部瓣化，不能结实，此类在整个油茶林中只有少数单株，在三个组中又分多种类型。育种选择的重点主要在半重瓣类组中，如育出的珍贵品种——雪娇。

芳香茶花资源：云南有多种具芳香味的茶属植物，如蒙自连蕊茶（*C. forrestii*）、五柱滇山茶（*C. yunnanensis*）、落瓣短柱茶（*C. kissi*）等。

抗寒性资源：云南高海拔地区的怒江山茶、五柱滇山茶、窄叶西南红山茶（*C. pitardii* var. *yunnanica*）、蒙自连蕊茶，都可以作为杂交种培育耐寒茶花品种的亲本。英国山茶×怒江山茶的杂交后代也表现出了明显的抗寒性。

矮生型资源：云南山茶大部分为高大乔木，现仅有育成品种'恨天高'为矮生资源。

怒江山茶、猴子木（*C. yunnanensis*）、云南连蕊茶、西南山茶、窄叶连蕊茶（*C. tsaii*）、粗梗连蕊茶（*C. crassipes*）、毛果山茶（*C. trichocarpa*）等都是育种的珍贵材料。

2. 杜鹃

1）形态类型　根据形态，杜鹃花可以分为以下几种类型。

高山垫状灌木型：呈匍匐状矮小灌木，高度10～70cm，如匍匐杜鹃（*Rhododendron erastum*）、大理杜鹃（*R. taliense*）、环绕杜鹃（*R. complexum*）等，分布在海拔3000m以上的高山流石滩及岩石风化带下部，这些地方土壤贫瘠、多砾石，气候终年寒冷，积雪时间长、风速大、日照强，生长环境相当恶劣。为抗寒、抗瘠、抗旱类资源。

高山湿生灌丛型：呈灌丛型，有的成为小乔木，如凝毛杜鹃（*R. phaeochrysum*）、滇藏杜鹃（*R. temenium*）、淡黄杜鹃（*R. flavidum*）等，生长在潮湿、积水的高山沼泽地带，地面被枯枝落叶、各种苔藓所覆盖，终年积水成沼泽状。为耐潮湿资源。

旱生灌木型：分布在各海拔的向阳缓坡、陡坡上。植株呈各个高度的灌木或小乔木，基本上在1～3m。土壤贫瘠干燥，生长的杜鹃都较耐旱和抗瘠，如大白花杜鹃（*R. decorum*）、马缨杜鹃（*R. delavayi*）、碎米花杜鹃（*R. spiciferum*）等。

亚热带山地常绿乔木型：那里气候终年温暖湿润，土壤深厚肥沃。长在这里的杜鹃比较高大，如马缨杜鹃（*R. delavayi*）、光柱杜鹃（*R. tanastylum*）在10m以上。世界上最高大的大树杜鹃（*R. protistum* var. *giganteum*）就生长在这里。

附生灌木型：如泡泡叶杜鹃（*R. edgeworthii*）、密叶杜鹃（*R. densifolium*）、附生杜鹃（*R. dendricola*）等，分布在热带、亚热带雨林中，与苔藓和附生植物一起依附在树干或枝杈上。它们发达的根系紧爬在树皮或岩石上，靠吸取枯枝落叶腐败后的养分生长。

2）落叶类型　杜鹃花被划分为高山常绿杜鹃与半常绿及落叶类杜鹃两类。红马银花（*R. vialii*）属高山常绿杜鹃的早花品种。大白花杜鹃类品种春鹃（毛鹃）春天开花，花朵较大而且繁茂，适应性强，生长快、体型大，蓬径可达3m；岩石类杜鹃东鹃，花色多，花型较小，叶较小，生长旺盛，萌发力强，耐修剪，且枝条细软易用于造型，是理想的盆景材料。此外还有夏鹃和西鹃类。

3）花色类型　2008年昆明植物所张长芹等将云南杜鹃花资源按花色分为以下几种。

红色花：亲本几乎都来自中国，如火红杜鹃（*R. neriiflorum*）、文雅杜鹃（*R. facetum*）、似血杜鹃（*R. haematodes*）、马缨杜鹃、粘毛杜鹃（*R. glischrum*）等。

粉色花：如桃叶杜鹃（*R. annae*）、银叶杜鹃（*R. argyrophyllum*）、大理杜鹃（*R. taliense*）等。

白色花：如大白花杜鹃、大喇叭杜鹃（*R. excellens*）、蝶花杜鹃（*R. aberconwayi*）、腺花杜鹃（*R. glanduliferum*）等。

橙色花：典型的有两色杜鹃（*R. dichroanthum*）和紫血杜鹃（*R. sanguineum* var. *haemaleum*）。黄色花，如黄杯杜鹃（*R. wardii*）、凸尖杜鹃（*R. sinogrande*）、乳黄杜鹃（*R. lacteum*）、羊踯躅（*R. molle*）等。

蓝色花：仅限于鳞杜鹃类，如灰背杜鹃（*R. hippophaeoides*）、紫蓝杜鹃（*R. russatum*）、张口杜鹃（*R. augustinii*）等。

4）其他类型资源如下。

早花类型：红马银花（*R. vialii*）、碎米花杜鹃（*R. spiciferum*）、炮仗花杜鹃（*R. spinuliferum*）、云南杜鹃（*R. yunnanense*）、迎红杜鹃（*R. mucronulatum*）等。

晚花类型：绵毛房杜鹃（*R. facetum*）、黑红血红杜鹃（*R. sanguineum* var. *didymum*）。

大花类型：大喇叭杜鹃、云锦杜鹃、凸尖杜鹃，花冠直径可达8～11cm。

香花类型：大白花杜鹃、云锦杜鹃、粗柄杜鹃（R. pachypodum）、大喇叭杜鹃，还有能与桂花媲香的毛喉杜鹃（R. cephalanthum）和千里香杜鹃（R. thymifolium）。

矮生杜鹃类型：无鳞类的紫背杜鹃（R. forrestii）、似血杜鹃及有鳞类的弯柱杜鹃（R. campylogynum）、密枝杜鹃（R. fastigiatum）、粉紫矮杜鹃（R. impeditum）。

耐旱类型：马缨杜鹃、云锦杜鹃、蝶花杜鹃、碎米杜鹃。

耐寒类型：蓝果杜鹃（R. cyanocarpum）、大理杜鹃、白雪杜鹃（R. aganniphum）、乳黄杜鹃等。

耐水类型：灰背杜鹃、怒江杜鹃（R. saluenense）、草原杜鹃（R. telmateium）等。

3. 木兰

木兰科植物以含笑属（Michelia）、木莲属（Manglietia）和木兰属（Magnolia）3属为大宗，每属都含有30种以上，有常绿和落叶2类。落叶种类中又分为：先花后叶，如白玉兰（Magnolia denudata）、紫玉兰（M. liliiflora）；先叶后花，如天女花（M. sieholdii）、西康木兰（M. wilsonii）。常绿者如山玉兰（M. delavayi）、荷花玉兰（M. grandiflora）、白缅桂（Michelia alba）等。云南木兰科植物大多为常绿树种，其中有很多为云南主产或特产。

滇东南亚热带东南季风湿润气候带是木兰科植物分布最集中的地区，约占全省种数的60%。常见的有华盖木（Manglietiastrum sinicum）、云南拟单性木兰（Parakmeria yunnanensis）、香木莲（M. aromatica）和鹅掌楸（Liriodendron chinense）。

滇西南亚热带湿润气候带常见的有大叶玉兰（Magnolia henryi）、香籽含笑（Michellia hedyosperma）和合果木（Paramichelia baillonii）。

滇西北亚热带高山温凉气候带常见的有滇藏木兰（Magnolia campbellii）、长喙厚朴（M. rostrata）、西康玉兰（M. wilsonii）和绒叶含笑（Michelia velutina）。

4. 蔷薇

蔷薇最大的物种多样性中心在中国西部，尤以云南、四川为我国的分布中心。蔷薇属7个不同组的代表种在中国西部都有分布。

其中2个组分布种极多，桂味组（Cinnamomeae）有26个种，其最知名的种是华西蔷薇（Rosa moyesii）；合柱组（Synstylae）有18个种分布，其最知名的是野蔷薇（R. multiflora）和光叶蔷薇（R. wichuraiana）。

中甸刺玫（R. praelucens）虽属于小叶组，但从小叶形状与毛被、萼筒形状与花朵颜色、大小等特征看，该种颇与桂味组（Cinnamomeae）的玫瑰（R. rugosa）有若干相似之处，被认为可作为小叶组与桂味组的中间连索，可能是育种的极好材料。

中国的月季花有一个非常可贵的生物学特性就是能连续开花。来自中国的月季花（R. chinensis）、香水月季（R. odorata）、野蔷薇、光叶蔷薇、玫瑰（R. rugosa）对世界月季育种做出了巨大贡献。

5. 报春花

喜马拉雅山两侧至中国云南、四川西部和藏南地区是报春花属（Primula）植物的现代分布中心，云南有158个种。该属植物有56%的种类有过细胞染色体数目的报道。已有的研究指出，报春花属植物的染色体基数为$x=11$，但在云南无量山的波缘报春（P. sinuata）、无葶脆蒴报春（P. sinoexscapa）、滇北球花报春（P. denticulata subsp. sinodenticulata）和光叶景东报春（P. interjacens var. epilosa）中，脆蒴报春组和球花报春组染色体基数为$x=11$，波缘报春组染色体基数为$x=9$。中甸海水仙（P. monticola）

的染色体数目为$2n=16$，核型公式为$2n=16=12m+4sm$，核型不对称性属2A；高穗花报春（*P. vialii*）的染色体数为$2n=20$，核型公式为$2n=20=16m+2sm+2st$，核型不对称性属2A，说明报春花属植物的染色体存在一定的变异。

6. 百合

云南是世界百合遗传资源重要的产地之一，在起源于中国的55种和18个变种中，云南占有27种和10个变种。大多数百合分布在高海拔地区。紫花百合（*Lilium souliei*）的海拔分布范围最广，分布的最低海拔和最高海拔相差2800m。其中玫红百合（*L. amoenum*）、紫红花滇百合（*L. bakerianum* var. *rubrum*）、哈巴百合（*L. habaense*）、匍茎百合（*L. lankongense*）、丽江百合（*L. lijiangense*）、线叶百合（*L. lophophorum* var. *linearifolium*）、松叶百合（*L. pinifolium*）、文山百合（*L. wenshanense*）8个种（变种）为云南特有种。

云南具有许多优秀的百合种质资源，可以作为改良现代百合或育成新品种的材料，如野百合（*L. brownii*）、文山百合（*L. wenshanense*）、淡黄花百合（*L. sulphureum*）、小百合（*L. nanum*）、紫花百合（*L. souliei*）、墨江百合（*L. henricii*）、滇百合（*L. bakerianum*）、蒜头百合（*L. sempervivoideum*）、哈巴百合（*L. habaense*）等，尤其是紫花百合植株矮小，花紫红色，是培育盆栽百合的珍贵资源，国内外尚未见利用的报道。

7. 杓兰

杓兰属（*Cypripedium*）是兰科植物中较原始的一个属。云南有杓兰属植物20余种，占杓兰属植物种的40%左右。在滇西北以香格里拉、丽江及贡山分布的杓兰属植物最为丰富，其中香格里拉有12种，包括离萼杓兰（*C. plectrochilum*）、黄花杓兰（*C. flavum*）、紫点杓兰（*C. guttatum*）、西藏杓兰（*C. tibeticum*）、绿花杓兰（*C. henryi*）、丽江杓兰（*C. lichiangense*）、雅致杓兰（*C. elegans*）等。

从海拔分布看，滇西北的绿花杓兰（*C. henryi*）分布最广，海拔1800~3000m均有分布，玉龙杓兰（*C. forrestii*）、雅致杓兰等仅分布于海拔3500m以上的地方。而云南东南部只有麻栗坡杓兰（*C. malipoense*）、大围山杓兰（*C. lichiangense* var. *daweishanense*）与文山杓兰（*C. lentiginosum*）三个种（变种）。

杓兰属植物花色艳丽，花形奇特，花期长，其唇瓣呈拖鞋状，故有"拖鞋兰"之称。按株高大体可分为3类。小型杓兰，株高5~10cm，如丽江杓兰、雅致杓兰等；中型杓兰，高10~30cm，如褐花杓兰等；大型杓兰，高30~60cm，如黄花杓兰等。花色丰富，除有淡绿色、黄色、白色、紫红色等不同颜色外，还有唇瓣与花瓣、萼片色彩不一的离萼杓兰、无苞杓兰（*C. bardolphianum*）等。花朵有小如口袋的紫点杓兰，亦有花朵硕大、直径大于10cm的斑叶杓兰（*C. margaritaceum*）等。种间差异明显，是遗传育种的好材料。

8. 角蒿

角蒿属（*Incarvillea*）全部约15种，中国产11种3变种，主要产于云南西北部、四川西部、西藏及青海等地高山或高原上，分布海拔最高可达5000m以上，如藏波罗花（*I. younghusbandii*），其中高波罗花（*I. altissima*）、单叶波罗花（*I. forrestii*）、黄波罗花（*I. lutea*）、鸡肉参（*I. mairei*）、多小叶鸡肉参（*I. mairei* var. *grandiflora*）、红波罗花（*I. delavayi*）、密生波罗花（*I. compacta*）等均为中国的特有种。云南分布有两头毛、鸡肉参、红波罗花、单叶波罗花、中甸角蒿、黄波罗花6种。角蒿的染色体数目均为$2n=22$，染色体基数$x=11$，它们的间期核和分裂前期染色体的构型都为同一类型，即分别为简单染色中心型和中间型，表明该属在属内具有较一致的细胞学特征，但6种植物的中期染色体核形态特征也存在一些差异,与亚属的划分没有明显的相关性。两头毛有红花和白花2个类型,在外部形态上非常一致,仅花色有区别,但二者在核型结构上却有所不同。两头毛红花类型的核型不对称性为2A型,相对较为原始,其臂指数为44,在3条染色体上可以清楚地看到随体。而白花类型的核型不对称性属于3A型,属于特化类型,其臂指数为38,仅在第21条亚中部着丝点染色体上有随体出现。可见,两种类型尽管外部形态相似,但发生了较大的遗传变异。

第三节 作物种质资源引进创新和利用

一、稻作种质资源

(一)云南杂交水稻

滇型杂交粳稻三系配套:1965年,昆明农林学院教师李铮友在保山县种植品种台北8号的田中发现一些半不育、低结实的天然籼粳、粳籼杂交植株,从中收集了一些种子带回温室种植,1966年发现一株不育株,用昆明当时大面积栽种的红帽缨作父本与半不育株杂交并回交三代,于1969年育成中国第一个粳型不育系,即滇一型(CMS-D1)红帽缨不育系。与此同时,用科情3号、台中31等品种作父本与红帽缨不育系杂交、回交,1970年初育成台中31、科情3号粳稻不育系和籼稻莲源早不育系。这些是我国粳型杂交稻最早的一批材料,滇一型杂交粳稻在1973年实现不育系、保持系和恢复系三系配套。滇一型不育系问世后,李铮友利用云南不同生态类型水稻品种的多样性,用高海拔籼稻、粳稻、低海拔粳稻、籼稻、旱稻、普通野生稻,以及远缘品种之间杂交、回交,先后育成10种不同质源的粳型和籼型不育系。一些优良不育系被国内有关单位引用,转育出适合当地的不育系,组配强优势组合应用于生产。江苏盐城农业科学研究所用滇一型台中31不育系作母本、D56作父本转育出D56不育系。江苏徐州市农科所用丰锦不育系作母本、盐粳902作父本杂交,育成盐粳902不育系。广西农业科学院用滇四型不育系作母本与籼稻金南特杂交、回交,育成滇四型金南特籼稻不育系。经过几代人的努力,滇型杂交粳稻三系先后组配成功,一批具有优良种性的粳型杂交组合已在云南省不同生态地区推广,累计推广10余万公顷。其中榆杂29创造了同期粳稻单产世界纪录(1108.55kg/667m^2),新近育成的滇杂31和滇杂32达到国家优质米标准,并被评选为云南省优质稻(米)品种(组合),6.7hm^{2}连片平均产量达850kg,超过同期中国超级杂交稻的产量指标。

滇型温敏雄性不育两用系的研究和选育:在李铮友1969年选育出的滇一型、滇八型不育系中发现一部分不育系存在自交结实现象,且结实率的高低与温度相关。1986年蒋义明等通过对滇型三系滇寻1号等不育系自交结实与温度相关的研究,在中国最先提出了"水稻温敏雄性不育"的概念,云南农业大学稻作研究所从此开展了杂交水稻温敏两系法的研究。经过长期的研究摸索,用远缘杂交方法成功地选育出"温敏"不育系滇农S-1、滇农S-2,并通过了国内专家鉴定。与此同时,中国科学院西双版纳热带植物园的吴世斌1996年利用云南省旱稻品种多、种植面积大的特点,选育出温敏不育系昆植S-1。温敏不育系、旱稻两用不育系的选育成功,为我国水稻杂种优势利用又开辟了一条新的途径。

光敏雄性核不育两用系的研究及利用:20世纪80年代末,卢义宣等把湖北光敏5088S等核不育系引入云南进行筛选、鉴定，并充分利用云南稻作资源优势广泛测交，获得一系列恢复系，并组配成系列强优势组合应用于生产。同时，用外引核不育系2301S与自育优质软米新品种云R23杂交，N5088S与合系34杂交、回交，育成了软米两用核不育系云软201S和粳型两用核不育系云粳202S，2004年两个自选核不育系通过田间鉴评。光敏两用核不育系的育成，不但充实了云南省杂交水稻不育系的类型，为云南光敏两用系杂交稻的发展奠定了基础，而且育成的云光系列品种大面积推广应用，增产效益显著。

（二）粳稻、籼稻常规品种改良

1954年云南省农业试验站从地方品种背子谷中系统选育出抗稻瘟病的新品种54-88。20世纪50年代，李月成等系统选育出的品种粳稻西南175，成为20世纪滇中温暖稻区种植面积最大的品种。60年代初，云南省农科所从地方品种大白谷的变异株中系统选育出植株较矮、抗稻瘟病的矮棵红，1971年又从矮棵红中系统选育出耐冷性极强的品种粳掉3号。丽江地区农科所1966年从地方品种新团黑谷中系统选育出黑选5号，1970~1980年，该品种曾是丽江等海拔2400m左右地区的主栽品种。从高产品种滇榆1号的变异株中系统选育而成的79-04和7907-1两个品种，在滇榆1号发生较严重的稻瘟病后，成为大理等地的接替品种。1961年玉溪地区从引进的常熟稻中经系统选育育成品种8126，种植面积较大。1970年云南省农科所从西南175的天然变异株中系统选育出的云粳9号，曾是云南省20世纪70年代中期主要推广品种之一。20世纪80年代水稻杂交育种进展迅速，并获得了很多成果。云南省农业科学院粮食作物研究所以大穗大粒为育种目标，先后育成云粳136等品种。1982~1996年，云南省农业科学院与日本热带农业研究中心合作研究期间，蒋志农等以合系命名选育出品系42个，到1999年，共审定17个高产、优质、耐寒、抗病品种，这些品种成为云南粳稻地区的主要栽培品种。1973年楚雄州农科所用植生1号／若叶（假）杂交育成了中熟中粳品种楚粳3号，以后又选育了楚粳系列的水稻品种。目前在云南省生产上具有较大影响的粳稻品种主要有楚粳、合系、滇系、云系。一批优质高产粳稻香软米新品种正在大面积示范推广。

1975年陇川县农科所选育出的籼稻品种滇陇201于1985年在我国首届优质米评选会上获优质农产品奖。1983年德宏州农科所杂交育成品种德农203。20世纪70年代，云南省农业科学院瑞丽稻作站贺庆瑞等选育出滇瑞系列品种，4个品种通过云南省农作物品种审定委员会审定，其中滇瑞408（软米）获1985年中国首届农业博览会金奖，并被农业部评为优质米，滇瑞449获1992年中国农业博览会银奖。滇瑞501成为云南主要紫米品种。个旧市种子公司选育的滇屯502和云南省农业科学院粮食作物研究所选育的云辉290，多次被评为云南省优质米，是目前云南省的主栽优质籼稻品种。

（三）陆稻资源的矮化与种质创新

云南省农业科学院粮食作物研究所在最近10多年中，引进国外陆稻品种（系）3157份，筛选出IRAT104、陆引46（B6144F-MR-6）两个品种，分别于1996年和2000年通过省级品种审定。陶大云等1989年开始采用杂交育种，用云南地方陆稻资源100余份，与非洲改良陆稻、云南粳稻主体亲源（云粳136）、美国光壳水稻、日本陆稻、矮秆籼稻（作为矮源）配制杂交组合2000多个，在思茅夏天旱地及海南冬季水田交替种植、选择，现已获得稳定中间材料152份及云陆1号至云陆99号品系99个。其中云陆29于1999年、云陆52于2004年通过云南省农作物品种审定委员会审定。

(四)稻谷引进资源利用

1995年云南省农业科学院粮食作物研究所开展超级稻育种,贺庆瑞、袁平荣等从国际水稻所引进超级稻品系185份;从韩国引进粳稻与籼稻的杂交Toil类型的材料20余份;从江苏等地引进香粳等材料566份;2004年从国际水稻所引进新株型材料228份;引进国际水稻所-韩国合作项目选育的粳型材料48份,选育出籼型品种5个、粳型品种3个。籼型品种滇超1号为从国际水稻所新株型材料IR64446-7-10-5组合中系统选育,最高产量达到16.18t/hm^2,2001年通过云南省农作物品种审定委员会审定。从南京农业大学引进籼型杂交组合抗优98,增产显著,2002年通过云南省品种审定。粳型品种滇超6号在2002年云南省优质米评选鉴定会上被评为优质米。2004年,粳型品种滇超7号通过云南省品种审定。育成品种滇超4号、滇超6号、滇超9号已经获得新品种保护。

(五)稻作种质资源创新

1. 抗稻瘟病和白叶枯病转基因改良

许明辉等(2003)将含几丁质酶-β-1,3-葡聚糖酶串联基因的pBLGC(16.5bp)质粒,以及溶菌酶的pSR2-4质粒,利用基因枪法导入水稻品种南29中,外源基因已经遗传至T10代,获得转溶菌酶基因的水稻品系1个,转几丁质酶-β-1,3-葡聚糖酶基因的水稻品系2个。在T5代品系接种云南各地属于24个稻瘟病菌生理小种的33个菌株,侵染亲本南29的20个菌株,转基因品系均表现抗病,在大田诱发条件下,转基因品系叶瘟病指数为0~1级,穗稻瘟发病率为0.3%~10.23%,抗性较受体亲本对照大幅度提高,几丁质酶-葡聚糖酶基因表现出对稻瘟病具有一定的广谱抗性。

2. 分子标记辅助选择技术应用

云南省农业科学院农作物品种资源站2000年利用分子标记辅助选择(marker-assisted selection,MAS)技术体系,以适宜在海拔1800m以上地区推广种植的合系41号、滇系4号及优质品种滇粳优1号等为轮回亲本,以与抗白叶枯病基因$Xa-22(t)$紧密连锁的标记和与抗白叶枯病基因$Xa-21$紧密连锁的标记为导入抗病基因与否的指标,同时以分散在其他染色体上的微卫星分子标记作为背景选择的指标,再结合田间形态性状观测鉴定,通过多次回交,将广谱抗白叶枯病基因$Xa-22(t)$和$Xa-21$导入云南高原粳稻中,培育出了云资抗21号等一批带有抗性基因的中间材料。

3. 栽培稻种间杂交创制新种质

陶大云等1992年开始探索栽培稻种间杂交研究,用同为AA染色体组的非洲栽培稻与亚洲栽培稻杂交,培育出具有两个种遗传和优良性状的新种质资源,使用引进的200个非洲栽培稻品种,克服了其种间杂交的部分不可交配性、杂种不育性,建立了栽培稻种间杂交育种技术体系,创制了一批中间材料,从中选育出高产、抗稻瘟病、耐冷新品种云稻1号,该品种成为云南省首个栽培稻种间杂交新品种,2005年获得植物新品种保护授权;1999年,从亚、非洲栽培稻种间杂种后代及粳型陆稻中发掘出5份对滇Ⅰ型不育系和BT型不育细胞质具有强恢复力、抗稻瘟病的优质恢复材料,并开展了亚洲栽培稻与长雄野生稻、栽培稻与野生稻的远缘杂交培育多年生栽培稻的探索。

4. 栽培稻与野生稻远缘杂交创制新种质

程在全等2003年开始以云南元江普通野生稻为父本,粳稻合系35号为母本,远缘杂交后2次回交,再自交,创制了国内首个以粳稻为遗传背景的元江普通野生稻BC_2F_{12}渗入系库。该库包括4006份表型和遗传变异丰富的渗入系材料;定位渗入系材料抗白叶枯病、大穗、强分蘖等基因5个;筛选出近等基因系33组（66个）。利用野生稻资源和育种新方法，从渗入系中育成1个粳稻和2个籼稻新品种、15个籼稻和粳稻新品系。新品种具有野生稻血缘，抗白叶枯病和稻瘟病、适应性广、米质优、产量高，大面积生产应用，增产增收效果显著。

二、玉米种质资源

（一）地方品种的筛选和利用

云南自1956年开始在全省范围内组织玉米地方品种的评价试验研究。1959年以金皇后为对照，筛选出13个丰产性好、品质优良、适应性较广的地方良种供玉米主产区推广利用。1962~1963年，又分别以昆明黄包谷和金皇后为对照筛选出9个优良地方品种，主要有昭通地区的黄、白二季早和盐津大白包谷，曲靖地区的普照包谷、水口黄包谷和陆良白团棵，滇中昆明、楚雄地区的昆明黄包谷、武定大黄包谷，滇西大理、丽江、怒江的华坪大白马牙、漾濞雪山早、丽江二白包谷，滇西南保山、临沧、德宏的李山头黄玉麦、昌宁二黄玉米、临沧大白玉米、凤庆二黄，滇南红河、文山、思茅等地的泸西土早包谷、弥勒黄（白）团棵、文山老金黄、思茅高山早二白等。这些品种年种植面积数千公顷至数万公顷不等，是20世纪70年代前云南各玉米产区的主栽品种，也是70年代云南玉米品种间杂交种、顶交种的主要亲本。地方品种间杂交种、顶交种主要有云杂3号（昆明黄包谷×金皇后）、引杂2号（引二×金皇后）、陆杂1号（白团棵×普照）、师杂3号（土找×普照）、红顶2号（华坪大白马牙×匈牙利）、昆金顶（昆明黄包谷×金03）等。到20世纪90年代，云南每年仍在种植的地方品种有28~35个。应用面积较大的大约有8个品种，具有品质好、千粒重高、抗病、耐寒、耐旱、耐瘠、适应性广、稳产性好等优点，占地方农家种的52.05%。

（二）云南玉米种质资源群体改良

1958年起，云南开展品种间杂交种选育和推广品种间杂交种。云南玉米地方品种丰产性好、品质优、抗逆性较强，但多数品种植株高大，不耐密植。轮回选择是云南玉米地方品种改良的有效方法。20世纪70年代末至90年代初，在云南省玉米群体改良协作组的选育中，多采用集团法混合选择、穗行选择和半胞改良穗行法进行群内改良。按群体种质来源与构成分为地方品种群体改良和合成群体改良两大类。

1．地方品种群体改良

云南地方品种采用轮回选择改良群体的有：混合选择，改良引二、土找、昆明黄包谷和昭通白二季早等农家品种的丰产性与耐寒性；改良武定普照、武定二黄包谷、施甸李山头黄包谷和文山白玉米等农家种的适应性与抗倒性。穗行选择，改良凤庆二黄玉米的抗倒性和丰产性。半胞改良穗行法，改良李山头黄包谷、水口黄和凤庆、景东二黄玉米的抗倒性与丰产性。李山头黄包谷具有适应性广，抗大、小斑病，优质高产等特点，但植株过高，不耐密植，不抗倒伏，其群体改良品种抗倒伏、抗病能力均有所提高。水口黄在曲靖地区各县都有种植，种植面积较大的县有沾益、宣威等地。为了提高水口黄的种性，适当降低株高，提高丰产性、抗病性，1980年曲靖地区农科所采用半胞改良穗行选择法进行改良，到C5轮株高明显降低，获得9.9%的产量遗传增益，且配合力亦有所提高。目前该群体已成为水口黄系列自交系选育的基础群体。凤庆二黄玉米栽培历史悠久，种植面积较大，丰产性和抗逆性均较好，且品质优良，但株型过高易倒，几乎年年都有风灾倒伏的危害损失，用穗行法进行改良，缩短了生育期，降低了植株高度。景东二黄玉米适应性广，种植面积大，品质好，一直作为玉米产区的主要当家品种利用，但该品种植株过高，抗倒伏性差，经过改良植株降低，生育期缩短，产量提高，并保持原有的抗逆性、适应性和品质好等特征。

2. 合成群体改良

以玉米地方品种资源为主，掺入外来种质构建合成改良群体。使用半胞改良穗行法，育成了果穗耐雨淋、成熟后倒挂穗，籽粒不霉烂，抗穗粒腐病，适应南部生态环境的群改种黄倒挂群体；适应密植、耐旱、抗倒，中抗大、小斑病，综合性状好的白粒群改种81-17；品质优良，适口性好，具有较好适应性和抗逆力的群改种临改白群体。以地方品种二白玉米为基础材料，与省外7个材料进行杂交重组合成基础群体，采用半姐妹轮回选择法，育成了思群01群体改良种。采用改良穗行法，对多个农家种小群体同时改良，A232作为测验种，选择配合力高、生育期相近的测交材料，或具有特殊性状的品种，从白合群体（青贮饲用玉米群体）、黄合群体中选育出了一批改良家系，先后由112个中早熟种质合成选育的105个早合群体改良家系，在植株性状、经济产量等方面有显著的改进。

（三）云南玉米自交系创建

1966年开始，云南省开展了从优异地方品种中分离自交系的工作，选育的一系列自交系在云南玉米品种选育和改良研究中发挥了重要作用。20世纪80年代以来，云南保山地区农科所采用系谱法分离选系，育成了保103和保108等系列自交系。思茅地区农科所自交分离培育成8371自交系。用思群01的改良群体自交分离，成功培育思1621（半紧凑）、思1622（紧凑）、3641（紧凑）三个自交系。1980年，云南曲靖地区农科所选择农家品种水口黄进行轮回选择，经过6年9代于1987年选出的优良自交系水1-6成为云南骨干自交系；1984年又用系谱法育成自交系靖1.28。云南楚雄州农科所从本地黄包谷中育成了一环系楚024，并育成了半矮秆抗病自交系楚102。云南省会泽县农科所于1982年末从云南省农业科学院粮作所玉米室引入编号为素湾系列的6个自交低代材料。经8代连续自交选择，从素湾16早代系中自交分离选育出自交系素湾1611，其成为云南骨干自交系。利用上述自交系，选配出大量适合各地生产需要的优势杂交种。

（四）热带、亚热带玉米种质引入利用

从20世纪90年代初开始，云南省农业科学院粮食作物研究所先后从墨西哥国际玉米小麦改良中心、泰国等引进了大量热带、亚热带玉米种质资源，开展玉米温带系与热带、亚热带系的杂种优势利用研究，拓展了我国玉米育种的遗传基础，创制了大批新种质，选育了大批优质专用玉米新品种，使之成为21世纪云南玉米种质创新和新品种选育的主流。

1. 优质蛋白玉米选育

云南从1987年开始优质蛋白玉米选育工作，1992年开始从热带、亚热带优质蛋白外引群和杂交种中选系。1997年番兴明等采用优质蛋白玉米温带系×热带、亚热带系的杂种优势模式，用温带优质蛋白玉米自交系与热带、亚热带优质蛋白玉米自交系组配选育出硬质胚乳优质蛋白杂交种，先后育成云优167、云优19、云瑞21（云优21）、云瑞47（云优47）、云瑞8号（云优196）等品种，其中云优167、云优19的赖氨酸含量分别为0.39%和0.40%，大大高出普通玉米，分别于2000年和2002年通过云南省农作物品种审定委员会审定。2003年云优19被农业部推荐为专用优质玉米新品种。云瑞21和云瑞8号为优质蛋白与高油分的双高品种，油分含量分别达到6.03%和9.16%。

2. 高油玉米选育

云南省农业科学院杨克昌、高祥扩等1999年构建了4个高油玉米基础群，其中有以中国农业大学高油种质为基础的温带种质群2个，以热带和亚热带大胚面选系为基础的种质群2个，育成ZOL-1、ZOL-2两个高油抗病自交系，组配出珍油玉1~9号高油系列玉米杂交种，其中珍油玉1号、珍油玉2号、珍油玉3号的含油量分别为8.85%、7.77%和10.55%；已通过云南省农作物品种审定委员会审定，大面积推广。番兴明等从泰国Alexander高油群体中选育出两个高油玉米自交系，组配出5个强优势的高油玉米杂交新组合，育成含油量达6.03%~9.16%的云优高油系列品种，相继投入生产应用。

3. 优质甜玉米和糯玉米选育

20世纪90年代以来，云南省农业科学院通过从国内外广泛征集糯玉米优良种质，选育出一批优质糯玉米新品种。番兴明等1994年育成新品种白甜糯，兼有甜玉米和糯玉米的特性，产量高、香甜可口，1999年通过云南省农作物品种审定委员会审定。1996年后，他们又选育出了一批优质甜糯玉米杂交新品种。其中云甜玉1号（五彩甜玉米）是用糯玉米突变体选育的自交系，与甜玉米自交系杂交，培育出加强型甜玉米杂交种。该品种是目前国内外唯一同一穗具有3种以上籽粒颜色的加强型甜玉米杂交种。五彩甜玉米和甜糯888于2002年通过云南省农作物品种审定委员会审定。五彩甜玉米还通过国家品种审定，并获得农业部植物新品种保护。

三、小麦种质资源

（一）小麦地方种质资源的利用

20世纪60年代中期以前，云南小麦生产中大面积应用的品种，无论田麦还是地麦均以地方品种为主。地麦生产上所用的地方品种虽有较强的抗旱性，但产量潜力有限，并伴有秆高、不耐肥、倒伏、感条锈病等不利性状。田麦生产上所用的地方品种，存在生育期普遍偏长，一般200d以上；抗病性差，感条锈病；秆高，不耐肥水，抗倒伏能力弱，护颖紧、难脱粒等缺点。20世纪50~80年代，小麦地方种质资源曾是小麦育种的主要种质资源。为改良云南小麦地方品种的不良性状，通过采用云南地方种质资源与引进国内外优良品种杂交，利用地方种抗旱、耐瘠性好的优点，培育出了一批适合云南不同生态环境种植的小麦良种，同时创造了大量中间材料。

（二）小麦国内外引进品种资源的直接利用

自20世纪50年代以来，为发展云南小麦生产，云南先后从国内外引进了大量优良材料，从中筛选出一批品种投入生产应用，其中以来自国际玉米小麦改良中心（CIMMYT）的品种最多，其次为四川品种。据不完全统计，从国内外引进的小麦良种直接用于云南小麦生产的就达30余个，如20世纪50年代的南大2419，60年代引进的阿勃、阿夫、欧柔、福利麦、尤皮2号、内乡5号等。其中，福利麦、尤皮2号（意大利）和内乡5号（河南）逐步取代了云南地方品种，在生产上大面积应用。内乡5号至今仍有零星种植，是云南地麦品种中使用年限最长、种植面积最大的当家品种，并从中系选出云南1257等品种。70年代引进的沙瑞克F70，80年代引进的墨查（查平戈），90年代引进和筛选出的中引779、中引780两个硬粒小麦等品种，也曾一度大面积应用。引进资源不仅在云南小麦生产中发挥了巨大的作用，同时也为改良云南地方品种资源和新品种选育提供了丰富多样的种质资源。

（三）小麦种质资源创新和新品种选育

引进的国内外小麦品种资源除部分直接应用于小麦生产外，更多的则是作为云南小麦新品种选育的亲本资源利用。据统计，自20世纪50年代以来，利用国内外种质资源作亲本，经系统选育和杂交选育，共培育出130余个适合云南不同生态条件或不同小麦生产时期使用的良种。全省以世界著名的小麦育种骨干亲本阿夫育成的云麦系列品种就达10个；以南大2419育成的凤麦系列品种30个；以NP798、墨巴65、墨巴66、查平戈等4个亲本育成的云麦系列、德麦系列、凤麦系列及靖麦系列品种30余个。此外，用贵州品种毕我5号与澳大利亚品种加里安杂交育成了优质面包小麦品种云麦33号。为解决条锈病抗源缺乏的问题，1997年以来，先后从CIMMYT引进了一批具慢锈性抗性或水平抗性的材料，包括含$Yr18$复合体的材料，从南京农业大学引进了含6VS/6AL易位系（含条锈病新抗病基因$Yr26$和抗白粉病基因$Pm21$）的抗病材料，以这些抗源为杂交亲本选育出的新品系已开始出圃，其中杂交小麦新组合云杂5号已于2004年通过审定。

从20世纪80年代中期开始，直接利用的外引品种面积迅速下降，取而代之的是云南省的自育品种。这些品种的显著特征是在保持较好的耐旱性基础上，丰产性得到明显提高，突出的有：余淑君等育成的云麦29，1982年通过云南省农作物品种审定委员会审定，成为云南第1个通过品种审定的小麦品种，其推广面积大、利用时期长，并成为骨干亲本材料；李蕙兰等1994年育成的云麦39号是继云麦29后10多年的新地麦当家品种，产量潜力高过田麦；杨延华等1999年育成的云麦42，为云南省第1个强筋型自育地麦品种；游志崑等1968~1975年杂交选育出的田麦品种云麦25、云麦26、云麦27、云麦30，刘继等1978年选育出的云麦33号等品种，在云南小麦品种更新换代上发挥了重要作用。21世纪以来，于亚雄等通过与CIMMYT和国内的密切合作，进一步加强种质资源的交流，丰富了种质资源和储备材料；采用穿梭育种和分子标记辅助选择，加快了杂交品系的筛选速度，选育出了云麦46~75号系列小麦新品种。其中云麦53于2012年在丽江2400m海拔地区种植，实打验收单产724.5kg，创国家冬播春性小麦实收最高单产纪录。该品种成为云南省唯一通过国审的小麦新品种，并推广到缅甸、老挝等周边国家种植。

（四）远缘杂交和杂种优势利用

杨世诚等1979年用墨西哥品种BB-KAL作母本、六倍体小黑麦广74作父本，育成抗病、优质新品种84-364，1989年通过云南省农作物品种审定委员会审定，为云南首次利用小麦远缘杂交培育新品种。1971年开始，云南省开展了小麦T型雄性不育杂种优势利用研究。1992年周金生等引进温光敏核不育材料，进行两系杂交小麦的研究。用从重庆市作物研究所引进的温光敏核不育系C49S-87，组配出两系杂交小麦组合云杂3号（C49S-87/98YR5），该品种于2002年通过云南省农作物品种审定委员会审定，成为国内第一个通过审定的温光敏两系杂交小麦品种。用常规育种的高代品系96B-138为母本、不育系C49S-87为父本杂交选育出K78S、K1564S不育系，其不育临界温度至少比C49S-87提高了2.5~3℃，不育临界光长至少增加了2.6h，安全制种范围扩大到海拔1600~2400m的多数地区。杨木军等2000年创建了单双倍体技术并应用于两系杂交小麦育种，极大地提高了不育系和恢复系的选育频率，其组配的云杂5号、云杂6号已在中国云南和东南亚国家大面积推广应用。

四、薯类种质资源

（一）马铃薯

1. 品种的引进和选育

20世纪50年代，各地种植的多为当地长期种植的老品种，如小乌洋芋、大乌洋芋、巫峡洋芋、斑庄洋芋、剑川红、牛角洋芋等。这些品种或对晚疫病抗性差，或产量低，或适应性不广，很少有在全省广泛种植的骨干品种。20世纪60~70年代，张明远等引进、选出了适应性强、食用品质好的原东德品种米拉（Mira）。该品种中晚熟，具有生育期适中、适应范围广、多季种植、块茎休眠期长、耐贮存、适于以马铃薯作为粮食和饲料的广大山区种植。此后，米拉品种迅速在全省普及推广，面积曾达到马铃薯总播种面积的80%以上，为我省马铃薯生产发展发挥了重大作用，至今还是主要的栽培品种之一。20世纪80年代，和玲等从实生种中选出了克疫，马贤佩等选育出地农1号。以后云南从引进米拉品种中系统选育出马尔科、河坝洋芋等。20世纪80~90年代，王军等从国际马铃薯中心（CIP）引进大批马铃薯种质资源，并从中筛选出中心24、I-1085、CFK69.1、800946等抗晚疫病、高产品种在生产上直接应用，如中心24在大姚县昙华乡松子园村创造了马铃薯鲜薯单产达到6212kg/667m^{2}的全国高产纪录。昭通农科所1990年从贵州威宁引进品种威芋3号，该品种不断地向滇东、滇中和小春种植区域扩展，已有一定的栽培面积。1998年，张勇飞、何廷飞等从国际马铃薯中心引入的杂交组合中选育出新品种，其中以合作88号产量高、块茎形状好、块茎大、商品率高、品质优良、粮菜兼用，受到消费者和生产上的欢迎，目前在高海拔地区已成为大面积栽培的主要品种。杨宗从国际马铃薯中心引入的杂交组合中选育出品种榆薯CA等，在大理等地栽培面积较大。迪庆州从地方品种中系统选育出的品种中甸红，在大春和冬作区成为重要栽培品种。1973~1993年，会泽县农业技术推广中心何廷飞等用引进品种印西克作母本、渭会2号作父本杂交，选育出马铃薯新品种会-2号，该品种为云南省第一个拥有自主知识产权的自育品种，广泛适宜大春作、小春作、秋季作、冬季作栽培，现已成为全省主要栽培品种之一。2006年后，云南省农科院先后选育出云薯、彩云系列品种，并引进抗青9-1品种；丽江市农科所选育出丽薯1~6号系列品种；宣威市农业技术推广中心系选出宣薯2号、3号等品种；会泽县农业技术推广中心选育出会薯001、002等品种；云南农业大学选出PB06品种；曲靖农科所选育出靖薯系列等天然彩色马铃薯品种。许多品种通过审定，开始大面积生产应用。良种选育解决了云南品种春播和冬播的广适性，并逐步从兼用型向加工专用型方向发展。

2. 抗病基因转化

何云昆等2000年与中国农业科学院生物技术研究所合作，利用Osmotin和Harpin基因进行抗晚疫病基因工程育种。Osmotin是从低渗透析的烟草细胞培养物中发现的一类十分丰富的病程相关（PR）蛋白，具有抗晚疫病的活性。Harpin是来自梨野火疫病细菌的蛋白，利用prp1-1基因启动子，诱导晚疫病在侵染过程中，寄主与病原间产生过敏反应（HR），从而达到非专化、广谱抗晚疫病的目的。通过基因的克隆和表达载体的构建，建立了农杆菌介导的外植体转化体系，经卡那霉素和PCR检测鉴定，获得了3个品种的转基因植株。利用抗菌肽Shiva A蛋白的基因进行抗病基因工程育种。研究发现抗菌肽对细菌病害有抑制作用，从而开展了利用抗菌肽基因培育抗马铃薯细菌病害青枯病和软腐病新种质的研究。实验构建了该基因植物表达载体，应用于马铃薯栽培品种的遗传转化，获得6个品种的转基因植株。张仲凯等2002年与北京大学合作，开展优质、高抗病性转基因马铃薯研究，筛选出4个农艺性状好的品系和2个高淀粉材料，在云南首次获准农业部转基因马铃薯环境释放许可。利用云南野生型PVX分离物构建了带有GUS和GFP报告基因的PVX全基因组cDNA克隆突变体（PVX-cDNA），首次将pPVXGUS应用直接侵染法导入马铃薯植株中，获得2个转化品系。④丁玉梅等2004年构建含有马铃薯叶绿体trnI-trnA同源区段的表达载体，并在同源区段中插入了外源基因 *GFP* 和 *CryIA* 用于转化研究，命名为pCBMLS-gfp和pCBMLS-Bt，用基因枪法将质粒pCBMLS-gfp和pCBMLS-Bt转入马铃薯叶片，获得部分转基因植株，初步建立马铃薯叶绿体高效转化体系。

（二）甘薯、魔芋和木薯

1. 甘薯资源的引进和利用

云南种植的甘薯地方品种资源有40个。其中普洱黄山芋、路南红皮、腾冲白皮、盈江白皮、永胜斯纳、永善香薯、富源乌薯等是栽培较多的品种。昭通地区品种红皮早等，现还在云南广泛种植。20世纪50年代从四川引进优良美国品种南瑞苕，该品种结薯集中，产量高而稳定，红心、味甘、品质好。1957年从广西引进品种胜利百号，该品种块根大，产量高，但食味差，是优良的饲料品种。20世纪80年代，云南省引进品种红红1号、遗67-8、农大红、徐薯18等。其中，徐州甘薯研究中心的徐薯18，迅速在全省推广种植，该品种具有适应范围广、高产、耐瘠薄、耐旱和抗涝，抗甘薯根腐病，抗虫害等优良性状，很快成为云南省主要栽培品种之一。2000年后，云南农业大学引进了高产、优质品种4个。云南省农业科学院从四川引进了优质品种2个试种。目前主要栽培品种有南瑞苕、徐薯18等7个。

2. 魔芋种质资源的创新和利用

云南从20世纪90年代开始魔芋规模化栽培。近30年来，已筛选出一批花魔芋（磨芋）（*Amorphophallus konjac*）、白魔芋（*A. albus*）和珠芽魔芋（*A. bulbifer*）优良品种。近年来，云南农业大学谢世清等从云南地方种花魔芋和白魔芋资源中筛选出魔花、魔白等相对耐病害的品系；云南省农业科学院王玲等通过提高魔芋的种子结实率，为魔芋杂交育种提供了便捷，选育出云花系列和云魔、云白等高产、耐病优良新品系、新品种。其中，云花3号抗病性强、产量高、繁殖系数大，在生产上推广应用。

3. 木薯品种的引进和利用

1986年云南省引进了品种南植188。该品种为甜种类型，株型好，适应性强，耐寒性稍差。1988年从中国华南热带作物科学研究院热带作物研究所引进了品种华南124。该品种为甜种类型，中晚熟低毒，抗寒性好，可早种植，耐旱，耐瘠。1990年从广西引进品种南洋红（又名华南201）。该品种为苦种木薯类型，适应性强，但氢氰酸含量高。1992年从广西引进品种E-24。该品种高产，耐干旱，耐瘠薄，但对海拔要求严格，适宜在低海拔河谷种植。1992年从广西引进面包木薯。该品种特点是营养丰富，适口性好。近年来，国家木薯产业体系云南试验站引进了大量木薯种质资源，其中新品种华南8013进入示范推广。

五、油料作物种质资源

（一）油菜

1. 油菜新品种的常规选育

20世纪50年代，云南省农业科学院开始进行云油早熟系统品种的选育，梁天然、寸守铣、李爱源、吴建华、史华清、龚瑞芳等从1958年开始至1973年育成并应用于生产的品种为9个。70年代至80年代初，康尔俊、史华清、钱建宁等育成了一批高产、抗病的新品种，其中采用系统选育方法育成的品种3个，采用杂交育种方法育成的品种3个。

2. 芥菜型油菜胞质不育系"欧新A"的发现和利用

1973年云南省农业科学院史华清利用来源于新平油菜的不育株进行品种间杂交，获得了一个能保持不育的组合，即"663069"不育株×欧洲油菜（芥菜型），将不育株系定名为"欧新A"，相应的保持系欧洲油菜定名为"欧新B"。1974年夏季开始了恢复系的选育，即用"欧新A"不育系与74243-6等10个优良品种（系）测交。1975年观察结果显示，仍保持不育的有3个组合，半恢复的有6个组合，育性完全恢复的有1个组合（欧新A×74243-6）。在国际上首次实现芥菜型油菜细胞质雄性不育三系配套，到1990年已组配并通过鉴定试验选育出S187、S308、S001三个低芥酸杂交组合和三个高产优质新品系。随后选育出三系杂交种2个及常规芥菜型油菜品种2个（史华清等，1991）。1993年，云南省农业科学院开始甘蓝型油菜杂种优势利用研究，1996年初步实现甘蓝型油菜低芥酸、低硫苷三系配套。蒋海玉、严远鑫等1996年选育出甘蓝型双低三系杂交组合96F044D和96F045D。2001年选育出云油杂1号、云油杂2号。

3. 花药单倍体培养技术和油菜新品种选育

20世纪80年代后期，寸守铣等开展了花药培养选育优质甘蓝型油菜新品种的研究，通过有性杂交，花药单倍体培养创造了大量"双低二高"（低芥酸，含量低于1%，低硫代葡萄糖苷，含量低于30μmol/g；高含油量、高产）种质，并于1991年首次在国内运用花药单倍体培养技术育成了低芥酸油菜新品种H166，其芥酸含量低于1%，含油量41.38%。此后又相继育成了H165、花油3号、花油5号等一批双低油菜品种。这些品种具有早熟、高产、抗逆性强、适应性广的特点，不仅通过了云南省品种审定，有的品种还通过了国家品种审定和青海、内蒙古等省区品种审定，成为20世纪90年代中期以来云南省秋播甘蓝型油菜的主栽品种。花油3号、花油5号和H165三个花培油菜品种于2000年被农业部确定为种植结构调整中使用的优质油菜品种。

4. 小孢子培养技术与种间杂交

寸守铣等（2003）通过白花甘蓝（*Brassica oleracea*）与双低甘蓝型油菜（欧洲油菜*Brassica napus*）品种H090的种间杂交及回交BC₄代植株的小孢子培养，实现了种间远缘杂交，获得了双低白花甘蓝型油菜新种质，新种质资源以远缘杂交和小孢子培养技术结合，培育出白花甘蓝型油菜，突破了历史上甘蓝型油菜都为黄花的格局。王敬乔等（2003）通过高效小孢子培养技术，转化油酰脂肪酸脱氢酶、亚油酰脂肪酸脱氢酶，获得了高油酸（含量85%）、高亚油酸（含量51%）、高亚麻酸（含量38%）、低亚麻酸（含量2%）的株系。同时通过无选择标记基因转化，获得不含选择标记基因的高油酸转基因油菜植株材料。

5. 甘蓝型油菜抗芜菁花叶病TuMV和抗真菌病害转基因育种

卢爱兰等（1996）通过子叶柄与农杆菌共培养，将表达载体pBTu中芜菁花叶病毒外壳蛋白（TuMV-CP）基因导入甘蓝型油菜，获得油菜再生植株，经PCR特异性扩增检测，再生植株基因组DNA中整合了TuMV-CP基因。携带TuMV-CP基因的基因工程油菜对TuMV有不同的抗性。李根泽等（2003）将抗真菌病害的几丁质酶和β-1,3-葡聚糖酶基因及其双价基因分别导入油菜品种花油3号。采用花药培养方法快速纯合，获得了双价转基因株系及两个转单基因株系后代，苗期检测工程植株抗性均有所提高。

（二）蓝花子、花生、红花和蓖麻

1. 蓝花子

从1980年种质资源的收集、整理开始，于1982年进行品种多点试验，1984年组织全省品种区域试验，选择有直接利用价值的地方品种如弥勒新寨秋子、寻甸白花等，同时引进省外优良品种如高州白花、东莞矮脚等。1983年云南省农业科学院油料作物研究所利用引进品种高州白花，通过集团选择，选育出不同类型的品种（系），即83-1（粗短角型）、83-2（粗长角型）、83-3（细短角型）、83-4（细长角型）和83-5（中间角型）。其中83-4（细长角型）于1991年通过云南省农作物品种审定委员会审定。采用多次混合选择，从地方品种中选育出多种优良品种（系），如83混-21具有大角大粒的特点；82混-17抗黑斑病能力较强；83混-8具有早熟、分枝部位低的特点；83混-13具有硬秆抗倒的特性；83混-19具有全紫花大花瓣的特性。

2. 花生

1950~1960年，云南省主要进行地方花生种质资源的收集和筛选利用，曾从45份地方品种中筛选出7个品种，推广应用。1960~1980年，是云南省直接利用引进花生资源的鼎盛时期。从引进的295份资源中通过鉴定、筛选及适应性试验，1966年示范推广了狮选3号等3个优良品种；1970年以后又示范推广了狮选64号等4个品种；1973年后陆续鉴定示范推广了辐21等7个良种。辐21成为第一个正式通过云南省农作物品种审定委员会审定的品种。1980年后，引进示范推广了粤油187等3个优良品种，其中粤油187推广面积超过7000hm^2，并于1987年通过省农作物品种审定委员会审定。1996年后，从省内外引进的74份种质中，经品种初步比较试验和两年多点试验后，鉴定出桂花17和野杂3号两个品种，其中桂花17于2001年7月通过省农作物品种审定委员会审定，至2001年底，全省已累计推广4000hm^{2}以上。2000年后，从法国引进的33份种质中经品种初步比较试验和两年多点试验后，鉴定出Fleur11和55-212两个优良品种，同时开展了花生新品种选育，目前已鉴评登记花生新品种7个，在全省主要花生生产区示范推广。

3. 红花

云南红花研究起始于20世纪80年代末，到目前为止云南省农业科学院经济作物研究所已收集52个国家的红花种质资源4700余份，保存了国内最多的红花种质资源，并按照国际植物遗传资源委员会制定的红花种质描述标准，开展了大量系统评价，筛选了一批适宜云南产区种植的品种，同时选育出了云红花1~6号新品种，在云南、新疆等产区大面积推广应用。

4. 蓖麻

云南省农业科学院油料作物研究所从20世纪90年代开始收集和引进蓖麻种质资源，筛选性状优良的新品种。从云南地方资源中选育出早熟、有效穗数多、适应性广的品种（系）5个；从西昌88$^\#$中经系统选育而成的蓖麻新品种A007，2001年通过云南省品种审定，进入生产示范。

六、园艺作物种质资源

（一）果树

1. 温带果树

张国华等1976年通过芽变选育方法育成苹果新品种云红和云青，1990年采用有性杂交方法育成超短1号新品种，先后育成新品种13个，其中云红、云早通过省级品种审定。云南省农业科学院园艺研究所选育的11个苹果新品种入编《中国果树志 苹果卷》。胡忠荣等2000年引进9个苹果品种，其中早熟品种藤牧1号在滇中地区6月下旬即可成熟，是最早成熟的苹果良种。张国华等1999年采用有性杂交方法育成新品种云香梨、云脆梨，其中云香梨2003年通过省级品种审定。胡忠荣等2000年引进8个梨品种，筛选出七月酥优良品种。杨静全等2001年从俄罗斯引进食用小浆果——悬钩子属（*Rubus*）、越橘属（*Vaccinium*）、醋栗属（茶藨子属）（*Ribes*）、稠李属（*Padus*）、微毛忍冬（*Lonicera cyanocarpa*）、荚蒾（*Viburnum dilatatum*）等6个种类31个品种；2003年从国内引进15个树莓品种、3个黑穗醋栗品种、16个越橘品种。潘德明等1986年筛选出5个猕猴桃大果型的鲜食品种。

2．热带、亚热带果树

黄文英1988年从广东引进荔枝品种15个，沙毓沧1990年引进了8个；陈伟等1995年引进甜橙和脐橙品种6个，胡忠荣等2000年引进10个；张显努等2000年引进国内外香蕉品种16个；云南省农业科学院热带亚热带经济作物研究所1993年引进龙眼品种8个，1999年又引进优良晚熟种灵龙；1998年引进青枣品种6个，1999年又引进4个。通过试种筛选出香蕉品种4个，早、中、晚熟搭配的优良龙眼品种石硖、储良、灵龙等6个，以及优良青枣品种高朗1号。此外，李兰芬等1992年通过对云南地方芒果品种的研究，筛选出了早熟三年芒、中熟吕宋芒、马切苏和晚熟秋芒等4个品种；2000年后，尼章光等大量引进国内外芒果资源，并从中系选出适宜云南不同生态区种植的品种12个，其中国审品种3个，4个品种成为农业部主推品种。2006年省农业科学院热区生态农业研究所从云南特色罗望子（酸角）资源中筛选出了优良品种6个，其中鲜食品系4个、加工品系2个。品种引进、筛选和示范，推动了云南相关水果产业的形成和发展。

3．优质红皮梨新品种

云南沙梨（*Pyrus pyrifolia*）资源丰富，其表皮红色艳丽，果形美观，果实在彝族火把节成熟而在云南被形象地称为"火把梨"，各地广泛栽培，名称因地而异。缺点是果小核大，果肉酸涩，未被重视和开发。1999年，张文炳、舒群等从云南特有的红皮梨资源中选育出具有自主知识产权的红皮梨晚熟新品种云红梨1号，获国家植物新品种保护授权。后又通过国际合作引进国内外114个沙梨品种，从中筛选出3个适应性广、抗性强、高产优质的早中熟红皮梨品种，即95-2、云红梨32号、云红梨35号，并获植物新品种保护。新品种果大而皮薄、酸甜适中，深受消费者和市场的欢迎，推广面积迅速扩大，红皮梨系列品种的育成，使得云南梨产业发展迅速，成为有竞争优势的温带水果产业。

4．咖啡

马锡晋等1952年在潞西县遮放发现咖啡种质资源，经过调查鉴定，是边民1914年从缅甸引进，属小粒咖啡种（*Coffea arabica*），品种是铁毕卡、波帮的混合种，其中铁毕卡占83.6%，波帮占16.4%。1981年，在宾川县平川乡朱苦拉村发现1902年引进的咖啡种质资源，其中波帮占69%、铁毕卡占31%，通过筛选纯化，应用于生产。到1989年铁毕卡和波帮仍然是云南咖啡的主要栽培品种。李兰芬等1988年引进了印度抗锈病（*Hemileia vastatrix*）品种肯特S288、大粒种（大粒咖啡）（*Coffea liberica*）、中粒种（中粒咖啡）（*Coffea robusta*）、卡蒂姆系列品种等咖啡资源100多份，筛选和推广了肯特S288、卡蒂姆系列品种。其中潞江农场和瑞丽热带作物研究所引进的卡蒂姆7963，表现出株型矮、枝条密集、抗锈病、投产早、结果多等优良性状，成为咖啡产区主要推广品种。

（二）蔬菜

周小平等1982年引进34个番茄品种，筛选出优良品种瓦尔特、中丰番茄等，1992年又筛选出中杂4号、毛G1号、毛红2号。周立端等1984年引进40个番茄品种，筛选出高产品种强密、特罗皮克和早熟品种丽春、蓉丰，以及适宜冬季种植的品种矮大红、丽春等。谢常春等1991年从配制的杂交种中筛选出4个杂交组合。

周小平等1990年引进34个辣椒品种，先后筛选出西昌牛角辣椒并推广，苏椒2号成为云南冬季蔬菜生产基地元谋县的辣椒主栽品种；引种筛选出西农58、津杂2号等优良黄瓜品种。从龚亚菊等2001年配制的辣椒杂交种中筛选出杂交优势的5个组合；从配制的茄子杂交种中筛选出综合性状优良的紫长茄3个组合，其中2201定名为云茄1号。

严家云等1986年利用白菜AB系和1个自交系配制育成早熟杂1代种（杂86-16），定名为云白1号，通过省级品种审定。1991年，通过系统自交选择，稳定的亲本再进行有性杂交，育成新品种云白2号。1985年引种示范了早熟杂交种60早。周小平等1992年引种筛选出4个优良大白菜品种。周立端等1996年引种筛选出83-1、云引1号等高产、优良的大白菜品种。肖祥1993年引进和筛选出两个优良青花菜品种新正盐水和绿岭。周立端等1996年引进筛选出山地萝卜、台湾萝卜、黑心萝卜、宽柄西芹、玉翠结球生菜等品种。周小平等1992年引进筛选出早青1代西葫芦。龙洪进等2002年筛选出适宜迪庆高原大棚冬季种植的甘蓝、芥蓝、小白菜、青蒜、叶用芥菜、萝卜等10多个品种，适宜夏季种植的番茄、黄瓜、大白菜等20多个蔬菜品种。杨静全等1998年从日本引进的山葵菜，在丽江县种植成功。薛润光等2002年引进国内外叶用型紫苏品种10个并种植成功。

杨敏杰等（2004）引进名、特、优、稀蔬菜资源50余种，收集试种云南野生蔬菜资源60余种。调查显示，云南有野生蔬菜资源500余种，占全国可食性蔬菜资源的1/4多。目前在公开出版物中发表的已鉴定的云南野生蔬菜资源为104科270属369种。云南野生蔬菜种类繁多、各民族和区域利用野生蔬菜的饮食习惯多样，野生蔬菜应用十分广泛，而且具有较强的地域性和丰富多彩的人文特点，云南民族特色和地域特有的野生蔬菜资源具有极大的开发潜力。

（三）食用豆类

1. 大豆

20世纪80年代前，云南种植的大豆多为地方品种，之后引进了多个国内外品种。刘镇绪等先后通过对引进品种和地方品种的系统选育，筛选出7个新品种，其中比松、晋宁大黄豆、群选1号通过省级品种审定。王玉兰1995年通过杂交选育出新品种滇丰1号，该品种成为云南第1个杂交选育的大豆新品种，1995年通过省级品种审定。王铁军等杂交选育出滇86-4、滇86-5、滇4、滇6、滇7，以及云黄42、云黄43等大豆新品种。其中，滇4、滇6、滇7和云黄42、云黄43等5个品种通过国审。

2. 蚕豆

20世纪80年代，赵玉珍等通过对引进品种和地方品种的系统选育，筛选出抗病品种2个、耐旱品种1个、抗冻品种1个，以及抗冻耐旱品种1个，育成早熟菜用品种1个。1986年以来，通过省级审定的系统选育品种6个。20世纪80年代中期，开始杂交选育，育成品种有：云豆315，中秆紧凑株型，抗病高产；云豆147，中秆紧凑株型，抗冻高产；云豆271，近距离组合种，紧凑株型，大粒高产。其他育成品种有：超矮秆种质组合品种95-511；利用子叶绿色和闭花受精种质育成的98-112；利用外引种质育成的大粒、高糖分含量品种91825；抗锈病品种51-7；耐热抗旱品种云豆694等。1989年以来，通过省级审定的杂交选育品种5个。包世英等2001年成功地选育出鲜食型品种云豆324，该品种具有绿色种皮，鲜籽粒可溶性糖分含量高、皮薄、鲜嫩等特点，深受蔬菜鲜食消费市场的欢迎，大面积推广种植，产量和产值效益显著。2004年后，育成早熟、反季鲜销品种云豆早7号；高总糖含量、大粒优质品种91-825；高产优质、广适应性品种90690等，使云南蚕豆的品种改良水平有新的突破。

3．其他食用豆

肖祥1993年引进菜豆品种47份（矮生型15份、蔓生型32份），选出4个矮生型和3个蔓生型菜豆品种，1994年筛选出优良豌豆品种昆明紫花菜豌豆和新珍甜脆豌豆。周小平等1992年引进筛选出软荚1号菜豌豆。包世英、何玉华等2004～2010年通过国际合作引入豌豆种质资源近400份，选育豌豆新品种20余个。

（四）食用菌

云南食用菌资源研究利用历史悠久，19世纪到20世纪中叶，西方传教士、菌物和植物学者先后对云南菌物进行过广泛的考察、采集和鉴定，发现了诸多新属种。国立西南联合大学在昆期间，戴芳澜、汤佩松、殷宏章、俞大绂、周家炽、裘维蕃、娄成厚等大批中华精英云集于此，对我国西南地区菌类做了大量研究工作，如戴芳澜等1944年发表的《云南地舌菌科的研究》、1947年出版的《中国西部锈菌》（Uredinales of Western China）、1948年发表的《中国的尾孢菌》（Cercosporae of China）、1954年发表的《云南鸟巢菌目（Nidulariales）》；周家炽1944年发表的《鸡枞与白蚁》；裘维蕃等1945年发表的《云南红菇科（Russulaceae）》、1948年发表的《云南的牛肝菌科（Boletaceae）》、《云南的鹅膏菌科（Amanitaceae）》，1957年出版的《云南牛肝菌图志》等。此后，臧穆、刘培贵、杨祝良等对中国西南不同地区的真菌、地衣和苔藓进行了全面的野外考察与采集鉴定，对中国牛肝菌目、蘑菇目、腹菌类和部分子囊菌类进行了深入的研究。1979年中国供销合作总社昆明食用菌研究所成立，1984年张光亚编撰的《云南食用菌》出版，1985年创办《中国食用菌》杂志，2007年《云南作物种质资源——食用菌篇 桑树篇 烟草篇 茶叶篇》出版。20世纪90年代初期，鉴于云南食用菌产业兴起的需求，云南省农业科学院组建食用菌中心，介入食用菌研究利用。至此，云南形成了由中国科学院昆明植物研究所、中国供销合作总社昆明食用菌研究所和云南省农业科学院食用菌研究中心为核心，包括食用菌种质资源分类鉴定评价、菌物系统生物学、生态地理学、驯化栽培、育种、人工规模化栽培和加工等在内的食用菌种质资源研究开发体系，在真菌基础生物学研究、野生食用菌种质资源库建设、野生食用菌驯化栽培、种质创新、新品种选育、规模化人工栽培、生态干预和保育等方面取得了巨大进展，同时加强了相关栽培食用菌种质资源的引进利用。罗星野等2003～2009年驯化培育了鸡腿菇、裂褶菌等优良品种。赵永昌等2015年建成了全国最大的野生食用菌种质资源库，目前保存资源300余种5000余份；成功选育云南特色食用菌云南白灵芝、姬菇2014、奥德蘑（黑皮鸡枞）等新菌株。田果廷等1998～2015年筛选出适宜云南栽培的优质、高产栽培种45种179个菌株。云南省农业科学院先后引进了人工栽培食用菌50种1200多个菌株。相关研究促进了云南食用菌产业的形成和持续发展。

（五）花卉

1．木本和盆栽花卉

自然变异筛选：利用花色的突变、花型变化（萼片的瓣化、雌蕊瓣化或退化、雄蕊瓣化、花瓣增加）、植株矮化等变异，中国科学院昆明植物研究所从山茶的大理茶、狮子头、早桃红等品种中选育出30余个新品种如早牡丹、赛桃红、大红袍、玉带红等。利用狮子头的芽变产生了大玛瑙，利用紫袍的芽变产生了玛瑙紫袍等；对分布于云南的野生杓兰进行了种苗繁育、人工栽培研究，并通过自然变异筛选出了星夜和日尼两个枸兰新品种；通过人工选择的方法，从中甸角蒿和红菠萝花中选育出两个角蒿新品种：梅朵和格桑。新品种植株紧凑，株高、株型、花期、花序、花朵数等多性状较为整齐稳定一致。云南省农业科学院花卉研究所与大理州园艺站等单位联合培育出首次在省注册的2个观赏和药材兼用的石斛新品种；选育出报春花2个新品种；在国际上首次从濒危植物中甸刺玫中选育出新品种格桑粉和格桑红。

杂交育种：中国科学院昆明植物研究所张长芹等2002年通过杂交育种，选育了4个高山常绿杜鹃耐旱品种，同时在杂交育种的基础上开展了芽变品种的选育研究，选育出的6个杜鹃花新品种红晕、雪美人、金踯躅、紫艳、娇艳和喜临门，获得了国家林业局新品种保护授权，通过杂交选育获得了郁金含笑、沁芳含笑、丹芯含笑、雏菊含笑、春月含笑和荷花含笑6个木兰新品种，已经过云南省园艺新品种登记注册。

2．鲜切花卉

引种筛选：1987年云南省农业科学院园艺研究所开始花卉的引种试验，1995年引进10类草本鲜切花，品种140个。2001年从发达国家引进40多类草本鲜切花植物，共214个品种，驯化后在生产上规模化种植的切花有香石竹、满天星、非洲菊、情人草、勿忘我、唐菖蒲、百合、月季、孔雀草、洋桔梗等10类，共134个品种，其中香石竹的4个品种、洋桔梗的4个品种、特早熟满天星品种G6、非洲菊的2个品种、情人草的2个品种、勿忘我品种小秆早熟紫等，成为云南鲜切花的主栽品种。1999年，熊丽等从新西兰引进花毛茛切花品种8个，2001年又从法国、以色列引进花毛茛切花和盆花品种23个驯化栽培。2000年，引进收集银莲花品种29个，驯化筛选出栽培品种9个、野生种4个。2003年，从国外引进百合商业品种108个，筛选出可以在云南进行规模化种球培育和切花生产的东方百合品种有8个，并完成新型花卉帝王花、银叶树、风轮花、风蜡花、花毛茛、银莲花等28个品种的引进和驯化。此外，近20年间，云南各花卉公司亦引进和筛选了许多玫瑰、月季、百合、郁金香花卉种类与品种。

新品种选育：熊丽等1995~2004年先后培育香石竹新株系12个（9个杂交、2个辐射诱变、1个自然突变），育成新品种7个香石竹，其中云红1号、云红2号2005年获农业部新品种保护授权，为中国首批获新品种保护的切花品种。莫锡君等2004年通过有性杂交，筛选出15个品系在生产上示范，育成了5个非洲菊自育品种，其中红地毯、靓粉2005年获农业部新品种保护授权，为中国首批获新品种保护的切花品种。云南省农业科学院花卉研究所与昆明杨月季园艺有限责任公司、通海丽都花卉有限公司合作，2003年利用唐开学等引进的优良月季品种67个和收集的月季栽培品种89个，采用选择自然变异单株，筛选出自然芽变株系7个，育成了月季新品种冰山，获国家林业局新品种保护授权，并申报新品种权保护2个。王祥宁等2005年通过杂交、诱变和单倍体育种方法，选育出花毛茛优良株系12个。此后，云南省农业科学院花卉研究所在进一步收集花卉种质资源的基础上，广泛开展了鲜切花及云南特色花卉种质创新和新品种选育，到2016年，已选育出各类花卉新品种262个，其中41个新品种获中国授权、2个获欧盟授权、1个获日本授权，成为国内鲜切花种质创新和新品种选育的主要源头单位。

七、烟草种质资源

（一）品种引进和利用

1．烤烟

1939年，香港南洋兄弟烟草公司携带美国烟草品种金元在昆明东郊蚕桑苗圃场试种成功。1941年云南省烟草改进所成立，开始在全省推广种植烤烟金元品种。1946年，云南从美国引进特字400、特字401和大金元等烤烟品种进行试种，其中品种大金元成为20世纪50年代云南省主要栽培品种。云南烟草选育改良始于1947年，玉溪县（现玉溪市红塔区）郑井乡从美国品种大金元的变异植株中选出植株高大、叶数多的单株，经云南省烟草改进所李崇善等进一步选育出了云南多叶烟新品种，1957年在全国农业展览会上展出，被誉为"烤烟王""烤烟树"。同期，江川县烟农从大金元中系统选育出多叶型烤烟品种寸茎烟。张崇范等1958年从寸茎烟中系统选育出58-1。路南县路美邑村农民从大金元中选出红花大金元，经雷永和等1972~1976年筛选评定，成为主要栽培品种。20世纪70年代，路南（现石林）县农技站从红花大金元的变异株中选育出品种人民六队。1980年雷永和等试种、筛选鉴评出美国烤烟引进品种Speight（斯佩特）G-28，1981年该品种成为推广品种。此后，从美国引进K326、NG82、V2等3个品种，其中K326于1989年经全国烟草品种审定委员会定为全国推广的优良烤烟品种。1995年以来，引进美国、津巴布韦等国家的烤烟品种20多个，通过试种，K346、RG11和RG17等已在生产上推广应用。

2．香料烟

云南香料烟生产从20世纪80年代后期开始发展迅速，成为重要的出口烟草种类。香料烟品种资源的收集和筛选始于20世纪70年代，通过观察鉴定引进材料，筛选出29份综合表现较好的品种；从希腊和土耳其引进新品种9份，在中国云南保山和临沧两个产区开展了香料烟品种区域试验，参试品种前后有14个。在生产上示范种植品种有4个，其中柯玛蒂尼巴斯玛（Komotini Basma）和克撒锡巴斯玛（Xanthi Basma）已成为云南推广种植品种。

3．白肋烟

云南1975年开始引进和试种白肋烟，先后从美国、韩国及国内引进收集品种资源45份。其中主要优质品种和云南引进的时间为：1977年引进Burley 21，曾在蒙自、宾川、昭通等地试种；1985年引进Kentucky 17；1987年引进Kentucky 15；1989年从美国引进Tennessee 86、Tennessee 90、Kentucky 14、L-8，其中Tennessee 86在云南种植面积较大；1990年从美国引进Kentucky 10；1991年引进BanKet A-1；1999年从美国引进Kentucky 907、Kentucky 8959和Virginia 1061。其中部分品种成为主栽品种，在大理、保山、红河、昭通等地推广应用。

（二）种质创新与杂种优势利用

1．杂交选育

1983年，云南省烟草科学研究所通过杂交育种，从（临朐1号×弗吉尼亚115）F_6中育成品种77089-12。谭彩兰等1987年用红花大金元与G-28杂交，育成云烟2号。此后，云南省烟草科学研究所以云烟2号×K326，育成云烟85和云烟87，云烟85于1996年通过云南省烟草品种审评委员会审评，1997年通过全国烟草品种审定委员会审定，公布为推广品种。云烟87于2000年通过全国烟草品种审定委员会审定，公布为推广品种。1997年，荣廷玉等以云烟4号×K326，育成云烟317、云烟311，其中云烟317通过全国烟草品种审定委员会审定，公布为推广品种。自此，新一代杂交自育品种，成为云南烟草生产的主栽品种。

2．杂种优势利用

从1991年开始，云南省烟草科学研究所李永平等利用MSG28和MSK326先后转育成10多个不育系，配制组合200多个，筛选出多份产量、品质、抗性综合性状优良的雄性不育杂交种，实现了种子的产业化。不育系MS云烟85、MS云烟87、MSK326配制组合已直接在大面积生产上推广应用，3个杂交种云烟201、云烟202、云烟203于2003年通过云南省烟草品种审评委员会审定。2004年这些品种种植面积约占云南烤烟种植面积的50%，开始逐步取代可育的常规品种云烟85、云烟87、K326。

3．远缘杂交创制新种质

20世纪80年代，云南省烟草科学研究所开展了红花大金元×玉米的远缘诱导杂交育种试验，经后代选育，于1984年选出新品种云烟4号；1987年用云烟4号（红花大金元×玉米）F_{10}与K326杂交，选育成云烟317和云烟311等新品种，在生产上应用，此外，还开展了普通烟草与野生烟草间的体细胞杂交，烤烟与香料烟、白肋烟杂交，创制烟草新种质等研究。

（三）抗源和抗性基因利用

1．抗源分析和利用

云南省烟草科学研究所1999～2005年对各类型烟草种质的抗病性和遗传关系进行的系统分析表明：Florida301和 *N. plumbaginifolia* 是黑胫病的主要抗源，源于Florida301的抗黑胫病育种主体亲本为G-28。TI1448A是青枯病的主要抗源，DB101及其衍生的NC95和Coker319是该病抗性育种的主体亲本。*N. glutinosa* 和Ambalema是TMV的主要抗源，其抗性首先传递给香料烟和白肋烟类型，进而转移到烤烟中。国内TMV抗性主要来自白肋烟。NC95、Coker319和Beinhart 1000-1是赤星病的主要抗源，中国从长脖黄中系选出的净叶黄是国内抗赤星病育种的主体亲本。TI706是根结线虫病的主要抗源，其衍生的Bel-430及育成的NG95和Coker139是抗根结线虫病育种的主体亲本。

白肋烟是烟草育种的重要抗源。在烤烟中很难导入的野火病抗性，在白肋烟中则能迅速稳定遗传。白肋烟ky17，高抗TMV、野火病、根黑腐病（*Thielaviopsis basicola*），中抗黑胫病、镰刀菌枯萎病（*Fusarium oxysporum*），耐烟草蚀纹病毒（tobacco etch virus，TEV）和脉斑病毒（PVY），是重要的抗病育种材料。

晾晒烟抗源多数来自野生种。野火病抗源主要是 *N. longiflora* 和 *N. debneyi*。前者是由显性单基因控制的抗性。根黑腐病的抗源主要来自 *N. debneyi* 和白肋烟。TMV抗性也来自 *N. glutinosa*。

上述研究为烟草种质资源创新和育种提供了重要指导。

2．转基因创制新种质

1998～2000年，云南省烟草科学研究所开展了转基因创制烟草新种质的研究，构建含CMV-CP和TMV-CP的转化载体，通过叶盘法将其转入K326和红花大金元单倍体材料，经诱导分化获得转基因植株，进而筛选出对CMV和TMV具有较好抗性的转基因K326植株2株；转基因红花大金元植株8株。

八、甘蔗种质资源

（一）甘蔗品种引进和利用

1958年前云南种植的甘蔗品种基本是地方品种罗汉蔗和芦蔗（草甘蔗）。之后杨家鹏等从广东引进了高产、高糖品种5个，其中F134（台糖134）、CO419（印度419）两个品种成为早期主栽品种。20世纪80年代，杨家鹏等引进推广了中、早熟品种6个。20世纪90年代，程天聪等引进推广了3个良种，其中桂糖12号通过省级品种审定。到2004年，云南引进了新台糖10、16、22号等系列新品种，大面积推广应用。云南省农业科学院甘蔗研究所从1994年以来，通过国际合作中的种质交换，先后引进保存了丰富的甘蔗种质资源。统计显示，从墨西哥引进50个甘蔗品种和材料，其中筛选出的SP71-6180通过了省级品种审定，部分品种和材料进入国家/省区域化试验。从澳大利亚引进甘蔗品种和材料62份，部分品种和材料进入国家/省区域化试验，其中品系Q170、Q141表现出较好的综合性状。从法国引进140个甘蔗品种/材料，筛选出高糖的FR93-435、FR93-344等品系示范和杂交利用。从菲律宾引进20个甘蔗品种/材料。目前，进入国家/省区域化试验的品系有FR93-344、CP85-1308，其中CP85-1308在全国区域试验中表现优良，进入生产试验。

（二）甘蔗种质创新和新品种选育

1. 常规杂交选育

云南省甘蔗试验站（云南省农科院甘蔗研究所的前身）杨家鹏等1959年开始开展有性杂交育种，育成品种云蔗59/115于1979年通过省级品种审定，成为云南第一个自育的甘蔗品种。到2002年，云南省农业科学院甘蔗研究所先后育成的品种，通过国家级鉴定和审定的品种有云蔗71/388、云蔗89/7、云蔗89/151、云蔗73/159、云蔗89/7。通过省、部级鉴定和审定的品种有云蔗59/115、云蔗64/24、云蔗71/95、云蔗71/489、云蔗71/998、云蔗81/173、云蔗92/19。通过州级鉴定和审定的品种有云蔗65/225、云蔗65/55。育成品种的出糖率居全国第一，实现早、中、晚熟品种4∶4∶2的最佳配套和高产、高糖新一代优良品种的更新。此后，又有10多个早、中、晚熟新品种相继育成，云南自育品种在生产上大面积应用的比例逐步提高。

2. 辐射诱变育种

程天聪等1973年开始以钴60和微波处理的甘蔗种子和种芽诱变育种；1978年，选出云辐75/318等3个表现好的材料；1982年，辐射处理杂交组合种子，定植入选单株，选出F79/34、F79/61两个品系；1985年，辐射处理甘蔗组织培养的愈伤细胞团，在细胞水平诱导突变，第1代出现了茎的变异；1990年，辐射芽变株选育出云辐82/682、云辐84/Fb5两个产量和含糖量分别达到显著、极显著水平的品系；1995年，育成品种云辐82/682，通过省级品种审定，编号为滇蔗4号，成为云南省第一个应用辐射育种方法育成的品种。2001年，云辐84/Fb5被农业部科技司评为农作物优异种质2级。

3. 远缘杂交育种

楚连璧等1979年利用野生甘蔗的侧枝花穗与栽培种杂交，解决了花期不遇，即野生种与栽培种开花相差3~6个月的矛盾，在云南首次成功实现野生甘蔗与栽培种杂交，为利用野生资源、实现远缘杂交奠定了基础。以后采用优良的栽培种，如POJ3016、粤糖57/423、崖城62/70等分别与甘蔗属的近缘种云南蛮耗割手密杂交成功，创造出F180/161、80/189新种质；利用粤糖54/18与甘蔗属的近缘种云南斑茅（大密）杂交，创造出云斑F180/114等10多个带有野生遗传特性的新种质资源（云斑系统）；将蔗茅属的滇蔗茅、甘蔗属的版纳割手密等与上述栽培种杂交，创造了栽培种与蛮耗割手密、版纳割手密、蛮耗小斑茅、元江小斑茅、海南斑茅、大茎野生种、福贡滇蔗茅等近缘野生种杂交的种间和属间远缘杂交新种质，建立了云南Yn系列新种质亲本系，该系统中强宿根占11%；11月锤度高于20%（理论糖分14%，早熟高糖国家标准13.5%）的高糖亲本占70%；一般栽培单产7t/亩以上高产亲本占63%；高产高糖亲本占39%。部分亲本抗旱、抗黑穗病、抗褐条病等，特色鲜明。楚连璧等于2007年开始向全国提供Yn系列甘蔗杂交花穗。近年来，利用远缘杂交方法培育出云瑞品系，其中云瑞99-155品种2006年通过省级品种审定。

九、茶树种质资源

（一）系统选育

1954~1966年，肖时英等调查和推荐了云南高产、优质地方茶树品种资源，勐海种、勐库种、凤庆种、澜沧种、景谷种、景东种、昌宁种、元江种等大叶群体和昭通苔茶、昆明十里香茶、宜良宝洪茶等中、小叶群体。在勐海南糯山茶园的混合品种群体中，选出了3个优良大叶茶单株。1960年云南省茶叶研究所筛选推荐的大黑茶、大卵圆叶茶和革质杨柳茶3个有性品种在全国茶叶科研会上被确定为优良品种，后又推荐了勐库大叶种等5个地方优良品种。1973年，王朝纪等从勐海县南糯山茶园群体品种中单株选育无性系繁殖，筛选出的16株优良单株，命名为云选1~16号（云选系列），其他性状优良的13株单株编为73-1号至73-13号（73系列）。1974年，利用自然低温和霜冻，通过综合鉴定，筛选出15份抗寒性较强的材料。1974年，王朝纪等利用当年初勐海地区的严重霜冻灾害，筛选出50株大叶种单株，命名为云抗1~50号（云抗系列）。1976年选出长叶白毫、大柳、大双黄、早生黑叶等新品系。1984年，在云南省农业科学院茶叶研究所推荐的地方优良品种中，勐库大叶种、凤庆大叶种和勐海大叶种通过全国茶树良种审定，被认定为国家级茶树良种（有性系），统一编号为华茶12号、华茶13号和华茶14号，三个良种为有性繁殖系品种，是从栽培品种中分离选出的，其性状较纯，为大叶种叶片特大叶类，内含物质成分高，高产，适应范围广，适制红茶、绿茶和普洱茶。1985年杜煊和王朝纪等鉴定与推广了5个产量高、品种好、抗逆性强的品系。其中云抗10号、云抗14号、云抗43号、长叶白毫通过省级品种审定（1986年）。云抗10号、云抗14号1987年通过国家级品种审定，被认定为国家级良种（无性系）。云抗10号以产量高、品质优良、适应性强，成为云南茶区广泛种植的优良品种。云南省农业科学院茶叶研究所1985~2000年，以农艺性状为基础，以制茶品质为主体，以生化成分为依据，辅之以抗性表现，从云南茶树资源中筛选出优质和特异资源48份，这批资源为具有较高品质的特异种质，有高茶多酚、氨基酸和咖啡碱的材料；也有高茶多酚和氨基酸、低咖啡碱的材料，成为直接栽培及品种选育和茶制品生产的重要材料。王海思等1995年在杜煊等系统选育鉴定的基础上，筛选出云抗27号、云抗37号、云选9号等3个品种，1995年通过省级品种审定，被认定为新的省级茶叶无性系良种。王海思等1998年对云抗系列、73系列和早生黑叶系统选育鉴定，表明新品系具有早生、高产、高香味、优质等优良性状，其中早生、高产、质优品系2个；高产品系5个；适合制红茶品系4个；适合制绿茶品系2个；早生黑叶为早生、高香、红绿茶兼制的优良品种，进而选育出73-8、73-11、76-38等3个新品种，并通过省级品种审定。张俊等2000年筛选出茶多酚含量高于37%的单株材料8个，最高含量达38.9%。王平盛等2004年筛选出云茶1号（71-5）、紫娟两个新品系，并申请了植物新品种保护。1983~1992年云南省思茅地区茶树良种场分别从普文农场有性群体品种及引进的景东有性群体品种茶园中单株选育出云玫、云梅、矮丰、短节白毫和雪芽100号5个优良新品种，其中云玫、云梅、矮丰1992年通过省级品种审定。云南省楚雄州茶桑站1991~1995年从牟定县庆丰茶场引种的凤庆群体品种中单株选育出优良品种中叶1号；从引种的双江群体品种中单株选育出优良品种早发2号；从引种的双江勐库群体品种中单株选育出优良品种庆丰。凤庆县茶科所1981~1985年选育出的优质品种清水3号和凤庆9号，属高香型绿名茶品种（为极品"早春绿"茶的当家品种），适制高档炒青绿茶，兼制红茶，品质上乘。临沧地区茶科所选育出香归春早和香归银毫两个优良品种。此外，我国的福建、广东、贵州和浙江等省引进云南大叶种,或直接利用,或从有性群体中选择自然杂交后代,选育出大量优良品种。

(二)杂交育种

杂交育种主要在云南省农业科学院茶叶研究所开展。王朝纪等1986年用省外小叶种与云南大叶种人工授粉杂交成功,获得了20多个组合的杂交茶树有性材料203个,1987年用福鼎大白茶(小叶种)与云抗14号(大叶种)杂交,从F_1代中筛选出了一系列高产、优质、抗逆性强的优良新品系。用品系8鲜叶原料创制的绿茶——佛香茶,降低了云南大叶种的苦涩味,提高了香气,有浓郁的小叶种香型,1992年被评为云南名茶,故将此系列命名为佛香系列。1995年筛选出优良的杂交材料11份,其中红、绿茶兼制的有5份,适制绿茶的有2份,适制碎红茶的有4份,并利用杂交材料研制出版纳白毫、版纳云奇和含笑吐三香等3个省级名茶。2000年包云秀等从13个杂交品系中选育出5个高香、优质、丰产、抗逆性强、适制名优绿茶的优良杂交品系。2002年,从佛香系列选育出5个杂交新品系,其中,系10、系8、系34三个品系分别被重新命名为佛香1号、佛香2号、佛香3号茶树无性系新品种,2003年通过省级品种审定。

十、其他作物种质资源

(一)桑树

1. 品种引进

直到20世纪70年代初,云南生产上的桑树直接引用外省桑树品种。云南省引进栽培的桑树品种主要可分为三个源头:一是湖桑血统的品种,老品种以湖桑32号、湖桑197号、荷叶白、桐乡青等为主要代表,新品种以农桑14号、盛东1号、海宁桑等为代表。二是川桑血统的品种,老品种以西南1号、南6031、湘7920等为主要代表,新品种以嘉陵20号为主要代表。三是广东桑品种,以沙2号×伦教109号为主要代表。1938年起至1950年主要在云南种植湖桑系列的老品种鲁桑(*Morus multicaulis*)。1951~1970主要在云南推广湖桑197、湖32号。20世纪60~70年代,云南草坝蚕种场广泛引进国内大面积栽培的桑树品种,筛选后示范推广。现云南省农业科学院蚕桑蜜蜂研究所保留的各类品种资源有77份。80年代引进保留的品种有21份。

2. 系统选育

20世纪60年代云南开始桑树品种的选育,云南省农业科学院蚕桑研究所杨碧楼等1966年从云南省蒙自县草坝栽培桑园中单株选育出优良品种云桑1号,属鲁桑种,二倍体,具有枝条笔直、不倒伏,节间密,叶型大、叶肉厚,叶质好,耐储藏,抗病虫性强,产量高等特点。在云南省各蚕区广泛栽培,以蒙自、曲靖、陆良等地最多。同时通过单株选育出优良品种云桑2号,属白桑种,二倍体,属荆桑型,具发芽早、长势旺、产量高、抗旱性强、适宜密植等特点。在云南省各蚕区均有栽培,以曲靖地区最多。以后云南省农业科学院蚕桑蜜蜂研究所又先后选育出了云桑3号至云桑13号等云桑系列优良品种。储一宁等1997年筛选出适宜滇中桑区种植的优良品种8个,这些品种成为云南重要栽培品种。罗坤等2002年从国内引进的40多份材料中筛选出适宜云南栽培的早生、丰产、优质的新品种农桑1号和盛东1号,这2个品种成为云南主要推广品种。其他主推品种还有云曲1号等。

3. 杂交和嫁接选育

江靖等1978年以苍溪49×育2号杂交，并以湖桑作为嫁接砧木，单株选育出新品种云桑798号，属白桑种，具有发芽早、叶片品质好、养蚕效果好等优点，1993年通过省级品种审定。储一宁等1990年以女桑为母本、云桑798号为父本杂交，选育出云桑9360号。云南省农业科学院蚕桑研究所从云桑2号×云桑798号的杂交组合中选出的单株，经多年评比育成云丰1号。从女桑×云桑798号的杂交组合中育成云曲1号。储一宁等2002年利用野生广东桑×野生白桑，在第一代选择雄性花单株，选出雄性花单株96-107为父本，再与栽培品种云桑2号杂交，成功筛选出着果性强、果型大、产量高、果实成熟整齐、风味好、适宜云南种植的桑葚果用型品种云果1号。

（二）工业大麻

大麻（*Cannabis sativa*）在云南俗称火麻。大麻有多种用途，纤维用于织布，透气性好，不易带菌；麻籽蛋白质和不饱和脂肪酸含量高，保健功能强；其花叶中的多种化学成分具有较高的药用价值。历史上云南诸多民族地区一直有种植和利用大麻的习俗。但大麻花叶中含有四氢大麻酚（THC），THC属毒品，受到管制。云南省农业科学院经济作物研究所杨明团队从20世纪90年代初开始，配合省公安厅禁毒局开展禁毒和替代种植研究，先后对云南及其他有大麻分布的27个省（区）的大麻种植、加工利用、品种资源、品种含毒量等进行了系统调研与地方品种资源收集鉴定，并引进了部分国外品种资源，建立了包括455份种质资源的大麻种质资源库、特征特性数据库和167份毒性成分THC含量大于0.3%的大麻毒品数据库；开展了低毒大麻（THC含量小于0.3%）新品种的选育和替代种植研究。杨明等通过系统选育，2001年选育出了纤维型低毒大麻新品种云麻1号，通过省级品种审定，并在省公安厅监管下推广替代种植。此后又通过系统选育、杂交选育，成功选育出了6个低毒、高产、优质、适合低纬度地区种植的纤维型、籽用型、纤籽兼用型大麻新品种云麻2～7号，成为国内仅有的7个通过品种审定（鉴定）的工业大麻品种。目前，医用型［高大麻二酚（CBD）］、杂交种、纯雌性种研究已经取得突破，推动了云南大麻纤维、保健和药用产业的形成与发展。

（三）亚麻

亚麻（*Linum usitatissimum*）是纤维和油用作物。20世纪50年代，李爱源等评选出优良油用亚麻品种匈牙利2号、华光2号，纤维型亚麻品种华光1号。此后，龚瑞芳等1961年开始开展纤维亚麻的引种观察，筛选出纤维型亚麻品种华光1号。到2005年，云南省农业科学院油料作物研究所引进和收集到国内外纤维型亚麻品种资源80余份，云南油用亚麻品种5份，省外油用亚麻品种5份。刘其宁等20世纪90年代开始开展亚麻系统选育和杂交育种，选育出10多个品系，其中筛选出的引进品种阿里安和高斯2005年通过专家田间现场鉴评。

十一、新基因发掘和利用

（一）水稻矮生基因

由于籼稻矮生性均为隐性矮秆基因 *sd1* 所支配，因此矮秆良种的遗传基础趋于单一化。1980年云南省农业科学院从全省搜集的稻种资源中筛选出矮秆品种7个，其中5个为籼稻，2个为粳稻。1986年中国水稻研究所对云南鉴定出的3份不露节的矮秆品种，即大联灰谷、矮子乌骚（籼稻）、旱谷（粳稻）进行遗传分析，表明高秆对该3个云南品种的矮秆均表现为完全显性。在大联灰谷、矮子乌骚分别与高秆品种陆财号配制的杂交组合中，研究证明这2个云南籼型矮秆地方品种的矮生性受一对隐性基因控制。在这2个云南籼型矮秆品种分别与携带有 sd1 矮秆基因的IR36、珍珠矮配制的4个组合中，2个云南矮秆品种均受与 sd1 等位的一对隐性矮生基因控制。在云南粳稻矮源旱谷与高秆品种老来青所配制的组合，旱谷分别与具有一对隐性矮生基因（sd1）的黎明、矮银坊（带有与 sd1 非等位的矮生基因）配制的组合中，表明旱谷的矮秆性状受多个基因控制。

（二）水稻耐冷基因

1. 耐冷基因的定位和克隆

戴陆园等（2002）通过对耐冷品种昆明小白谷、丽粳2号、粳掉3号的杂交组合后代的分析指出，昆明小白谷孕穗期耐冷性由3对显性基因支配，耐冷性的基因对数 $N=2.86$。丽粳2号有1对主效基因参与单株结实率性状，其显性度为0，推断丽粳2号带有1对支配耐冷性的隐性主效基因。粳掉3号的耐冷性则可能受多个主效基因支配。叶昌荣等（2001）利用352个探针分析陆稻品种冲腿的孕穗期耐冷性数量性状位点（QTL），提出第3和第7染色体上可能具有对孕穗期耐冷性作用较大的QTL。曾亚文等（2000）用SSR标记发现耐冷近等基因系（NIL）带有主效耐冷基因。5套孕穗期耐冷NIL共32个株系属于高质量NIL。用676个SSR标记亲本NIL间多态性，仅有15个标记。在NIL第4染色体短臂上找到3个可靠的区域耐冷QTL，NIL耐冷基因与RM518或RM8213共分离，耐冷性加性和显性基因贡献率分别为16.34%和5.73%。此外，还获得水稻孕穗期NIL耐冷性受遗传和冷驯化影响的分子证据。申时全等（2005）从昆明小白谷中筛选出NIL耐冷新基因 Ctb(t)，基因定位于第5染色体上，距RM7452、RM31分别为4.8cM和8cM，其贡献率为10.29%；该基因被认为是目前国内外水稻孕穗期耐冷NIL分子定位中，对耐冷性贡献率最大的位点。陈善娜等1999年从抗冷性品种丽粳2号中扩增出315bp的cDNA片段。扩增产物纯化后，直接克隆到pGEM-T载体系统中，PCR鉴定结果表明，所得的重组质粒中含有315bp的片段。采用双链双脱氧法定序分析，与国外报道的双子叶植物的抗冷甘油-3-磷酸转酰酶基因序列比较，克隆到的该段cDNA序列与核苷酸序列和氨基酸序列的同源性达到70%以上。

2. 强耐冷品种昆明小白谷冲腿孕穗期耐冷性遗传分析

戴陆园等（2002）利用分子生物定位技术构建了昆明小白谷与十和田的遗传连锁图。该连锁图包含18个连锁群，除第4染色体、第7染色体、第8染色体、第9染色体、第10染色体和第12染色体每条只有一个连锁群外，其余的6条染色体均有2个连锁群，连锁图覆盖的总长度为1354.4cM。以F_2单株结实率和F_3株行平均结实率为耐冷性指标，在F_2和F_3代中分别检测出与耐冷性显著或极显著相关的标记43个和29个。F_2的相关性标记分布于除第2、第5、第9和第11染色体以外的8条染色体上；第6染色体上分布的耐冷性相关标记较多，共有13个，其次为第4染色体、第12染色体，均有6个标记，再次为第1染色体、第7染色体，各有5个标记，最少的为第8染色体，只有1个标记。由此推断各分离世代检测出的与耐冷性有关的可能位点数依次为F_2 10个和F_3 8个；除第5、第9和第11染色体外的其余9条染色体上均检测出耐冷性QTL的存在，它们分别位于第1（2个QTL）、第3、第4、第6（2个QTL）、第7、第10和第12染色体上，其中在第1、第3、第6、第7和第10染色体上的7个QTL为F_3的结果所证实。这7个耐冷性QTL被暂时命名为 qrct1(t) 至 qrct7(t)。在定位的7个QTL中有5个与已经报道过的耐冷性位点相同，但位于第6染色体上 qrct4（t）和 qrct5（t）与以往报道过的不同。

（三）抗稻瘟病基因

1. 抗性基因定位

何云昆等1983~1987年分析了毫乃焕、札吕龙、魔王谷和勐旺谷等4个云南陆稻品种的抗病基因，把这4个品种分别与品种丰锦、轰早生、丽江新团黑谷和越光杂交，结果发现毫乃焕对不同菌系的抗性受4对基因支配，2对相当于主效抗性基因，2对相当于微效基因。两对互补基因控制着札吕龙的抗性，这两对基因单独存在时抗性程度低。丽江新团黑谷/札吕龙F₃系统的分离，基于3对互补基因，第三对基因单独不表现抗病。魔王谷的抗性，根据越光/魔王谷F₃系统的分离，基于两对互补基因，第2对基因单独不起作用。但从丽江新团黑谷/魔王谷的F₃来看，存在3对基因控制的情况，其中2对互补基因与前述越光/魔王谷的相同，第3对基因亦为互补基因，单独不起作用。通过对丽江新团黑谷/勐旺谷F₃系统的分析表明，勐旺谷的抗病性受两对具加性效应或互补的基因控制。段永嘉等（1993）测试89个品种后指出，除毫薅中杂、毫干、冷水白谷等9个品种对全部或个别菌株的抗性受3对基因控制外，其余品种对所测试菌株的抗性均受1对或2对显性基因控制。在2对或3对基因控制的情况下，有基因间的互补、重叠、上位和抑制作用。少数供试品种对个别测试菌株的抗性受1对隐性基因控制或参与控制作用。云粳136、滇榆1号、大理782等7个品种对非致病性菌株的抗性均受1对显性基因控制。潘庆华1994~1998年把云南旱稻与已知7个位点上的10个日本品种杂交后，用F₂集团进行分析，结果认为，旱稻所持有的2对抗性基因属于未知基因。李家瑞和春宗嘉弘1993年在云系2号和云系3号上至少发现了1对新的未知的主效抗性基因。藤田佳克和李家瑞1992年用日本菌、云南粳稻和籼稻菌对81个云南籼稻品种进行基因型推定后，19个品种中至少存在5对未知的抗性基因。罗朝喜等（1999）利用来自陆稻的稻瘟病菌株等杂交组合的遗传表现，认为稻瘟病菌的有性世代受2个基因控制，分别定名为 *PS1* 基因和 *PS2* 基因，色素则由1个基因控制，定名为 *M* 基因。杨勤忠等2001年将水稻品种合系2号的抗稻瘟病基因 *Pi25*（t），定位于第1染色体上，距OSR3为（5.8±2.7）cM。

2. 稻瘟病菌无毒基因定位和BAC文库构建

李成云等（2002）利用8个稻瘟病菌杂交组合的后代，测定菌株在水稻品种楚粳3号上的致病力，发现菌株94-64-1b对楚粳3号持有两个无毒基因，在自交后代中，发生了两个基因的分离，在两次自交后，子囊孢子菌株中出现了持有单个无毒基因的菌株。用RAPD技术分析42个子囊孢子菌株及亲本菌株，发现OPA-15、OPT-4、OPT-6、OPT-8等41个单引物及OPA-11/OPT-6、OPT-20/OPA-20等63个双引物组合能在2个亲本菌株之间扩增出有多态性的带型，扩增片段的大小主要分布在0.5~3.5kb。3个标记与一个无毒基因 *A. viaxiu* 位点连锁。2004年从4个杂交组合中分析出9个无毒基因，用SSR分子标记实现了无毒基因 *A. viaxiu* 的精细定位。

利用稻瘟病菌38.6Mb的基因组序列，全面分析出稻瘟病菌SSR的组成及其在基因组中的分布特点。对稻瘟病菌的交配型基因进行了克隆和测序，周晓罡等（2002）采用从云南保山地区采到的高度能育稻瘟病菌株95-23-4a（交配型MAT1-2，该菌株带有已知的无毒和色素基因），纯化得到该稻瘟病菌的细胞核基因组总DNA后，用限制性内切酶部分酶解，与经末端去磷酸化处理过的pCUGIBAC1质粒载体相互连接，通过转化大肠杆菌DH10B感受态细胞进而通过蓝白斑筛选挑取白色克隆从而构建了95-23-4a稻瘟病菌株的细菌人工染色体（BAC）基因组文库。酶切检测及Southern杂交分析后确定所构建的BAC文库平均插入片段为29.1kb，该文库覆盖7.4倍基因组，此基因组文库的构建为该菌致病相关基因的克隆奠定了基础。

3．抗稻瘟病基因 *Pi-ta* 的克隆

程在全等 2003 年设计了 pta1/pta2 引物，从元江普通野生稻的基因组 DNA 中扩增获得约 1100bp 的片段，即 *Pi-ta* 基因的第一个外显子。而以 pta3/pta4 为引物从元江普通野生稻的基因组 DNA 中扩增得到了 *Pi-ta* 基因的第二个外显子（约 2000bp 的特异性片段）。从云南景洪红芒型普通野生稻、直立型普通野生稻、云南元江普通野生稻中均能扩增得到约 1100bp 的特异性目的片段。而在云南药用野生稻、云南疣粒野生稻及小粒野生稻（*Oryza minuta*）中均未扩增得到同样大小的片段。虽然云南疣粒野生稻中未得到 1100bp 的目的片段，但有一条约 1000bp 的特异性扩增片段，该片段与 *Pi-ta* 基因的 exon1 无任何同源性。元江普通野生稻中存在的也为 *Pi-ta* 等位基因，用从中获得的 *Pi-ta* 基因推导氨基酸序列，与栽培稻的该序列相比仅仅有 5 个氨基酸残基的差异，除 Ser 与 Ala 间的差异位于该基因的富亮氨酸结构域（LRD）外，其他的 4 个差异氨基酸均位于核苷酸结合位点（NBS）和 LRD 以外的其他区域。*Pi-ta* 基因以基因对基因的方式介导了对产生无毒基因 *AVR-Pi-ta* 的稻瘟病病原菌的抗性。报道的 *Pi-ta* 基因从栽培稻中克隆，编码 928 个氨基酸残基胞内受体蛋白，云南野生稻 *Pi-ta* 基因外显子 1 序列与报道的栽培稻该片段序列间只有 10 个不同的核苷酸位点，同源性 99%，其中 7 个核苷酸导致了氨基酸残基的改变（程在全和黄兴奇，2016）。

（四）抗白叶枯病基因

1．抗性基因定位

戴陆园等（1990）通过定位分析，发现毫梅的白叶枯病抗性基因位于第 2 染色体上，与颈叶基因 *nl-1* 相连锁；冬糯的白叶枯病抗性基因 *Xa-k* 位于第 7 染色体上，与长护颖基因相连锁，与 *Xa-g* 不等位且呈连锁遗传；风情 2 号对菌系江陵 691 的显性抗性基因 *Xa-j* 和堆金子对菌系江陵 691 的显性抗性基因 *Xa-l* 分别定位于第 9 染色体、第 12 染色体上，*Xa-j* 与第 9 染色体的短穗基因 *sp* 相连锁；*Xa-l* 与第 12 染色体的斑点叶基因 *spl-1* 相连锁。谢岳峰和张端品（1990）、熊卫等（1994）、高和平等（1996）发现云南稻种的白叶枯病遗传呈现多样性。采用江陵 691 菌系进行接种，16 个品种的抗性受一对显性基因支配，云南大粒谷的抗性受两对隐性互补基因支配，品种 87305 的抗性受两对独立显性基因支配，扎昌龙的抗性受一对显性成株抗性基因支配。采用国际水稻研究所的 PXO61 菌系对其中的 12 份抗病云南稻种资源杂交分离后代进行人工接种，发现 6 个品种的抗性受一对隐性基因支配，5 个品种的抗性受一对显性基因支配，87305 的抗性受一对显性和一对隐性基因支配。用不同的菌系对同一抗性稻种资源进行接种，其抗性遗传特性表现不完全相同，5 个品种对菌系江陵 691 的抗性受一对显性抗性基因支配，而它们对菌系 PXO691 的抗性则受一对隐性基因支配；87305 对菌系江陵 691 的抗性受两对独立显性基因支配，但对 PXO61 菌系的抗性受一对显性和一对隐性基因支配，推测云南稻种资源对菌系江陵 691 的抗性多受显性基因控制，而对菌系 PXO61 的抗性多受隐性基因支配。

2．抗性新基因 *Xa-i*、*Xa-k* 和 *Xa-24*（*t*）

谢岳峰和张端品（1990）认为，云南品种雾露谷、云香雾 1 号、毫双 7 号、长毛糯的抗性基因均与 IR28（或 IR26）的 *Xa-a* 基因呈等位关系；云南大粒谷的两对隐性互补基因与 *Xa-a*、*Xa-f* 均非等位，为独立遗传；矮脚糯（1）的抗性基因与 *Xa-a*、*Xa-e* 呈独立遗传；矮脚糯（2）的抗性基因位点不同于 *Xa-a*、*Xa-e*、*Xa-f* 的位点；风情 2 号的抗性基因与 *Xa-a*、*xa-c*、*Xa-f*、*Xa-g* 基因非等位；八月糯、马罗糯的抗性基因也与 *Xa-a*、*xa-c*、*Xa-f*、*Xa-g* 呈非等位关系。毫梅的一对显性基因与 *Xa-a*、*xa-c*、*Xa-d*、

Xa-f、*Xa-g*呈独立分配，但与*Xa-e*为连锁遗传，连锁值20.7%，鉴于毫梅的这对显性抗病基因为新基因，暂定名为*Xa-i*。冬糯的1对隐性抗病基因与*Xa-a*、*xa-c*、*Xa-f*、*Xa-e*、*Xa-i*均呈独立分离，而与*Xa-g*呈连锁遗传，连锁值为28.7%，将冬糯的隐性抗病基因暂命名为*Xa-k*。因此可以认为在云南稻种资源中发现了一批抗白叶枯病的种质，其中至少有两个品种持有新的抗病基因，即毫梅的*Xa-i*和冬糯的*Xa-k*。中白米、黄牛尾香糯、安宁早、鲁士谷和毫梅5个品种的显性基因分别与*Xa-a*、*xa-c*、*Xa-e*和*Xa-f*不等位。中白米和黄牛尾香糯的显性基因与*Xa-g*相同，而安宁早、鲁士谷和毫梅的显性基因与*Xa-g*均不同。安宁早和鲁士谷可能各带有一对新的抗性基因。熊卫等（1994）认为，中白米、黄牛尾香糯、安宁早、鲁士谷和毫梅5个品种分别带有一对抗日本菌系T7174的显性基因，且分别与*Xa-1*、*Xa-2*和*Xa-3*不等位，对菲律宾菌系PXO61的抗性也受一对显性基因控制，分别与*Xa-4*、*Xa-5*不等位。中白米、黄牛尾香糯、安宁早、鲁士谷和毫梅5个品种分别带有一对抗菲律宾菌系PXO99的显性基因，鲁士谷和毫梅的显性基因分别与*Xa-13*不等位，而中白米、黄牛尾香糯和安宁早的显性基因与*Xa-13*连锁，这5个品种各具有一对抗菲律宾菌系PXO112的显性基因，分别与*Xa-14*不等位。抗病品种扎昌龙对白叶枯病菌系PXO61、T7174和PXO112的抗性受同一个显性抗病基因控制，该显性抗病基因与供试的4个已知抗白叶枯病基因（*Xa-1*、*Xa-2*、*Xa-4*和*Xa-14*）不等位，并与其中3个已知抗病基因（*Xa-1*、*Xa-2*、*Xa-14*）呈独立遗传，与IR26所带抗病基因*Xa-4*呈连锁遗传，扎昌龙可能带有一个新的抗白叶枯病基因。林兴华等（1998，2000）应用分子标记定位，选用来自水稻12条染色体的294个RFLP探针进行亲本多型性筛选和抗病基因定位。在所用的294个RFLP探针中，有101个检测到抗病亲本扎昌龙与感病亲本珍珠矮之间的多型性，供试亲本间RFLP标记的多型性在不同染色体上分布是不一致的，有的染色体上存在很高的RFLP多型性，而另一些染色体上的多型性则很低。分布有较多抗性基因的水稻第4、第5和第11染色体，在供试亲本间RFLP多型性探针百分率很高，而第3、第6染色体上多型性探针百分率则很低。检测到的101个多型性RFLP标记覆盖水稻基因组的约1520cM，占水稻RFLP连锁图的76%。有89个多型性探针在抗病集团和感病集团中所检测的RFLP带型均表现出相似强度的双亲杂合带型，表明扎昌龙抗病基因与这89个RFLP标记所在染色体区域不存在紧密连锁关系。而位于水稻第11染色体长臂近末端的R1506等12个探针在抗病集团中只表现出抗病亲本的RFLP带型，几乎不表现出感病亲本带型；而在感病集团中只表现出感病亲本带型，几乎不表现出抗病亲本带型。这初步表明扎昌龙抗病基因与R1506等12个RFLP标记所在染色体位点连锁，将这12个标记称为阳性标记。利用R1506等12个RFLP标记对扎昌龙与感病亲本珍珠矮杂交组合的248个F_2随机单株进行鉴定和连锁分析，这12个RFLP标记分布在水稻第11染色体长臂末端的7cM范围内，在300个F_2感病单株中，1个标记（R1506）与扎昌龙抗病基因共分离，并得到抗病基因区域发生不同重组事件的单株。该定位结果表明扎昌龙抗白叶枯病基因所在位点不同于所有已定位的已知抗病基因所在位点，证明扎昌龙带有一对新的显性抗白叶枯病基因，遂将这个抗病新基因暂定名为*Xa-22*（*t*）。扎昌龙抗病新基因也具有广谱抗病性，且与广谱抗白叶枯病基因*Xa-21*的抗病谱不完全相同。由于水稻白叶枯病菌系存在生理小种分化，在水稻抗白叶枯病品种改良中扎昌龙抗病新基因具有巨大的利用价值。在对扎昌龙的杂交分离后代进行鉴定时，发现除携带*Xa-22*（*t*）外，还有另一抗性基因，该基因抗0S105、HBl7和PXO112感PXO61菌系，抗病谱窄。用具多态性的78个RFLP标记（不包括第11染色体上的标记）对扎昌龙中存在的另一抗0S105感PXO61的基因进行分析，找到了12个与该抗病基因连锁的RFLP标记，它们均来自第4染色体，这表明扎昌龙第4染色体上存在一个抗0S105感PXO61的水稻白叶枯病抗性基因。这一基因显然不同于已定位在第4染色体上的*Xa-1*、*Xa-2*、*Xa-12*和*Xa-14*。这一新

的白叶枯病抗性基因暂命名为 Xa-24(t)。该抗病基因不影响抗病基因 Xa-22(t) 的抗病谱。

3. 野生稻类似 $Xa21$ 的抗性基因定位

钱君等（2005）利用 $Xa21$ 的第二个外显子序列，设计上游引物 Xa21（A）和下游引物 Xa21（Ⅱ），以云南普通野生稻、药用野生稻、疣粒野生稻的基因组 DNA 为模板，扩增产物连接到 pGEM-T，转化感受态 DH5α，从阳性重组克隆中提取重组质粒，用于测序分析、聚类分析和比较。结果显示，只从普通野生稻（景洪普通野生稻和元江普通野生稻）及长雄野生稻中扩增到了预期目的片段，比较来自普通野生稻的 $Xa21$Ⅱ 基因的氨基酸序列与已克隆的 $Xa21$ 基因序列，从普通野生稻中扩增的外显子 Ⅱ 同长雄野生稻的外显子 Ⅱ 有几个氨基酸的差别。从元江普通野生稻和景洪普通野生稻分离得到 Xa21 外显子 Ⅰ 的后半部分，该部分也与长雄野生稻的基因有很高的同源性。

4. 利用 BAC 库克隆抗性基因

华中农业大学研究员 1994~1998 年采用扎昌龙和珍珠矮杂交 F_2 248 个随机个体、404 个极端感病个体构成的群体进行分析，发现标记 R1506 与 Xa-22(t) 共分离。利用 Xa-22(t) 所在区域的 5 个 RFLP 标记，对两个大片段的 BAC 库，即特青 BAC 库和明恢 63 BAC 库进行筛选。用 R1506 和 Y6855RA 筛选明恢 63 的 BAC 库，找到了 9 个阳性克隆，其中两个克隆 M3H8 和 M11M24 均与 R1506 杂交，7 个克隆与 Y6855RA 杂交，通过指纹分析发现一个克隆 M31B6 与 M3H8 重叠，因此用明恢 63 BAC 克隆搭建了 R1506 与 Y6855RA 的桥，结合特青和明恢 63 的两个 BAC 库搭建了抗性基因 Xa-22(t) 的重叠群（物理框架图）。用位于 R1506 两侧的两个 SSR 标记 RM144 和 RM224 在 7680 个单株构成的 F_2 群体中检测重组型个体，菌系 PXO61 接种后发现在 220 个重组型个体中有 29 个感病重组型个体，其中 20 个个体是 Xa-22(t) 与 RM144 间的重组型，9 个为 Xa-22(t) 与 RM224 重组型个体，再用更紧密的连锁标记 L190、R1506、S12886 和 Y6855RA 将重组型个体做进一步评价，在 Xa-22(t) 与 S12886 或 Y6855RA 间只检测到 2 个重组事件，表明这 2 个标记与 Xa-22(t) 连锁紧密并位于该抗病基因的顶端，而 R1506 位于 Xa-22(t) 的靠近着丝粒的一端。克隆子 M3H8 的大小为 100kb，用 M3H8 的末端亚克隆 3/7A10 检测重组事件，发现在 Xa-22(t) 和 Y6855RA 之间的 2 个重组事件也正好是 Xa-22(t) 和 3/7A10 的重组事件，此外 3/7A10 和 R1506 都可以与 M3H8 杂交且 2 个标记位于 Xa-22(t) 的两侧，所以 Xa-22(t) 一定位于大小为 100kb 的 BAC 克隆 M3H8 中。

利用与 Xa-24(t) 最近的 RFLP 标记 G235 筛选 MH-BAC 文库，得到 3 个克隆，进一步用 G235 验证，有两个为真阳性克隆，但它们与 G235 有不同的杂交带型；用 Xa-24(t) 的另一侧翼标记 C600 作探针，它只与两个阳性克隆中的 M21D3 有杂交，并且杂交带型与 G235 的不同，说明 M21D3 可能包含了 Xa-24(t) 及其两侧标记。进一步用 vector-PCR 分离 M21D3 的末端，其 R 端与 G235 共分离。分别用 M21D3 筛选扎昌龙 DNA 文库，得到了 4 个阳性克隆，序列测定结果表明其中 cDNA1 与玉米中一个甲基转移酶基因有很高的同源性，cDNA2 与玉米中抗逆性有关的蛋白激酶基因有很高的同源性。

（五）野生稻的新基因发掘

1. 长雄野生稻分子连锁图和控制基因及定位

栽培稻的近缘野生种长雄野生稻（*Oryza longistaminata*）含有与栽培稻相同的 AA 基因组，在自然中以地下茎方式无性繁殖，成为多年生"一系法"杂交水稻的首选供体。陶大云等 2000 年通过胚挽救方法，获得了可育的杂交后代。胡凤益（2002）构建了长雄野生稻分子连锁图，包含了 181 个 SSR 标记和 227 个来自种间杂种 *Oryza sativa* / *O. longistaminata* F_2 单株，连锁图总长 1758.6cM，覆盖了水稻

12条染色体，标记之间平均相距（9.72±6.5）cM。这是世界上第1张长雄野生稻SSR分子连锁图。地下茎的表达控制基因及定位方面，胡凤益（2002）指出，长雄野生稻地下茎的表达受到两对显性互补基因*Rhz 2*、*Rhz 3*的控制，其中*Rhz 2*定位在第3染色体上的OSR16和OSR13之间，距离分别是1.3cM和8.1cM，*Rhz 3*定位在第4染色体上的RM119和RM237之间，距离分别是2.2cM和7.4cM。比较遗传图谱发现，*Rhz 3*同控制拟高粱（*Sorghum propinquum*）地下茎表达位于D组csu4和pSB118之间的主效QTL相对应，而*Rhz 2*与C组上的3个紧密连锁QTL相对应，表明*Rhz 2*、*Rhz 3*可能是禾本科地下茎的重要调节基因，也表明禾本科可能由于单基因的突变而实现一年生与多年生之间的转换，甚至野生种与栽培种之间的转换。地下茎近等基因系的培育已经达到BC_2F_1，地下茎基因*Rhz 2*和*Rhz 3*在国际水稻遗传委员会登记注册（RGN20：5-8），在GRAMENE（在美国康奈尔大学作物科学遗传信息网www.gramene.org）登记地下茎QTL 37个。

2．野生稻的BAC文库构建和cDNA文库保存重要功能基因

云南省农业科学院生物技术研究所2003年以云南普通野生稻、药用野生稻、疣粒野生稻为材料，构建了云南三种野生稻核基因组的BAC文库。利用pCC1BAC™ Vector分别与部分酶切的三种野生稻核基因组大片段DNA连接，用电激法转化到大肠杆菌中，获得的白色克隆通过多次的连接转化，每个野生稻BAC文库都获得了约25 000个克隆。根据用限制酶*Not*Ⅰ随机检测的少量克隆，每个克隆子都含有插入片段，其大小为50~200kb，平均长度约为90kb。据此计算，所建三种野生稻文库的容量约为各种野生稻基因组DNA含量的5.1倍。随机挑取6个克隆，接种多代后，用限制酶*Not*Ⅰ酶切分析插入片段，发现所有插入的DNA片段都没有丢失，表明所建的3种野生稻BAC文库是非常稳定的。同年在疣粒野生稻和药用野生稻6~7叶期，分别混合接种4种典型白叶枯病病原菌，提取总RNA，逆转录反应得到DNA第一链，并合成cDNA第二链，包装蛋白质后，感染感受态的X-Blue菌，得到cDNA文库，重组率在90%~96%。在BM25.8菌中经重组酶Cre把噬菌体载体λTriplEx2转化为质粒载体pTriplEx2，检测cDNA片段大小为500~5000bp，疣粒野生稻和药用野生稻的cDNA文库克隆数分别达到$1×10^7$和$8.5×10^6$，文库的滴度约10^7pfu，得到2个高质量的诱导表达后的文库。另外，在元江普通野生稻6~7叶期，未经过任何诱导，构建了1个高质量的cDNA文库，在幼苗期，用重金属处理元江普通野生稻，诱导野生稻耐重金属基因表达后，也构建了1个文库。这些文库除有特定诱导表达基因外，还有其他许多重要功能基因的cDNA存在。

3．NBS-LRR和STK类抗病基因同源序列

Liu等（2003）根据NBS-LRR类抗病基因保守区域，分别对普通野生稻、药用野生稻、疣粒野生稻中的NBS-LRR类抗病基因同源序列进行氨基酸序列聚类分析，结果表明普通野生稻中的可分为7类，药用野生稻中的可分为2类，疣粒野生稻中的可分为6类，将3种野生稻中得到的15类NBS-LRR类抗病基因同源序列的代表序列（GenBank登录号为AY169495~AY169509）再进行氨基酸序列的二次聚类分析，发现普通野生稻中的TR19与药用野生稻中的TO12代表序列同属一类，且两者的氨基酸序列具有100%的同源性，因此从3种野生稻中共获得14类NBS-LRR类抗病基因同源序列；同时，把所获得的抗病基因同源序列与已报道的相应同源序列也进行了聚类分析，未发现相同的序列。5类STK类抗病基因同源序列在GenBank注册，登录号为AF510990、AF510991、AF510998、AF510999、AY113701。结果表明，从3种野生稻中克隆到了14类NBS-LRR类抗病基因同源序列及5类STK类抗病基因同源序列，其中部分序列可能为新抗病基因的片段，有望在此基础上克隆到具有应用前景的抗病基因。

（六）滇型杂交水稻育性基因发掘

1. 滇一型杂交水稻育性恢复性的基因

2004年云南农业大学稻作研究所与云南省农业科学院粮作所合作，采用多种材料，对滇一型育性恢复性的遗传材料进行分析，即新发现的6个粳型陆稻恢复系及滇一型粳型水稻恢复系南29、南34、月南7R、C鄂香R、南测64，分别与滇榆1号A、榆密15A、黎榆A、合系41A等不育系杂交获得F_1后再自交或与滇榆1号B回交形成的F_2、BC_1F_1分离群体及F_1与滇榆1号A回交形成的BC_5F_2分离群体，并用新发现粳型陆稻恢复系与带恢复基因 Rf1 的C57杂交F_1作父本，用滇榆1号A作母本测交进行恢复基因等位性测定，以花粉育性为主要指标，辅以小穗育性进行研究。结果表明，滇一型不育系的花粉以染败为主，与各恢复系的杂交F_1花粉育性为50%左右，但结实率正常，遗传上属配子体不育类型；新发现粳型陆稻恢复对滇榆1号A有正常恢复能力；遗传分析表明，滇一型水稻恢复系的恢复性均由一对显性恢复基因控制；等位性测定表明滇一型恢复基因与粳稻恢复系C57所带的 Rf1 互为等位或等同。

2. 滇一型杂交水稻恢复基因 Rf-D1（t）及其定位

Tan等（2004）以F_2群体、高世代回交群体为材料，用SSR分子标记构建分子标记遗传连锁图，定位滇一型水稻的育性恢复基因的结果表明：该基因位于第10染色体长臂中部，与微卫星标记OSR33、RM228连锁，并位于OSR33、RM228之间，距OSR33为3.3cM，距RM228为7.0cM，此位点可解释83.2%的表型变异。以143株滇榆1号A/ WAB450-11-1-1-P61-HB//滇榆1号B的BC_1F_1分离群体为材料，用136对水稻微卫星引物进行筛选，结果表明，Rf1 位于第10染色体上RM171与RM6100之间，与RM171的距离为2.8cM，滇一型杂交粳稻育性恢复基因定名为 Rf-D1（t）。

（七）玉米新基因的发掘

1. 糯玉米的遗传基因定位

吴渝生等（2004）利用SSR标记分析了16份云南不同生态地区糯玉米的遗传多样性，对96对SSR引物进行多态性分析，选出扩增带型稳定、多态性丰富、重复性较好的61对引物。这些引物均匀分布于玉米基因组的10条染色体上，共检测出226个等位基因，每对引物可以检测到1~12个等位基因，平均为3.70个，片段大小为70~700bp。从第1至第10染色体分别检测到6、6、7、6、6、6、5、6、6、7个位点，每条染色体上分别检测出19、17、20、21、18、22、17、32、27、33个等位基因，在第8、第10染色体上检测到的等位基因数目最多，表明云南糯玉米种质具有较高的遗传多样性。

2. 云南几种类型玉米RAPD指纹图谱的构建

吴渝生（2002）构建了云南几种类型玉米RAPD指纹图谱及其相应的数据指纹图谱。优良自交系扩增出等位基因的数目为19个，片段大小为400~1400bp。引物OPA-14可以把云145和248与群85、木6区别开，其余3个自交系也同时被区分开；增加引物OPA-17和OPA-19后，所有自交系都被区分开。甜玉米扩增出等位基因的数目为10个，片段大小为400~1400bp。引物OPC-02只能把五彩玉米、甜糯888与其他5个甜玉米区分开；增加引物OPA-14，可以把5个甜玉米与五彩玉米区别开；直到增加引物OPA-19后，才把五彩玉米和甜糯888区分开。高油玉米、爆裂玉米扩增出等位基因的数目为19个，片段大小为450~1400bp。引物OPC-03可以区分通油1号、通油2号、沈爆2号及其他4个爆裂玉米；增加引物OPA-14和OPA-17可把所有材料都区分出来。以1和0分别代表某个等位基因扩增出DNA带的出现与缺失，按照从上到下的读带方向，将这些图谱转换为由1和0组成的字串，即构成数字指纹。

（八）其他基因的发掘

1. 抗病、虫基因克隆

1994~2002年，黄兴奇等先后从烟草花叶病毒（TMV）中克隆到外壳蛋白和54kDa的两个复制酶基因（王芳等，1999）；从美洲商陆（*Phytolacca americana*）核基因组中克隆到1个广谱抗病毒基因（*α-PAP*）（赵扬等，1998）、1个抗真菌蛋白基因（鄢波等，1998a）；从烟草中克隆到1个渗调蛋白基因（鄢波等，1998b）；从烟草野火病原菌株中克隆到烟草野火病解毒酶基因（*ttr*）（张绍松等，1997）；从苦参块根中克隆到抗多种真菌病害的苦参凝聚素蛋白基因，并在GenBank注册（AF285121）（马志刚等，2001）；从尾穗苋种子mRNA中利用RT-PCR技术，克隆到尾穗苋几丁质结合蛋白基因；从雪莲花中克隆到抗蚜虫凝聚素基因（*GNA*）。

2. 花色相关基因克隆

鄢波等（1998c）、刘继梅等（2002）等从矮牵牛花瓣中克隆出6个花色相关基因，其中4个细胞色素b5基因（*difF*）、2个pH调控基因；从紫苏子叶中克隆到1个花色相关的类黄酮-3-氧-糖基转移酶基因（*F3GT*）；从蓝色三色堇中克隆到1个新的类黄酮3',5'羟化酶基因（*HF*）；从香石竹中克隆到花色代谢关键酶基因*CHS*和*F3H*。

3. 转基因创造新种质

曾黎琼等1998年曾将烟草野火病解毒酶基因（*ttr*）转入烟草，获得了高抗野火病的烟草种质材料；将乙烯合成酶反义基因转入番茄，获得了延熟耐储番茄种质材料；将雪莲花抗蚜虫凝聚素基因（*GNA*）转入烟草，获得了高抗蚜虫的烟草种质材料。张伟媚、程在全等2004年将苏云金杆菌杀虫蛋白基因转入水稻，获得了抗水稻螟虫的种质材料。李根泽等2003年将几丁质酶、β-1,3-葡聚糖酶基因转入油菜，获得了抗病性提高的种质材料。许明辉等2003年将溶菌酶、几丁质酶和β-葡聚糖酶基因转入水稻，获得了高抗稻瘟病的水稻种质材料。

主要参考文献

滨田秀男. 1935. 稻的由来及分布. 农业及园艺，（10）：2-3.

陈辉，范源洪，向余颈攻，等. 2003. 从核糖体DNA ITS区序列研究甘蔗属及其近缘属种的系统发育关系. 作物学报，29（3）：379-385.

陈勋儒. 1980. 云南小麦的现有类型及主要性状的遗传研究. 遗传，2（6）：17-19.

陈勇，戴陆园. 1990. 云南稻种资源抗寒性研究. 西南农业学报，3（4）：22-25.

陈宗龙，张建华，番兴明. 2005. 云南作物种质资源——玉米篇 // 黄兴奇. 云南作物种质资源·稻作篇 玉米篇 麦作篇 薯作篇. 昆明：云南科技出版社：330-354.

陈宗懋. 1992. 中国茶经. 上海：上海文化出版社.

程侃声，周季维，卢义宣，等. 1984. 论亚洲栽培稻的再认识. 作物学报，10（4）：271-280.

程侃声，周季维，卢义宣，等. 1984. 云南稻种资源的综合研究与利用. 作物学报，（10）：271-280.

程在全，黄兴奇. 2016. 云南野生稻遗传特性与保护. 北京：科学出版社：160-172.

崔运兴，马缘生. 1990. 中国特有小麦的酯酶同工酶. 植物学报，（1）：39-40.

寸守铣，王敬桥，李根泽，等. 2003. 利用云南自然条件建立油菜高效小孢子培养技术及育种体系 // 陆维忠. 植物细胞工程与分子育种技术研究. 北京：中国农业科学技术出版社：93-99.

大西近江. 2001. 野生苦荞种群等位基因酶的地理分布. 荞麦动态, (2)：29-34.

戴陆园, 叶昌荣, 工藤悟, 等. 1998. 中日合作稻耐冷性研究十五年进展概况. 作物品种资源, (4)：40-42.

戴陆园, 刘屋国男, 叶昌荣, 等. 2002. 云南稻种资源耐冷性评价. 西南农业学报, 15 (3)：47-52.

戴陆园, 张端品, 谢岳峰, 等. 1990. 云南毫梅抗白叶枯病新基因定位. 西南农业学报, 3 (3)：54-58.

丁颖. 1949. 中国稻作之起源 // 丁颖. 丁颖稻作论文选集. 北京：农业出版社.

丁颖. 1957. 中国栽培稻种的起源及其演变. 农业学报, (8)：3.

丁颖. 1960. 中国古代粳籼稻种之栽培及分布与现代栽培稻种分类法预报 // 丁颖. 中国水稻栽培学. 北京：中国农业出版社：21-30.

董玉琛, 郑殿升, 乔丹阳, 等. 1981. 云南小麦（*Triticum aestivum* ssp. *yunnanense* King）的考察与研究. 作物学报, 7 (3)：145-151.

渡部忠世. 1982. 稻米之路. 尹绍亭, 译. 昆明：云南人民出版社.

段红星, 邵宛芳, 王平盛, 等. 2004. 云南特有茶树种质资源遗传多样性的RAPD研究. 云南农业大学学报, 19 (3)：247-254.

段永嘉, 曾东方, 刘二明. 1993. 新筛选的稻瘟病单基因鉴别品种等位性测定. 云南农业大学学报, 8 (3)：146-153.

范源洪, 陈辉, 史宪伟, 等. 2001. 甘蔗细茎野生种云南不同生态类型RAPD分析. 云南植物研究, (23)：298-308.

冯国楣. 1983. 云南杜鹃花. 昆明：云南人民出版社.

冈彦一. 1986. 水稻进化遗传学. 中国水稻研究所丛刊之四.

高和平, 林兴华, 余功新, 等. 1996. 4个云南稻种对白叶枯病抗性的遗传研究. 华中农业大学学报, 15 (2)：105-109.

龚海, 李成雄, 王雁丽. 1999. 燕麦品种资源品质分析. 山西农业科学, 27 (2)：16-19.

顾铭洪. 1988. 水稻广亲和基因的遗传及其利用. 扬州大学学报, 9 (2)：19-26.

何炳棣. 1979. 美洲作物的引进、传播及其对中国粮食生产的影响. 世界农业, (4)：34-41.

何川生, 何兴金. 2001. 烤烟品种资源的RAPD分析. 植物学报, (6)：610-614.

何川生, 李天飞, 何兴金, 等. 2000. 云南烤烟品种资源的收集与分类研究. 中国烟草学报, (2)：21-26.

胡凤益. 2002. 长雄野生稻（*Oryza longistaminata*）地下茎分子定位和遗传研究. 西南农业大学硕士学位论文.

黄俐, 陈佩度, 刘大钧. 1989. 用中国春双端二体分析云南小麦染色体构成. 中国农业科学, 22 (4)：13-16.

黄学跃, 赵立红. 2001. 晒晾烟品种资源聚类分析. 云南农业大学学报, 16 (2)：18-21.

黄玉碧, 荣廷昭. 1998. 我国糯玉米种质资源的遗传多样性和糯玉米的起源进化问题. 作物杂志, (S1)：77-80.

季鹏章, 汪云刚, 张俊, 等. 2009. 茶组植物亲缘关系的ISSR分析. 西南农业学报, 22 (3)：584-588.

金善宝. 1961. 中国小麦栽培学. 北京：农业出版社.

金善宝. 1962. 中国小麦品种志. 北京：农业出版社.

李斌, 陈国本, 郑永球. 1996. 邦崴大茶树等5个大叶茶的染色体组型分析. 茶叶科学, 16 (2)：119-124.

李成云, 李进斌, 周晓罡, 等. 2002. 稻瘟病菌八个组合后代菌株对楚粳3号的致病性遗传分析. 云南农业大学学报, 17 (4)：309-312.

李根泽, 王敬乔, 沙优宝, 等. 2003. 油菜转几丁质酶、β-1,3-葡聚糖酶基因的研究 // 陆维忠. 植物细胞工程与分子育种技术研究. 北京：中国农业科学技术出版社：405-412.

李光涛. 1983. 茶树的核型及种的分类研究. 茶叶, (4)：11-16.

李恒. 1986. 天南星科的生态地理和起源. 云南植物研究, 8 (4)：363-381.

李继耕，杨太兴，曾孟潜．1980．栽培玉米起源的同工酶研究．遗传学报，（3）：25-32．

李昆声．1981．云南在亚洲栽培稻起源研究中的地位．云南社会科学，（1）：69-73．

李钦元，杨曼霞．1992．荞麦起源于云南初探．荞麦动态，（1）：6-10．

李锡文．1978．云南芭蕉科植物．植物分类学报，16（3）：54-64．

李先平，何云昆，邓纪新，等．1999．云南马铃薯栽培品种的RAPD研究//陈伊里．中国马铃薯研究进展．哈尔滨：哈尔滨工程大学出版社．

李晓贤，陈文允，管开云，等．2003．滇西北野生观赏花卉调查．植物分类与资源学报，25（4）：435-446．

梁斌，肖放华，黄费元，等．1999．云南野生稻对稻瘟病的抗性评价．中国水稻科学，13（3）：183-185．

林汝法．1994．中国荞麦．北京：中国农业出版社．

林世成，闵绍楷．1991．中国水稻品种及其系谱．上海：上海科学技术出版社：227．

林兴华，王春台，文国松，等．1998．广谱高抗水稻白叶枯病新基因的精细定位．遗传，20（增）：116-118．

林兴华，王春台，文国松，等．2000．云南稻种扎昌龙抗白叶枯病新基因的分析与定位//林忠平．走向21世纪的植物分子生物学．北京：科学出版社：186-191．

凌启鸿．2012．稻种起源及中国稻作文化．北京：中国农业出版社：11-38．

刘继梅，黄兴奇，鄢波，等．2002．不同花色矮牵牛细胞色素b5蛋白cDNA克隆及序列分析．云南植物研究，24（2）：215-221．

刘家平．1989．山东稻种资源归类的研究．作物种质资源，（3）：8-9．

刘佩英，孙远明．1990．魔芋农家品种的选育研究//白堃元，陈炳环，孙晓霞，等．经济作物新品种选育论文集．上海：上海科学技术出版社：45-50．

刘其宁，谢永俊，杨建国．2008．云南作物种质资源——油料篇//黄兴奇．云南作物种质资源·果树篇　油料篇　小宗作物篇　蔬菜篇．昆明：云南科技出版社：237-403．

柳子明．1975．中国栽培稻的起源及其发展．遗传学报，（2）：1-5．

卢爱兰，陈正华，孔令洁，等．1996．抗芜菁花叶病毒转基因甘蓝型油菜的研究．遗传学报，23（1）：77-83．

罗朝喜，李进斌，李成云．1999．稻瘟病菌有性世代及色素的基因表达分析．植物保护学报，26（2）：107-110．

罗军，杨忠义．1989．广适性水稻品系的鉴定与研究．云南农业科技，（2）：3-7．

罗淑平等．1989．玉米抗旱性及其鉴定方法的研究．Ⅰ，Ⅱ//王洪春．作物抗逆性鉴定的原理与技术．北京：北京农业大学出版社：116-143．

吕萍，张自立．1983．云南小麦和西藏半野生小麦的核型及带型．遗传学报，5（5）：20-22．

马得泉，李燕勤．1994．中国大麦种质资源优异特性研究．大麦科学，（1）：5-7．

马得泉，田长叶．1998．中国燕麦优异种质资源．作物品种资源，（2）：4-6．

马志刚，鄢波，黄兴奇，等．2001．苦参凝聚素蛋白基因的分离克隆．植物学报，43（8）：821-825．

闵天禄．1992．山茶属茶组植物的修订．云南植物研究，2：115-132．

彭隽敏，孔青，徐乃瑜．1995．云南小麦、西藏半野生小麦和普通小麦叶绿体DNA限制性内切酶图谱的研究．遗传，17（6）：4-6．

彭绍裘，魏子生，毛昌祥，等．1980．云南疣粒野生稻、药用野生稻和普通野生稻多抗性鉴定．植物病理学报，12（4）：60-62．

齐雅昆．1991．中国燕麦种质资源研究，东亚未被充分利用的作物遗传资源．IBPGR研究论文集，23-25．

钱君，程在全，杨明挚，等．2005．云南野生稻中Xa21基因外显子Ⅱ的分离及序列分析．遗传，27（3）：382-386．

钱泳文，何昆明．1987．广东的陆稻资源．作物品种资源，（2）：14-15．

申时全，曾亚文，李绅崇，等．2005．应用近等基因系初步定位粳稻孕穗期的耐冷基因．中国水稻科学，19（3）：217-222．

史华清，龚瑞芳，庄丽莲，等．1991．芥菜型油菜杂种优势利用研究．作物学报，17（1）：32-41．

松尾孝岭．1952．栽培稻种之生态学研究．农技研究报告．

孙立军，陆伟，张京，等．1999．中国大麦种质资源的鉴定评价及其利用研究．中国农业科学，32（2）：24-31．

孙茂林，杨万林，李树莲，等．2004．马铃薯的休眠特性及其生理调控研究．中国农学通报，20（6）：81-85．

孙茂林．2003．云南薯类作物的研究与发展．昆明：云南科技出版社．

唐开学．2009．云南蔷薇属种质资源研究．云南大学博士学位论文．

陶大云，胡凤益，周能，等．1993．陆稻国外引种．陕西师范大学学报（自然科学版），21（增刊）：32-38．

田孟良，黄玉碧，刘永建，等．2003．SSR标记的云南省、贵州省糯玉米与普通玉米种质资源的遗传差异．四川农业大学学报，21（3）：213-216．

佟屏亚．2000．中国玉米科技史．北京：中国农业出版社．

王芳，鄢波，王玲仙，等．1999．云南烟草花叶病毒外壳蛋白基因分离克隆及序列分析．西南农业学报，12（2）：7-11．

王敬乔，李根泽，陈薇，等．2003．油菜高效转基因平台及无选择基因转化//陆维忠．植物细胞工程与分子育种技术研究．北京：中国农业科学技术出版社：395-404．

王莉花，叶昌荣，王建军．2001．云南荞麦野生种DNA提取与RAPD反应体系建立．荞麦动态，（2）：10-12．

王莉花，叶昌荣，肖青，等．2004．云南野生荞麦资源地理分布的考察研究．西南农业学报，17（2）：156-159．

王平盛，许玫，张俊，等．2007．云南作物种质资源——茶叶篇//黄兴奇．云南作物种质资源·食用菌篇　桑树篇　烟草篇　茶叶篇．昆明：云南科技出版社：621-762．

王月云，马俊红，朱有勇．2002．云南省马铃薯癌肿病发生现状．云南农业大学学报，（4）：430-431．

王振鸿，王莉花，王建军．2008．云南作物种质资源——小宗作物篇//黄兴奇．云南作物种质资源·果树篇　油料篇　小宗作物篇　蔬菜篇．昆明：云南科技出版社：514-519．

王正询，林兆平，潘坤清．蕉类的细胞遗传学研究．Journal of Genetics & Genomics，（6）：453-462．

吴才文，赵培方，夏红明等．2014．现代甘蔗杂交育种及选择技术．北京：科学出版社：42-47．

吴渝生，程在全，徐雨然，等．2002．不同类型玉米RAPD指纹图谱构建．种子，125（5）：11-13．

吴渝生，郑用琏，孙荣，等．2004．基于SSR标记的云南糯玉米、爆裂玉米地方种质资源遗传多样性研究．作物学报，30（1）：36-42．

伍少云，金晓瑾．1992．云南小麦品种蛋白质与赖氨酸含量及分布特点．云南农业科技，（2）：5-6．

肖炳光，白永富，卢江平，等．2000．烤烟品种的RAPD分析．中国烟草学报，（2）：10-15．

肖大海，杨海鹏．1992．我国燕麦遗传资源的收集与鉴定概况．中国种业，（3）：7-8．

谢世清，冯毅武，奚联光，等．1997．云南高原甘薯地方品种资源征集鉴定研究．云南农业大学学报，（2）：119-123．

谢岳峰，张端品．1990．云南稻种资源对白叶枯病抗病性研究//朱立宏．主要作物抗病性遗传研究进展．南京：江苏科学技术出版社：21-30．

谢岳峰，张端品．1990．15个云南地方品种对白叶枯抗性的遗传研究//朱立宏．主要农作物抗病的遗传研究进展．南京：江苏科学技术出版社：14-20．

熊建华，王怀义，戴陆园，等．1995．水稻耐寒性标准比较品种的选定．作物品种资源，（3）：34-36．

熊卫，余功新，林兴华，等．1994．5个云南稻种抗白叶枯病基因分析．华中农业大学学报，13（2）：99-110．

徐培伦. 1988. 论发展云南陆稻的宏观决策及分类指导. 云南农村经济研究, (1): 39-44.

许明辉, 唐祚舜, 谭亚玲, 等. 2003. 几丁质酶-葡聚糖酶双价基因导入滇型杂交稻恢复系提高稻瘟病抗性的研究. 遗传学报, 30 (4): 300-334.

鄢波, 陈莉, 张绍松, 等. 1998b. 烟草渗调蛋白基因的分离克隆及序列分析. 植物病理学报, 28: 18.

鄢波, 马志刚, 黄兴奇, 等. 1998a. 美洲商陆一种抗真菌蛋白的cDNA克隆及序列分析. 云南植物研究, 20 (3): 276-278.

鄢波, 周晓罡, 陈莉, 等. 1998c. 控制花色的细胞色素P450基因的cDNA克隆及限制性内切酶图谱分析. 遗传, 20 (增刊): 30-32.

杨敏杰, 龚亚菊, 张丽琴, 等. 2004. 云南野生蔬菜资源调查研究. 西南农业学报, 17 (1): 90-96.

杨清辉, 何顺长. 1996. 云南割手密 (*Saccharum spontaneum*) 染色体数目及其地理分布研究. 甘蔗, (1): 10-13.

杨太兴, 曾孟潜, 王璞. 1981. 我国南方糯玉米 (*Zea mays sinensis*) 的过氧化物同工酶分析. Journal of Integrative Plant Biology, (2): 25-32.

杨太兴. 1988. 我国四川糯玉米 (*Zea mays sinensis*) 的过氧化物同工酶分析. 科学通报, 33 (4): 294-296.

叶昌荣, 廖新华, 戴陆园, 等. 2001. 云南稻种孕穗期耐冷性QTL分析. 中国水稻科学, 15 (1): 13-16.

游修龄. 1979. 从河姆渡遗址出土稻谷试论我国栽培稻的起源、分化与传播. 作物学报, (8): 3-8.

余功新, 张端品. 1990. 水稻品种IR28对中国白叶枯病菌系抗病基因定位研究. 作物学报, 16 (2): 139-152.

余腾琼, 肖素勤, 殷富有, 等. 2016. 云南野生稻和地方稻资源抗白叶枯病分析. 植物保护学报, 43 (5): 774-781.

俞履圻, 钱咏文. 1986. 稻种资源//中国农业科学院. 中国稻作学. 北京: 农业出版社: 39-83.

曾亚文, 叶昌荣, 申时全. 2000. 水稻耐冷性NILs研制和QTL分析. 中国农业科学, 33 (4): 109-112.

曾孟潜. 1992. 我国糯质玉米的亲缘关系//李竞雄. 玉米育种研究进展. 北京: 科学出版社: 206-209.

曾惜冰. 1989. 广东野生芭蕉的初步调查研究. 园艺学报, (2): 95-100.

曾学琦, 恩在诚, 伍少云. 1989. 云南小麦种质资源的特点和分布. 云南农业科技, (5): 3-6.

曾亚文, 李自超, 申时全, 等. 2001. 云南地方稻种的多样性及优异种质研究. 中国水稻科学, 15 (3): 169-174.

曾亚文, 李自超, 杨忠义, 等. 2001. 云南地方稻种籼粳亚种的生态群分类及其地理生态分布. 作物学报, 27 (1): 15-20.

曾亚文, 刘家富, 汪禄祥, 等. 2003. 云南稻核心种质矿质元素含量及其变种类型. 中国水稻科学, 17 (1): 25-30.

曾亚文, 王建军. 1998. 云南栽培大麦的分类研究. 作物品种资源, (2): 7-8.

曾亚文, 王象坤, 杨忠义, 等. 2000. 云南稻种资源核心种质库的构建及其利用前景. 植物遗传资源科学, (3): 12-16.

张宏达. 1981. 茶树的系统分类. 中山大学学报 (自然科学版), (1): 87-99.

张宏达. 1984. 茶叶植物资源的修订. 中山大学学报 (自然科学版), (1): 1-12.

张宏达. 1990. 中国山茶科植物新种. 中山大学学报 (自然科学版), 29 (2): 85-93.

张宏达. 1998. 中国植物志. 北京: 科学出版社.

张洪亮, 李自超, 曹永生, 等. 2003. 表型水平上检验水稻核心种质的参数比较. 作物学报, 29 (2): 252-257.

张洪亮. 2000. 云南地方稻种资源核心种质研究. 中国农业大学硕士学位论文.

张后鑫, 曹德康, 蔡树民, 等. 1983. 册亨、望谟、安龙三县陆稻考察初报. 贵州农业科学, (1): 15-19.

张建华, 陈勇, 孙荣, 等. 1995. 云南糯玉米资源的生态类型及分布. 云南农业科技, (1): 41-43.

张绍松, 鄢波, 陈莉, 等. 1997. 烟草野火病毒素的抗性基因克隆及序列分析. 生物学杂志, 14 (3): 19-22.

张伟媚, 程在全, 陈善娜, 等. 2004. 农杆菌介导的水稻转Bt基因研究. 云南植物研究, 26 (1): 96-102.

张文炳, 张俊如, 李学林, 等. 2008. 云南作物种质资源——果树篇//黄兴奇. 云南作物种质资源·果树篇 油料篇 小宗作物篇 蔬菜篇. 昆明: 云南科技出版社: 1-236.

张文炳, 张俊如. 2008. 云南作物种质资源——果树篇//黄兴奇. 云南作物种质资源·果树篇 油料篇 小宗作物篇 蔬菜篇. 昆明: 云南科技出版社: 72-114.

张赞平. 1995. 玉米各亚种的核型研究. 华北农业学报, 10 (3): 60-67.

赵国珍, 刘吉新. 2000. 中日稻种资源的直链淀粉和蛋白质含量分析. 云南农业科技, (1): 3-5.

赵扬, 鄢波, 张绍松, 等. 1998. 美洲商陆基因组抗病毒蛋白基因的克隆及序列分析. 云南植物研究, 20 (1): 67-70.

郑殿升, 董玉琛, 乔丹阳, 等. 1987. 滇西的小麦品种资源. 作物品种资源, (3): 1-4.

周家齐, 宋令荣, 刘家富, 等. 1983. 云南稻麦豆类品种蛋白质资源普查初报. 云南农业科技, (3): 1-5.

周立端, 龙荣华. 2008. 云南作物种质资源——蔬菜篇//黄兴奇. 云南作物种质资源·果树篇 油料篇 小宗作物篇 蔬菜篇. 昆明: 云南科技出版社: 621-823.

周晓罡, 朱立煌, 翟文学, 等. 2002. 稻瘟病菌细菌人工染色体（BAC）基因文库的构建. 云南农业大学学报, 17 (4): 331-334.

朱英国, 梅继华, 陈勇, 等. 1984. 云南栽培稻酯酶同工酶地理分布研究. 武汉大学学报, (1): 111-122.

Chang T T. 1976. The origin, evolution, cultivation, dissemination and diversification of Asian and African rice. Euphytica, (25): 425-441.

Chatterjee D. 1951. Note on the origin and distribution of wild and cultivated rice. Ind J Genet Plant Breed, 11 (1): 18-22.

Chen Q F. 1999. A study of resources of *Fagopyrum* (Polygonaceae) native to China. Botanical Journal of the Linnean Society, 130 (1): 53-64.

Cheng Z Q, Huang X Q, Wu C J, et al. 2005. Diversity in content of some nutritional components in husked seeds of three wild rice species and rice varieties in Yunnan Province of China. Journal Integrative Plant Biology, 47 (10): 1260-1270.

Dai L Y, Xiong J H, Wen G S, et al. 1995. Further information on the genetic variation of indigenous rice varieties in Yunnan Province, China. Breeding Science, 45 (3): 397-399.

Glaszmann J C. 1985. A new insight into Asian cultivated rice classification from isozyme studies. RGN, 2: 48-51.

Glaszmann J C. 1987. Isozymes and classification of Asian rice varieties. Theo Appl Genet, 74: 21-30.

Kato S, Kosaka N, Hara S. 1928. On the affinity of rice varieties as show by fertility of hybrid plants. Bull Sci Kytudm Univ Japan, (3): 132-147.

Lin X H, Zhang D P, Xie Y F, et al. 1996. Identifying and mapping a new gene for resistance to bacterial blight based on RFLP markers. Phytopathology, 86 (11): 1156-1159.

Liu J M, Cheng Z Q, Ying M Z, et al. 2003. Cloning and sequence analysis of disease resistance gene analogues from three wild rice species in Yunnan. Chinese Journal of Agricultural Sciences, 2 (3): 265-272.

Morinaga T, Kuriyama H. 1958. Intermediate type of rice in the subcontinent of India and java. Jpn J Breed, (7): 253-259.

Nagamine T, Xiong J H, Xiao Q. 1992. Genetic variation in several isozymes of indigenous rice varieties in Yunnan Province of China. Japan J Breed, 42: 507-513.

Nakagahra M. 1978. The differentiation, classification and center of genetic diversity of cultivated rice (*Oryza sativa* L.) by isogyme analysis. Trop Agr Res Ser, (11): 77-78.

Ohnishi O. 1991. Discovery of the wild ancestor of common buckwheat. Fagopyrum, 11: 5-10.

Oka H. 1958. Intervarietal variation and classification of cultivated rice. Indian Journal of Genetics and Plant Breeding, 18:

79-89.

Olsen K M, Purugganan M D. 2002. Molecular evidence on the origin and evolution of glutinous rice. Genetics, 162: 941-950.

Tan X L, Tan Y L, Zhao Y H, et al. 2004. Identification of the *Rf* gene conferring fertility restoration of the CMS-Dian type 1 in rice by using simple sequence repeat markers and advanced inbred lines of restorer and maintainer. Plant Breeding, 123(4): 338-341.

Watable T. 1973. Alteration of cultivated rice in Indochina. JARQ, 7(3): 160-163.

Yang W Y, Yen C, Yang J L. 1992. Cytogenetic study on the origin of some special Chinese landraces common wheat. Wheat Information Service, 75: 14-20.

第四章

云南作物种质资源保护利用发展展望

生物资源不仅具有为诸多产业的发展提供基本物质基础的直接价值，还具有影响生态环境和人类健康的间接价值。生物资源的丰度和组合状况，在很大程度上决定着一个国家或地区的产业结构与经济优势，同时也决定着在未来国家间激烈竞争中的经济发展潜力与政治安全程度，与国家经济与社会的可持续发展息息相关。作物资源是人类赖以生存的重要战略资源，是生物育种、生物开发的基础，是在一定自然和社会条件下，经过千百万年自然和人工选择的产物，是一类十分珍贵而重要的自然和人类遗产。云南是我国乃至世界作物种质资源最为丰富的地区之一，是诸多栽培作物的起源和分化中心。云南作物种质资源保护利用发展是国家作物种质资源保护利用发展的重要组成部分，对于推进我国农业持续发展意义重大。

第一节 云南作物种质资源保护利用发展优势和挑战

以往的研究表明：在自然状态下，生物资源的丰度与自然生态类型的多样性密切相关。栽培作物是人类在赖以生存的农业实践活动中经长期人工选择的产物。作物资源的丰度不仅与自然生态密切相关，而且与社会生态（包括民族特性、农业生产生活方式、经济社会发展水平等）密切相关。分析云南作物种质资源保护利用发展的优势、挑战和问题，对于趋利避害，促进云南作物种质资源有效保护、科学利用、持续发展具有重要意义。

一、云南作物种质资源保护利用发展优势

（一）自然生态优势

云南全省面积约39.4万 km²，地势从西北向东南、西南阶梯递降，高山峡谷相间，地形地貌多样，

断陷盆地错落。最低海拔76.4m，最高海拔6740m，从南到北，平均每1000m水平距离海拔升高6m。气候类型涵盖寒、温、热（包括亚热）3种类型，1个高原气候区中的7种气候带从南到北呈现北热带、南亚热带、中亚热带、北亚热带、南温带、中温带和高原气候区（北温带-寒带）；年温差小、日温差大，干湿季节分明，气温随地势高低呈垂直变化，一般海拔每上升100m，气温平均下降0.6~0.7℃；年平均降雨量为1200mm，但在季节和区域上分配极不均匀，85%的降雨集中在5~10月，降雨量最多的地方可达2200~2700mm/年，少的不到600mm/年，是我国地理地貌和气候最为复杂、生态类型最多的地区。错综复杂的地形地貌、复杂多样的气候环境，为不同类型的植物提供了不同的生存环境，也为云南作物种质资源保护利用发展提供了优异的自然生态基础。

（二）物种多样性优势

云南是我国植物区系和生物资源（作物资源）最丰富的省份，已发现高等植物多达17 902种，占全国的52.6%，生物种类及特有类群数量均居全国之首，生物多样性在全国乃至全世界均占有重要的地位，是我国乃至世界生物遗传资源极为丰富的天然基因库之一。我国粮、经、菜、果、草、花六大类作物（包括野生近缘植物）共有528个作物，涉及138科557属3269个物种（《董玉琛论文选集》编委会，2010）。绝大部分国内栽培作物在云南均有种植，且分布广，生态类型多，遗传多样性丰富，原始性强，是诸多重要作物的主要起源和演化中心，在我国乃至世界作物种质资源中占有十分重要的地位。物种多样性优势为作物种质资源的集中保护奠定了基础。

（三）区位优势

云南地处中国西南边陲，与老挝、越南、缅甸毗邻。在自然地理和生物地理上，云南北倚青藏高原，南连中南半岛，地处欧亚板块和印度板块的交汇处，是热带亚洲生物区系向东亚亚热带-温带生物区系的过渡地带（生态交错区），以及中国-日本植物区系与中国-喜马拉雅植物区系的交汇过渡地带，云南及其周边的国家也是国际知名的生物多样性热点和关键地区。尤其是周边的东南亚地区，多为农业国，生物资源（作物资源）十分丰富。而在农业地理上，云南地处热带、亚热带与温带的连接点；拥有热带、温带、寒带和湿润、半湿润、半干旱和干旱等多种多样的农业气候类型；地处诸多作物的起源、分化、交融中心；云南农业具有立体、四季和多样性的特色，作物种类覆盖面、生态类型覆盖面、产业发展涉及面均居全国首位，是世界少有的低纬高原农业生态区。这种自然地理、生物地理和农业地理的特殊性，彰显了云南作物种质资源保护利用和交流的区位优势。

（四）民族文化优势

云南是一个多民族聚居的省份，除汉族外，世居的少数民族为25个，其中15个为云南特有民族。少数民族人口约占全省总人口的1/3，但民族自治地区面积占全省面积的70.2%。研究表明，不同民族生存空间地理生态的差异，导致了民族分布与生物资源（作物资源）分布的地理生态相关性；不同民族生存发展的相对封闭性，导致了民族生存发展与生物资源（作物资源）利用保护的民族性；不同民族经济社会发展水平的差异，导致了民族对生物资源（作物资源）的认知与开发（方式、深度、保护等）的差异性。在长期的民族生存发展实践中，农业生物资源（作物资源）作为其赖以生存和发展的基础，渗入了民族经济社会发展的方方面面，形成了与农业生物资源（作物资源）密切相关的民族生产、生活、宗教和文化习俗，如农业生产中的轮作、间套种，生活中的庭院种养殖和食物偏爱，以及诸多作物产品是少数民族宗教、节庆必不可少的祭祀品、庆典品、衣着装饰品等。民族文化习俗，对农业生物资源（作物资源）保护具有重要作用（刘旭等，2014）。

二、云南作物种质资源保护面临的挑战

作物种质资源不同于其他生物资源，其保护不仅与生态环境有关，还与区域经济社会发展、农业生产和农民生活方式甚至民族特性密切相关。传统的农业生物资源保护主体是建立在自然与使用基础上的非专业性保护，自然生态的变化、资源使用频率与范围的大小直接影响其保护的效果。随着经济社会的发展，非专业性保护面临巨大挑战。

（一）经济发展对区域作物种质资源保护的挑战

经济发展是区域现代化的必然趋势。加快经济发展，涉及区域建设性开发、产业发展开发和生产方式转变。人类活动干扰增加，导致生态环境的变化，与自然生态和传统农业生产方式相依存的作物资源保护受到严峻挑战。一是大规模的工业化、城市化等建设性开发，导致开发区域内生物资源的毁灭、周边生态环境的变化，对生物资源自然生存造成影响，如云南景洪市周边的野生稻原生点消失。二是产业发展开发，尤其是以野生生物资源为基础的生物产业开发，如果不考虑原料资源的生态承载量和生产方式的转变，对相关资源过度采集利用，则导致其资源的破坏，如中草药资源。三是生产方式转变，尤其是农业产业结构调整和农业产业规模化发展，导致农业（农作物）生物多样性减少。总之，区域经济发展，对传统的生物资源、农业生物资源（作物资源）保护体系、方式和政策提出新的挑战。

（二）社会发展对区域作物种质资源保护的挑战

加快区域社会发展步伐是历史的必然。但区域社会进步同样对传统生物资源、农业生物资源（作物资源）保护提出了新的挑战。例如，现代医药进步，导致民族医药退化，民族对药用生物资源的认知和使用减少，保护意识淡化；开放导致民族交流增加，外来文化不断影响其民族性。民族融合导致民族生活方式改变，民族习俗、民族特色淡化，民族文化趋同，与之相关的农业生物资源保护弱化，世世代代赖以生存的生物资源和民族认知逐渐消失；农村居住与生活方式的转变，导致农村庭院种养殖弱化，以地方品种为主的农村庭院保护逐步消失。总之，社会进步同样对传统生物资源、农业生物资源（作物资源）保护提出了新的挑战。

（三）科技进步对区域作物种质资源保护的挑战

科技进步是经济社会发展的内在动力。科技进步促进经济社会发展中稀缺要素的替代、生产方式的转变、生产效率的提高和生产规模的扩大。但以生物资源为基础的农业、生物产业发展科技进步，同样对传统生物资源、农业生物资源（作物资源）保护提出了新的挑战。例如，生物育种技术的进步，导致培育品种增加，单一品种种植规模扩大，地方品种种植数量日趋减少，规模日趋缩小，资源自然保存量锐减；栽培技术的提升，强化了人为控制（干扰），提高了生产的专业化水平，改变了农业生态微环境；加工利用技术的进步，扩大了资源利用范围和强度。这些都对传统生物资源、农业生物资源保护造成了重要影响。总之，科技进步是区域经济社会发展的必然趋势，科技进步对传统生物资源、农业生物资源保护提出了新的挑战。

三、云南作物种质资源保护利用存在的主要问题

（一）作物资源调查收集仍有较大差距

尽管在过去的数十年中，云南作物种质资源的收集保护取得了重要进展，但仍有较大差距。一是大量作物资源仍处于自然状态。根据"十一五"期间刘旭院士主持完成的"云南及周边地区农业生物资源调查"（2006FY110700）项目的成果，项目对云南31个县，每县3个乡，每个乡3个以上行政村进行农业生物资源（作物资源）的实地调查和收集，所收集资源中，经比对85%以上为新收集资源，说明仍有大量资源处于自然状态（刘旭等，2013a）。经济社会和科技的快速发展，无不对其保护构成威胁。二是所收集资源中，粮油作物资源占比较大，其他作物资源占比相对较小。随着农业产业结构的调整，相关产业快速发展，相应的作物种质资源调查、收集、评价和利用跟不上产业结构调整的步伐。三是云南及其周边地区是诸多作物的起源演化中心，区位优势突出，但对周边国家农业生物资源（作物资源）的收集保护交流不够，国外资源收集保存占比偏低。

（二）作物资源精准鉴定与评价滞后

种质资源鉴定评价是利用的基础。目前，我省作物资源的鉴定评价，主要由种质保存单位和相关育种课题组进行，鉴定评价严重滞后。一是除少数主要作物资源外，鉴定评价不到已收集资源的10%。大量资源虽已收集保存，但尚未进行鉴定评价，部分资源存在不纯、质量不高的问题。二是鉴定评价的规范性、系统性、精准程度不高，深入鉴定评价零碎。由于鉴定评价体系不够完善、不够规范，诸多资源的鉴定评价漏项多、系统性差、精准度不高，深入鉴定评价相对较为零碎。三是种质资源的专业性系统鉴定偏弱，科技积累流失严重。由于体制和机制不完善，诸多资源的鉴定评价由课题组结合育种进行，相关资源和鉴定资料未整理归档，规范性不够，科技积累流失，严重制约资源利用。

（三）资源保护利用平台建设有待加强

一是自然状态下的资源动态信息不清。自然状态（生产状态）是作物资源的基本演化和存在方式，云南尚有大量作物资源存在于自然状态。但作物资源动态监测体系尚未建立，严重影响作物资源保护的科学决策。二是资源保护体系有待完善。原生地保护体系，尤其是农家（包括民族）保护、生产（多样性种植）区域保护的导向、技术和政策措施不完善。迁地保护中，资源的保存、繁育、鉴定评价基础条件亟待改善；种质库（圃）收集保存数量与云南作物资源大省不匹配，质量也有待提高，重要种质资源创新材料和育成品种材料尚未纳入资源保护。三是资源管理水平有待提升。体制机制不完善，资源信息化水平亟待提高，资源及其信息共享机制尚未真正建立。

第二节 作物种质资源保护利用发展趋势

由于作物资源在人类生产生活中，尤其是在农业发展中的基础性地位，其保护利用发展日趋受到世界各国的重视，发展不断加快，总体呈现保护利用范围不断扩大、保护体系不断完善和评价利用不断深化的发展趋势。

一、作物种质资源保护利用范围不断扩大

随着现代农业和现代科技的发展，生物资源（作物资源）的保护利用范围不断扩大、生产利用方式不断增多。

（一）传统农作物开发利用不断深化，保护利用目标不断明晰

随着农业产业发展，市场需求变革、科学技术变革、生产方式转变导致传统作物资源开发利用深度和方式不断变革。一是循环农业、生态农业、有机农业理念的引入，对资源利用配置和发掘利用适宜相关形态农业生产方式的种质资源提出了新要求，推进了资源利用的集成化。二是专用作物的开发，如能源甘蔗、高淀粉玉米、高芥酸油菜；高蛋白、高生物量牧草、青贮饲料等要求目标特性突出，推进了资源利用的特异化。三是农业机械、云南四季农业，尤其是冬季农业的发展等要求所用作物适宜农机农艺结合、适宜相关季节农艺条件，推进了资源利用的精细化。

（二）新兴农作物开发利用方兴未艾，保护利用范围不断扩大

随着生物资源开发利用力度的不断加强和农业产业结构调整的不断加快，一是诸多作物近缘野生、半野生种转为栽培作物，如小宗作物、野生食药菌、野生果树、野生蔬菜的规模栽培利用。二是观赏植物、能源植物、香料植物、药用保健植物等由野生采集转化为规模栽培，如花卉、小桐子、三七、天麻、重楼、灯盏花、石斛等植物的规模栽培。三是区域性外来作物的引进、交流、开发利用不断加强，如澳洲坚果、玛卡、车厘子等的规模开发，作物资源保护利用范围不断扩大。

（三）生命科学快速发展，保护利用内涵不断深化

生物组学的发展，使资源保护利用从生命个体或群体延伸到器官、组织、细胞、DNA和基因。不同层级的保护和利用；资源数据化；从种质资源中发掘相关基因，形成知识产权，成为种质资源保护的新趋势。新种质资源引入和创新；原有作物用途的拓展；新需求、新技术应用，以及相关基因发掘等都在不断扩大作物种质资源保护利用的范围和深度。

二、保护力度不断增强，保护方式不断完善

随着世界各国对农业生物资源，尤其是对作物种质资源战略地位认识的不断深化，生物资源（作物资源）保护体系不断完善，保护力度不断加强。总体呈现从一般保护到依法保护、从单一形式保护到多种形式配套保护、从种质保护到基因保护、从实物保护到知识产权保护；自然保护与专业化保护结合，加强专业化保护的态势。

（一）原生地保护体系不断扩大

以自然保护区、植物园（森林公园）、地质公园、湿地公园、风景名胜区和特异植物原生境保护点为基本构架的原生地保护体系不断扩大。一是到2016年我国自然保护区达2740个。其中，国家级保护区446个，全国各类保护区域总面积约占国土面积的17%。二是特异植物（作物）原生境保护点（区）

建设快速发展。自2001年起，农业部选择《国家重点保护野生植物名录》中濒危状况严重、对农业可持续发展具有重要战略意义的农业野生植物物种，在国际上率先开展原生境保护点（区）建设工作。至2013年底，已建成59个重要农业野生植物物种的169个原生境保护点，抢救性保护了一批重要的农业野生植物资源，有效地保护了众多对于未来作物育种和生产具有重要潜在利用价值的优良基因。三是农家（包括民族）保护体系、生产（多样性种植）保护体系、生物遗传资源与相关传统知识（民族认知）保护体系等符合作物演化特性的原位保护体系日趋受到关注和重视，在探索中不断完善。

（二）迁地保护不断加强

以种子库和种质资源圃为代表的种质资源迁地保护体系不断加强。一是到2015年我国已建成国家作物种质库（包括复份库）2座、中期库10座、种质资源圃43个。保存各类作物种质资源47万份。其中，种质库保存40.47万份，资源圃保存6.56万份。二是中国西南野生生物种质资源库（昆明）于2007年建成，现存植物种质资源84 569份。其中，种子保存9129种67 869份；植物离体材料保存1661种16 700份，已成为国际第二大野生生物种质资源库。三是保护设施不断完善。种质资源繁育更新基地建设、省区作物种质库建设不断加快，加强作物种质资源收集保护，支撑农业持续发展成为共识。

（三）保护体系不断完善

一是作物种质资源动态监管体系逐步形成。《全国农作物种质资源保护与利用中长期发展规划（2015-2030年）》提出了建立作物种质资源（包括近缘野生植物）监测站，对作物种质资源实施动态监管的规划。农业部已做出全面部署，在全国建立作物种质资源观测站，突出建立保护点和观测站点监测与预警信息系统，提高监测和预警能力。同时研究制定监测指标，观测研究作物和农业近缘野生植物种质资源消长变化规律，为作物资源保护和利用提供科学依据。二是传统知识信息纳入调查保护体系，并不断完善。农业植物遗传资源民族传统知识信息纳入调查保护体系，对完善作物种质资源保护信息、提升综合研究水平意义重大。三是作物种质资源基因化、数据化保护趋势明显。随着生物技术的发展，作物种质资源在生命个体、群体保护的基础上，层级化、基因化、数据化保护趋势十分明显，知识产权保护成为作物种质资源保护的重要方面。

三、评价利用和种质创新不断深化

随着作物育种需求压力的不断增大和相关技术的快速发展，作物种质资源的精准、系统、深入评价利用和作物种质资源创新成为作物种质资源保护利用的重要发展方向。

（一）作物种质资源精准鉴定评价规范化不断推进

到2015年我国已发布各类作物种质资源评价技术规范超过100种，为作物种质资源精准鉴定评价提供了规范的技术标准，也为资源及其信息交换、共享奠定了基础。从2015年起，国家已启动建立以作物种质资源鉴定评价综合中心为龙头，区域中心为骨干，分中心为支撑的国家作物种质资源精准鉴定评价体系建设，拟在北京建立综合中心1个，承担共性技术研发、技术培训、特有资源精准鉴定；在全国一级生态区建设区域中心9个，承担区域共性技术研发、引进资源繁殖更新、适宜区域种质资源精准鉴定；在不同作物主产区，建设分中心19个，承担该类作物种质资源精准鉴定（刘旭和张延秋，2016）。

（二）深度鉴定和靶向利用快速发展

一是作物种质资源特异性状的深度鉴定广泛开展，为优异资源筛选、优异特性研究和利用提供了科学依据。二是综合应用表型组学、基因组学理论和方法对作物种质资源进行规模化、精准化、基因组型化系统鉴定评价发展迅速，为作物种质资源的综合和科学利用提供了依据，极大地提升了种质资源利用的靶向性和效率。三是从相关种质资源中发掘、克隆和利用重要农艺性状新基因快速发展。高产、优质、抗病虫、抗逆，以及诸多特异性状基因不断被发掘，缩短了资源利用周期，增强了生物育种的目标性。

（三）资源补征引进和创新不断加快

一是国家已启动第三次全国农作物种质资源普查与收集行动，计划系统地补充收集作物种质资源10万份以上。尤其是边远地区、民族地区、未进行过普查收集的地区，普查和抢救性收集已全面开展。二是国外优异种质资源引进不断加强。目前我国保存资源中，外引资源仅占18%左右，而美国保存资源中，外引资源占80%。加强与作物起源和多样性富集地区国家、国际组织的交流及合作，规范引进、保存和利用机制，成为作物种质资源保护利用的重要方面。三是充分利用地方品种、外引品种、野生种，通过有性杂交、远缘杂交、理化诱变、生物技术等创制遗传稳定、目标性状突出、综合性状优良新种质的研究不断加快，尤其是生物技术、信息技术与常规育种技术的结合，极大地提升了远缘杂交技术的成熟度，拓展了种质资源创新利用的范围，提高了种质资源创新利用的效率。

第三节　云南作物种质资源保护利用发展重点及展望

云南作为我国乃至世界农作物种质资源保护利用的热点和重点地区，进一步增强资源保护意识，加快区域和周边国家作物种质资源抢救性收集，完善规范资源保护体系和机制，深化精准、系统和深入鉴定评价，加强种质创新与利用意义重大。

一、云南作物种质资源保护发展重点及展望

相关研究表明，早期入库的同一作物品种资源，其遗传多样性高于自然保存资源。这是由于同一作物品种资源在自然保存条件下，人为选择加速了其专化性的演化。因此，尽快广泛收集保存相关资源，有利于其遗传多样性的保存。根据《中国生物多样性保护战略与行动计划（2011-2030年）》和《全国农作物种质资源保护与利用中长期发展规划（2015-2030年）》，按照第三次全国农作物种质资源普查与收集行动的部署，结合云南的实际应重点推进以下工作。

（一）继续加快区域地方作物种质资源的补充调查收集

1．调查收集区域拓展

一是实现区域全覆盖，尤其是自然环境恶劣、交通不便的边远落后地区。二是加强国际作物种质资源交换和收集，发挥云南区位优势，尤其是毗邻印缅生物多样性热点地区和东南亚、南亚的优势，

加强与周边和邻近国家作物种质资源收集、保护的合作交流，在平等互利的基础上，加强国外种质资源收集共享，共同保护人类赖以生存和发展的作物种质资源。

2. 调查收集范围扩大

一是立足现代作物（衣食、能源、饲料、药用等植物）多元结构下的多元化作物种质资源，奠定农业拓展的资源基础。二是突出相关产业发展，尤其是特色经济作物产业（药用植物、小宗作物、园艺和饲料等）发展的作物资源，支撑农业产业结构调整和特色产业发展。三是针对生产技术变革（生态农业、有机农业、四季农业、机械化农业等）导致的特殊资源需求，扩大资源收集面，推进技术变革。

3. 信息调查收集扩增

除传统的作物种质资源原生地地理生态信息外，作物种质资源原生地社会经济结构、发展水平，尤其是作物种质资源相关传统知识（民族认知、土著知识）的信息等纳入调查收集范围。这对提升作物种质资源综合研究水平和增强资源利用靶向性十分重要。

（二）加强保护妥善保存

按照自然保护与专业化保护结合，加强专业化保护的要求。

1. 完善自然保护体系

在继续完善现有自然保护体系的同时，重点推进以下工作。一是加强云南特有、特异作物及其野生近缘种质资源（野生稻、野生古茶树、野生荞麦、野生宜昌橙等）原位保护点建设，建立相应的投入、管理和预警机制。二是抓住农业部作物种质资源观测站点建设的机遇，建立农作物及其野生近缘种质资源动态监测体系，研究制定监测指标体系、预警信息系统，把握自然状态下的资源动态信息，研究农作物及其野生近缘种质资源自然消长变化规律，为作物资源保护科学决策提供依据。

2. 加强专业化保护体系建设

一是加强作物种质资源库（圃）建设，建立体系完整、具有区域特色的现代作物种质资源库（圃）。二是建立作物种质资源更新繁殖与鉴定评价基地。利用云南农业生态类型丰富多样、适宜各种作物生长的特点，选择生态代表性区域建立作物种质资源的更新繁殖和性状鉴定评价基地。规范种质资源更新繁殖，研究减少作物繁殖过程中遗传漂移的技术方法。三是开展作物资源与相关传统知识调查编目。从20世纪90年代中后期开始，云南省农业科学院与国际生物多样性中心合作，开展了"农业植物遗传资源民族传统知识系统调查和记录"等研究（戴陆园等，2008）。此后，在与中国农业科学院合作的农业生物资源调查中，首次将作物种质资源相关传统知识纳入调查范围并获得了大量信息，开展作物资源与相关传统知识调查编目研究，对于加强资源传统知识（土著知识）保护利用具有重要意义。四是完善和规范作物资源管理体系与机制，不断提升保护质量和水平。

3. 积极探索建立作物种质资源农业生产和农家（民族）保护的技术与政策体系

作物种质资源农业生产和农家（民族）保护，作为作物种质资源原位保护的重要方式之一，由于其长期被忽视，而在此单列。自20世纪90年代以来，这一保护方式因其不可替代性，而重新受到重视和关注。朱有勇院士的作物多样性种植、云南省农业科学院戴陆园研究员与国际生物多样性中心合作在西双版纳州勐海县西定乡建立的村寨种子库，为这一保护方式提供了成功的实践范例，但其持续发展需要技术和制度（政策）保障。云南作为多民族的作物种质资源大省，应在生态文明示范建设中，积极推进农业多样性种植，充分发挥农业生物多样性在提高农业生态系统的生产力和恢复力中的作用；应在具有一定影响度的典型地区（如元阳哈尼梯田等）开展农家保护研究应用与示范，建立相关的技术和政策体系，支撑其持续发展。

（三）加强资源（信息）共享平台建设

1．夯实数据库基础

完善层级和分类编目，按照不同的分类标准，建立规范的共性数据库、特性数据库、图像数据库；基本信息数据库、鉴定评价数据库；优异资源数据库、核心资源数据库、传统知识数据库；野生资源数据库、育成品种数据库等，为作物种质资源信息利用和共享奠定基础。

2．建立规范的管理平台

按照国家和省相关管理办法，建立作物种质资源管理平台，实现资源、信息的统一、规范管理和合理利用；规范作物种质资源保护、交流、研究和利用行为，提高资源利用效率。

3．信息系统开发

除开发数据库软件实现对资源数据的科学管理和系统维护外，积极开发大数据研究利用发掘功能，为作物种质资源综合研究提供支撑。

二、云南作物种质资源鉴定评价重点及展望

作物种质资源的精准、系统和深入评价利用是作物种质资源保护利用的重要发展方向。针对云南作物种质资源鉴定评价滞后制约利用的现实，建立和完善作物种质资源精准鉴定评价技术体系；推进作物种质资源精准、规范、系统鉴定评价；加强对特有、优异、重要资源精准深度鉴定评价，对全面提升云南作物种质资源的保护利用水平意义重大。

（一）精准鉴定评价技术体系建立和完善

一是建立规范的鉴定评价基地。充分利用云南农业生态类型丰富的优势，选择生态代表性区域结合更新繁殖，建立作物种质资源更新繁殖和性状鉴定评价基地，配置相应的现代设施，提高专业化系统鉴定评价水平，提升作物种质资源鉴定评价的规范性和精准性。二是推进评价技术规范落实和拓展。积极推进国家已发布各类作物种质资源评价技术规范的落实。同时，结合云南作物种质资源种类繁多的实际，积极参与新的作物种质资源评价技术规范的制定，补充完善作物种质资源鉴定、评价方法体系。三是加强鉴定评价新技术、新方法研究应用。在建立种质资源分子评价技术体系的同时，加强数量性状、多因子综合性状，以及发展、需求变化所需的资源特性鉴定评价技术方法研究应用，如针对气候变化、耕地可持续利用、机械化等高效可持续生产技术所需的种质资源特性鉴定评价技术方法，提升精准鉴定评价水平。

（二）全面推进作物种质资源精准、规范、系统鉴定评价

在今后10年中，我国将对种质库、种质圃和保护点保存的5万份作物种质资源及其野生近缘植物资源进行农艺性状、抗病虫、抗逆境和品质鉴定。云南作物种质资源存量超过5万份，应按照国家部署，按照已发布的各类作物种质资源评价技术规范，分步对存量资源进行系统、规范的精准鉴定评价，完善作物种质资源基础数据，提升鉴定评价的系统性和精准性，夯实作物种质资源研究利用的基础。特别是在表观遗传学越来越受到重视的今天，云南省应充分发挥作物种质资源种类丰富、生态多样的优势，加

快存量资源和新收集资源的精准、规范、系统鉴定评价,为国家作物种质资源保护和利用做出新贡献。

(三)加强重要资源精准深度鉴定评价

综合应用现代鉴定评价技术和方法体系,尤其是表型组学、基因组学理论和方法,基因发掘技术和方法,对作物种质资源,尤其是特有优异资源,如稻作中的野生稻、陆稻、香软稻,玉米中的糯性资源,小麦中的铁壳麦,小宗作物中的薏苡、荞麦,蔬菜中的小米辣、涮辣,果树中的柑橘、芭蕉,甘蔗中的细茎野生种(割手密)、蔗茅,茶叶中的大叶茶、紫娟茶,以及花卉中的特异野生花卉等具有良好的开发利用前景和重要学术价值的种质资源,进行规模化、精准化、基因组型化系统深入鉴定评价,为作物种质资源的科学利用提供依据。

三、云南作物种质资源创新利用重点及展望

加快优异作物种质资源利用、加强种质资源创新和拓展、推进作物种质资源基因化,对于支撑农业持续发展意义重大。

(一)加快优异作物种质资源利用

一是积极推进种质资源品种化。云南早期调查收集的部分种质资源,限于当时的条件,存在不纯、不壮甚至不稳定、质量不高等问题,制约了其研究和利用。应结合繁种和精准鉴定评价,对其进行复选、复壮。按照品种"三性"(特异性、稳定性、一致性)的要求,积极推进资源品种化,为其研究利用奠定基础。尤其是部分特殊优异性状资源,随着时代的变迁,重回视野,具有极高的研究利用价值。二是积极推进"三特"(特有、特异、特优)资源的利用。经过数十年的努力,在云南发现了诸多特异性状十分突出的各类种质资源,如云南澜沧县的涮辣辣椒素总含量高达52.72mg/g,与吉尼斯世界纪录持平;勐海西定曼皮棕黄地黄瓜β胡萝卜素含量高达227.90mg/kg DW;泸水甜木瓜每100mg果肉中VC含量达96.8mg,齐墩果酸含量高达20mg;勐腊圆果黄瓜高抗蔓枯病;稻种资源中老鼠牙品质优良,其稻米直链淀粉含量为9.88%,是特殊的软米类型,且抗倒伏力强(1级);香谷具有特殊丰产性状,其主穗长达39.14cm,红谷平均有效穗达19.6个等(刘旭等,2013b)。应加快这些特殊优异种质资源的研究和利用。三是积极推进特色优异野生资源利用。野生资源利用是云南诸多民族的传统习俗,尤其是药用植物、野花、野果、野菜。随着时代进步和特色产业开发,野生植物逐步转变为栽培作物。云南野生植物资源利用具有巨大潜力。四是继续加强外引优异种质资源的利用。云南适种作物多,应加强具有产业化前景的外引新作物优异种质资源的利用,促进产业发展。

(二)加强种质资源创新和拓展

一是构建"参与性"作物种质资源创新技术体系。构建资源工作者、育种家和分子生物学家密切协作的"参与式"种质创新技术体系,将基因资源发掘和创新与育种实际需求紧密结合,有利于生物资源研究与利用的紧密结合,有利于将分子手段有机结合于种质创新过程中,更有利于突破性新种质的创造。二是以地方品种、外引品种、野生种为供体,通过有性杂交、远缘杂交、理化诱变、生物技术等创制遗传稳定、目标性状突出、综合性状优良的新种质。三是结合特色产业开发,加强野生植物驯化,推进野转栽新作物种质创新,以保障其持续发展。四是继续加强各类优异作物种质资源的引进

和创新，尤其是国外种质资源的引进和创新。随着国际"一体化"进程的推进，优异种质资源的引进往往成为新产业发展的先导，引进资源的创新则成为其持续发展的基础。

（三）推进作物种质资源基因化

种质资源基因化是其保护利用的重要趋势。美国等发达国家不仅加大了对作物种质资源优异基因的发掘力度，使作物种质资源变成基因资源，还在审定品种时一并公布该品种所携带的主要抗性基因、优质特色基因等，便于保护该品种的产权，也有利于防止品种选育中遗传背景单一化。目前发现新基因的方法很多，主要包括基于遗传作图和图位克隆的方法、基于比较基因组学的方法、基于等位基因变异和关联遗传学的方法、基于蛋白组学和代谢组学的方法等，表现为从相关种质资源中发掘、克隆重要农艺性状新基因快速发展。高产、优质、抗病虫、抗逆，以及诸多特异性状基因不断被发掘，缩短了资源利用周期，增强了生物育种的目标性。同时生物技术、信息技术与常规育种技术的结合，极大地提升了远缘杂交技术的成熟度，拓展了种质资源创新利用的范围，提高了种质资源创新利用的效率。针对我国农林植物种质资源丰富，但高产、优质、多抗、高效等具有重大应用前景的关键功能新基因发掘与利用滞后，以及特异基因资源流失严重的客观现实，结合现代生物技术、信息网络技术的发展，建立与完善农业植物特异种质基因源分析及种质创新技术体系，发掘具有关键效应的新基因，明确特异性种质所携带的特异基因，创造突破性新种质，为我国未来5～10年生物种业健康发展和粮食安全提供技术与物质支撑，从根本上提高我国农林产品的国际竞争力，成为作物种质资源发展的重要方向。云南应在对光温敏感基因、抗病虫性基因、抗逆性基因、资源节约型基因、肥料高效利用基因的发掘定位方面加大研究力度；同时也应该重视具有地方特色的传统种质资源，如八宝米、遮放米、四路糯玉米、铁壳麦、大叶茶种、无刺玫瑰、红皮梨等；重视起源于云南的作物野生近缘种资源，如野生荞麦、野生古茶树、野生稻等，并将这些种质资源的特色基因发掘出来，让地方种质资源在基因化趋势中发挥重要作用。与此同时，建立特色种质资源基因数据库。

充分发挥云南优势，建立与云南作物种质资源大省相称、具有区域特色、支撑农业持续发展的现代作物种质资源保护利用体系是云南作物种质资源科技工作者的光荣使命。

主要参考文献

戴陆园，游承俐，Paul Quek. 2008. 土著知识与农业生物多样性. 北京：科学出版社.
《董玉琛论文选集》编委会. 2010. 董玉琛论文选集. 北京：中国农业出版社.
刘旭，王述民，李立会. 2013b. 云南及周边地区优异农业生物种质资源. 北京：科学出版社.
刘旭，游承俐，戴陆园. 2014. 云南及周边地区少数民族传统文化与农业生物资源. 北京：科学出版社.
刘旭，张延秋. 2016. 中国作物种质资源保护与利用"十二五"进展. 北京：中国农业科学技术出版社：10-12.
刘旭，郑殿升，黄兴奇. 2013a. 云南及周边地区农业生物资源调查. 北京：科学出版社：102.

第五章

云南重要特色作物种质资源简介

云南是我国作物种质资源最为丰富的地区之一,作物种质资源不仅种类繁多,还存在大量特有种、珍稀种和野生种,诸多资源在国内外占有特殊的地位。本章依据相关科技人员的长期积累,归纳介绍云南重要特色作物种质资源。由于作物种类繁多,用途各异,分类方式和层级复杂,为便于介绍,本章将相关资源分为粮食作物种质资源、蔬菜种质资源、果树种质资源和经济作物种质资源分别介绍。

第一节 粮食作物种质资源

云南粮食作物种质资源种类繁多,不仅稻、麦、玉米等主粮种质资源十分丰富,还存在大量小宗作物、豆类和薯类作物种质资源。薯类作物种质资源目前以菜用和饲用为主,故归入蔬菜种质资源中陈述。

一、稻作种质资源

云南是我国稻作种质资源最为丰富的地区,不但分布有国内稻属植物的全部4个种,即亚洲栽培稻(*Oryza sativa*)、普通野生稻(*O. rufipogon*)、药用野生稻(*O. officinalis*)和疣粒野生稻(*O. meyeriana*),而且亚洲栽培稻中,籼稻(*Oryza sativa* subsp. *indica*)和粳稻(*Oryza sativa* subsp. *japonica*)两个亚种并存,类型十分丰富,在形态特征、生物学特性以及内在品质等方面都具有极大的多样性。其籼稻资源、陆稻资源和糯性(软米)资源不但占比高,而且特色十分突出(陈勇和戴陆园,2005)。

1 云南普通野生稻

学　名：普通野生稻（*Oryza rufipogon*）

类　群：已发现的云南普通野生稻主要包括两个类群，即元江普通野生稻和景洪普通野生稻。其中，元江普通野生稻被认为是较为原始的类群；景洪普通野生稻株型性状接近栽培稻，拟为过渡型普通野生稻。

特　点：普通野生稻为稻属的一个种，基因组型为AA，基因组大小约480Mb，是与栽培稻亲缘关系较近的一类野生稻，也是目前国内用于栽培稻遗传改良最多的一类野生稻。云南普通野生稻资源见图5-1。

图5-1　云南普通野生稻资源

1. 元江普通野生稻原生地形态；2. 景洪普通野生稻原生地形态；3. 元江普通野生稻穗期形态；4. 元江普通野生稻昆明温室形态

2 云南药用野生稻

学　名：药用野生稻（*Oryza officinalis*）

类　群：药用野生稻曾在云南3个州市5个县（市、区），即西双版纳州的景洪、勐腊，临沧市的耿马、永德，普洱市的思茅区发现。其中，耿马县分布最多。

特　点：药用野生稻为我国现存的稻属植物第二个种，基因组型为CC，基因组大小约697Mb。与栽培稻亲缘关系较远，利用难度更大，但其旺盛的生物量、超大穗、高抗稻飞虱等特异性状是栽培稻遗传改良重要的潜在材料。云南药用野生稻资源见图5-2。

图5-2　云南药用野生稻资源

1. 耿马药用野生稻原生地形态；2. 景洪药用野生稻原生地形态；3. 耿马药用野生稻元江实验点形态；4. 耿马药用野生稻昆明温室形态

3 云南疣粒野生稻

学　名：疣粒野生稻（*Oryza meyeriana*）

类　群：疣粒野生稻是云南野生稻中分布最为广泛的一种野生稻，曾在云南西南部的7个州市19个县被发现。

特　点：疣粒野生稻为我国现存的稻属植物第三个种，基因组型为GG，基因组大小约1030Mb，与栽培稻亲缘关系更远。但其耐旱性和对水稻白叶枯病的免疫性，一直为稻作专家所关注。云南疣粒野生稻资源见图5-3。

图5-3 云南疣粒野生稻资源

1. 普洱疣粒野生稻原生地形态；2. 景洪疣粒野生稻原生地形态；3. 不同区域疣粒野生稻昆明温室形态；4. 普洱疣粒野生稻昆明温室形态

4 云南亚洲栽培稻

学　　名：亚洲栽培稻（*Oryza sativa*）

类　　群：云南同时并存有亚洲栽培稻的籼、粳两个亚种，即籼稻（*Oryza sativa* subsp. *indica*）和粳稻（*Oryza sativa* subsp. *japonica*）。两个亚种都具有早、中、晚稻，水稻、旱（陆）稻，粘稻、糯稻等多种类型。

特　　点：云南地方稻种资源不但种类丰富，而且籼稻资源、陆稻资源和糯性（软米）资源占比高，特色十分突出，是稻作演化研究和育种的重要资源材料。云南亚洲栽培稻地方稻种资源见图5-4~图5-6。

图 5-4　云南亚洲栽培稻籼、粳亚种

1. 籼稻生产区植株形态；2. 籼稻稻种种子形态；3. 粳稻生产区植株形态；4. 粳稻稻种种子形态

图 5-5　云南亚洲栽培稻地方稻种资源

1，2. 籼稻资源；3. 粳稻资源

图 5-6　云南地方稻种资源形态

1. 黑糯谷；2. 红皮糯；3. 鸡血糯；4. 细谷；5. 红软米；6. 陆稻

二、玉米种质资源

云南是玉米传入中国最早的地区之一。由于云南丰富多样的地理生态和民族文化，加之广泛分布的与栽培玉米亲缘关系较近的薏苡属、多裔草属等植物，经过长期自然和人工选择，形成了丰富多彩的地方品种，其中不乏珍稀和特异品种，是我国玉米种质资源，尤其蜡质玉米（*Zea mays* var. *ceratina*）（又称糯玉米）资源最为丰富的地区（陈宗龙等，2005）。

1 玉米地方品种资源概述

学　名：玉米地方品种是禾本科玉蜀黍属玉米（*Zea mays*）的品种类型。

类　群：云南玉米地方品种不仅生态类型多样，穗型、粒色和籽粒类型也十分丰富。

特　点：云南玉米地方品种中糯性资源占比较高，多数地方品种资源携带热带玉米血缘。诸多特异资源，在玉米遗传改良上具有重要应用价值。云南地方玉米种质资源见图5-7，云南地方玉米资源生态见图5-8。

图 5-7　云南地方玉米种质资源

1. 红玉米；2. 白糯玉米；3. 黑糯玉米；4. 爆裂玉米；5. 黄玉米；6. 四棱糯玉米；7. 花糯玉米

图 5-8 云南地方玉米资源生态

2 四路糯

学　名：四路糯（*Zea mays* var. *sinensis*）是玉米（*Zea mays*）糯质型品种。

来　源：云南省勐海、孟连等地方品种。该品种在当地种植历史300年以上。

特　点：四路糯为多穗型、每穗4行的特殊稀有种。穗长8.5～15cm，行粒数17～28；单株一般结4～6穗，多的可达12穗；籽粒糯质型，白色，食用品质好，糯而甜；出籽率80%，单穗粒重29g左右，千粒重129～135g；籽粒含蛋白质10.27%，赖氨酸0.23%，淀粉66.14%，油分4.95%；植株清秀，节间短，不易倒伏，自然发病大斑病0.5级以下，小斑病0.5级以下，锈病轻，螟害47%，耐旱性强，是糯玉米起源研究和多穗型育种的重要材料。云南地方四路糯玉米资源见图5-9。

图 5-9　云南地方四路糯玉米资源

1，2. 孟连四路糯；3，4. 勐海四路糯

三、麦类种质资源

云南麦类资源十分丰富，不仅小麦种和变种繁多，大麦变种数更为丰富，而且拥有云南独有的云南小麦亚种铁壳麦（杨木军等，2005）。燕麦虽然种植面积不大，但仍是云南高海拔山区重要的粮食和保健作物。

1 麦类地方品种资源概述

学　名：小麦地方品种为禾本科小麦属（*Triticum*）植物的种、变种和品种类型。
　　　　大麦地方品种为大麦（*Hordeum vulgare*）的变种和品种类型。
　　　　燕麦地方品种为燕麦（*Avena sativa*）的品种类型。

种　群：云南麦类地方品种不仅种、变种繁多，生态类型多样，穗型、粒色和籽粒类型也十分丰富。云南小麦亚种（铁壳麦）为云南特有亚种。大麦资源变种异常丰富，不同类型（种、亚种、变种）品种，具有各自特定的生态适宜区域。燕麦主要分布于高海拔山区。

特　点：云南小麦资源以半冬性和弱春性品种居多，中晚品种比例大；多花多实、大穗大粒，抗旱和耐寒性较好，但抗病性较差。蛋白质含量、面筋含量普遍较高，但面筋强度普遍较弱。云南大麦地方品种资源变种类型十分丰富，多为春性、半冬性，深色型品种，一般比小麦早熟半个月；以中秆、早熟、大穗大粒和高蛋白资源等优异种质居多，是我国大麦高蛋白资源分布最多的省份，诸多特异资源在麦类遗传改良上具有重要应用价值。云南地方麦类资源种子形态和资源生态见图5-10、图5-11。

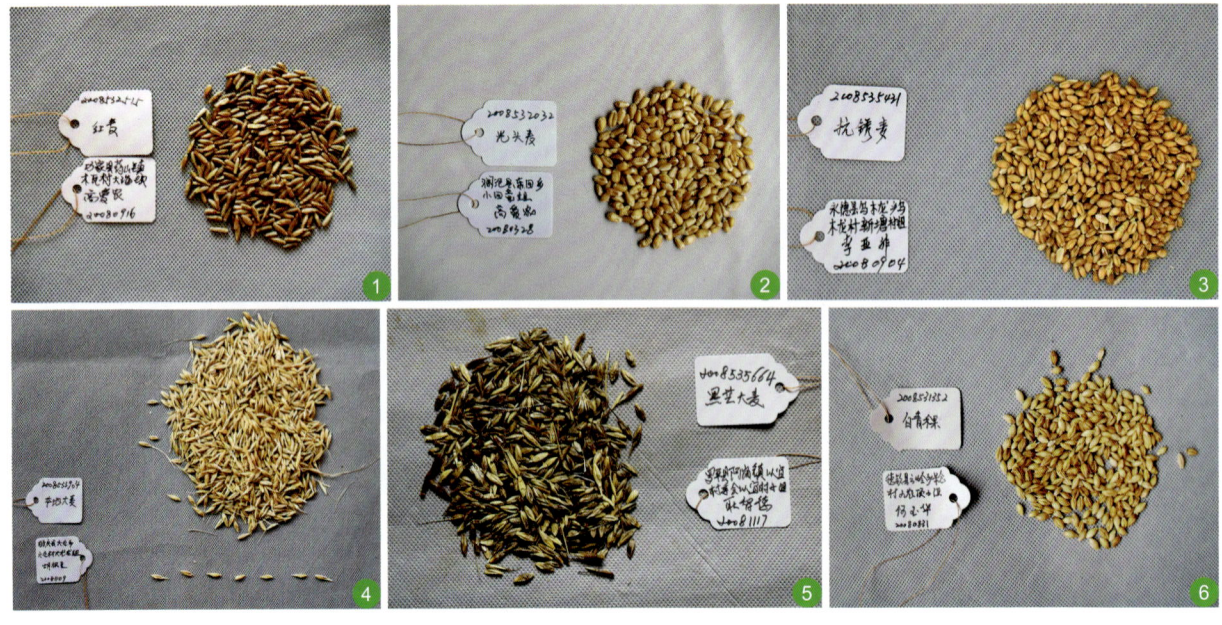

图5-10 云南地方麦类资源种子形态

1~3. 小麦；4~7. 大麦青稞；8, 9. 燕麦

图5-11 云南地方麦类品种资源生态

2 云南小麦亚种（铁壳麦）

学　名：云南小麦亚种（*Triticum aestivum* subsp. *yunnanense*）是普通小麦（*T. aestivum*）的一个亚种。

来　源：云南西南部澜沧江和怒江下游的临沧、保山、普洱3市13个县，已发现的变种数超过6个。

特　点：云南小麦亚种（铁壳麦）资源染色体组为AABBDD型，多为弱冬性；穗子呈圆锥形，籽粒呈红色，蜡质护颖坚硬，极难脱粒，蛋白质含量、面筋含量比普通小麦高，带糯性；抗穗发芽、耐寒、耐旱性好，在小麦演化和遗传改良上具有重要应用价值。云南铁壳麦种质资源及其大田繁育见图5-12、图5-13。

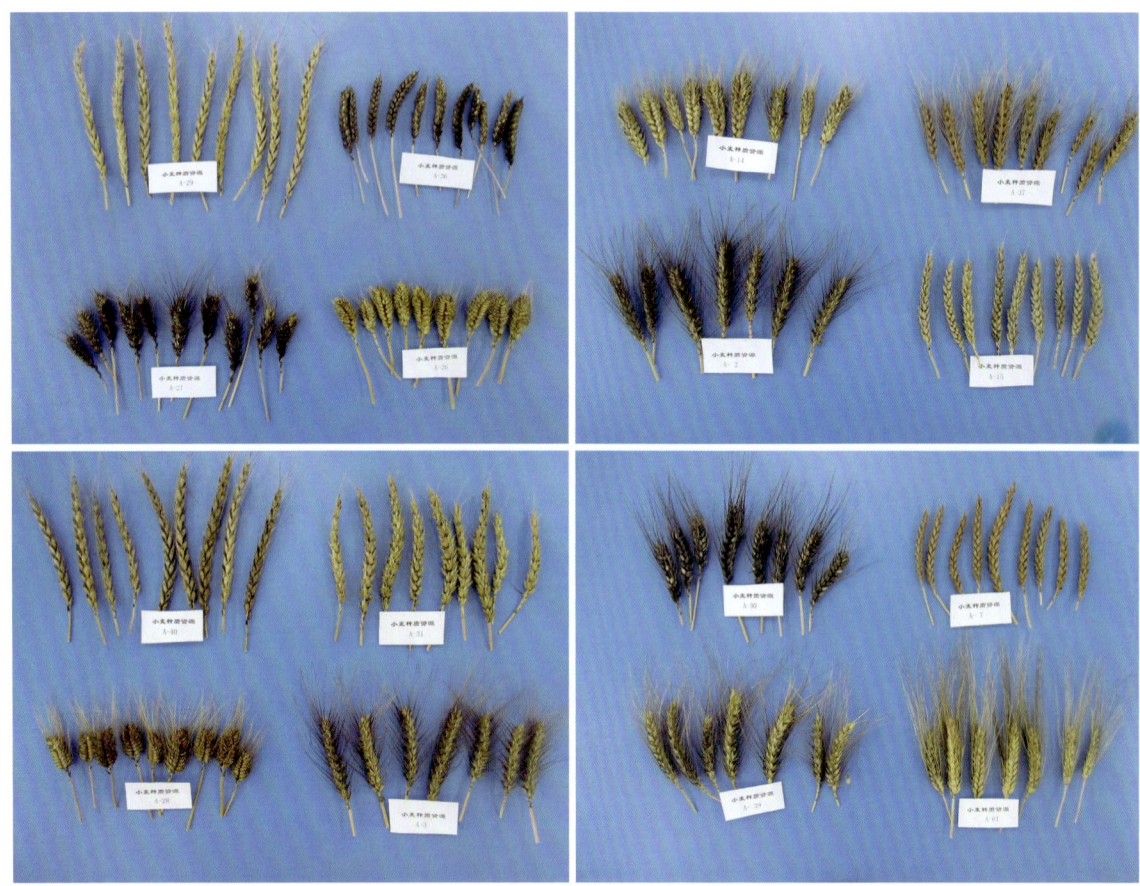

图 5-12　云南铁壳麦种质资源

图 5-13　铁壳麦资源大田繁育

四、小宗作物种质资源

云南小宗作物，传统上又称小杂粮，主要指山区零星种植、面积较小、当地具有特殊用途的一类粮饲兼用作物，历史上曾作为云南山区部分少数民族的主粮，多具有保健功能。

1 小宗作物资源概述

学　名： 云南小宗作物地方品种主要包括高粱（*Sorghum bicolor*）、谷子（*Setaria italica*）、糜子（*Panicum miliaceum*）、穇子（*Eleusine coracana*）、薏苡（*Coix lacryma-jobi*）、籽粒苋（*Amaranthus* spp.）、甜荞（*Fagopyrum esculentum*）、苦荞（*Fagopyrum tataricum*）、藜麦（*Chenopodium quinoa*）、食用稗（*Echinochloa crusgalli*）、地肤（*Kochia scoparia*）等种、变种的品种类型（王振鸿等，2008）。

种　群： 根据对已收集小宗作物资源的分类鉴定，云南现分布有高粱的7个种和变种；谷子不但分布有栽培种，而且有近缘野生种饲用粟狗尾草（*Setaria viridis*）；糜子主要为侧穗型、糯性资源；籽粒苋已收集入库的有7个种；藜麦有藜、杖藜、小藜3个种；荞麦种和变种极为丰富。各类小宗作物不但存在种、亚种和变种的多样性，而且存在生态类型、形态类型多样性。部分作物尚未做系统鉴定。

特　点： 一是云南小宗作物种质资源不但种类多，而且类型齐全。高粱、薏苡主要生长在海拔2000m以下的温热河谷地区；谷子、糜子、穇子、地肤主要生长在云南中部温带地区；食用稗、藜麦则主要分布在高寒冷凉山区；荞麦、籽粒苋在全省均有分布。二是云南小宗作物多为旱地作物，耐旱、耐贫瘠、生育期短，在自然灾害频发的云南山区，小宗作物在农业生产抗灾防灾、耕作制度完善、填闲补缺等方面具有重要作用。三是小宗作物也是特色民俗食品加工的重要原料，加之其多具保健功能，使其具有巨大的开发前景。云南小宗作物地方种质资源见图5-14，主要小宗作物籽粒见图5-15。

246　云南作物种质资源总论

图 5-14　云南小宗作物地方种质资源
1. 高粱；2. 谷子；3. 籽粒苋；4. 薏苡；5. 荞麦；6. 糜子；7. 穇子；8. 食用稗；9. 藜麦；10. 地肤；11. 狗尾草

图 5-15　主要小宗作物籽粒
1. 高粱；2. 谷子；3. 籽粒苋；4. 薏苡；5. 荞麦；6. 糜子；7. 穇子；8. 食用稗；9. 藜麦

2　荞麦

云南是中国荞麦种质资源的多样性分布中心和荞麦起源中心之一。其种类和生态类型在国内外首屈一指。荞麦又是云南小宗作物资源中最具特色和开发前景的作物，在云南农业生产中地位独特。

学　名：荞麦为蓼科（Polygonaceae）荞麦属（*Fagopyrum*）植物。云南荞麦为荞麦属种、亚种和变种的品种类型。

种　群：根据对已收集资源的分类鉴定，云南荞麦资源主要分为多年生和一年生两大类，共13个种、2个亚种和2个变种（见第二章）。栽培的两个种甜荞和苦荞均为一年生草本植物；野生荞麦资源既有多年生种，也有一年生种。荞麦不但存在种、亚种和变种的多样性，而且存在生态类型乃至形态类型多样性。从其种数和分布点看，云南荞麦资源存在两个主要分布中心：一是滇西分布中心，主要包括大理、丽江、迪庆等州市；二是滇中分布中心，主要包括昆明、玉溪等市。

特　点：一是分布广，种类多样。全省海拔500～3500m的广大地区均有分布，尤其在2000m左右的温凉山区分布最多；不但栽培荞麦地方品种资源十分丰富，而且拥有大量近缘野生种，荞麦种数约占世界的2/3，尤其是苦荞类资源极为丰富。二是适应性广，耐寒、耐旱、耐贫瘠，生育期短，抗逆性强。荞麦既是云南高寒山区的主要粮食作物，又是农业生产中抗灾救荒、轮作补茬、填闲补缺的理想作物。三是营养成分全面，食药兼用，保健功能强，部分野生种药用成分含量高，极具开发价值。总之，云南荞麦种质资源既是研究荞麦起源、演化和遗传改良的理想材料，又具有极大的开发前景。云南荞麦种质资源见图5-16，云南荞麦籽粒见图5-17。

图5-16　云南荞麦种质资源
1. 苦荞；2. 甜荞；3. 金荞麦；4. 细柄野荞麦；5. 小野荞麦；6. 线叶野荞麦

图5-17　云南荞麦籽粒

3　薏苡

学　名：薏苡（*Coix lacryma-jobi*）为禾本科薏苡属植物，是云南小宗作物的重要物种之一，也是与栽培玉米亲缘关系较近的野生近缘植物。

种　群：云南薏苡属植物不但野生种分布广泛，而且存在诸多栽培种和变种，但至今未做系统研究。栽培种和变种薏苡，云南民间俗称"薏米""六谷米"，通常作为医药保健食品食用。

特　点：云南薏苡属植物种类多，分布广泛，全境海拔2400m以下地区均有野生种分布，2000m左右为集中分布区。由于民族饰品、药用、保健等民族喜好，诸多资源得以保存。薏苡抗病、耐贫瘠、耐旱、多穗、生长势强，食、药、饲兼用，不仅是研究亚洲玉米进化的重要种质材料，也是栽培玉米遗传改良的重要种质资源。云南薏苡种质资源籽粒形态见图5-18，各种薏苡种质资源植株形态见图5-19，薏苡民族饰品见图5-20。

图 5-18 云南各种薏苡种质资源籽粒形态

图 5-19 云南各种薏苡种质资源植株形态

图 5-20 薏苡民族饰品

4 籽粒苋

云南籽粒苋生产历史悠久，种质资源十分丰富，为民间广泛种植的小宗作物之一。其菜、粮、饲兼用，且普遍用于加工特色食品。

学　名：籽粒苋（*Amaranthus* spp.）为苋科（Amaranthaceae）苋属（*Amaranthus*）植物。云南籽粒苋包括了苋属的多个种、亚种和变种及其不同生态类型。

种　群：云南苋属不但存在大量栽培种、逸生种，而且有野生种；不但存在种、亚种和变种的多样性，而且存在生态类型、形态类型多样性，植株茎、叶、穗型尤其是穗色五彩缤纷，已收集鉴定的有7个种，分别为尾穗苋（*A. caudatus*）、千穗谷（*A. hypochondriacus*）、繁穗苋（*A. cruentus*）、苋（*A. tricolor*）、绿穗苋（*Amaranthus viridis*）、凹头苋（*A. lividus*）、刺苋（*A. spinosus*）。

特　点：云南籽粒苋分布广，种类多。海拔600~3500m的低海拔热区到冷凉山区均有分布，多与玉米、豆类等旱地作物间套种；已完成收集入库的有7个种，约占全国11个种的64%。籽粒苋为双子叶植物，抗逆性强、适应性广、抗旱、耐贫瘠、耐盐碱、病虫害少、生长势强，多数品种全生育期110d左右。且其籽粒储藏淀粉中含有糯性淀粉，这在双子叶植物中并不多见。籽粒苋营养价值高、保健功能强，可开发的生物活性物质多，具有良好的产业化前景。云南籽粒苋种质资源见图5-21，籽粒苋籽粒见图5-22。

图5-21　云南籽粒苋种质资源
1. 尾穗苋；2. 苋；3. 凹头苋；4. 绿穗苋；5. 繁穗苋；6. 刺苋；7. 千穗谷

图 5-22 籽粒苋籽粒

1. 尾穗苋；2. 苋；3. 凹头苋；4. 绿穗苋；5. 繁穗苋；6. 刺苋；7. 千穗谷

五、豆类种质资源

豆类作物是云南省除禾谷类和薯类作物外栽培面积最大的作物类群。云南豆类作物，不但种类繁多，类型多样，而且分布极为广泛。除栽培种外，还分布有大豆属、菜豆属、豇豆属、木豆属野生资源。

1 豆类地方种质资源概述

学　名：云南豆类作物均属豆科（Leguminosae）蝶形花亚科（Papilionoideae）植物，多为一年生或越年生，少数多年生。

种　群：根据对已收集豆类资源的分类鉴定，云南食用豆类作物栽培种分属蝶形花亚科的12个属21个种（见第二章）。其不但存在属、种、亚种和变种的多样性，而且存在复杂的生态类型多样性、季节类型多样性乃至形态类型多样性。

特　点：一是云南栽培种食用豆类资源种类繁多、类型多样，中国有栽培记录的食用豆类在云南都有种植。二是云南栽培种食用豆类资源分布极为广泛。海拔300~3100m全省各县均有种植。三是栽培种食用豆类资源中，不乏珍稀种、特有种和特殊优良性状种质。诸多资源不但具有重要的学术和育种价值，而且具有良好的产业开发前景。云南豆类种质资源见图5-23、图5-24，大豆、架豆（菜豆属）、小豆种植生态见图5-25，野生豆类种质资源见图5-26。

图 5-23 云南豆类种质资源

1. 蚕豆；2. 豌豆；3. 黄豆；4. 普通菜豆；5. 多花菜豆；6. 饭豆；7. 绿豆；8. 架豆；9. 小扁豆

图 5-24 豆种资源的多样性

1~3. 黄豆；4~6. 豌豆；7~9. 菜豆

图 5-25 大豆、架豆（菜豆属）、小豆种植生态

图 5-26　野生豆类种质资源

1. 大豆；2. 小豆；3. 绿豆

2　蚕豆品种透心绿

蚕豆为云南豆类中种植面积最大的豆种，蚕豆资源十分丰富，不但拥有蚕豆所有的三个变种——大粒变种（*Vicia faba* var. *major*）、小粒变种（*Vicia faba* var. *minor*）和中粒变种（*Vicia faba* var. *equina*），而且形态类型、生态类型和农艺性状多样性丰富多变。地方品种保山透心绿因干籽粒子叶呈绿色而得名。

学　名：透心绿为中粒变种（*Vicia faba* var. *equina*）的地方品种。

来　源：云南保山、玉溪地方品种资源。

特　点：干籽粒子叶呈绿色，品质优；抗蚕豆锈病，中抗蚜虫。透心绿为地方特异种质，可作为特异品质改良和蚕豆锈病抗源材料。云南蚕豆品种透心绿见图 5-27。

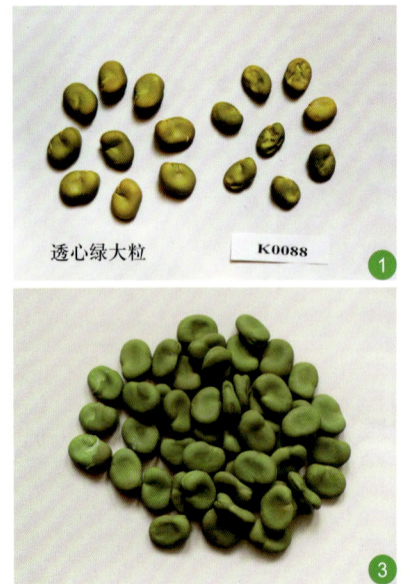

图 5-27　蚕豆品种透心绿

1, 2. 保山透心绿；3, 4. 新平透心绿

3 普通菜豆

普通菜豆为云南豆类中栽培最为广泛的豆种，种质资源十分丰富。

学　名：云南普通菜豆品种资源均为菜豆（*Phaseolus vulgaris*）的品种类型。

类　群：云南普通菜豆地方品种不但生态类型多样，而且植株生长特性、籽粒大小、形状、粒色、籽粒成分等也十分丰富。根据植株生长特性，云南栽培的普通菜豆可分为三种类型，即攀缘蔓生型、半蔓型和丛生直立型。前两种的开花习性为无限型，后者的开花习性为有限型。

特　点：一是分布广泛，云南70%以上的县都有收集样本，资源收集样本覆盖280～3100m海拔；三种菜豆中以蔓生型的分布最广，其次为丛生直立型，半蔓型分布较少。二是种类繁多，不同品种植株特性、籽粒形态、籽粒大小和粒色有明显的差别。三是优异资源丰富，云南普通菜豆品种资源大多数为硬荚种；粗蛋白含量普遍高于28%，淀粉含量高于50%；诸多资源高抗蚜虫、角斑病、炭疽病等病虫害，具有重要的学术和育种价值。云南普通菜豆种质资源见图5-28。

图5-28　云南普通菜豆种质资源

1. 丽江紫花腰子豆；2. 江川白腰子豆；3. 弥勒细白羊角豆；4. 弥渡雀蛋豆；
5. 永善黄粒四季豆；6. 兰坪紫红四季豆；7. 文山猫眼豆；8. 澜沧软壳花边豆

4 多花菜豆

云南省多花菜豆别名有大白芸豆、大花芸豆、大黑芸豆，民间也称荷苞豆、猪腰子豆、大花豆等，为云南高原山区广泛种植的一种传统的豆类出口农产品，在云南高原山区农民传统收入中占有重要地位。

学　名：多花菜豆地方品种均为多花菜豆（*Phaseolus multiflorus*）的品种类型。

来　源：主要为滇西北的丽江、迪庆，滇西的大理、怒江，滇中的楚雄及昆明禄劝、寻甸，滇东北的曲靖、昭通等地。

特　点：一是云南种植的多花菜豆多为蔓生无限型，籽粒大，百粒重达80～140g，种子呈宽肾形或宽椭圆形，种皮光滑，有色泽，营养丰富。二是分布广泛，多花菜豆在云南主要分布于25°N以北、海拔1800～3100m的高原山区，以2200～2600m地区最多。三是品种类型十分丰富，籽粒外形、皮色多样性高。云南多花菜豆籽粒见图5-29，多花菜豆传统种植见图5-30。

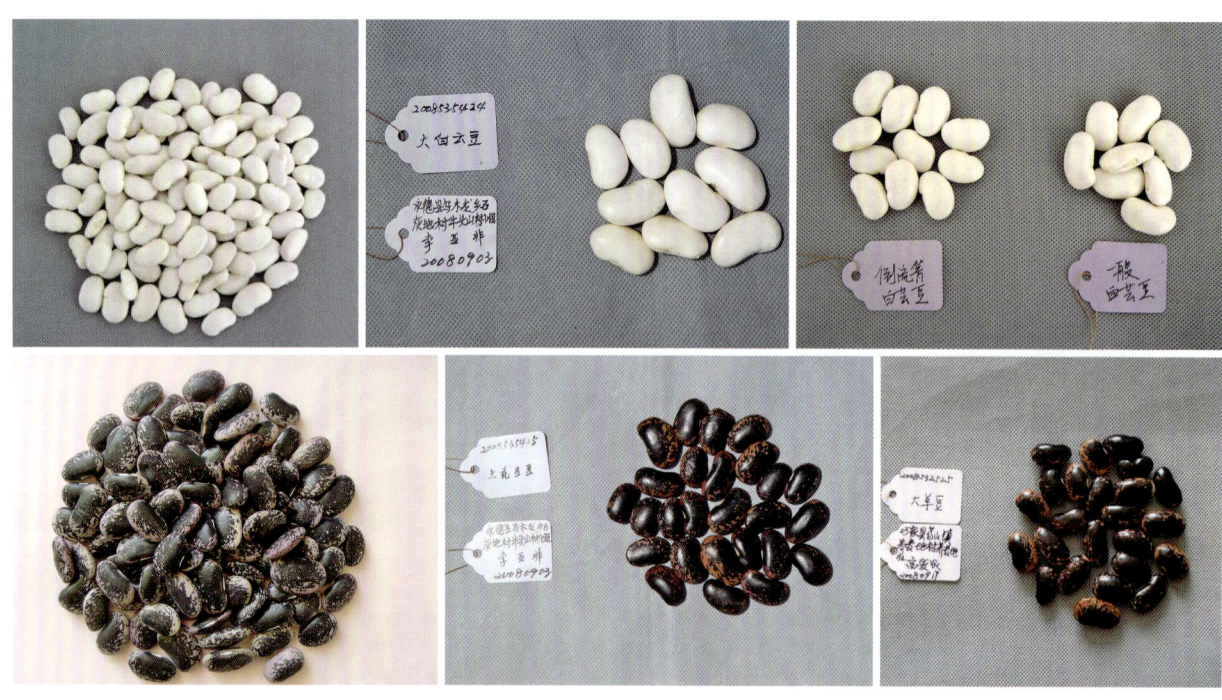

图5-29　多花菜豆籽粒

第五章　云南重要特色作物种质资源简介　257

图 5-30　多花菜豆传统种植

第二节　蔬菜种质资源

云南蔬菜种质资源十分丰富，不但存在大量的栽培种、半栽培种，而且由于地方和民族的习俗、喜好，存在大量野生种（周立端和龙荣华，2008）。

一、薯芋类种质资源

云南薯芋类蔬菜种类繁多，主要有7科9属14个种和变种，主要包括马铃薯（*Solanum tuberosum*）、芋（*Colocasia esculenta*）、山药（*Dioscorea batatas*）、魔芋属（*Amorphophallus*）、姜（*Zingiber officinale*）、甘薯（*Ipomoea batatas*）、葛（*Pueraria thomsonii*）等，主要分布在海拔260~3000m。其中，马铃薯、魔芋、山药、姜产业开发规模较大。

1　马铃薯

云南是我国种植马铃薯较早的省份之一。由于其粮、菜、饲兼用，耐贫瘠、生育期短，种植区域十分广泛。从海拔数百米的热区（冬季）到海拔3000多米的高寒山区都有种植，且几乎周年生产，是云南广大山区、民族地区种植最为广泛的作物之一（孙茂林等，2005）。

学　名：马铃薯地方品种均为马铃薯（*Solanum tuberosum*）的品种类型。

类　群：云南马铃薯地方品种不但生态类型多样，而且块茎大小、形状、皮色、肉色、糯性类型也十分丰富。

特　点：云南马铃薯地方品种资源种类繁多，诸多品种区域性强，与当地少数民族生活习俗密切相关，是云南最具民族性的作物之一，尤其是小块茎、彩色、糯性资源独具特色。在云南内地大部分主产区，马铃薯种质趋于同质化的情况下，这些具有民族性（区域性）的地方品种资源更显珍贵。云南马铃薯种质资源见图5-31。

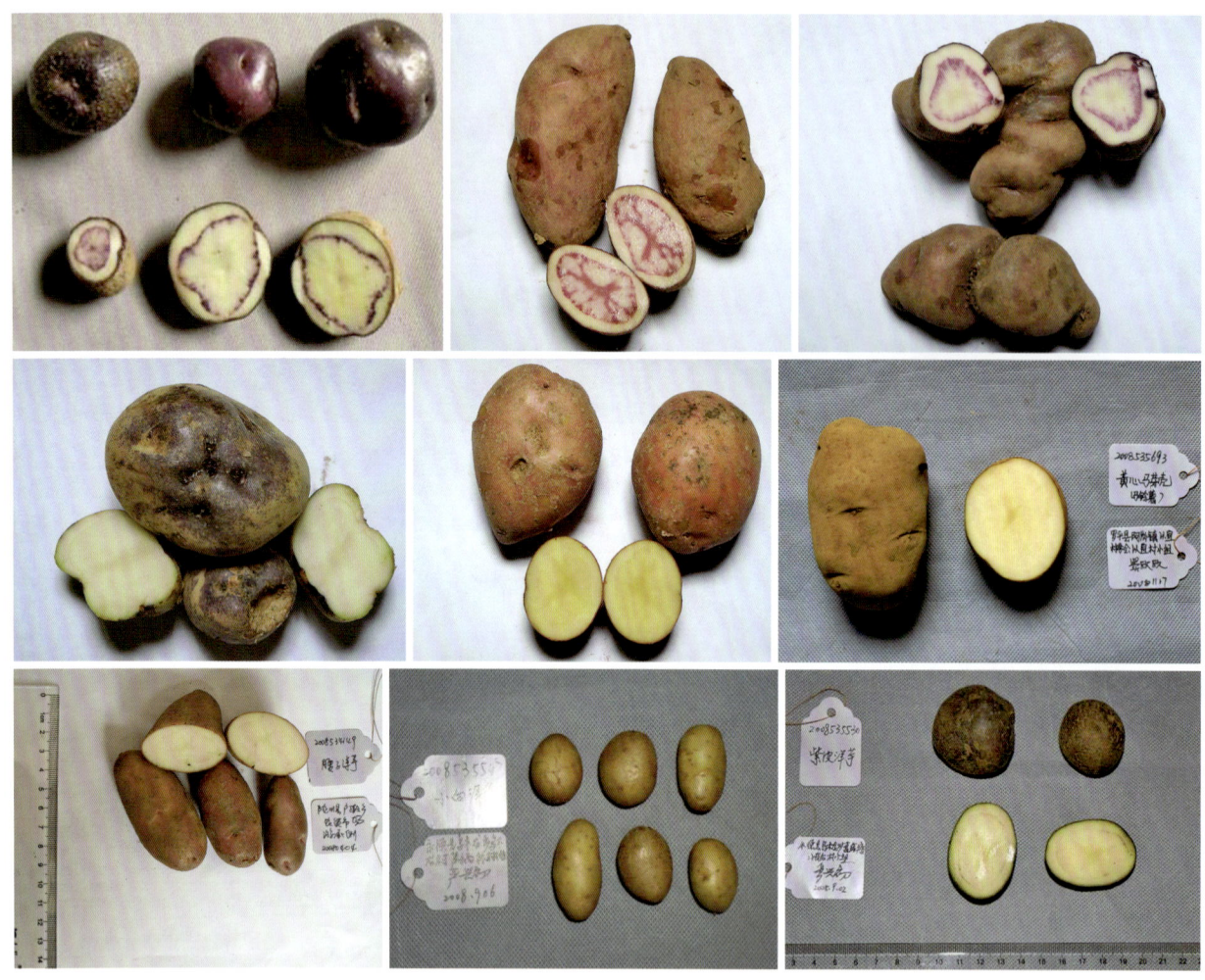

图5-31 云南马铃薯种质资源

2 魔芋

云南魔芋种植和食用历史悠久，物种资源、地方品种十分丰富。随着魔芋用途的拓展，尤其是医药、保健功能的开发，产业规模逐步形成，迅速发展。

学　名：云南魔芋（磨芋）为天南星科（Araceae）魔芋属（*Amorphophallus*）植物。目前进入产业化开发的主要为2个种，即白魔芋（*A. albus*）和花魔芋（*A. konjac*），其余多处于零星种植和野生状态。但近年来，珠芽魔芋（*A. bulbifer*）发展迅速。

类　群：根据对已收集资源的初步分类鉴定，按照2010年李恒教授对魔芋属植物分类的修订，中国现有魔芋植物有16个种，云南分布有11个种。除上述3个种外，其余为：西盟魔芋（*A. krausei*）、勐海魔芋（*A. kachinensis*）、红河魔芋（*A. hayi*）、疣柄魔芋（*A. paeoniifolius*）、滇魔芋（*A. yunnanensis*）、东京魔芋（*A. tonkinensis*）、谢君魔芋（*A. xiei*）和南蛇棒（*A. dunnii*）。按魔芋球茎的葡甘露聚糖含量划分，又可分为葡甘露聚糖型魔芋和淀粉型魔芋两大类，通常将葡甘露聚糖含量高于50%以上的作为高葡甘露聚糖魔芋；葡甘露聚糖含量35%~49%的作为中等葡甘露聚糖魔芋；淀粉含量高于70%的作为淀粉型魔芋。按去皮魔芋球茎色泽划分,又可分为白魔芋、花魔芋、黄魔芋和红魔芋等系列,红魔芋(谢君魔芋)由于去皮球茎色泽较深尚未规模开发。

特　点: 一是魔芋资源种类繁多,已确定的云南魔芋现有种占中国魔芋植物种类的68.8%。地方品种类型也十分丰富。二是分布广,海拔76.4～3300m均有魔芋资源分布,但大部分种集中分布于海拔1000m以下地区。云南魔芋种群密度由南向北呈下降趋势,纬度越高,魔芋物种越少;同一纬度地带随海拔升高物种类型减少。三是品质好。云南魔芋诸多栽培品种葡甘露聚糖含量高达50%～70%,尤其是白魔芋。云南部分魔芋种质资源见图5-32,丰富多彩的魔芋花见图5-33,魔芋籽穗和球茎见图5-34,魔芋球茎肉色见图5-35,魔芋规模化栽培见图5-36。

图5-32　云南部分魔芋种质资源
1. 白魔芋;2. 西盟魔芋;3. 疣柄魔芋;4. 滇魔芋;5. 花魔芋;6. 珠芽魔芋

图5-33　丰富多彩的魔芋花

图5-34　魔芋籽穗和球茎

1，4. 魔芋籽穗；2，3. 葡甘露聚糖型魔芋球茎；5，6. 淀粉型魔芋球茎

图 5-35 魔芋球茎肉色
1. 白魔芋；2. 花魔芋；3. 黄魔芋；4. 红魔芋

图 5-36 魔芋规模化栽培

3 山药

山药为薯蓣科（Dioscoreaceae）薯蓣属（*Dioscorea*）药食兼用植物，云南是其重要的原产地之一。山药在云南不但栽培历史悠久，种类繁多，而且分布广泛。海拔500～2600m均有种植。

学　名：云南山药地方品种为山药（*Dioscorea batatas*）和田薯（*D. alata*）的品种类型。

种　群：根据对已收集资源的初步分类鉴定，云南分布有山药和田薯2个种，3个变种均为山药变种，分别为：长山药（*D. batatas* var. *typical*）、棒山药（*D. batatas* var. *rakuda*）和佛掌山药（*D. batatas* var. *taukuml*）。

特　点：一是种类繁多，分布广泛。云南山药不但种和变种多，而且生态类型、块茎形态、皮色、肉色、糯性、品质多样；各种和变种都有若干类群，各类群有其特定的生态适宜区。二是栽培种和野生种类共存，单品种栽培规模不大。三是多为大茎种，植株生长势强，产量高。这些资源对山药遗传改良具有重要意义。云南山药种质资源块茎形状多样，见图5-37，红山药生态见图5-38。

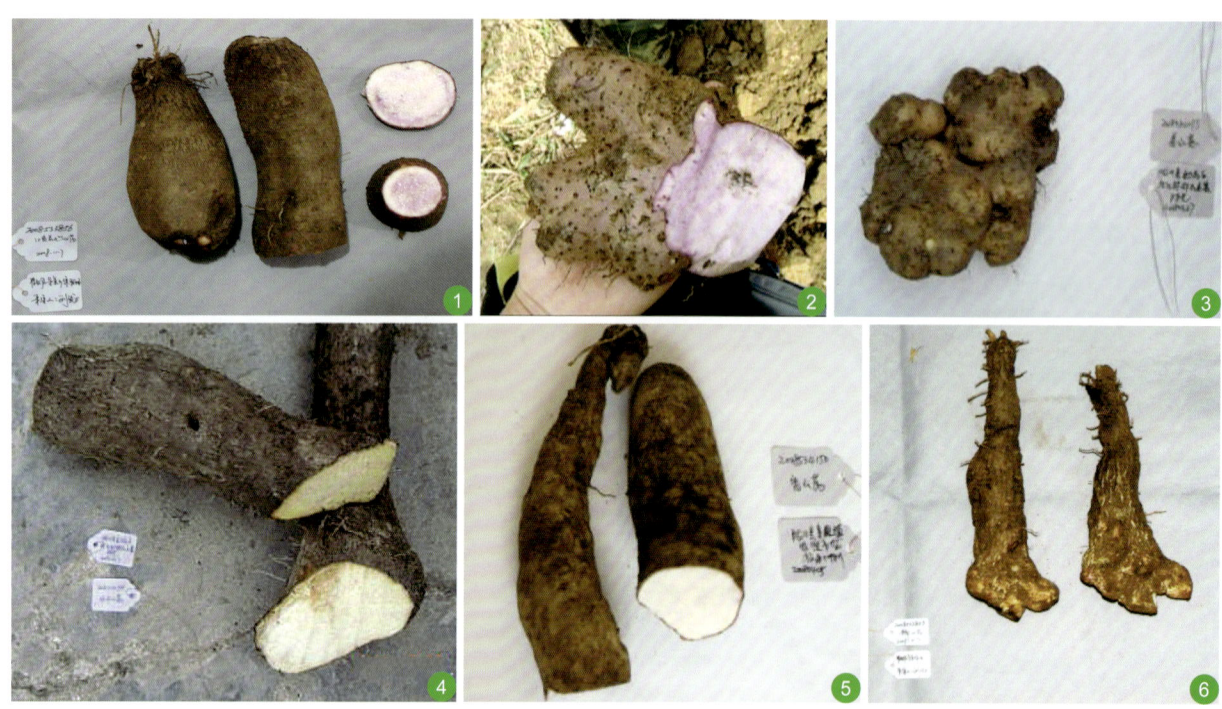

图5-37　块茎形状多样的山药资源
1. 花心山药；2. 红山药；3. 姜山药；4. 水牛山药；5. 香山药；6. 脚掌山药

图5-38 红山药生态

二、茄果类种质资源

云南茄果类蔬菜栽培历史悠久,地域分布广泛,海拔76.4～3300m均有栽培。尤其是辣椒和茄子资源十分丰富,不仅有各类栽培品种,也有大量野生种群。其中,小米辣、涮辣为云南诸多少数民族所喜爱,广泛分布于云南热带、亚热带的广大地区。

1 小米辣

学　名：小米辣为多年生灌木状辣椒（*Capsicum frutescens*）的地方品种。
来　源：主要分布于云南北热带及亚热带西双版纳、普洱、玉溪、红河、德宏、保山等广大地区。
特　点：一是种类繁多,分布广泛。二是水分少、果肉薄、肉质软、辣味强,辣椒素含量达0.4%～1.26%。三是耐高温高湿、抗病性强、坐果率高。其可直接应用于生产,或作为辣椒育种亲本材料,特别是作为高辣椒素育种的亲本材料。云南小米辣种质资源见图5-39。

图 5-39　云南小米辣种质资源

2　涮辣

学　名：一般认为涮辣为多年生灌木状小米辣的栽培变种（*Capsicum frutescens* cv. Shuanlaense）的地方品种，也有人认为其应为 *Capsicum chinense* 的地方品种。

来　源：主要分布于云南普洱、德宏等地区。

特　点：涮辣喜高温高湿环境，辣味极强，辣椒素含量高达 2.5%~3.73%。其为云南特有珍稀辣椒种质资源，可直接应用于生产，或作为辣椒育种亲本材料，特别是作为高辣椒素育种的亲本材料。云南涮辣种质资源见图 5-40。

图 5-40　云南涮辣种质资源

3 茄子

茄子为云南广泛栽培、群众喜好的重要蔬菜，云南茄子种质资源十分丰富。

学　名：茄子（*Solanum melongena*）为茄科（Solanaceae）茄属（*Solanum*）植物。云南茄子资源包括：茄子种和变种的地方品种、近缘野生种，部分资源学名待定。

种　群：根据对已收集资源的初步分类鉴定，云南分布有茄子的种和变种6个、近缘野生种3个，分别为：茄子（*S. melongena*）及其变种圆茄（*S. melongena* var. *esculentum*）、长茄（*S. melongena* var. *serpentinum*）、矮茄（*S. melongena* var. *depressum*）；水茄（*S. torvum*）、腾冲红茄（*S. integrifolium*）和苦茄（*S. yingjiangense*）；近缘野生种刺天茄（*S. indicum*）、野茄（*S. coagulans*）和五指茄（*S. mammosum*）。此外，尚有若干野生材料有待鉴定。

特　点：一是种和变种的地方品种繁多，分布广泛，尤其是长茄变种；栽培种资源中不乏耐热、耐湿、丰产材料。二是近缘野生茄种类多，风味独特，主要分布于云南南部湿热地区；近缘野生茄资源中，耐热、耐湿、抗黄萎病资源十分丰富。云南茄子资源既是茄子分类、演化研究的重要材料，又是遗传改良的重要种质资源。云南茄子种质资源见图5-41。

图5-41　云南茄子种质资源

1. 刺天茄；2. 五指茄；3. 扁红茄，为茄属野生资源，学名待定；4～9. 茄子地方品种

三、瓜类种质资源

云南瓜类蔬菜种质资源十分丰富，包括葫芦科10个属的种和变种，以及若干野生种，主要为南瓜属（*Cucurbita*）、黄瓜属（*Cucumis*）、西瓜属（*Citrullus*）、冬瓜属（*Benincasa*）、丝瓜属（*Luffa*）、苦瓜属（*Momordica*）、佛手瓜属（*Sechium*）、葫芦属（*Lagenaria*）、栝楼属（*Trichosanthes*）、小雀瓜属（*Cyclanthera*）等。黄瓜和黑籽南瓜资源独具特色。

1 黄瓜

黄瓜为葫芦科（Cucurbitaceae）黄瓜属（*Cucumis*）植物。云南黄瓜种植历史悠久，分布广泛，从海拔400m的西双版纳到海拔2000m的昭通均有种植。

学　名：黄瓜地方品种为黄瓜（*C. sativus*）种和变种的品种类型。

类　群：根据对已收集资源的初步分类鉴定，云南分布有普通黄瓜华南型和西双版纳黄瓜新变种的多个品种类型，以及2个近缘野生种。

特　点：一是瓜形、大小、皮色多样性十分丰富。二是诸多品种资源抗逆性、抗病强，品质优。例如，山地黄瓜耐旱、耐瘠；昆明寸金黄瓜耐霜霉病；昭通大黄瓜耐寒性强；西双版纳黄瓜耐热、耐湿等。加之，云南分布有黄瓜近缘野生种，云南黄瓜资源具有重要的研究和应用价值。云南黄瓜种质资源见图5-42，云南野生黄瓜见图5-43。

图5-42　云南黄瓜种质资源

图 5-43　云南野生黄瓜

2　西双版纳黄瓜

学　名：西双版纳黄瓜（*Cucumis sativus* var. *xishuangbannaensis*）为云南特有的黄瓜新变种。

来　源：主要分布于云南西双版纳州和普洱地区的热带雨林。依果形和皮色可分为9种类型。

特　点：一是西双版纳黄瓜外形、皮色、肉色、心室、表皮网纹等方面具有甜瓜的特征，但染色体数为$2n=14$，属于黄瓜。嫩瓜肉厚皮老、水分少，具有黄瓜的清香；老熟后果肉和胎座均为橘红色，多为5心室，较普通黄瓜多2个心室，一般认为是黄瓜与甜瓜的中间种。二是西双版纳黄瓜适宜在热带雨林气候环境下生长，耐热、耐湿、抗枯萎病、耐霜霉病、生长势极强。三是品质优良，其叶黄素、β胡萝卜素含量高，根据中国农业科学院蔬菜花卉所对21份西双版纳黄瓜老瓜的营养成分分析，β胡萝卜素含量为1.34～261.55mg/kg DW；叶黄素含量为0.096～1.013mg/kg DW；VC含量为3.37～5.94mg/100g；可溶性糖含量为1.23%～2.61%，Ca含量为96.7～289mg/kg；Fe含量为0.07～2.26mg/kg，Mg含量为85.5～151mg/kg，P含量为218～474mg/kg，Zn含量为0.33～3.27mg/kg。西双版纳黄瓜是研究黄瓜起源分类、甜瓜属进化和遗传改良的重要材料。西双版纳黄瓜见图5-44。

图 5-44　西双版纳黄瓜

3　黑籽南瓜

学　　名：黑籽南瓜（*Cucurbita ficifolia*）为葫芦科（Cucurbitaceae）南瓜属（*Cucurbita*）的一个种。
来　　源：主要分布于云南中北部海拔 1500~2200m 山区。
特　　点：黑籽南瓜为云南特有南瓜种类，地方品种类型较多，主要用作饲料。黑籽南瓜喜温暖气候，不耐高温，怕霜冻，在长日照条件下不能开花结实。其根系发达，生长势强，对枯萎病、疫病等土传病害近乎免疫。其籽成苗后用作黄瓜等瓜类抗土传病害砧木。黑籽南瓜见图 5-45。

图 5-45　黑籽南瓜

四、食药用菌类种质资源

云南食药用菌类种质资源种类繁多，分布广泛，珍稀种、特有种十分丰富，研究利用历史悠久（张光亚，2007）。

1 食药用菌类种质资源概述

学　名：云南食药用菌类种质资源分属子囊菌亚门（Ascomycotina）和担子菌亚门（Basidiomycotina）两个亚门至少20个目［伞菌目（Agaricales）、牛肝菌目（Boletales）、红菇目（Russulales）、非褶菌目（Aphyllophorales）、木耳目（Auriculariales）、银耳目（Tremellales）、花耳目（Dacrymycetales）、鬼笔目（Phallales）、腹菌目（Hymenogasterales）、柄灰包目（Tulostomatales）、马勃目（Lycoperdales）、硬皮马勃目（Sclerodermatales）、美口菌目（Calostomatales）、鸟巢菌目（Nidulariales）、麦角菌目（Clavicipitales）、肉座菌目（Hypocreales）、炭角菌目（Xylariales）、块菌目（Tuberales）、柔膜菌目（Helotiales）、盘菌目（Pezizales）］60科185属882种。

种　群：云南食药用菌类种质资源从形态特征上可分为5个类别，即伞菌类、非褶菌类（亦称多孔菌类）、胶质菌类、腹菌类、子囊菌类，前4类属担子菌亚门，后1类则属子囊菌亚门；从营养生态特征上可分为4种类型，即腐生性真菌类型、寄生性真菌类型、土生性真菌类型和共生性真菌类型。

特　点：一是云南食药用菌类种质资源种类繁多。科、属、种占全国的90%以上。二是分布广泛。以森林生态系统为主，寒温草甸和竹林生态系统也有特定种类分布；分布区域从热带到寒带，几乎覆盖云南全省。三是珍稀种、特有种极为丰富。干巴菌、牛肝菌、鸡枞菌等均为云南食用菌种质特色资源。四是开发利用前景广阔。目前云南食药用菌多处于野生资源直接利用阶段，驯化栽培利用不多，可开发资源极为丰富，且周年都有不同种质的食用菌发生，集中上市早，收市晚，发生期长。总之，云南食药用菌类种质资源不仅在学术研究和遗传改良上具有重要价值，而且具有广阔的开发利用前景。云南食用菌种质资源见图5-46、图5-47，云南食药用菌类种质资源见图5-48，栽培食药用菌见图5-49，云南野生食用菌交易市场见图5-50。

图 5-46　云南食用菌种质资源（一）

1. 莲座革菌（干巴菌）（*Thelephora vialis*）；2. 松口蘑（松茸）（*Tricholoma matsutake*）；
3. 印度块菌（*Tuber indicum*）；4. 尖顶羊肚菌（*Morchella conica*）

图 5-47　云南食用菌种质资源（二）

1. 鸡枞菌（*Termitomyces eurrhizus*）；2. 变绿红菇（青头菌）（*Russula virescens*）；
3. 鸡油菌（*Cantharellus cibarius*）；4. 木耳（*Auricularia auricula*）

图 5-48 云南食药用菌类种质资源（三）

1. 冬虫夏草（*Ophiocordyceps sinensis*）；2. 灵芝（*Ganoderma lucidum*）；3. 红托竹荪（*Dictyophora rubrovolvata*）

图 5-49 栽培食药用菌

1. 真姬菇（玉蕈）（*Hypsizygus marmoreus*）工厂化栽培；2. 金针菇（*Flammulina velutipes*）工厂化栽培；3. 姬松茸（巴氏蘑菇）（*Agaricus blazei*）大棚栽培；4. 双孢蘑菇（*Agaricus bisporus*）大棚栽培；5. 白灵芝（*Ganoderma lucidum*）代料栽培

图 5-50　云南野生食用菌交易市场

1. 澄江市印度块菌批发交易市场；2. 昆明市木水花野生菌批发市场；3. 禄劝县公路边野生菌市场；4. 安宁市野生菌零售市场

2　牛肝菌

学　名：牛肝菌目（Boletales）的相关属种。

种　群：云南牛肝菌类至少有380种，其中可食用的至少有172种，隶属于4科20属。常见的食用牛肝菌多为牛肝菌科牛肝菌属、乳牛肝菌属和疣柄牛肝菌属的种。

特　点：一是种类繁多，分布广泛。海拔900～4200m的阳坡地带均有分布。二是多夏秋季节生于针叶林、针阔叶混交林下或林缘草地上；单生、散生到丛生、簇生；与相关树种形成外生菌根关系。三是子实体大，菌肉肥厚，食味可口，营养丰富，深受大众喜爱。云南牛肝菌种质资源见图5-51、图5-52。

图 5-51 云南牛肝菌种质资源（一）

1. 黄皮疣柄牛肝菌（黄癞头）（*Leccinum crocipodium*）；2. 小美牛肝菌（*Boletus speciosus*）；
3. 褐盖牛肝菌（*Boletus phaeocephalus*）；4. 土褐牛肝菌（*Boletus pallidus*）

图 5-52 云南牛肝菌种质资源（二）

1. 乳酪金钱菌（*Collybia butyracea*）；2. 肉褐牛肝菌（*Boletus fulvus*）；3. 虎皮乳牛肝菌（*Suillus pictus*）；4. 美味牛肝菌（*Boletus edulis*）

第三节 果树种质资源

云南地处温热带过渡区域，栽培果树种类涵盖了全国大多数热带、温带、寒温带果树，资源十分丰富，可称为全国果树的大观园。此外，还有众多优良果树砧木资源，诸多资源为特有种、珍稀种（张文炳和张俊如，2008）。本节特色水果资源按目前云南种植规模大小分别介绍。

一、大面积种植水果种质资源

目前，云南商业化较大规模种植（3万hm^2）的水果大果种主要有香蕉、梨、苹果、柑橘、葡萄和桃等六大类。其中，香蕉和葡萄外销的比重较高。

1 大面积种植水果种质资源概述

学　名：云南大果种地方种质资源主要有香蕉（*Musa nana*）、梨属（*Pyrus*）、苹果属（*Malus*）、柑橘属（*Citrus*）、葡萄属（*Vitis*）和桃属（*Amygdalus*）等属的种和变种，以及地方品种和近缘野生种。

种　群：根据对已收集资源的分类鉴定，云南芭蕉资源共9个种；梨资源4个种，3个变种；苹果资源24个种，2个变种；柑橘资源中柑橘属13个种，2个变种，以及枳属2个种，1个变种，金柑属2个种；葡萄资源13个种，5个变种；桃资源3个种，3个变种。地方品种和近缘野生种资源十分丰富。诸多资源为特有种和珍稀种。

特　点：云南水果大果种资源种类多、分布广，尤其是芭蕉（香蕉为其一个栽培种）和柑橘等优势资源，但商业化开发的多为引进品种。资源利用研究相对滞后，但其丰富的种质资源为产业持续发展提供了支撑。云南大面积种植水果见图5-53。

图5-53　云南大面积种植水果

2 芭蕉

云南芭蕉种质资源十分丰富，几乎涵盖了全国本属植物的全部种。其中，香蕉近十年来为云南第一大栽培水果。

学　名：芭蕉为芭蕉科（Musaceae）芭蕉属（*Musa*）植物。云南芭蕉资源包括芭蕉属种和变种的地方品种、近缘野生种。

种　群：根据对已收集资源的分类鉴定，云南共分布有芭蕉属的9个种，包括阿希蕉（景颇语）（*M. rubra*）、指天蕉（*M. coccinea*）、蕉麻（*M. textilis*）、野蕉（*M. balbisiana*）、小果野蕉（*M. acuminata*）、阿宽蕉（景颇语）（*M. itinerans*）、野芭蕉（*M. wilsonii*）、香蕉（*M. nana*）、大蕉（*M. sapientum*）。除栽培种香蕉外，其他蕉种和类群也十分丰富，许多为特有种和珍稀种。

特　点：一是种质资源分布广泛。云南芭蕉种质资源主要分布于海拔1600m以下的热带、亚热带地区。但野芭蕉分布可达2700m以下。二是除香蕉在云南海拔1000m以下地区广泛种植外，其他蕉种多为零星种植，规模化开发极少。三是芭蕉与云南诸多民族生活习俗密切相关，蕉叶作为食物的外包叶、蕉花入菜、茎根作饲料、蕉果为诸多民族所喜爱甚至为宗教仪式必不可少的祭品且全株可入药。其民族性使之得以长期繁衍和保存。云南芭蕉资源在其演化研究和遗传改良上具有重要意义。云南芭蕉种质资源见图5-54。

276 云南作物种质资源总论

图 5-54 云南芭蕉种质资源
1. 窄叶芭蕉；2. 美人蕉；3. 小香芭蕉；4. 野绿芭蕉；5. 红芭蕉；6. 象腿芭蕉

3 冲天芭蕉

冲天芭蕉因果穗直立向上而得名。

学　名：冲天芭蕉为指天蕉（红蕉 *M. coccinea*）。

来　源：云南河口、金平、屏边等县海拔800m以下的沟谷地带。

特　点：冲天芭蕉为野生，零星分布，属珍稀濒危种质资源。其果穗直立向上，花苞殷红如炬，观赏性强。根据中国农业科学院对云南河口样本的调查和分析，其果实固形物含量为21.6%，淀粉含量7.9%，可溶性糖含量13.2%，钾含量较高，每100g果肉达223mg。抗病性好，生长于箐沟边，耐阴、耐湿。当地民族有药用习惯，认为其具有舒筋活血、补血、止血功效，多用于治疗心脏病、妇女血崩、流鼻血等病症。冲天芭蕉见图5-55。

图 5-55 冲天芭蕉

4 梨

云南为中国梨原产地之一。梨为云南广泛栽培、群众喜好的重要水果，云南梨种质资源十分丰富。

学　名：梨为蔷薇科（Rosaceae）梨属（*Pyrus*）植物。云南梨资源包括梨属种和变种的地方品种、近缘野生种。

种　群：根据对已收集资源的分类鉴定，在全国13个梨种中，云南分布有4个种、3个变种，分别为：滇梨（*P. pseudopashia*）、沙梨（*P. pyrifolia*）、川梨（*P. pashia*）、豆梨（*P. calleryana*）和川梨的3个变种——无毛川梨（*P. pashia* var. *kumaoni*）、钝叶川梨（*P. pashia* var. *obtusata*）、大花川梨（*P. pashia* var. *grandiflora*）。加之，4个引进种，共8个种，若干类群的420多个品种。

特　点：栽培历史悠久，分布广泛。全省海拔600m到3400m均有分布，不同种有其特定的海拔分布范围。川梨分布最广，沙梨品种群最多。诸多品种品质优良，特色明显，尤其是地方红皮梨资源十分丰富，以此为亲本选育的红皮梨已成为云南梨产业的代表性品种群。云南梨种质资源见图5-56，云南梨地方品种生态见图5-57。

图5-56　云南梨种质资源

1. 滇梨；2. 宝珠梨；3. 黄皮梨；4. 藏梨；5. 巴东乌梨；6. 安乐野梨；7. 布斯梨；8. 安南野梨；9. 棠梨刺

图5-57 云南梨地方品种生态

5 红皮梨

云南高原紫外线辐射强，地方红皮梨资源十分丰富。

学　名：云南红皮梨资源多为沙梨（*P. pyrifolia*）的地方品种群，如火把梨、红雪梨、秤砣梨等。
来　源：云南丽江、大理、楚雄、文山、昆明等地。
特　点：汁多、果肉淡黄到黄色、味酸甜、梨风味足、阳面皮色呈红色晕；不同品种果形、大小、品质风味、熟期多样性丰富，是梨遗传改良的重要材料。云南红皮梨种质资源见图5-58。

图5-58　云南红皮梨种质资源
1. 晋宁火把梨；2. 美人酥；3. 巍山秤砣梨；4. 文山红雪梨；5. 长把香酥梨；6. 巍山火把梨；7. 新育成红皮梨品种

6　柑橘地方种质资源

中国是柑橘类果树的重要原产地，云南柑橘类果树资源十分丰富，而且存在诸多原始种和珍稀种。

学　名：柑橘为芸香科（Rutaceae）柑橘亚科（Aurantioideae）柑橘亚族（Citrinae）植物。云南柑橘类果树资源主要包括：柑橘属（Citrus）、枳属（Poncirus）、金橘属（Fortunella）植物种和变种的地方品种、近缘野生种。

种　群：根据对已收集资源的分类鉴定，云南分布有柑橘属的13个种、枳属的2个种和1个变种、金柑属2个种，即柑橘属：红河大翼橙（C. hongheensis）、马蜂橙（C. hystrix）、宜昌橙（C. ichangensis）、枸橼（C. medica）、柚（C. grandis）、黎檬（C. limonia）、柠檬（C. limon）、橘（C. reticulata）、葡萄柚（C. paradisi）、来檬（C. aurantifolia）、酸橙（C. aurantium）、蟹橙（C. junos）和甜橙（C. sinensis）；枳属：普通枳（Poncirus trifoliata）、富民枳（P. polyandra）和飞龙枳变种（P. trifoliata var. monstrosa）；金柑属：金橘（F. margarita）、金柑（F. japonica）。

特　点：一是资源类型多，涵盖了大部分柑橘的栽培种类。二是分布有诸多原始柑橘种和变种，进一步证明了我国是柑橘起源中心之一。三是诸多资源材料抗病性、抗逆性强，熟期早。这些资源是柑橘类果树起源、演化研究和遗传改良的重要资源材料。云南柑橘地方种质资源见图5-59。

图5-59　云南柑橘地方种质资源
1. 早熟枳；2. 岩帅黄果；3. 蜂洞橘；4. 柠檬；5. 柚子；6. 香橼

7　红河大翼橙

　　大翼橙是目前栽培的各类芸香科柑橘属果树的祖先，红河大翼橙1975年被发现，1976年正式定名，为在我国发现的首个大翼橙特有种，国家二级保护野生植物。此后，1988年又在云南元江县发现了元江大翼橙，被认为是红河大翼橙的变种。

学　名：红河大翼橙（*C. hongheensis*）是柑橘属（*Citrus*）的一个野生种。

来　源：云南红河县，生长于海拔1820m的山坡丛林。

特　点：红河大翼橙抗逆性强，翼叶长12～18cm，果近球形、橙色，果皮厚1.5～2cm，果肉淡黄白色，汁胞长短不等，味酸，微带苦。红河大翼橙的发现证明了我国是柑橘的重要起源中心，不仅对研究柑橘起源、演化具有重要的学术意义，在生产和育种上也具有重要价值。红河大翼橙种质资源见图5-60。

图5-60　红河大翼橙种质资源

8 宜昌橙

宜昌橙也是柑橘属果树的原始种，国家二级保护野生植物。云南分布有宜昌橙、小果宜昌橙，2008年又在云南元江县发现了宜昌橙的原始群落。可见宜昌橙原始类型在云南分布较为广泛。

学　名：宜昌橙（*C. ichangensis*）是柑橘属（*Citrus*）大翼橙亚属的一个野生种。

来　源：云南保山、大理、昭通、玉溪等地，生长于海拔600~1800m的灌木及沟谷丛林。

特　点：分布广，类型多；耐寒力强、耐阴、耐贫瘠、抗病性强，是柑橘属植物的优良砧木，在柑橘演化研究上占有重要的地位。2008年在云南元江县发现的原始宜昌橙居群见图5-61。

图5-61　2008年在云南元江县发现的原始宜昌橙居群

二、小面积种植水果种质资源

在云南已作为商品生产、种植面积较小水果的种类多，分布广，资源丰富，既有传统果种，也有引进种。诸多特色此类果种具有较好的开发前景。

1 小面积种植水果地方种质资源概述

云南小面积种植水果地方种质资源十分丰富，历史上以地方品种为主，随着新品种的引进和新果种的开发，大部分小面积种植水果生产逐步呈现以引进品种为主的态势。

学　名： 云南具有一定生产规模的小面积种植水果主要为芒果（*Mangifera* spp.）、石榴（*Punica* spp.）、荔枝（*Litchi* spp.）、龙眼（*Dimocarpus* spp.）、李（*Prunus*）、柿（*Diospyros*）、猕猴桃（*Actinidia*）、枇杷（*Eriobotrya* spp.）、火龙果（*Hylocereus* spp.）、菠萝（*Ananas* spp.）、杨梅（*Morella* spp.）、蓝莓（*Vaccinium* spp.）、枣（*Ziziphus* spp.）、山楂（*Crataegus* spp.）、番木瓜（*Carica* spp.）、杏（梅）（*Armeniaca* spp.）等属的种和变种、地方品种和近缘野生种。

种　群： 根据对已收集资源的分类鉴定，云南分布有芒果6个种；石榴1个种3个变种；荔枝1个种2个亚种（其中褐毛荔枝为云南特有亚种）；龙眼3个种；李5个种1个变种；柿23个种3个变种；猕猴桃33个种、23个变种和2个变型；枇杷13个种2个变型；柠檬3个种；火龙果引进种1个；菠萝引进种1个；杨梅3个种2个变种；蓝莓6个种1个变种；枣9个种；山楂7个种；番木瓜1个种；杏（梅）3个种4个变种。

特　点： 一是种类繁多，分布广，既有热带、亚热带果种，又有温寒带果种。云南是猕猴桃、柿和芒果全国资源最为丰富的省份。二是特色突出，开发前景广。由于云南特殊的自然条件，适宜果种多，品质优，且能错季生产，效益好，诸多特色果种具有较好的开发前景。三是总体上地方种质资源利用研究滞后，生产性品种多为引进品种，但其丰富的种质资源将为产业开发与持续发展奠定基础。云南小面积种植水果地方种质资源见图5-62。

图 5-62　云南小面积种植水果地方种质资源
1. 石榴；2. 荔枝；3. 龙眼；4. 芒果；5. 柠檬；6. 猕猴桃；7. 杨梅；8. 柿；9. 枇杷

2　猕猴桃

中国是猕猴桃资源最多的国家。根据1990年全国猕猴桃资源调查的结果，全国共有猕猴桃属植物59个种、43个变种和7个变型，占世界（63种）的93.7%。云南猕猴桃资源十分丰富，而且存在诸多原始种和珍稀种。

学　名： 猕猴桃为猕猴桃科（Actinidiaceae）猕猴桃属（*Actinidia*）植物。云南猕猴桃资源主要为该属植物种、变种和变型的地方品种、近缘野生种。

种　群： 根据对已收集资源的分类鉴定，云南分布有猕猴桃属的33个种、23个变种和2个变型（见《云南作物种质资源　果树篇　油料篇　小宗作物篇　蔬菜篇》）。其中，特有种和变种18个。

特　点： 一是种类繁多，云南猕猴桃属植物种类及特有种和变种数量居全国之首。二是分布广，但存在3个集中分布区。云南猕猴桃资源海拔340～3400m全省各县均有分布。但主要集中分布在年平均气温11～18℃的滇东南富宁、麻栗坡、西畴、马关、屏边、河口、蒙自、金平；滇东北彝良、镇雄、威信、绥江、水富、永善、会泽和滇西的云龙、龙陵、腾冲、盈江等县。三是特有种、珍稀种多，高维生素C的3个种即河口猕猴桃、毛花猕猴桃和阔叶猕猴桃云南均有；紫果猕猴桃生长海拔高达1500～3000m。诸多资源材料抗病性、抗逆性强，是猕猴桃起源、演化研究和遗传改良的重要资源材料。云南果树资源圃猕猴桃种质资源见图5-63，野生猕猴桃种质资源见图5-64。

284 云南作物种质资源总论

图 5-63 云南果树资源圃猕猴桃种质资源

图 5-64 野生猕猴桃种质资源
1. 红茎猕猴桃；2. 贡山猕猴桃；3. 毛枝京梨猕猴桃；4. 罗平猕猴桃

3 芒果

芒果原产于南亚，为热带水果。我省主要种植区在海拔1350m以下的热带、亚热带地区。近年来，随着农业产业结构的调整，芒果种植面积呈快速增长态势，2015年已近3.3万hm^2。

学　名：芒果为漆树科（Anacardiaceae）芒果属（*Mangifera*）植物。云南芒果资源主要为该属植物种的地方品种。

种　群：根据对已收集资源的分类鉴定，云南分布有芒果属的6个种，即滇南芒（*M. austroyunnanensis*）、芒果（*M. indica*）、泰国芒果（*M. siamensis*）、扁桃芒果（*M. persiciformis*）、长梗芒果（*M. longipes*）、林生芒果（*M. sylvatica*）。引进品种和地方品种资源均十分丰富。

特　点：一是种类多，芒果成熟期从5月初到11月都有芒果上市。二是芒果产区主要沿河谷分布，目前已初步形成了元江流域早熟（5~7月）、怒江流域中熟（6~8月），以及金沙江、澜沧江流域晚熟（9~11月）三个芒果产业带。三是地方品种资源多为早熟青皮芒、小红芒等滇南芒品种。诸多品种资源树龄高达数十年，是十分珍贵的种质资源材料。但目前较大面积种植的商品芒果多为近十年引进品种。云南部分芒果种质资源见图5-65。

图5-65　云南部分芒果种质资源
1. 秋芒；2. 三年芒；3. 象牙芒；4. 帕拉英达；5. 圣心；6. 本地芒

三、其他水果种质资源

由于云南多样的自然生态优势，因此适种的水果种类繁多，除以上介绍的两大类外，还有许多种被归并入其他水果中。

1 其他水果种质资源概述

此处仅介绍部分具有较大开发价值的果种。

学　　名： 樱桃属（*Cerasus*）、余甘子属（*Phyllanthus*）、酸角（罗望子）属（*Tamarindus*）、木瓜属（*Chaenomeles*）、榕属（*Ficus*）、桑属（*Morus*）、悬钩子属（*Rubus*）、牛油果（*Butyrospermum parkii*）等属种和变种、地方品种和近缘野生种。

种　　群： 根据对已收集资源的分类鉴定，云南分布有樱桃属20个种3个变种，车厘子（*Cerasus pseudocerasus*）栽培种主要为引进品种；余甘子属18个种；罗望子属1个种，2个品系；树莓（悬钩子）属98个种19个变种、3个变型；木瓜属4个种；无花果属67个种29个变种；桑属8个种3个变种；牛油果属资源尚未系统研究，但在云南南部低海拔地区存在各种果形不同的地方种质资源。目前，引自美国、墨西哥、智利的品种已在云南南部多地试种。

特　　点： 一是云南民族传统果种资源十分丰富，但大多处于野生、半野生待开发自然状态，具有特定的开发价值。二是云南适种果种多，诸多果种开发前期多以引进品种为主，但云南均有相关的地方品种和近缘野生种资源，为其改良提供了遗传基础。三是诸多云南传统果种风味特殊，且多与特定的药用和保健功能相关，具有良好的开发前景，如山榄科的牛油果、大戟科的木奶果（三丫果）（*Baccaurea ramiflora*）、胡颓子科的羊奶果（*Elaeagnus sarmentosa*）等。云南其他水果地方种质资源见图5-66。

图5-66　云南其他水果地方种质资源

1. 车厘子；2. 树莓；3. 牛油果；4. 罗望子；5. 余甘子；6. 酸木瓜

2 余甘子资源

余甘子为云南热区传统地方果种之一,资源类型极为丰富。

学　名:云南余甘子为大戟科(Euphorbiaceae)叶下珠属(*Phyllanthus*)余甘子(*Phyllanthus emblica*)种的地方品种,俗称橄榄、滇橄榄等。

种　群:根据对已收集资源的分类鉴定,云南余甘子按分布、果型、皮色、果味和成熟期可分为不同品种、品系类型。

特　点:一是云南余甘子主要分布在南部亚热带地区,多沿河谷水系在500~2000m均有分布,集中分布区为900~1400m的干热河谷地带。全省野生余甘子林分布超过4万hm²。二是多处于野生、半野生自然状态,由于自然杂交,其品种类型十分丰富。仅从果型大小看,其直径0.2~4.7cm,单果重5~50g。三是余甘子为食药兼用果种,保健功能突出。其维生素C含量高达1.5%,消炎、生津止渴、润肺化痰、健胃消食,对多种疾病具有预防、辅助治疗作用。余甘子耐贫瘠、耐旱,栽培管理简易,生态效益突出,具有较好开发前景。余甘子种质资源见图5-67。

图5-67　余甘子种质资源

3 盈玉余甘子

学　名：盈玉余甘子为余甘子（*Phyllanthus emblica*）大果型选育品种。

来　源：由云南省农业科学院热区生态农业研究所（元谋）从收集自云南的108份余甘子地方品种资源中系统选育获得，既为栽培种，也是重要的余甘子资源类型。

特　点：一是适应性广，产量高。目前已在云南滇中、滇西大面积推广，产量可达2.5～3.0t/666.7m²。二是果型大。单果重32.8～52.8g，平均单果重45.1g。比普通余甘子大3～5倍。三是品质好。外观周正、果味浓、生津回味佳。总酸含量1.92%，总糖含量3.97%，维生素C含量459.6mg/100g。其具有极好的开发前景。盈玉余甘子见图5-68。

图5-68　盈玉余甘子

4 罗望子

罗望子也为云南热区传统地方果种之一，资源类型十分丰富。

学　名：云南罗望子为豆科（Fabaceae）酸角属（*Tamarindus*）罗望子（*Tamarindus indica*）种的地方品种，俗称酸角、酸豆等。

种　群：根据对已收集资源的分类鉴定，云南罗望子有酸酸角、甜酸角两个品种类型。

特　点：一是云南罗望子主要分布在1300m以下的低海拔热区，为低海拔干热区典型果树树种之一。二是罗望子在云南有较长的栽培历史，现发现的诸多资源树龄长达数百年，为传统的民间果种，其果实耐储存，有机酸含量高，味酸、甜，可直接食用或加工成糖果、饮料，清热解暑，具保健功能；入药有消积食、缓腹泻、清热解毒等疗效。三是罗望子适应性强，耐瘠、耐旱、栽培粗放、易管理，是干热河谷区造林、保水重要的生态树种。云南罗望子种质资源见图5-69。

图5-69　云南罗望子种质资源

5 树莓（悬钩子）

树莓（悬钩子）也是云南的传统地方果种，种质资源十分丰富。

学　名：云南树莓（悬钩子）为蔷薇科（Rosaceae）树莓（悬钩子）属（*Rubus*）的不同种、变种和变型。

种　群：根据对已收集资源的分类鉴定，云南分布有树莓（悬钩子）属98个种19个变种、3个变型。常见的食用种主要为：粉枝莓（*R. biflorus*）、悬钩子（*R. corchorifolius*）、黄锁莓（*R. lambertianus*）、黄泡（*R. obcordatus*）、茅莓（*R. parvifolius*）、黄果莓（*R. xanthocarpus*）、黑锁莓（*R. foliolosus*）等。

目前栽培的大果型品种多来自国外。

特　点： 一是云南树莓分布广、种类多，全省海拔1300～3000m均有树莓分布，不同种树莓分布的海拔区域不同。二是树莓抗逆性强、生长快，栽培方式简单，果实成熟早，但不耐储。三是树莓多甜酸可口，富含维生素，老幼皆宜，极受市场欢迎，可生食和制果汁、果酱、果冻及酿酒，根叶可入药。其具有较好的开发前景。云南树莓（悬钩子）种质资源见图5-70。

图5-70　云南树莓种质资源

1. 栽培品种；2. 红腺悬钩子；3. 橘红悬钩子；4. 刺毛悬钩子；5. 椭圆悬钩子；
6. 红泡刺藤悬钩子；7. 插田泡悬钩子；8. 绢毛悬钩子；9. 绵果悬钩子

四、林果（坚果）种质资源

云南为全国第三大林区，2015年全省森林面积超过2100万hm^2，林果（坚果）资源十分丰富。

1 主要栽培林果（坚果）

本部分主要介绍目前较大规模种植、在全国具有特殊地位的果种。据统计，云南目前种植规模较大的林果主要为核桃、草果、澳洲坚果、咖啡、油茶、八角、板栗等。

学　名：胡桃属（*Juglans*）、草果（*Amomum tsaoko*）、澳洲坚果（*Macadamia ternifolia*）、咖啡属（*Coffea*）、油茶（*Camellia oleifera*）、八角（*Illicium verum*）等植物的种、变种和品种。

种　群：核桃为胡桃科（Juglandaceae）胡桃属（*Juglans*）植物，云南共有4个种，即胡桃（*J. regia*）、云南核桃（*J. sigillata*）、野核桃（*J. cathayensis*）、沧江核桃（*J. cangjiangensis*），加上引进的山核桃属（*Carya*）美国山核桃（*C. illinoinensis*）共2个属5个种；草果为姜科（Zingiberaceae）豆蔻属（*Amomum*）植物，使用的基源植物有3种，即草果（*A. tsaoko*）、拟草果（*A. paratsaoko*）和野草果（*A. koenigii*）；澳洲坚果为山龙眼科（Proteaceae）澳洲坚果属（*Macadamia*）植物，有1个栽培种的若干品种；咖啡为茜草科（Rubiaceae）咖啡属（*Coffea*）植物，云南共有3个种，分别为小粒咖啡（*C. arabica*）、中粒咖啡（*C. canephora*）、大粒咖啡（*C. liberica*），主要栽培种为小粒咖啡；油茶为山茶科（Theaceae）山茶属（*Camellia*）植物，主要栽培种为白花油茶（*C. oleifera*）和大果红花油茶（*Camellia semiserrata*）；八角为八角科（Illiciaceae）八角属（*Illicium*）植物，栽培种1个。

特　点：云南可开发的经济林果种类繁多，资源十分丰富。诸多已开发林果在全国占有特殊地位，如核桃、草果、澳洲坚果、咖啡等种植面积、产量均为全国第一。但总体呈现引进果种多、地方果种开发不够、栽培技术相对滞后的现象。云南主要栽培林果种质资源见图5-71。

图5-71　云南主要栽培林果种质资源

1. 核桃；2. 油茶；3. 咖啡；4. 澳洲坚果；5. 草果；6. 八角

第四节 经济作物种质资源

传统的经济作物主要指工业原料作物，尤其是轻工业原料作物。其涵盖面极为广泛，广义上，甚至将粮食作物以外的其他作物均纳入经济作物范畴。本节将除上述三节以外的作物资源纳入本节介绍。

一、茶树种质资源

云南是世界茶树的原产地和起源演化中心之一，茶树栽培和利用历史悠久，茶树种质资源十分丰富。茶叶产品主要为绿茶、红茶和普洱茶。

1 茶树种质资源

学　名：云南茶树（*Camellia sinensis*）为山茶科（Theaceae）山茶属（*Camellia*）茶组（sect. Thea）植物的种、亚种和变种。

种　群：根据对已收集资源的分类鉴定，按1998年张宏达先生对茶组植物的订正，云南共分布有茶组植物的4个系22个种，3个变种。其中，特有种11个种，1个变种（张宏达，1998）。

特　点：一是种类多，大、中、小叶种类型俱全，以大叶种为主，且特有种比例高。云南茶树种类占已发现茶组植物种和变种的比例高达69.44%（1998年订正）。二是分布广。云南全省129个县（市）中，117个分布有茶组植物，气候类型囊括了热带、亚热带、温带和寒带。三是特异资源、野生大茶树和近缘植物，以及古茶园十分丰富。从野生型、过渡型到栽培型种类齐全，原始性强，多样性丰富。云南古茶树种质资源见图5-72，栽培茶树资源见图5-73。

图 5-72　云南古茶树种质资源

1. 邦崴古茶树；2. 景谷秧塔大白茶；3. 倚邦古茶树；4. 勐宋古茶树；5. 贺开古茶树；6. 香竹箐古茶树；7. 南糯山古茶树

图 5-73　栽培茶树资源

1，2. 景谷白茶；3，4. 古树茶；5. 栽培型古树茶（800余年）；6，7. 台地大叶茶；8. 茶树花

2 紫娟茶

学　名：紫娟茶（*C. sinensis* var. *assamica* cv. Zijuan）属于阿萨姆变种（*C. sinensis* var. *assamica*）的选育品种。

来　源：由云南省农业科学院茶叶研究所（勐海）从收集自勐海南糯山的地方品种资源阿萨姆亚种突变株单株选育获得，既为栽培种，也是重要的茶树资源类型。

特　点：一是紫娟茶属大叶种，嫩梢芽、叶、茎呈紫色，富含花青素，一芽二叶新梢中花青素含量高达3.55%，具有独特香味。二是紫娟茶为高茶多酚、高咖啡碱特异种质，茶多酚含量达39.31%，咖啡碱含量达5.63%。三是紫娟茶具有多种保健功能，已有的研究表明，紫娟茶具有明显的抗氧化活性、神经元保护活性，以及降血压、抗过敏等特性。紫娟茶见图5-74。

图5-74　紫娟茶

二、甘蔗种质资源

云南甘蔗栽培历史悠久，栽培种、野生种和近缘属种资源丰富。

1 甘蔗种质资源

学　名：云南甘蔗种质资源包括甘蔗属（*Saccharum*）及甘蔗近缘属，即蔗茅属（*Erianthus*）、芒属（*Miscanthus*）、河八王属（*Narenga*）的种、地方品种和生态类型。

种　群：根据对已收集资源的分类鉴定，将云南作为原产地分布的主要是甘蔗属的1个栽培原种（中国种*S. sinense*）和1个野生种（细茎野生种*S. spontaneum*）；甘蔗近缘属植物蔗茅、芒、河八王、狼尾草、白茅等8个种。

特　点：云南甘蔗种质资源种类繁多，遗传多样性十分丰富。一是地方品种多，但多为中细茎品种。二是野生种以细茎野生种割手密（*S. spontaneum*）为主，生态类型多样。三是近缘属种丰富，特异性状突出，如滇蔗茅的高锤度、象草（*Pennisetum purpureum*）的巨大生物量、白茅（*Imperata cylindrica*）的开花习性等，在甘蔗遗传改良上具有重要意义。云南保存的部分甘蔗种质资源见图5-75。

图5-75　云南保存的部分甘蔗种质资源

1. 甘蔗地方品种；2. 甘蔗大茎野生种；3. 甘蔗细茎野生种（割手密）；4. 蔗茅属的滇蔗茅；
5. 蔗茅属的斑茅；6. 芒属的芒；7. 白茅属的白茅

三、大麻种质资源

大麻为一年生草本植物，其植株因含有可使人产生致幻成瘾的活性成分四氢大麻酚（tetrahydrocannabinol，THC），而被列为毒品原植物之一。但由于大麻纤维、籽、秆、花叶甚至全株具有较高的经济开发利用价值，其低毒型（THC＜0.3%）大麻又被作为工业大麻在监控条件下允许合法种植和产业化开发利用。云南特殊的自然条件和部分民族利用大麻纤维、麻籽的习俗，使得诸多大麻资源得以保存。

1 大麻种质资源

学　名：云南大麻（*Cannabis sativa*）为大麻科（Cannabaceae）大麻属（*Cannabis*）植物的野生资源、地方品种和生态型，俗称火麻、胡麻等。

种　群：根据对已收集资源的分类鉴定，云南大麻为一个种，但存在诸多野生资源、地方品种和生态型。

特　点：一是分布广、生态类型多。所收集资源涵盖了云南14个州市海拔550～3280m的广大地区。二是用途广，可利用价值高。麻皮为特异优质纤维；麻秆极轻，可用作造纸和建筑材料；麻籽富含不饱和脂肪酸，具有保健功能；枝叶除含有毒性成分四氢大麻酚外，还含有无致幻成瘾活性、具有极高药用价值的大麻二酚（cannabidiol，CBD）。三是大麻资源中既有低四氢大麻酚含量（THC＜0.3%）品种，也有高四氢大麻酚含量（THC≥0.5%）的品种，且其雌雄异株，极易混杂。因此，产业化开发需在监控条件下进行。目前，云南已选育出低THC、高CBD系列品种，供生产安全应用。云南大麻种质资源见图5-76，云南工业大麻生产见图5-77。

图 5-76 云南大麻种质资源

1～5. 野生大麻；6. 庭院种植大麻；7. 雌株花穗；8. 雌雄同株；9. 各类麻籽粒

图 5-77 云南工业大麻生产

1. 籽用大麻；2. 纤维用大麻；3，4. 工业用大麻规模化种植

四、花卉种质资源

云南花卉资源包括栽培花卉和野生花卉两部分，或者说以鲜切花为代表的现代花卉种和传统地方花卉资源两部分。现生产上常见的现代花卉种质资源多引自国外，地方资源利用尚处于起步阶段。但云南花卉资源十分丰富，已收集整理的云南野生观赏花卉植物就多达96科763属4392种（周浙昆等，待出版）。现代花卉中的月季、百合、菊花、兰花等云南资源也十分丰富，诸多资源为现代花卉的原始种，具有巨大的研发潜力。

1 主要栽培花卉种质资源概述

学　名： 云南已利用的花卉资源种类主要为石竹科（Caryophyllaceae）、蔷薇科（Rosaceae）、百合科（Liliaceae）、菊科（Asteraceae）、天南星科（Araceae）、鸢尾科（Iridaceae）、兰科（Orchidaceae）、禾本科（Gramineae）、毛茛科（Ranunculaceae）、山茶科（Theaceae）、木兰科（Magnoliaceae）、杜鹃花科（Ericaceae）、报春花科（Primulaceae）、秋海棠科（Begoniaceae）、姜科（Zingiberaceae）、木樨科（Oleaceae）、龙胆科（Gentianaceae）、桃金娘科（Myrtaceae）、山龙眼科（Proteaceae）等的香石竹、月季、百合、非洲菊、菊花、郁金香、洋桔梗、唐菖蒲、马蹄莲、兰花、山茶花、杜鹃花、火龙珠、帝王花、针垫花等。

种　群： 云南常见鲜切花作物近50种；观花盆栽作物近70种；庭院花卉作物200余种；食用、药用、工业用花卉植物300余种（张颢，待出版）；大量栽培花卉、野生花卉种群。

特　点： 一是云南观赏花卉植物资源种类繁多，分布广泛，特色明显，在国内外占有重要地位。二是特有种、珍稀种、野生种资源十分丰富，但总体开发利用不足。三是云南地处低纬高原，热量丰富、光多质好，四季如春，十分有利于花卉植物的生长与繁育，花卉产品周年生产，花色艳丽，特色鲜明，花卉产业具有极大的开发前景。云南鲜切花资源见图5-78，盆栽花卉资源见图5-79，其他用途花卉类见图5-80，野生花卉资源见图5-81。

图5-78　云南鲜切花资源

第五章 云南重要特色作物种质资源简介 299

图 5-79 盆栽花卉资源
1. 月季；2. 报春花；3. 海棠；4. 茶花；5. 春剑；6. 杜鹃

图 5-80 其他用途花卉类
1. 万寿菊（色素用）；2. 玫瑰（食用/香料）；3. 薰衣草（香料）；4. 石斛（药用）；5. 牡丹（油用）；6. 莲花（食用）

图 5-81　野生花卉资源

1. 大花杓兰（*Cypripedium macranthum*）；2. 紫牡丹（*Paeonia delavayi*）；3. 黄花鸢尾（*Iris wilsonii*）；4. 一把伞南星（*Arisaema erubescens*）；5. 缘毛鸟足兰（*Satyrium ciliatum*）；6. 附子（*Aconitum carmichaeli*）

2　云南八大名花简介

　　20世纪60年代初，我国著名植物学家冯国楣先生根据云南观赏植物资源的种类特征，提出了富有代表性的"云南八大名花"，即山茶、杜鹃、龙胆、兰花、木兰、百合、绿绒蒿和报春花，从一个侧面反映了云南多姿多彩的花卉资源（施宗明，1999）。

学　名：山茶属（*Camellia*）、杜鹃属（*Rhododendron*）、龙胆属（*Gentiana*）、兰属（*Cymbidium*）、木兰属（*Magnolia*）、百合属（*Lilium*）、绿绒蒿属（*Meconopsis*）、报春花属（*Primula*）。

种　群：云南山茶为山茶科山茶属植物。该属植物全球共约120种，中国计95种，云南有39种，观赏山茶花主要指华东山茶（*Camellia japonica*）和云南山茶（*C. reticulata*）。杜鹃花为杜鹃科杜鹃属植物，全球共约960种，中国计542种，云南有306种和变种。龙胆为龙胆科龙胆属植物，全球共约400种，中国计247种，云南有130多种。作为主要兰花种类的兰科兰属植物，全球共48种，中国有29种5个变种，云南有26种3个变种。木兰为木兰科植物，全球共约15属300余种，中国有11属107种，云南有11属58种。百合为百合科百合属植物，全球共约80种，中国有46种，云南有约20种和变种。绿绒蒿为罂粟科绿绒蒿属植物，全球共约49种，中国有38种，云南约有20种和变种。报春花为报春花科报春花属植物，全球共500余种，中国有300余种，云南有150余种。

特　点：云南八大名花以其多姿绚丽，观赏价值高，种类繁多而闻名于世。既有草本花卉，又有木本花卉；既有鲜切花，又有盆栽花卉和庭院花卉。其大部分名花资源种类占全国同类花卉种类的一半以上，具有巨大的开发前景。云南八大名花资源见图5-82和图5-83。

图5-82　云南八大名花资源（一）

1，2. 山茶（*Camellia reticulata*）；3，4. 玉兰（*Magnolia denudata*）

图5-83　云南八大名花资源（二）

1. 百合（宝兴百合 *Lilium duchartrei*）；2. 龙胆（矮龙胆 *Gentiana wardii*）；3. 报春花（灰石岩报春 *Primula forrestii*）；
4. 杜鹃（橙黄杜鹃 *Rhododendron citriniflorum*）；5. 绿绒蒿（全缘叶绿绒蒿 *Meconopsis integrifolia*）；6. 兰花（石斛 *Dendrobium nobile*）

3 兰花资源

兰花以其素雅、涵香而在中国和东方文化中享有极高的声誉。兰花为云南八大名花之一，种质资源十分丰富。

学　名：兰花是兰科（Orchidaceae）植物花的通称。兰属（*Cymbidium*）植物是我国传统栽培的主要兰花种类。

种　群：全球兰科植物约有700属20 000种，中国有171属1247种，云南有135属764种；兰属植物全世界共有48种，中国有29种5个变种，云南有26种3个变种，其中6种为云南特产。人们习惯上将兰花分为中国兰（简称国兰）和"热带兰"（又称"洋兰"）两大类。传统的中国兰主要为兰属植物，其中虽有相当部分为附生，但常作地生栽培（盆栽），故也称地生兰；热带兰基本为附生，故也称附生兰。

特　点：一是云南兰花资源分布广泛，种类繁多。二是云南兰花栽培历史悠久，明清时期已经有系统记载，云南民间广泛种植。三是云南兰花千姿百态，色彩鲜明，清丽脱俗，具有极大的开发潜力。云南兰花种质资源见图5-84和图5-85。

图5-84　云南兰花种质资源（一）

1. 春兰；2. 墨兰；3. 春剑；4. 豆瓣兰；5. 落叶兰；6. 珍珠矮；7. 马关兰；8. 文山红柱兰；9. 独占春素

图 5-85 云南兰花种质资源（二）
1. 长叶兰；2. 黄蝉兰；3. 大雪兰；4. 多花兰；5. 福兰；6. 冬蕙兰；7. 碧玉兰；8. 沙草兰

4 月季

切花月季不仅是云南还是中国乃至世界的第一大切花。云南是月季的重要原产地和演化中心，月季资源十分丰富。在国际学术界比较认同的现代月季主要来自的蔷薇属15个野生种中，10种产于中国（中国科学院中国植物志编辑委员会，1985），6种产于云南（中国科学院昆明植物研究所，2006），可见云南月季在现代月季发展中的地位。

学　名：云南月季为蔷薇科（Rosaceae）蔷薇属（*Rosa*）蔷薇亚属（*Rosa*）的种和变种。

种　群：根据《云南植物志》记载，云南分布有蔷薇亚属的41个种和17个变种（型）。包括9个组（section）、7个系（series），以及部分特殊种群及种间过渡类型。根据对已收集的52个种（变种/型）的植株类型分析，云南月季资源又可分为三种类型，即直立型，约占收集种（变种和变型）的44%；攀缘型，约占42%；开展型约占14%。

特　点：一是云南月季资源种类繁多，种类齐全，种数约占全国的43%，但涵盖了全国蔷薇属蔷薇亚属的全部组系。二是分布广，不同种交叉重叠分布，但不同种仍有其特定或集中分布生态区。从水平分布看，云南月季资源遍及全省各州市；从垂直分布看，海拔200～5000m均有月季资源分布。直立型月季多分布在海拔2200m以上的高寒山区；攀缘型分布在海拔200～3300m区域；开展型则分布在海拔800～3700m地区。三是云南月季资源具有诸多特异性状，如连续开花、抗病、耐寒、香气、大花、无刺等，并存在大量特殊种群及种间过渡型材料，对月季育种和发育演化研究具有重要意义。云南月季种质资源见图5-86和图5-87。

图5-86 云南月季种质资源（一）
1. 单瓣月季花（*Rosa chinensis* var. *spontanea*）；2. 中甸刺玫（*Rosa praelucens*）；
3. 大花香水月季（*Rosa odorata* var. *gigantea*）；4. 粉红香水月季（*Rosa odorata* var. *erubescens*）

图5-87 云南月季种质资源（二）

1. 桔黄香水月季（*Rosa odorata* var. *pseudindica*）；2. 黄木香花（*Rosa banksiae* f. *lutea*）；
3. 月月粉（*Rosa chinensis* cv. 'Pallida'）；4. 中甸蔷薇（*Rosa zhongdianensis*）

五、药用植物种质资源

云南药用植物资源十分丰富，已查明的药用植物共有315科1814属6157种（云南省药物研究所，2003）。《中国药典》收载药用植物821种，云南有462种；《中药大词典》收载药用植物4773种，云南有2600余种（南京中医药大学，2006）。此外，尚有大量民族药用植物，全省药用植物超过6000种。进入人工栽培生产的已达数十种。目前，较大规模种植开发的有：三七、天麻、当归、金银花、杜仲、雪上一枝蒿、薯蓣、灯盏花、黄花蒿、石斛、砂仁、穿心莲等。近年来，重楼、黄精、白及也在快速发展。

1 主要栽培药用植物资源

学 名：目前云南规模化种植的主要药用植物有三七（*Panax notoginseng*）、天麻（*Gastrodia elata*）、灯盏花（短葶飞蓬）（*Erigeron breviscapus*）、黄花蒿（*Artemisia annua*）、石斛属（*Dendrobium*）、重楼属（*Paris*）、黄精（*Polygonatum sibiricum*）、白及（*Bletilla striata*）等植物的种、变种和生态型。

种 群：三七为五加科（Araliaceae）人参属（*Panax*）植物；天麻为兰科（Orchidaceae）天麻属（*Gastrodia*）植物；灯盏花为菊科（Asteraceae）飞蓬属（*Erigeron*）植物；黄花蒿为菊科（Asteraceae）蒿属（*Artemisia*）植物；石斛为兰科（Orchidaceae）石斛属（*Dendrobium*）植物；重楼为藜芦科（Melanthiaceae）重楼属（*Paris*）植物；黄精为百合科（Liliaceae）黄精属（*Polygonatum*）植物；白及为兰科（Orchidaceae）白及属（*Bletilla*）植物。由于栽培药用植物多从野生种特定生态群驯化栽培而来，根据相关资源的调查和考察，云南多数栽培药用植物均存在大量野生种、变种和生态型。

特　点：一是云南药用植物种类繁多，分布广，既有热带、亚热带植物，又有温带和寒带植物，资源类型十分丰富。二是存在大量特有种、珍稀种和替代种，由于云南特殊的自然条件，药材质量普遍较高。三是云南栽培药用植物多处于由野生向驯化栽培发展的阶段，相关研究相对滞后。云南规模化栽培的药用植物种质资源见图5-88和图5-89，药用植物野生资源见图5-90。

图5-88　云南规模化栽培的药用植物种质资源（一）

1. 三七（*Panax notoginseng*）；2. 天麻（*Gastrodia elata*）；3. 灯盏花（*Erigeron breviscapus*）；4. 黄花蒿（*Artemisia annua*）

图 5-89　云南规模化栽培的药用植物种质资源（二）

1. 石斛（*Dendrobium nobile*）；2. 重楼（*Paris* sp.）；3. 黄精（*Polygonatum sibiricum*）；4. 白及（*Bletilla striata*）

图 5-90　药用植物野生资源

1～3. 三七；4～6. 重楼；7～9. 砂仁

主要参考文献

陈勇, 戴陆园. 2005. 云南作物种质资源——稻作篇//黄兴奇. 云南作物种质资源·稻作篇 玉米篇 麦作篇 薯作篇. 昆明: 云南科技出版社: 1-266.

陈宗龙, 张建华, 番兴明. 2005. 云南作物种质资源——玉米篇//黄兴奇. 云南作物种质资源·稻作篇 玉米篇 麦作篇 薯作篇. 昆明: 云南科技出版社: 267-465.

杨木军, 伍少云, 曾亚文, 等. 2005. 云南作物种质资源——玉米篇//黄兴奇. 云南作物种质资源·稻作篇 玉米篇 麦作篇 薯作篇. 昆明: 云南科技出版社: 457-636.

王振鸿, 王莉花, 王建军. 2008. 云南作物种质资源——小宗作物篇//黄兴奇. 云南作物种质资源·果树篇 油料篇 小宗作物篇 蔬菜篇. 昆明: 云南科技出版社: 514-519.

何玉华, 包世英. 待出版. 云南作物种质资源——豆类篇//黄兴奇. 云南作物种质资源·豆类篇 野生花卉篇 栽培花卉篇. 昆明: 云南科技出版社.

周立端, 龙荣华. 2008. 云南作物种质资源——蔬菜篇//黄兴奇. 云南作物种质资源·果树篇 油料篇 小宗作物篇 蔬菜篇. 昆明: 云南科技出版社: 621-823.

孙茂林, 谢世清, 何云昆, 等. 2005. 云南作物种质资源——薯类篇//黄兴奇. 云南作物种质资源·稻作篇 玉米篇 麦作篇 薯作篇. 昆明: 云南科技出版社: 1-266.

李恒. 2010. 中国魔芋志. 北京: 科学出版社.

张光亚. 2007. 云南作物种质资源——食用菌篇//黄兴奇. 云南作物种质资源·食用菌篇 桑树篇 烟草篇 茶叶篇. 昆明: 云南科技出版社: 1-433.

张文炳, 张俊如. 2008. 云南作物种质资源——果树篇//黄兴奇. 云南作物种质资源·果树篇 油料篇 小宗作物篇 蔬菜篇. 昆明: 云南科技出版社: 1-236.

张宏达. 1998. 中国植物志. 北京: 科学出版社.

周浙昆, 胡虹, 陈文允. 待出版. 云南作物种质资源——野生花卉篇//黄兴奇. 云南作物种质资源·豆类篇 野生花卉篇 栽培花卉篇. 昆明: 云南科技出版社.

张颢. 待出版. 云南作物种质资源——栽培花卉篇//黄兴奇. 云南作物种质资源·豆类篇 野生花卉篇 栽培花卉篇. 昆明: 云南科技出版社.

施宗明. 1999. 云南名花鉴赏. 昆明: 云南科技出版社.

中国科学院中国植物志编辑委员会. 1985. 中国植物志 第三十七卷. 北京: 科学出版社.

中国科学院昆明植物研究所. 2006. 云南植物志 第十二卷. 北京: 科学出版社.

云南省药物研究所. 2003. 云南天然药物图鉴. 昆明: 云南科技出版社.

南京中医药大学. 2006. 中药大词典. 上海: 上海科学技术出版社.

附录1　云南省农业科学院作物种质资源库（圃）简介

作物种质资源是农业科研的重要基础。多年来，云南省农业科学院一直将作物种质资源保护利用作为科研的重要组成部分，建立了院、所和课题三级保护、评价利用研究体系。院设作物种质资源种子库，各专业所设种质资源圃，各课题（学科、团队）结合科研收集保存常用种质资源专业材料。到2015年，全院共建有各类种质资源库（圃）12个，即一库、十圃、一中心，分别为：院作物种质资源种子库（昆明）、果树资源圃（昆明）、花卉植物资源圃（昆明）、药用植物资源圃（昆明）、甘蔗种质资源圃（开远）、茶叶种质资源圃（勐海）、热带亚热带经济植物资源圃（保山）、高山经济植物资源圃（丽江）、桑树资源圃（蒙自）、热区特色经济植物资源圃（元谋）、云南野生稻原位保护资源圃（元江、普洱、孟定、景洪）和家蚕种质资源保存中心（蒙自）。其中，果树资源圃为国家果树种质云南特有果树及砧木资源圃；甘蔗种质资源圃为国家甘蔗种质资源圃；茶叶种质资源圃为国家种质大叶茶树资源圃（勐海）。全院共保存各类种质资源近10万份，资源标本6.5万份。其中，稻种资源、甘蔗资源、大叶茶树资源、花卉资源、热带果树资源、猕猴桃资源、红花资源、大麻资源等在全国占有特殊的地位。

一、云南省农业科学院作物种质资源种子库

云南省农业科学院作物种质资源种子库位于云南省昆明市省农业科学院内，承建和管理单位为云南省农业科学院生物技术与种质资源研究所。该库始建于1990年，由农业部和云南省共同出资兴建，建设面积为-5℃保存区12m^2，时为中国西南地区第一个农作物种质资源库。2003年，云南省财政厅投入专项经费进行改扩建，建设面积为-5℃保存区20m^2；-10℃保存区52.5m^2。2017年云南省投资新建，建设面积为238.5m^2，包括：长期保存库76m^2，保存温度-18℃，相对湿度$<50\%$，种子保存寿命可达50年；长期可调库36.3m^2，可调温度$-18\sim14$℃；中期保存库2间，共56m^2，保存温度为-4℃，相对湿度$<50\%$，种子寿命10~15年，总库容量7万份。现保存各类作物种质资源24 671份。云南省农业科学院作物种质资源库建设见附图1~附图3。

二、国家果树种质云南特有果树及砧木资源圃（昆明）

国家果树种质云南特有果树及砧木资源圃位于云南省昆明市省农业科学院园艺研究所内，承建和管理单位为云南省农业科学院园艺研究所。该圃始建于1989年，建设规模120亩，是经农业部批准建设的三个国家专业特色果树种质资源保存圃之一（新疆、吉林各1个），专门用于收集保存云南及周边

附图1　云南省农业科学院一代作物种子库

附图2　云南省农业科学院二代作物种子库

附图3　云南省农业科学院新建作物种质资源种子库

附录1　云南省农业科学院作物种质资源库（圃）简介　311

地区的特有果树（含野生及地方品种）及砧木资源。目前，已调查、收集、保存的资源涉及16科32属163种，共1260份。以苹果属、梨属、猕猴桃属、桃属、李属、樱桃属等野生资源及地方品种为主，是我国16个果树种质资源圃中保存种类最多的资源圃。国家果树种质云南特有果树及砧木资源圃见附图4~附图6。

附图4　国家果树种质云南特有果树及砧木资源圃

附图5　国家果树种质云南特有果树及砧木资源圃猕猴桃资源

附图6　国家种质云南特有果树及砧木资源圃梨资源

三、国家甘蔗种质资源圃（开远）

国家甘蔗种质资源圃位于云南省红河州开远市省农业科学院甘蔗研究所内，承建和管理单位为云南省农业科学院甘蔗研究所。该圃始建于1992年，是依托国家"八五"科技攻关子专题"甘蔗种质资源保存和主要性状鉴定评价"启动建设，并于1995年10月通过国家验收，统一纳入国家农作物种质保存和管理体系的资源圃。此后，在云南省乃至国家支持下，多次进行规范改扩建，资源圃基础设施、资源保存条件、研究条件和水平大幅提升，达到了国际先进、国内领先水平。目前，资源圃占地35亩，共编目保存甘蔗及其近缘属种质资源6属16种2725份。其中，甘蔗属复合群（Saccharum complex）资源4属14种2686份；云南地方资源800余份；国外（澳大利亚、墨西哥、法国、泰国、越南、菲律宾、日本、美国等10多个国家）资源325份。资源圃是我国目前规模最大、保存数量最多、属种最丰富的甘蔗种质资源保存、研究与利用基地，资源保存量居世界第二位。国家甘蔗种质资源圃见附图7和附图8。

四、国家种质大叶茶树资源圃（勐海）

国家种质大叶茶树资源圃位于云南省西双版纳州勐海县省农业科学院茶叶研究所内，承建和管理单位为云南省农业科学院茶叶研究所。该圃是在省农业科学院茶叶研究所原始材料园基础上逐步发展而来的。1983年在云南省科学技术委员会支持下，省农业科学院茶叶研究所在原始材料园基础上，启动规划建设占地30亩的茶树资源圃；1990年，云南省茶树种质资源圃/国家种质勐海茶树资源分圃正

附录1 云南省农业科学院作物种质资源库（圃）简介 313

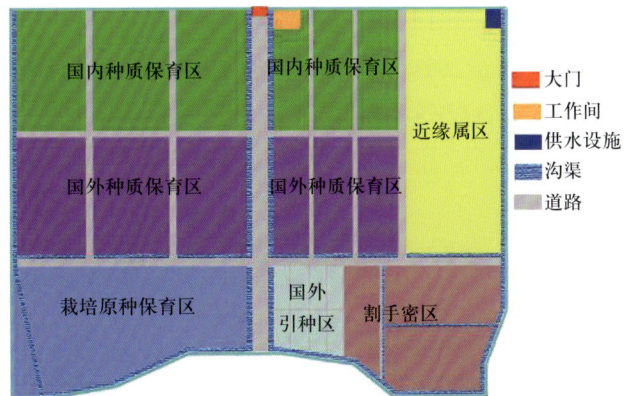

附图7 国家甘蔗种质资源圃布局和设施

附图8 国家甘蔗种质资源圃保存资源

式挂牌成立；2012年，经农业部批准，国家种质勐海茶树资源分圃升格为国家种质大叶茶树资源圃（勐海），并于2014年启动改扩建工程。目前，资源圃占地70亩，共收集保存云南茶树种质资源2560余份，其中，已分类资源1619份、待定资源857份、近缘植物24份，是目前国内最大的大叶茶种质资源活体保存研究基地。国家种质大叶茶树资源圃见附图9，其保存资源见附图10。

附图9　国家种质大叶茶树资源圃

附录 1　云南省农业科学院作物种质资源库（圃）简介　315

附图 10　国家种质大叶茶树资源圃保存资源

五、云南热带经济作物资源圃（保山）

云南热带经济作物资源圃位于云南省保山市潞江坝省农业科学院热带亚热带经济作物研究所内，承建和管理单位为云南省农业科学院热带亚热带经济作物研究所。该圃创建于 1952 年，后经多次改扩建。目前，该圃占地 100 多亩，保存有 153 科 572 属 6000 多份热带特色经济作物种质资源。其特色优势资源主要为：柑橘、芒果、蛋黄果、牛油果、莲雾、荔枝、龙眼等热带水果；咖啡、澳洲坚果、胡椒、木薯，以及热带中药材等。该圃是云南从事热作种质资源收集、保存、鉴定、评价及利用研究的主要基地。云南热带经济作物资源圃见附图 11，其保存资源见附图 12。

附图 11 云南热带经济作物资源圃

附图 12 云南热带经济作物资源圃保存资源

1. 柠檬；2. 芒果；3. 荔枝；4. 莲雾；5. 澳洲坚果；6. 黄皮

六、云南干热河谷区特色经济作物资源圃（元谋）

云南干热河谷区特色经济作物资源圃位于云南省楚雄州元谋县省农业科学院热区生态农业研究所内，承建和管理单位为云南省农业科学院热区生态农业研究所。该圃始创建于1989年，后经多次改扩建。该圃占地500多亩，保存有热带果树资源12科200余份；热带能源作物种质资源14种429份；蔬菜、葡萄、辣木、香椿、热带牧草、干热区生态树种等资源600余份。其中，罗望子、余甘子、葡萄、热带牧草、干热区生态树种和热带能源作物为其特色优势资源。云南干热河谷区特色经济作物资源圃见附图13。

附图13　云南干热河谷区特色经济作物资源圃

1. 资源圃大门；2，3. 罗望子资源；4，5. 余甘子资源；6. 小桐子资源

附录2 1978~2015年云南省农业科学院作物种质资源领域省级以上科技成果获奖名录

序号	获奖成果名称	获奖年份	奖励类别	奖励等级	主要完成单位	主要完成人
1	云南省稻种资源的收集、保存、整理和利用	1978	全国科学大会奖 云南省农业科技大会奖	—	省农科院	程侃声等
2	云南红河橙——大翼橙亚属的一个新种	1978	全国科学大会奖 云南省农业科技大会奖	—	省农科院	丁素琴等
3	云南省小麦品种资源的整理、鉴定和利用	1978	云南省农业科技大会奖	—	省农科院	赵永椿等
4	烤烟地方品种评选鉴定及繁殖利用	1978	云南省农业科技大会奖	—	省农科院	雷永和等
5	云南省柑桔资源调查、整理、保存与利用的研究	1978	云南省农业科技大会奖	—	园艺所	丁素琴等
6	云南苹果砧木资源调查	1978	云南省农业科技大会奖	—	园艺所	潘德明等
7	云南省稻种资源考察	1981	农牧渔业部技术改进奖	1	省农科院	程侃声等
8	编辑出版《全国棉花品种资源目录》和《中国棉花品种志》	1981	农牧渔业部技术改进奖	1	省农科院	李桂芬等
9	全国野生稻资源的普查、考察和收集	1982	农牧渔业部技术改进奖	1	省农科院	集体
10	云南麦类品种资源考察与收集	1982	农牧渔业部技术改进奖	1	省农科院	集体
11	云南野生稻的普查及研究	1982	云南省科技成果奖	2	粮作所	陈勇等
12	云南省稻、麦、豆类主要地方种蛋白质资源普查	1983	云南省科技成果奖	4	粮作所	周家齐等
13	中国高粱品种志	1984	农牧渔业部技术改进奖	1	省农科院	集体
14	云南省麦类品种资源考察、收集和研究	1984	云南省科技成果奖	4	粮作所	曾学裔等

续表

序号	获奖成果名称	获奖年份	奖励类别	奖励等级	主要完成单位	主要完成人
15	国外水稻种质资源主要农艺性状和抗三病二虫鉴定研究与利用	1985	农业部科技进步奖	2	省农科院	集体
16	云南稻种资源的综合研究与利用	1985	云南省科技进步奖	1	粮作所	程侃声等
17	云南蔬菜新种和稀有种的发现及利用	1986	农业部科技进步奖	3	园艺所	周立端等
18	云南玉米地方种资源收集整理、保存、评价利用研究	1986	云南省科技进步奖	3	粮作所	郭兰蓁等
19	水稻品种耐冷性鉴定研究	1986	省农科院科技进步奖	3	省农科院	李林烈等
20	云南省甘蔗种资源的考察与研究	1988	农业部科技进步奖 国家科技进步奖	2	甘科所	程天聪等
21	云南茶树资源考察征集及新种的发现	1987	云南省科技进步奖	2	省农科院	王海思等
22	云南食用豆类地方品种资源收集、整理、鉴定与编目	1988	云南省科技进步奖	3	粮作所	刘镇绪等
23	陆稻栽培技术研究和地方品种鉴定利用	1988	云南省科技进步奖	3	粮作所	徐培伦等
24	云南稻种资源鉴定评价利用研究	1990	农业部科技进步奖	2	省农科院	集体
25	十四省、市、区猕猴桃资源的调查	1990	农业部科技进步奖	2	园艺所	杨国华等
26	云南省猕猴桃抗性鉴定及利用研究	1990	云南省科技进步奖	3	园艺所	陈勇等
27	云南温带果树资源主要砧木资源收集及繁育	1991	云南省科技进步奖	2	园艺所	张文炳等
28	云南玉米资源研究及优异资源的发掘	1991	云南省科技进步奖	3	品资站	郭兰蓁等
29	云南茶树资源研究及大叶茶国家茶种质圃的建立	1992	云南省科技进步奖	2	茶科所	王海思等
30	国内外油花两用红花资源的整理和利用	1992	云南省科技进步奖	2	油料所	杨建国等
31	云南省蔬菜资源调查收集整理保存研究利用	1992	云南省科技进步奖	2	园艺所	周立端等
32	云南省猕猴桃资源研究及繁种入库	1992	云南省科技进步奖	3	品资站	陈勇等
33	云南猕猴桃资源调查	1992	云南省科技进步奖	3	园艺所	杨国华等
34	茶树优质资源的系统鉴定与综合评价	1993	农业部科技进步奖	2	茶科所	集体
35	国家果树种质圃的建立	1993	国家科技进步奖	2	园艺所	张文炳等
36	云南稻种资源耐寒性、广亲和性资源的发掘改良及研究	1994	云南省科技进步奖	3	品资站	戴陆园等
37	云南省小麦优异种质资源遗传特性研究	1995	云南省科技进步奖	3	品资站	伍少云等
38	甘蔗种质资源杂交育种利用新技术研究	1995	云南省科技进步奖	3	甘科所	范源洪等
39	云南稻种资源稻瘟病抗性研究	1995	云南省科技进步奖	3	省农科院	李家瑞等
40	稻种资源耐冷性研究	1996	云南省科技进步奖	2	省农科院	熊建华等
41	云南省大麦品种资源的评价编目遗传育种研究	1996	云南省科技进步奖	3	品资站	曾亚文等
42	云南十一种作物品种资源征集鉴定入库	1997	云南省科技进步奖	3	品资站	王振鸿等

续表

序号	获奖成果名称	获奖年份	奖励类别	奖励等级	主要完成单位	主要完成人
43	稻种酯酶带型、粳分类及其在演化研究中的应用	1999	云南省自然科学奖	3	生物所	张尧忠等
44	云南省油菜种质资源的搜集鉴定及特异种质研究	1999	云南省科技进步奖	3	油料所	谢永俊等
45	云南稻种资源耐冷性、广亲和性的遗传变异及遗传图集的研制	1999	云南省科技进步奖	3	品资站	戴陆园等
46	云南地方稻种资源的特征特性地理分布及图集的研制	2000	云南省自然科学奖	3	品资站	杨忠义等
47	云南粳稻高产优质种多抗育种的特性鉴定研究	2000	云南省科技进步奖	3	省农科院	廖新华等
48	云南稻种耐冷基因定位及其遗传机制研究	2001	云南省自然科学奖	2	品资站	曾亚文等
49	抗稻瘟病新基因的发掘育种利用研究	2001	云南省自然科学奖	2	植保所	杨勤忠等
50	栽培稻种间杂种核心种质育性遗传研究	2002	云南省自然科学奖	2	粮作所	陶大云等
51	外来玉米种质杂种优势群的划分及杂种优势利用研究	2002	云南省自然科学奖	2	粮作所	番兴明等
52	热带、亚热带玉米种质的引进、创新、改良及利用	2002	云南省科技进步奖	3	粮作所	番兴明等
53	花生种资源保存、筛选及利用	2002	云南省自然科学奖	3	油料所	杨丽英等
54	中国农作物种质资源收集保存评价与利用	2003	国家科技进步奖	1	省农科院	集体
55	云南稻种资源核心种质库的构建	2003	云南省自然科学奖	1	品资站	曾亚文等
56	长雄野生稻地下茎基因分子定位研究	2004	云南省自然科学奖	1	粮作所	陶大云等
57	国际玉米小麦改良中心麦类种质的引进、创新及应用	2004	云南省科技进步奖	3	粮作所	于亚雄等
58	云南野生稻资源保护研究	2005	云南省自然科学奖	2	生物所	戴陆园等
59	云南野生稻保护与遗传改良研究	2006	云南省自然科学奖	1	生物所	黄兴奇等
60	云南小麦品质遗传改良研究	2006	云南省自然科学奖	3	粮作所	于亚雄等
61	优质专用热带亚热带玉米种质的创新及利用	2007	中华农业科技奖	3	粮作所	番兴明等
62	云南稻种稻瘟病元素和抗逆特性及其系统地理学研究	2008	云南省自然科学奖	2	生物所	曾亚文等
63	云南稻种资源生态地理分布研究	2008	云南省科技进步奖	3	粮作所	杨忠义等
64	甘蔗种质资源数据库标准化利用研究及新品种选育平台共享平台建设	2008	云南省科技进步奖	3	甘蔗所	蔡青等
65	香石竹品种引进利用研究及新品种选育示范	2008	云南省科技进步奖	3	花卉所	莫锡君等
66	热带高油优质蛋白玉米种质创新及新品种选育	2008	神农中华农业科技奖	3	粮作所	番兴明等
67	热带、亚热带优质、高产玉米种质的创新及利用	2012	国家科技进步奖	2	粮作所	番兴明等
68	云南少数民族农业生物资源调查与共享平台建设	2014	云南省科技进步奖	2	生物所	戴陆园等
69	小桐子种质创新与良种选育	2015	云南省科技进步奖	3	经作所	范源洪等
70	红花种质资源收集、评价与花油两用新品种选育	2015	云南省科技进步奖	3	经作所	刘旭云等
71	云南茶树种质资源发掘创新与专用、特色新品种选育及应用	2015	云南省科技进步奖	3	茶叶所	梁名志等

附录3　云南省农业科学院云南作物种质资源专著目录（1979~2016年）

1.《亚洲稻籼粳亚种的鉴别》，程侃声著，云南科技出版社，1993年4月
2.《亚洲稻的起源与演化——活物的考古》，程侃声、才宏伟著，南京大学出版社，1993年9月
3.《云南稻作》，蒋志农主编，云南科技出版社，1995年3月
4.《程侃声稻作研究文集》，程侃声著，云南省科学技术协会、云南省农业科学院编，云南科技出版社，2003年2月
5.《云南作物种质资源　稻作篇　玉米篇　麦作篇　薯作篇》，黄兴奇主编，云南科技出版社，2005年12月
6.《云南稻种资源生态地理分布研究》，杨忠义、卢义宣、曹永生编著，云南科技出版社，2006年12月
7.《云南玉米科学》，陈宗龙编著，云南科技出版社，2007年2月
8.《云南作物种质资源　食用菌篇　桑树篇　烟草篇　茶叶篇》，黄兴奇主编，云南科技出版社，2007年8月
9.《云南作物种质资源　果树篇　油料篇　小宗作物篇　蔬菜篇》，黄兴奇主编，云南科技出版社，2008年2月
10.《土著知识与农业生物多样性》，戴陆园、游承俐、Paul Quek主编，科学出版社，2008年5月
11.《干热河谷草和灌木资源引种及综合利用研究》，龙会英等编，云南科技出版社，2010年2月
12.《云南药用植物（Ⅰ）》，金航、李晚谊等主编，云南科技出版社，2012年9月
13.《云南古茶树资源保护与利用研究》，汪云刚等主编，云南科技出版社，2012年10月
14.《云南茶树品种志》，梁名志、田易萍、刘本英主编，云南科技出版社，2012年10月
15.《云南及周边地区优异农业生物种质资源》，刘旭、王述民、李立会主编，科学出版社，2013年3月
16.《云南特有少数民族的农业生物资源及其传统文化知识》，戴陆园、刘旭、黄兴奇主编，科学出版社，2013年5月
17.《云南及周边地区农业生物资源调查》，刘旭、郑殿升、黄兴奇主编，科学出版社，2013年9月
18.《滇系北农业植物资源传统知识》，徐福荣、戴陆园主编，科学出版社，2013年10月

19.《云南及周边地区少数民族传统文化与农业生物资源》,刘旭、游承俐、戴陆园主编,科学出版社,2014年3月

20.《云南药用植物（Ⅱ）》,肖丹、王元忠等主编,云南科技出版社,2014年6月

21.《云南木本观赏植物资源（第一册）》,王继华、关文灵、李世峰主编,科学出版社,2016年2月

22.《云南木本观赏植物资源（第二册）》,王继华、关文灵、李世峰主编,科学出版社,2016年2月

23.《21世纪初云南稻作地方品种图志》,徐福荣、戴陆园、韩龙植主编,科学出版社,2016年1月

24.《云南野生稻遗传特性与保护》,程在全、黄兴奇主编,科学出版社,2016年6月

25.《云南茶树种质资源》,梁名志、田易萍、蒋会兵主编,云南科技出版社,2016年12月